"十二五"普通高等教育本科国家级规划教材

原子物理学（第五版）

杨福家　著

U0231668

高等教育出版社·北京

内容提要

本书是在第四版的基础上修订而成的,第一版在全国优秀教材评选中荣获全国优秀奖,第三版被列入"面向 21 世纪课程教材"并荣获全国普通高等学校优秀教材二等奖,第四版被评为"十二五"普通高等教育本科国家级规划教材。本次修订保持第四版特色,在此基础上增加了第四版以来原子物理和亚原子物理领域的新成就和最新发展动态;更新了全书涉及的相关数据;采用扫描二维码的手段,引入书中参考文献和教学过程中"问题与解答"的资料,使本书内容更加充实、新颖。

全书从实验事实出发,以阐述原子结构为中心,围绕原子物理学发展史,联系实际应用和科研前沿活动,其中不少是作者及其团队的科研成果,学术水平较高。全书始终贯彻作者"培养智能"的著述意图,让学生了解前人是如何提出问题和解决问题的;并采用"言犹未尽"的讲授方法,培养学生提出问题和解决问题的能力。

本书可作为高等学校物理学类专业原子物理学课程的教材,亦可供有关科技人员参考。

图书在版编目(CIP)数据

原子物理学/杨福家著. --5 版. --北京:高等教育出版社,2019.11(2025.5重印)
ISBN 978-7-04-052026-2

Ⅰ.①原… Ⅱ.①杨… Ⅲ.①原子物理学–高等学校–教材 Ⅳ.①O562

中国版本图书馆 CIP 数据核字(2019)第 097887 号

YUANZI WULIXUE

策划编辑	高聚平	责任编辑	高聚平	封面设计	赵 阳	版式设计 徐艳妮
插图绘制	于 博	责任校对	马鑫蕊	责任印制	高 峰	

出版发行	高等教育出版社	网 址	http://www.hep.edu.cn	
社 址	北京市西城区德外大街 4 号		http://www.hep.com.cn	
邮政编码	100120	网上订购	http://www.hepmall.com.cn	
印 刷	固安县铭成印刷有限公司		http://www.hepmall.com	
开 本	787mm×1092mm 1/16		http://www.hepmall.cn	
印 张	28.25			
字 数	590 千字	版 次	1985 年 8 月第 1 版	
插 页	1		2019 年 11 月第 5 版	
购书热线	010 - 58581118	印 次	2025 年 5 月第 11 次印刷	
咨询电话	400 - 810 - 0598	定 价	55.00 元	

本书如有缺页、倒页、脱页等质量问题,请到所购图书销售部门联系调换
版权所有　侵权必究
物 料 号　52026-A0

原子物理学

（第五版）

杨福家　著

1. 计算机访问 http://abook.hep.com.cn/1234605，或手机扫描二维码、下载并安装 Abook 应用。

2. 注册并登录，进入"我的课程"。

3. 输入封底数字课程账号（20位密码，刮开涂层可见），或通过 Abook 应用扫描封底数字课程账号二维码，完成课程绑定。

4. 单击"进入课程"按钮，开始本数字课程的学习。

　　课程绑定后一年为数字课程使用有效期。受硬件限制，部分内容无法在手机端显示，请按提示通过计算机访问学习。

　　如有使用问题，请发邮件至 abook@hep.com.cn。

扫描二维码
下载 Abook 应用

http://abook.hep.com.cn/1234605

序　言

本书是根据作者在复旦大学讲授原子物理学的讲稿修改和补充而成的。原子物理学是物理系和核科学与技术系第三学期的一门基础课程，它既可作为普通物理学的最后一部分，又可看作学习近代物理学的开始。

作为一门大学课程，在讲授这门课程时，我们不仅要帮助同学们积累一些知识，而且要特别提倡智能的培养。所谓智能，是指人们运用知识的才能；培养智能，主要是培养自学能力、思维能力、表达能力、研究能力和组织管理能力。如果只注重知识的积累，而不注意发展智能，那么，即使在头脑中有了一大堆公式、定理、概念，也不会灵活应用，不会独立地去积累更多的新知识，更不会有所创新。大学教学是否成功的标志之一，是看绝大多数同学是否经常积极地思考，看他们在智能培养方面是否有明显的进步。

依照这样的精神，我们在本书中将随时给出一些不同深度的思考题，鼓励同学们思考。我们主张采取"既讲清楚，又不讲清楚""言犹未尽"的讲授方法。应该力求讲清一些基本概念，使大多数同学经过思考即可容易地掌握这些知识。但对于已经学过的内容，我们提倡让同学们自己去做"温故而知新"的工作；对于我们认为同学们经过思考可以掌握的内容、可以导出的公式，则留给同学们自己去做；有时我们留一些"伏笔"，过几章之后再作解答。对于一些较难的问题，我们鼓励在学习上感到比较轻松的同学通过思考和阅读一些文献后作出回答，并写出读书报告。我们在本书中尽可能多地列出有关的文献资料，其中不仅有著名学者写的一些原作，而且还有很多通俗的文章。担任本课程教授工作的教师有必要读一些比本书范围更广泛、更深入的一些著作。有兴趣的同学，可以学习查阅参考文献的方法，并从对参考文献的阅读中受到有益的启示。

我们在本书中还列出了一些有关的"世界难题"，让同学们在年轻的心灵中留下一些问题，准备在今后的岁月里去寻求答案。

总之，作者认为，成功的教学必须诱发问题；听了课，读了书，只感到"听得舒服，读来都懂"是不够的，真正的收获还应该反映在有没有产生新的问题。正像物理学家韦斯科夫（V. F. Weisskopf）所描述的：

"我们的知识好比是在无边无际的未知海洋中的一个小岛。这个岛屿变得愈大，它与未知海洋的接界也就扩展得愈广。"

知识的增长必然孕育着新问题的产生。为此，我们特别鼓励同学们经常地相互讨论，勇于提出问题，共同创造一个有浓厚学术气氛的学习环境。我国有一位教育家说过："发明千千万，起点是一问"；量子力学的一位创始人也说过："提出正确的问题，经常已解决问题的一大半了"，"科学扎根于讨论"。

对于本书在作数值计算时采用的单位，作者赞赏楚辞《卜居》里的半句话："夫尺有所短，寸有所长"，或如俗语所说："海水不可斗量"。如果我们把人的身高不是用米或厘米来表示，而是用公里或微米来表示，把人的体重不是用公斤或斤来表示，而是用吨或克来表示，那都属于笑话之例。我们将遵照国际单位制(SI)的各项原则,针对原子物理学范畴内的具体情况,在计算中广泛使用复合常量,从而使原子物理学的数值计算变得特别简单。

*　　　　　*　　　　　*

在本书初版时,正值尼尔斯·玻尔(Niels Bohr)诞辰一百周年(1985 年)。作者要特别感谢奥格·玻尔(Aage Bohr)教授,他是新中国成立后最早访问我国的西方科学家之一,他在 1962 年对我国的首次访问打开了中丹科学家友好交往的大门。在他访问期间,达成了我国和西方国家进行学术交流的第一个协议。在他的邀请下,作者自 1963 年以来有机会六次访问原子物理学的故乡——哥本哈根。丹麦玻尔研究所活跃的学术气氛给作者留下了深刻的印象,并从此产生了对原子物理学的浓厚兴趣。奥格·玻尔教授及尼尔斯·玻尔夫人与作者的多次交谈,为本书提供了某些第一手资料。

尼尔斯·玻尔经常引用的、丹麦著名童话作家安徒生的诗句:

"丹麦是我出生的地方,

是我的家乡,

这里就是我心中的

世界开始的地方。"

(着重点为玻尔所加)

曾鼓舞玻尔在人口不到 500 万的国家里建立起举世闻名的物理学研究所,同样也鼓舞本书作者在古老文明的大地上为祖国的科教事业勤奋工作。

作者真诚地感谢杨振宁教授。在他的建议下,美国纽约州立大学石溪分校邀请作者访问了该校物理系。那一学期正值杨振宁教授为二年级大学生上近代物理学课程,他生动的讲授方式及精彩的讲课内容给作者很大的启发。这无疑丰富了本书的部分内容。

作者由衷地钦佩李政道教授,他为培养中国青年一代物理学家而想尽办法,并为发展我国的物理学事业创建了"中国高等科技中心"。作者幸运地应聘为该中心的特别成员(1988 年),为修改本书创造了良好的条件。

作者衷心感谢山崎敏光教授,在他的建议下,东京大学邀请作者在日本度过的一段愉快的时期,使作者惊奇地发现,日本著名的物理学家对我国的古老文化有着十分深刻的理解,并能将我国古代哲学思想运用于物理学的研究。

作者感谢陆福全、王炎森、陈建新、陆汉忠、曾宪周、徐克墑、苏汝铿等同志为本书作出的种种努力,没有他们的帮助,本书是很难这样快完稿的。对尼尔斯·玻尔富有研究的华东石油学院戈革教授为本书提供了珍贵的素材,作者深表谢意。

作者要感谢上百位同学,他们对思考题的各种精彩的回答,同样使本书增加了新的内容。

作者还要感谢加速器实验室的同志们的辛勤劳动,本书引用了他们做出的很多成果。

1986 年全国原子物理学讲习班,曾以本书为中心组织讨论教学,与会同志对本书提出了很多宝贵意见。吉林大学刘运祚、复旦大学孙昌年、武汉工学院宋世榕、青海师范大学赵芸等同志以他们的教学实践为本书的修改作出了贡献。

本书初版时得到上海科学技术出版社同志的协助,修订再版及至五版时又得到高等教育出版社同志的帮助。王炎森、陆福全、承焕生和贾起民等教授对本书第三版的修订作出了贡献。在此一并致谢。

第四版增加了一些科学史和人文内容,以及原子物理的新应用、新发展,并按教学情况对部分内容做了精简,从而使本书内容更充实、新颖,有利于高素质人才的培养。对王炎森和陆福全两位教授为第四版修改所作的贡献,特意致谢。

对于第五版的修订,作者与陆福全、陈建新教授一起制订了修订方案。第五版除了保留第四版的基本内容,增加了第四版以来原子物理学和亚原子物理学领域的新成就和最新发展动态,并对全书所有的相关数据又做了全面的更新,同时将书中参考文献采用二维码引入以方便读者参阅,陆福全和陈建新教授为此作出了贡献;赵凯锋副教授根据四年多来使用本书讲授原子物理学的经验提出了修订建议,并提供教学过程中"问题与解答"的资料(扫描二维码的形式编入本书);陈重阳、王平晓和孔青等教授也为第五版的修订提供了帮助。特此一并致谢,也衷心感谢使用本书的许多教师提供了宝贵的经验和建议。

作者最后还要由衷地感谢长辈物理学家王淦昌、卢鹤绂、朱光亚、吴式枢、胡济民、钱三强、谢希德、虞福春等教授的支持与关心。

1996 年 Fujia Yang(杨福家)& J.H.Hamilton 所著 Modern Atomic & Nuclear Physics,在美国 McGraw-Hill Co.出版。该书部分内容已为本书第三版采用。

1999 年初,中路集团公司在复旦大学设立我国第一个命名的教授讲座,作者荣幸地被聘为"中路-尼尔斯·玻尔物理学讲座教授"。对中路集团公司这一富有远见的举措,作者深表敬意。

恳请读者对本书提出进一步的批评和建议,以便在下次再版时修正。

杨福家

初版前:1984 年 11 月

再版前:1988 年 12 月

三版前:1999 年 5 月

四版前:2007 年 5 月

五版前:2019 年 7 月于复旦大学

目　　录

注:使用本教材,约需 72 学时.若去掉注 * 章节,则可减至 36 学时.教学时数在 36~72 之间的,可按实际情况取舍有关章节.

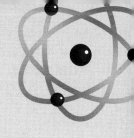

绪 论

当您生活于实验室和图书馆的宁静之中时,首先应问问自己:我为自己的学习做了些什么? 当您逐渐长进时,再问问自己:我为自己的祖国做了些什么? 总有一天,您可以因自己已经用某种方式对人类的进步和幸福作出了贡献而感到巨大的幸福.

——巴斯德(Louis Pasteur,1822—1895,法国生物学家)

* * *

我每天上百次地提醒自己,我的精神生活和物质生活都依靠别人(包括活着的人和死去的人)的劳动. 我必须尽力以同样的分量来报答我领受了的和至今还在领受的东西,我强烈地向往着简朴的生活,并常常为发现自己占有了同胞过多的劳动而难以忍受.

——爱因斯坦

物理学是研究物质运动的最一般规律和物质基本结构的科学. 原子物理学,作为物理学的一个分支,主要研究物质结构的一个层次;这个层次,介于分子和原子核两层次之间,称为原子(图 1). 虽然原子概念的提出已有两千余年的历史,但是我们所讲授的原子物理学是在 20 世纪初开始形成的一门学科,它是随着近代物理学的发展而发展起来的.

"原子"一词来自希腊文,意思是"不可分割的". 在公元前 4 世纪,古希腊物理学家德谟克利特(Democritus)提出这一概念,并把它当作物质的最小单元. 但是,差不多同时代的亚里士多德(Aristotle)、阿那萨古腊(Anax-agoras)等人却反对这种物质的原子观,他们认为,物质是连续的,可以无限地分割下去. 这种观点在中世纪时占优势. 但是,随着实验技术的发展,物质的原子观在 16 世纪之后,又为人们所接受,著名学者伽利略(Galileo Galilei)、笛卡儿(René Descartes)、玻意耳(Robert Boyle)、牛顿(Isaac Newton)都支持这

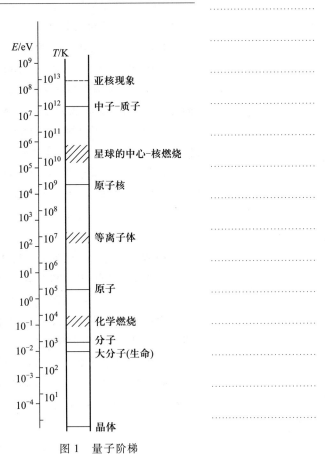

图 1 量子阶梯

样的观点.

在我国,早在战国时期(公元前 475—前 221 年)就出现了与上面相类似的两种观点.

主张物质不可无限分割的一派中,最著名的是战国时期的墨家.《墨经》中曾记载:"端:体之无序最前者也."意思是说:"端"是组成物体("体")的不可分割("无序")的最原始的东西("最前者")."端"就是原子的概念."端"为什么不可分割呢?因为"端是无同也",意思是说,一个"端"里,没有共合的东西,所以不可分割.那时还有一个叫惠施的人,他说过,"其小无内,谓之小一."意思是说,"小一"这东西不再有内,也就无法再分割了,即是最原始的微粒.战国时期的儒家著作《中庸》比较明确地指出:"语小,天下莫能破焉."儒家权威、宋代朱熹解释说:"天下莫能破是无内,谓如物有至小而可破作两者,是中着得一物在;若无内则是至小,更不容破了."这里所说的"莫能破"、"无内",也就是不可分割的意思.严复翻译的《穆勒名学》一书中,首次把原子(Atom)一词介绍到我国,当时他把 Atom 译为莫破,把 Atom Theory 译为莫破质点论.

主张物质可以无限分割的,以战国时期的公孙龙为代表,他说过一句名言:"一尺之棰,日取其半,万世不竭."近几百年的物理学一直在考验这句话的正确性.公孙龙在两千多年前的臆想,正在不断地得到现代科学的支持.

19 世纪末,人们开始确切地认识到,原子只不过是物质结构的一个层次.导致这一结论的重要发现有 *:

1806 年,法国普鲁斯脱(J.L. Proust)发现化合物分子的定组成定律;

1807 年,英国道尔顿(J. Dalton)发现倍比定律,并提出原子论;

1808 年,法国盖吕萨克(J.L. Gay-Lussac)发现气体化合时,各气体的体积成简比的定律,并由此认为元素气体在相等体积中的重量应正比于它的原子量;

1811 年,意大利阿伏伽德罗(A. Avogadro)提出阿伏伽德罗假说:同体积气体在同温同压下含有同数之分子;

1826 年,英国布朗(R. Brown)观察到液体中的悬浮微粒作无规则的起伏运动,即所谓布朗运动;

1833 年,英国法拉第(M. Faraday)提出电解定律,并把化学亲和力归之为电力;

1869 年,俄国门捷列夫(Д,И. Менделеев)提出元素周期律.

在 1895、1896 和 1897 年,相继发现了 X 射线、放射性和电子(本书第一、六、七章).这三大发现揭开了近代物理的序幕.电子的发现,以及接着提出的卢瑟福(E.Rutherford)的核式模型(1911 年)、玻尔(N.Bohr)的原子量子理论(1913 年)使原子物理学开始了新篇章.原子物理学的发展导致了量子理论的发展和量子力学的诞生;而高等原子物理学又在量子力学的基础上日益完善.

原子物理学,作为研究物质结构的一个层次的学科,与其他层次一样,都要回答:这一层次是由什么组成的,这些组成物是怎么运动的,它们又是怎么相互

---

* 请考虑:为什么选择这些"重要发现"?

作用的.

我们在第一章里介绍原子的核式模型,即回答原子是由什么组成的,它的位形又是怎么样的. 接着说明,从经典物理考虑,对于这样的位形,人们无法理解原子中电子运动的规律. 在第二章,我们就介绍为克服经典困难而产生的、尼尔斯·玻尔的伟大创造:首次把量子概念引入到原子领域,提出了量子态的概念,并得到实验的有力支持. 至此,我们在考虑电子和原子核的相互作用时,把它们都看作点电荷(原子的粗结构). 在第三章,我们指出了玻尔理论的困难,阐明了量子力学诞生的必然性. 在这里,我们力求从物理概念说明量子力学的本质,而把它的许多细节留在"量子力学"这门课程中. 本节所介绍的一些量子力学的基本概念是后面各章学习的基础. 在第四章,我们从实验事实出发说明引入"电子自旋"概念的必然性. 它导致了原子的精细结构. 虽然"自旋"这个名词在经典物理中并不陌生,但是,它在微观世界里却是一种崭新的运动形式,在经典物理中找不到它的对偶. 在这一章的末尾,我们介绍对氢原子的认识是怎样一步步深化的. 在第五章,我们把单电子体系推广到多电子,并用原子结构的现代观点解释元素周期性,其中的一个重要概念是泡利不相容原理. 在第六章,我们介绍1895年发现的X射线,并从不同的实验事实确证X射线既有波动性又有粒子性. 第七章,简单叙述原子中除电子外的另一个主要组成体——原子核. 这一章可说是一门专门课程(原子核物理学)的缩影. 第八章,介绍原子核的磁矩和电四极矩引起的原子和核的超精细结构,它现已发展为原子物理与原子核物理之间的一门边缘学科.

作为原子物理学在实际中应用的具体例子,我们在附录Ⅰ专门介绍离子束分析技术,着重说明卢瑟福散射(第一章)、X射线(第六章)和核反应方法(第七章)在材料分析中的应用. 所举之例大多取自我校近几年来的科研成果.

为了照顾我国大学安排"原子物理学"这门课程内容的传统习惯,我们仍保留高能物理这一内容(附录Ⅱ),虽然它已完全属于另一层次的研究对象,且与原子物理并无直接的关系.

物理学是一门实验科学,原子物理学更是如此. 本书努力贯彻"实验—理论—实验"的发展原则(请参阅本书目录以体会这一原则). 正如密立根(Robert Millikan)在1923年领诺贝尔物理学奖时所说:

"科学靠两条腿走路,一是理论,一是实验. 有时一条腿走在前面,有时另一条走在前面. 但只有使用两条腿,才能前进. 在实验过程中寻找新的关系,上升为理论,然后再在实践中加以检验."

53年后,在同一个讲台上,丁肇中教授在演讲一开始即强调实验的重要性,并希望"我的获奖,将唤起发展中国家的学生们对实验的兴趣".

除了书中所引文献外,我们向读者推荐:

1. 与本书深度相当的:

〔1〕威切曼. 量子物理学. 科学出版社,1979.

〔2〕凯格纳克,裴贝-裴罗拉. 近代原子物理学. 科学出版社,1980.

〔3〕韦斯科夫. 二十世纪物理学. 科学出版社,1979.

2. 比本书深一层、需量子力学为基础的:

〔4〕Woodgate G K. Elementary Atomic Structure. McGraw–Hill,1970.

〔5〕Weissbluth M. Atoms & Molecules. Academic Press,1978.

3. 深入浅出的科普读物:

〔6〕韦斯科夫. 人类认识的自然界. 科学出版社,1975.

〔7〕盖莫夫. 物理世界奇遇记. 科学出版社,1978.

〔8〕盖莫夫. 从一到无穷大. 科学出版社,1978.

4. 物理学史:

〔9〕王福山. 近代物理学史研究(一)(1983)、(二)(1986). 复旦大学出版社.

〔10〕王锦光,洪震寰. 中国古代物理学史话. 河北人民出版社,1981.

〔11〕郭奕玲,沈慧君. 诺贝尔物理学奖一百年. 上海科学普及出版社,2002.

〔12〕费米夫人. 原子在我家中. 科学出版社,1979.

〔13〕塞格里. 从 X 射线到夸克. 上海科技文献出版社,1984.

〔14〕戈革. 尼耳斯·玻尔. 上海人民出版社,1985.

〔15〕Crease R P,Mann C C. The Second Creation. MacMillan Pub.Co.,1986.

5. 读者将经常从下列杂志中受益:

物理. 科学出版社

科学. 上海科技出版社

自然杂志. 自然杂志社

现代物理知识. 科学出版社

绪论:问题

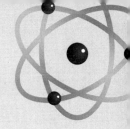

第一章 原子的位形：卢瑟福模型

原子绝不能被看作简单的东西或已知的最小的实物粒子.

——恩格斯(1882 年)

引自恩格斯《自然辩证法》(1971 版)第 247 页

* * *

卢瑟福是原子物理学中的牛顿.

——金斯(J. H. Jeans)

§1 背 景 知 识

(1) 电子的发现

1833 年,法拉第(M. Faraday)提出电解定律,依此推得:1 mol 任何原子的单价离子永远带有相同的电荷量. 这个电荷量,就是法拉第常量 F(见书末附表 I 物理学常量),其值是法拉第在实验中首次确定的. 如果联想到 1811 年阿伏伽德罗(A. Avogadro)提出的假说,以及其隐含的常量(后人称之为阿伏伽德罗常量)N_A,即 1 mol* 任何原子的数目都为 N_A,那么,就不难想到电荷存在最小的单位:电应当由一种基本电荷,或者叫"电的原子"所构成($e = F/N_A$).

但是,这种推论和联想,直到 1874 年才由斯通尼(G. J. Stoney)作出. 他明确指出,原子所带的电荷为一元电荷的整数倍,并用阿氏常量推算出这一基本电荷的近似值. 在 1881 年,斯通尼提出用"电子"这一名字来命名这些电荷的最小单位.

不过,真正从实验上确认电子的存在,是在 1897 年由汤姆孙(J. J. Thomson)[1]作出的.

图 1.1(a)是汤姆孙当时使用的放电管的实景照片;图 1.1(b)是示意图,取自汤姆孙的原著. 阴极射线从阴极 C 发出后通过狭缝 A、B 成一狭窄的射线,再穿过两片平行的金属板 D、E 之间的空间,最后到达右端带有标尺的荧光屏上.

---

* mol(摩尔)的定义:拥有和 12 g ^{12}C 所含原子数量相同的基本微粒的系统,其物质的量为 1 mol, $N_A = 6.02 \times 10^{23}$,精确数据见书后附表 I.

[1] J. J. Thomson. Phil. Mag., 44(1897)293.

D 和 E 之间可以加电场,放电管周围又可加磁场. 加电场 E 后,射线由 P_1 点偏到 P_2,由此可知阴极射线带有负电(e). 再加上一个方向与纸面垂直的磁场 H,使束点再从 P_2 回到 P_1,即使磁场力(Hev)和电场力(Ee)大小相等、方向相反. 从此可以算出阴极射线的速度 $v = E/H$.

(a) 实景照片

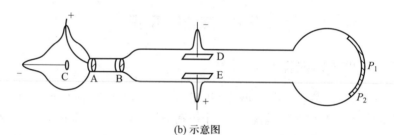

(b) 示意图

图 1.1　汤姆孙在 1897 年使用的放电管

　　去掉电场,由于磁场方向与射线运动方向垂直,将使射线构成一圆形轨迹. 若此圆形轨迹的半径为 r,则射线内的粒子(质量为 m)受到的离心力为 mv^2/r,它一定与磁场力 Hev 相平衡. 既然 v 已算出,e/m 就可以求出.

　　在汤姆孙之前,人们对阴极射线的研究已有数十年历史,为什么这样简单的实验迟至 19 世纪 90 年代才有人做呢? 关键在于高真空的获得*. 汤姆孙开始做实验时,放电管内真空度不高,结果没有观察到任何持续的偏转. 当时一位著名的物理学家、电磁波的发现者赫兹(H. R. Hertz),早就进行过类似的实验,但不见任何偏转,他就错误地认为:阴极射线是不带电的.

　　不过,汤姆孙被誉为"一位最先打开通向基本粒子物理学大门的伟人"的主要原因,还不仅仅在于测出了 e/m 数值,而在于他敢于同传统观念决裂,第一个大胆地承认了电子的存在.

　　早在 1890 年,休斯脱**(A.Schuster)就曾研究过氢放电管中阴极射线的偏

---

　　* 读者能否估计:要做汤姆孙实验,至少要多高的真空度?
　　** 他当时是英国曼彻斯特大学物理学教授,这一位置后来让给了卢瑟福.

转,且算出构成阴极射线微粒的比荷(又称荷质比)为氢离子比荷的千倍以上.但他不敢相信自己的测量结果,而觉得"阴极射线质量只有氢原子的千分之一还不到"的结论是荒谬的;相反,他假定:阴极射线粒子的大小与原子一样,而电荷却较氢离子大.

1897 年,德国考夫曼(W. Kaufman)做了类似的实验,他测到的 e/m 数值远比汤姆孙的要精确,与现代值只差1%.他还观察到 e/m 值随电子速度的改变而改变*.但是,他当时没有勇气发表这些结果:他不承认阴极射线是粒子的假设.直到 1901 年,他才把结果公布于世.

这些人,都是恩格斯所描述的"当真理碰到鼻子尖上的时候还是没有得到真理"的人.在科学发展史上,这类事是屡见不鲜的.

而汤姆孙却勇敢地作出了"有比原子小得多的微粒存在"的正确结论**.

(2) 电子的电荷和质量

汤姆孙在测定 e/m_e 后不到二年,即分别测定了电子的电荷与质量.他注意到:在一定条件下,在饱和蒸气中电荷是作为凝聚核而存在的.测定了雾滴的数目和电荷的总量,可算出电子电荷的平均值.当时他得到的数据为 3×10^{-10} 绝对静电单位(esu).

电子电荷的精确测定是在 1910 年由密立根(R.A. Millikan)作出的,即著名的"油滴实验".他的方法是汤姆孙方法的改进与发展.经过几年的反复测定,他得出的数值为 4.78×10^{-10} esu(1.59×10^{-19} C).很多年来一直认为是最精确的数值,但在 1929 年才发现它约有 1% 的误差.它来自对空气黏度测量的偏离.电子电荷的现代值为

$$e = 1.602\ 176\ 620\ 8(98) \times 10^{-19}\ C$$

精度达千万分之一;括号里的(98)表示最后几位数字的误差208±98.

特别重要的是,密立根发现电荷是量子化的,即任何电荷只能是 e 的整数倍***;e 是任何客体能携带的最小的电荷量.为什么电荷是量子化的? 这是物理学至今仍未解决的一个难题****.

---

* 这正是爱因斯坦的相对论(1905 年)所预言的:物质的质量随其速度增大而增大.下面我们将进一步讨论.

** 对电子的发现史,以及汤姆孙的史迹感兴趣的读者,可参阅:〔2〕陈其荣,潘笃武.自然杂志,3(1980)699;〔3〕阎康年.物理,10(1981)446.

*** 我们在下章将详细介绍量子化的概念.量子化概念并不是量子物理独有的;它在经典物理中也会碰到,只不过不占统治地位罢了.

**** 随着对物质结构更深层次的研究的不断深化,近十余年来,人们又在做"油滴实验",企图寻找分数电荷.建议有兴趣的读者自己去查一些资料,写一篇"密立根油滴实验"的读书报告.有时间的读者,还可阅读新文献,例如:〔4〕G. LaRue et al. . Phys. Rev. Lett.,46(1981)967.
在 1935 年,密立根还利用油滴实验测定:电子电荷与质子电荷(绝对值)之差小于电子电荷的 10^{-16}(一亿亿分之一);到 1984 年已把此差值缩至 10^{-21}(读者有没有注意,在给出 m_p/m_e 比值时,我们认为电子与质子的电荷的绝对值是相同的,这一结论只能从实验得出,在当今物理学中,并没有哪个基本原理提出这一要求).

从实验测到的 e/m_e 及 e 的数值,可以定出电子的质量为

$$m_e = 9.109\ 383\ 56(11) \times 10^{-31}\ \text{kg}$$

至于电子质量为什么是这个数值,今天的物理学尚无法回答.

另外,由法拉第电解定律,可知道分解 1 mol 的氢所需要的电荷量(法拉第常量),从此算出氢离子(卢瑟福在 1914 年称它为质子)的比荷 e/m_p. 利用 e/m_e 和 e/m_p,即可导出质子质量与电子质量之比值:

$$m_p/m_e = 1\ 836.152\ 673\ 89(17)$$

这一比值是原子物理学中两个最重要的无量纲常数之一(另一个是精细结构常数 α,见第二章). 就是这个常数,决定了原子物理学的最主要的特征. 如果这个比值是 1 的数量级,那么今天的物理世界将完全变了样. 至于这个比值为什么是这样的数值而不是那样的数值?我们至今无法回答. 今天的物理学还没有能力从第一性原理出发导出这个常数.

从 m_p/m_e 及 m_e 的数值,即可导出

$$m_p = 1.672\ 621\ 898(21) \times 10^{-27}\ \text{kg}$$

最轻的原子的质量和它差不多,最重的原子约为它的 200 多倍. 用千克为单位计算原子的质量,显然是很不适宜的,比起用吨为单位称量人的体重更为可笑. 在原子范畴里,人们普遍采用原子质量单位 u:国际上规定 ^{12}C 的质量为 12 u,由此可定出

$$m_p = 1.007\ 276\ 466\ 879(91)\ \text{u}$$

在粗糙的估算中可以当作一个 u.

按照相对论给出的质能关系

$$E = mc^2$$

可以算出

$$m_e = 0.510\ 998\ 446\ 1(31)\ \text{MeV}/c^2$$

$$m_p = 938.272\ 081\ 3(58)\ \text{MeV}/c^2$$

这是微观物理学中用能量单位表示质量的常用方法,有时甚至把 c^2 都省写了. 式中 c 为光速,式中 MeV 指百万电子伏,而 1 电子伏(1 eV)表示 1 个带单位电荷(e)的粒子在电势差为 1 V 的电场中加速所得到的能量,它与常用能量单位的关系为

$$1\ \text{eV} = 1.602\ 176\ 620\ 8(98) \times 10^{-19}\ \text{C} \times 1\ \text{V}$$

$$= 1.602\ 176\ 620\ 8(98) \times 10^{-19}\ \text{J}(\text{焦耳})$$

前面已经指出,考夫曼曾从实验测出 e/m 随电子速度增大而减少(1901 年发表). 这一实验结果在 1905 年由相对论给出的公式所解释:

$$m = \frac{m_0}{\sqrt{1 - \dfrac{v^2}{c^2}}}$$

式中 m_0 为静质量,m 为速度达到 v 时的质量,c 为光速.

虽然电子的质量和其他物体的质量一样,随速度增加而增加,但直到今天,最精确的实验仍表明,电子的电荷并不随速度有丝毫的变化.

（3） 阿伏伽德罗常量

阿伏伽德罗常量 N_A 代表 1 mol（摩尔）分子的分子数目或 1 mol 原子的原子数目. 我们将从下面几个例子来说明, 阿氏常量是联系宏观与微观的一个物理量.

从阿氏常量定义可以知道, 1 mol 的 ^{12}C, 或 12 g（克）^{12}C 含有 N_A 个 ^{12}C 原子, 则每个 ^{12}C 原子的质量, 以 g 为单位, 为 $(12/N_A)$ g; 现在, 把它定义为 12 u, 故 u 和 g 的换算关系为: $12 u = (12/N_A)$ g, 即

$$1 u = \frac{1}{N_A} g$$

或者

$$1 g = N_A u$$

以上净取 N_A 的数值, 从 N_A 的数值可导出 *

$$1 u = 1.660\ 539\ 040(20) \times 10^{-27}\ kg$$

g 是宏观单位, u 是微观单位, N_A 起的作用正是宏观⇆微观之间的桥梁作用.

再看法拉第常量 F 与电子电荷 e 的关系:

$$F = eN_A$$

F 是宏观量, e 是微观量, 从 $e \rightleftharpoons F$, 也是通过 N_A 实现的.

还有

$$R = kN_A$$

R 是摩尔气体常量, 是一个宏观量; k 是玻耳兹曼（L. E. Boltzmann）常量, 是个微观量. 它们之间又是由 N_A 联系起来的.

当进行任何研究微观世界物理量的实验时, 由于我们的实验是在宏观世界里进行的, 因此, 不论有意还是无意, 都必须与阿氏常量打交道; 从宏观量的测定, 导出微观量时, 必须有个桥梁, N_A 正是起了这样的作用.

阿氏常量之巨大, 正说明了微观世界之细小.

（4） 原子的大小

原子的大小究竟是多少？为了回答这个问题, 我们作一个很简单的估算.

对任意一种原子 ^AX, A 克 X 含有 N_A 个 X 原子, 假如这种原子的质量密度是 $\rho(g/cm^3)$, 那么 A 克 X 原子的总体积为 A/ρ, 假如一个原子占有体积为 $\frac{4}{3}\pi r^3$（r 为原子半径）, 则

$$\frac{4}{3}\pi r^3 N_A = \frac{A}{\rho}$$

---

* 很多基本常量之间并不独立, u/g 与 N_A 之间就是一例. 然而, 它们又经常可以独立地被实验测定; 因此, 为了得出一组内部自洽的常量数据, 必须对实验测量值和有关公式进行最小二乘法平差处理, 得出一组最佳的推荐值. 由于实验测量不断精益求精, 国际上每隔几年就进行一次"常量的平差"处理, 依此推荐一组数据. 本书引用的常量均取自 2014 年的推荐值（见书末附表 I）. 在引用新的数据时, 必须注意自洽. 顺便提一下, 本书第一版的推荐值是在 1973 年给出的. 新的数值与之有很大的差异, 例如, 1973 年给出的质子质量为 $m_p = 938.279\ 6(27)$ MeV/c^2, 请读者回答: 它与 2014 年的推荐值的差异在哪里？

（这里，再次看到 N_A 的桥梁作用）. 由此可得到原子的半径公式：

$$r = \sqrt[3]{\frac{3A}{4\pi\rho N_A}}$$

依此可以算出不同原子的半径，举例如下：

元素	质量数 A	质量密度 $\rho/(\text{g} \cdot \text{cm}^{-3})$	原子半径 r/nm
Li	7	0.7	0.16
Al	27	2.7	0.16
Cu	63	8.9	0.14
S	32	2.07	0.18
Pb	207	11.34	0.19

其中 $1 \text{ nm} = 10^{-9} \text{ m}$，是原子领域中常用的长度单位. 在一些书和杂志上还常可看到用 Å（埃）表示长度单位，$1 \text{ Å} = 0.1 \text{ nm}$.

我们从上表中可以看出，不同原子的半径几乎都差不多. 这是经典物理所无法回答的. 为什么这样说？作为一个"伏笔"，过几章后再来说清楚.

到此为止，我们已了解到，原子中存在电子，它的质量只是整个原子质量的很小一部分；电子是带负电的，而原子是中性的，那就意味着，原子中还有带正电的部分，它负担了原子质量的大部分. 原子中带正电的部分，以及带负电的电子，在大小约为埃的范围内是怎么分布、怎么运动的呢？

§2　卢瑟福模型的提出

在汤姆孙发现电子之后，对原子中正、负电荷如何分布的问题，出现了许多见解[5]. 其中比较引人注意的是汤姆孙本人提出的一种模型，它出现于 1898 年，后在 1903、1907 年又进一步被完善. 汤姆孙认为，原子中的正电荷均匀分布在整个原子球体内，而电子则嵌在其中*. 为了解释元素周期表，汤姆孙还假设，电子分布在一个个环上：第一个环上只可放 5 个电子，第二个环上可放 10 个；假如一个原子有 70 个电子，那么必须有 6 个同心环. 汤姆孙模型在解释元素周期性方面确实取得了一定的成功，它虽然为以后的实验所否定，但它包含的"同心环"概念，以及"环上只能安置有限个电子"的概念，都是十分可贵的.

1903 年，林纳（P. Lenard）在研究阴极射线被物质吸收的实验里发现，"原子是十分空虚的". 在此实验基础上，长冈半太郎（Hantaro Nagaoka）于 1904

---

[5] E. N. da C. Andrade. Scientific American, 195 (Nov. 1956) 93.

* 有人形象地把汤姆孙模型类比为"西瓜模型"或"葡萄干面包模型". 关于汤姆孙模型，可参阅：

[6] J. J. Thomson. The Corpusular Theory of Matter, Constable & Co., Ltd., London, (1907); [7] F. L. Friedman & L. Sartori. The Classical Atom. Addison-Wesley, Reading Mass, 1965.

年提出原子的土星模型,认为原子内的正电荷集中于中心,电子均匀地分布在绕正电球旋转的圆环上,但他没有深入下去. 直到 1909 年,卢瑟福的助手盖革(H. Geiger)和学生马斯顿(E. Marsden)在用 α 粒子*轰击原子的实验中,发现 α 粒子在轰击原子时有大约八千分之一的概率被反射回来了. 对于这样的实验事实,卢瑟福感到很惊奇,他说:"就像一枚 15 英寸的炮弹打在一张纸上又被反射回来一样",简直不可理解. 但是,卢瑟福充分尊重实验事实,经过严谨的理论推理之后,于 1911 年提出了"核式结构模型"[8].

卢瑟福模型与汤姆孙模型的主要区别是,后者认为正电荷均匀分布在整个原子体积内,前者认为正电荷集中在占原子大小万分之一的小范围内. 从实验角度看,怎么判断哪个模型是正确的呢?

假如我们有两个外形、大小、电荷和质量都相同的带电球体,其中一个球的电荷密度是均匀分布的,另一个球的电荷集中在球心,现在若用一带电粒子轰击这两个球,会出现什么结果呢? 回顾一下电学中的高斯定律,不难理解:在带电粒子远离两球时($r \gg R$,见图 2.1),两球的作用是一样的,都可把电荷视为集中于球心;但当带电粒子打进球内时($r < R$),情况就大不相同了:电荷均匀分布的球,带电粒子受到的库仑力与 r 成正比,越往中心受力越小,故较易穿过小球;对电荷集中在球心的球,带电粒子受到的库仑力与在球外时一样,仍与 r^2 成反比,越靠近球心受到的力越大,有可能被反弹回来.

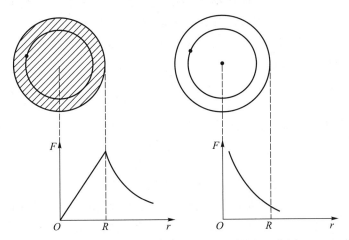

图 2.1　两种不同电荷分布引起不同的相互作用
(请读者注意,左右两图的纵坐标的标尺是不同的;如果相同,应怎么画?)

以上是定性的、直觉的考虑. 现在稍微定量地来考察一下汤姆孙模型.

从图 2.1 左面一图可以看出,对汤姆孙模型,最大的作用力发生于掠射,即 $r = R$ 时. 这里的 R 是原子的半径,那时原子的正电荷 Ze 对入射的 α 粒子($2e$)产

---

*　卢瑟福在 1899 年发现 α 和 β 放射性,后来证实,α 粒子是带两个正电荷的氦核,见第七章.

〔8〕　E. Rutherford. Phil. Mag.,21(1911)669.由于卢瑟福模型含有一些经典物理无法理解的概念(请读者思考;在下面将详细介绍),卢瑟福的文章并未被当时的名流们重视. 甚至在 1913、1915 年出版的一些有关原子结构的名著中,都只字不提卢瑟福的工作.

生的作用力为

$$F = \frac{2e(Ze)}{4\pi\varepsilon_0 R^2} \tag{2-1}$$

其中 ε_0 为真空介电常量. 为了估计 α 粒子由散射而引起的动量的变化(图2.2),只要把作用力乘以粒子在原子附近度过的时间($\sim 2R/v$),故

$$\frac{\Delta p}{p} = \frac{2FR/v}{m_\alpha v} = \frac{2Ze^2/(4\pi\varepsilon_0 R)}{\frac{1}{2}m_\alpha v^2}$$

$$\approx \frac{2Z \times 1.44 \text{ fm} \cdot \text{MeV}/0.1 \text{ nm}}{E_\alpha(\text{MeV})}$$

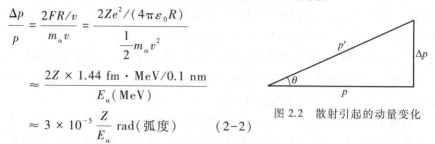

图2.2 散射引起的动量变化

$$\approx 3 \times 10^{-5} \frac{Z}{E_\alpha} \text{ rad(弧度)} \tag{2-2}$$

式中用到了电子电荷常量的一种有用表示法(请读者证明,并在以后理解其涵义):

$$\frac{e^2}{4\pi\varepsilon_0} = 1.44 \text{ fm} \cdot \text{MeV} \tag{2-3}$$

fm 代表费米,是长度单位,$1 \text{ fm} = 10^{-6} \text{ nm} = 10^{-15} \text{ m}$;在式(2-2)中已取原子半径 $R \approx 1 \text{ Å} = 0.1 \text{ nm}$;$E_\alpha$ 代表 α 粒子动能,以 MeV 为单位.

式(2-2)代表在汤姆孙模型中,对入射 α 粒子,正电荷引起的 α 粒子的最大偏转. 那么,负电荷(电子)对 α 粒子的偏转有什么贡献呢?

对于电子,由于它的质量只有 α 粒子的八千分之一,它的作用几乎完全可以忽略,即使是对头碰撞,

$$\frac{\Delta p}{p} \approx \frac{2m_e}{m_\alpha} \sim \frac{1}{4\,000} \sim 10^{-4} \tag{2-4}$$

把式(2-2)和(2-4)结合起来,可得到一个很保守的估计:

$$\theta < 10^{-4} \frac{Z}{E_\alpha} \tag{2-5}$$

对于 5 MeV 的 α 粒子对金($\text{Au}, Z = 79$)箔的散射,每次碰撞的最大偏转角将小于 10^{-3} rad. 要引起 $1°$ 的偏转,必须经受多次碰撞. 由于每次偏转的方向都是随机的,1 000 个原子都对 α 粒子给出同样方向的偏转的概率只有 $2^{-1\,000}$!(相当于投掷硬币 1 000 次,每次都是向上的概率),而盖革与马斯顿得到的实验值却为 1/8 000!

卢瑟福模型怎么定量地回答这一问题呢? 这就是下一节的主题.

§3 卢瑟福散射公式

(1) 库仑散射公式的推导

图3.1 描述了远离靶核时(此时库仑势为零),入射能量为 E、电荷为 $Z_1 e$ 的

带电粒子,与电荷为 Z_2e 的靶核发生散射的情况. 我们先证明物理学中的一个很重要的公式,库仑散射公式:

$$b = \frac{a}{2}\cot\frac{\theta}{2} \qquad (3-1)$$

式中

$$a \equiv \frac{Z_1 Z_2 e^2}{4\pi\varepsilon_0 E} \qquad (3-2)$$

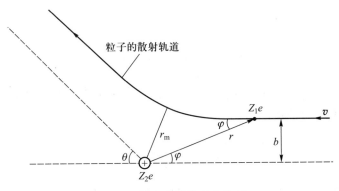

图 3.1 带电粒子的库仑散射

称为库仑散射因子. b 是瞄准距离,又称碰撞参量,即入射粒子与固定散射体无相互作用情况下的最小直线距离. θ 为散射角,当 $\theta = 90°$ 时,库仑散射因子 a 等于瞄准距离 b 的两倍.

在推导库仑散射公式(3-1)之前,我们对散射过程先作一些假定:(i)只发生单次散射;(ii)只有库仑相互作用;(iii)核外电子的作用可以忽略;(iv)靶核静止. 在推导公式之后,再考察这四个假定中哪个是成立的,哪个是可以排除的.

推导式(3-1)的出发点是[*]

$$\boldsymbol{F} = m\boldsymbol{a}$$

把力的具体形式代入后,

$$\frac{Z_1 Z_2 e^2}{4\pi\varepsilon_0 r^2}\boldsymbol{e}_r = m\frac{\mathrm{d}\boldsymbol{v}}{\mathrm{d}t} \qquad (3-3)$$

$\boldsymbol{e}_r$ 是 r 方向上的单位矢量. 因库仑力是中心力,而中心力满足角动量守恒,即有[**]

$$mr^2\frac{\mathrm{d}\varphi}{\mathrm{d}t} = L(常量)$$

按此,我们可以消去式(3-3)中的时间因子 $\mathrm{d}t$,把式(3-3)改写为

$$\frac{Z_1 Z_2 e^2}{4\pi\varepsilon_0 r^2}\boldsymbol{e}_r = m\frac{\mathrm{d}\boldsymbol{v}}{\mathrm{d}\varphi}\frac{\mathrm{d}\varphi}{\mathrm{d}t}$$

---

[*] 这里的推导方法取自:〔9〕J. C. Willmott. Atomic Physics. John Wiley & Sons Ltd,(1975)36.

[**] 此式来源可参见:〔10〕金尚年. 经典力学. 复旦大学出版社(1987)4.

或者,

$$\mathrm{d}\boldsymbol{v} = \frac{1}{4\pi\varepsilon_0} \frac{Z_1 Z_2 e^2}{mr^2 \dfrac{\mathrm{d}\varphi}{\mathrm{d}t}} \mathrm{d}\varphi\, \boldsymbol{e}_r = \frac{Z_1 Z_2 e^2}{4\pi\varepsilon_0 L} \mathrm{d}\varphi\, \boldsymbol{e}_r$$

于是,两边积分:

$$\int \mathrm{d}\boldsymbol{v} = \frac{Z_1 Z_2 e^2}{4\pi\varepsilon_0 L} \int \boldsymbol{e}_r \mathrm{d}\varphi \qquad (3-4)$$

上式左边的积分很简单,

$$\int \mathrm{d}\boldsymbol{v} = \boldsymbol{v}_{\mathrm{f}} - \boldsymbol{v}_{\mathrm{i}} = |\, \boldsymbol{v}_{\mathrm{f}} - \boldsymbol{v}_{\mathrm{i}} \,|\, \boldsymbol{e}_u \qquad (3-5)$$

式中 $\boldsymbol{e}_u$ 是 $\boldsymbol{v}_{\mathrm{f}} - \boldsymbol{v}_{\mathrm{i}}$ 方向上的单位矢量(图 3.2). $\boldsymbol{v}_{\mathrm{i}}$, $\boldsymbol{v}_{\mathrm{f}}$ 分别代表碰撞前后入射粒子 ($Z_1 e$)远离靶核时的速度. 由于能量守恒:

$$E = \frac{1}{2} m \,|\, \boldsymbol{v}_{\mathrm{i}} \,|^2 = \frac{1}{2} m \,|\, \boldsymbol{v}_{\mathrm{f}} \,|^2$$

即,$\boldsymbol{v}_{\mathrm{i}}$ 与 $\boldsymbol{v}_{\mathrm{f}}$ 的数值必然相等(记为 v),但两者方向不同,从图 3.2(a)可以看出, ($\boldsymbol{v}_{\mathrm{f}} - \boldsymbol{v}_{\mathrm{i}}$)这个矢量的大小是 $|\, \boldsymbol{v}_{\mathrm{f}} - \boldsymbol{v}_{\mathrm{i}} \,| = 2v\sin\dfrac{\theta}{2}$,方向则与 y 轴相夹 $\dfrac{\theta}{2}$ 角.

式(3-4)右边是单位矢量积分,因 $\boldsymbol{e}_r$ 是方向会变化的单位矢量,故须变换成固定的单位矢量 $\boldsymbol{i}$、$\boldsymbol{j}$ 后才能进行积分,即,

$$\int \boldsymbol{e}_r \mathrm{d}\varphi = \int_0^{\pi-\theta} (\boldsymbol{i}\cos\varphi + \boldsymbol{j}\sin\varphi)\,\mathrm{d}\varphi$$

$$= 2\cos\frac{\theta}{2}\left(\boldsymbol{i}\sin\frac{\theta}{2} + \boldsymbol{j}\cos\frac{\theta}{2}\right) \qquad (3-6)$$

从图 3.2(b)可以看出,($\boldsymbol{v}_{\mathrm{f}} - \boldsymbol{v}_{\mathrm{i}}$)方向上的单位矢量 $\boldsymbol{e}_u$ 在 x 轴上的分量是 $\boldsymbol{i}\sin\dfrac{\theta}{2}$, 在 y 轴上的分量是 $\boldsymbol{j}\cos\dfrac{\theta}{2}$,这说明式(3-6)右边括号所代表的单位矢量就是 $\boldsymbol{e}_u$,与式(3-5)一致. 这是必然的,因为式(3-4)是一个矢量方程,两边的方向必须一致.

把上述结果代入式(3-4)后便得到

$$v\sin\frac{\theta}{2} = \frac{1}{4\pi\varepsilon_0} \frac{Z_1 Z_2 e^2}{L} \cos\frac{\theta}{2}$$

$$= \frac{1}{4\pi\varepsilon_0} \frac{Z_1 Z_2 e^2}{mvb} \cos\frac{\theta}{2} \qquad (3-7)$$

由于 $mv^2 = 2E$,于是

$$b = \frac{a}{2}\cot\frac{\theta}{2} \qquad (3-8)$$

$$a \equiv \frac{1}{4\pi\varepsilon_0}\frac{Z_1 Z_2 e^2}{E} \qquad (3-9)$$

至此,我们推导了库仑散射公式.

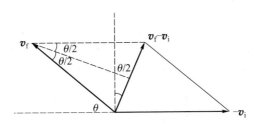

(a) 初速与末速的矢量图

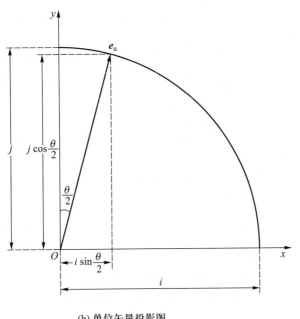

(b) 单位矢量投影图

图 3.2

　　回顾一下,我们在推导该公式时用了四个假定,先考虑第四个假定——靶核静止. 这在实验中往往是不可能做到的,一般说来,靶核在与入射粒子相互作用时总有反冲. 这样,我们就要考虑两体相互作用的一般过程. 那时,为了使式(3-1)仍旧成立,只要对式中几个参量作一些概念上的修正:把 θ 理解为质心系(即原点放在两体的质心上的坐标系)中的散射角 θ_c,把 E 理解为质心系能量. 质心系能量*的定义是在质心系中相互作用的两粒子的动能之和. 通过计

---

* 对质心系能量的详细讨论,可参阅:〔11〕杨福家等. 原子核物理. 复旦大学出版社(1993)157.在一般理论力学教材中也有讨论.

算可得它的大小 E_c 为

$$E_c = \frac{1}{2} m_\mu v^2 \qquad (3-10)$$

式中 m_μ 为折合质量,定义为

$$m_\mu = \frac{mm'}{m + m'} \qquad (3-11)$$

其中 m, m' 分别为入射粒子和靶核质量. 式(3-10)中的 v 为入射粒子相对靶核的运动速度,所以质心系能量又称为相对运动动能,只是要注意到,质量 m 应以折合质量 m_μ 代替. 当假定粒子以速度 v 入射时,靶核近似不动,则相对速度即为 v. 用 E_L 表示入射粒子的实验室动能,即 $E_L = \frac{1}{2} mv^2$,则有关系式:

$$E_c = \frac{m'}{m + m'} E_L \qquad (3-12)$$

显然,当 $m \ll m'$ 时,$E_c \approx E_L$,即质心系能量近似等于入射粒子的实验室动能. 也就是说,$m \ll m'$ 时,上述修正可以忽略.

可以证明,在实验室系中两粒子的总动能等于在质心系中质心系能量和在实验室系中所看到的质心的动能之和[*]. 由于在碰撞前后,质心将保持匀速直线运动,所以只有质心系能量部分才能发生能量转化(同学通过习题 1-3、1-4 将会对引入质心系能量的重要性有进一步体会).

例:^{214}Po(RaC′)放射出 α 粒子,其能量为 7.68 MeV,当它在金箔上散射时(满足 $m \ll m'$ 条件),按式(3-1)可求出 b 与 θ 的关系[**]:

瞄准距离 b/fm	散射角 θ
10	112°
100	16.9°
1 000	1.7°

由此可以看出,要得到大角度散射,必须在很小的范围内进行. 这就是为什么汤姆孙模型不可能出现大角度散射,而卢瑟福模型却可能出现大角度散射的原因,见图 3.3.

必须指出,式(3-1)在理论上是很重要的,但在实验中却无法应用. 这是由于 b 这个碰撞参量至今还是一个不可控制的量,在实验中尚无方法测量. 为了能与实验结果比较,我们必须再深入一步.

---

* 参考文献〔11〕.

** 注1,我们给出的结果是在不考虑靶核运动的情况下得到的. 假如考虑靶核运动,则将引起多大的误差? 请读者计算.

注2,在利用式(3-1)作计算时,我们建议一种运算方法:以 MeV 为能量 E 的单位(在实验室里从来不用 J 表示 α 粒子的动能),并取 $e^2/4\pi\varepsilon_0 = 1.44$ fm·MeV(请记住这个十分有用的常量),则可立即算出以 fm 为单位的 b 的数值.

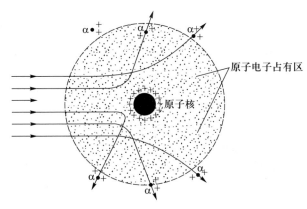

图 3.3　卢瑟福的原子模型:"行星"模型

（2）卢瑟福公式的推导

从式(3-1)可以看出,θ 与 b 有对应关系:b 大,θ 就小;b 小,θ 就大;对某一 b,就有一个确定的 θ.

那些瞄准距离在 b 到 $b+\mathrm{d}b$ 之间的 α 粒子,经散射必定向 θ 到 $\theta-\mathrm{d}\theta$ 之间的角度射出,如图 3.4(a)所示.凡通过图中所示以 b 为内半径,$b+\mathrm{d}b$ 为外半径那个环形面积的 α 粒子,必定散射到角度在 θ 到 $\theta-\mathrm{d}\theta$ 之间的一个空心圆锥体之中.现在要问:粒子打在这环上的可能性是多少呢？设一薄箔的面积为 A,厚度为 t(薄箔很薄,以致薄箔中的原子对射来的 α 粒子前后不互相遮蔽)[*],环的面积为 $2\pi b\cdot|\,\mathrm{d}b\,|$,利用式(3-8),则粒子打在这个环上的概率为

$$\frac{2\pi b\cdot|\,\mathrm{d}b\,|}{A}=\frac{2\pi}{A}\left(\frac{a}{2}\cot\frac{\theta}{2}\right)\cdot\left|-\frac{a}{2}\csc^2\frac{\theta}{2}\cdot\frac{1}{2}\mathrm{d}\theta\right|$$

$$=\frac{a^2 2\pi\sin\theta\mathrm{d}\theta}{16A\sin^4\dfrac{\theta}{2}}\qquad(3\text{-}13)$$

从图 3.4(c)可知,空心圆锥体的立体角与 $\mathrm{d}\theta$ 有如下关系:

$$\mathrm{d}\Omega=\frac{2\pi r\sin\theta\cdot r\mathrm{d}\theta}{r^2}=2\pi\sin\theta\mathrm{d}\theta$$

代入式(3-13),便有

$$\frac{2\pi b\,|\,\mathrm{d}b\,|}{A}=\frac{a^2\mathrm{d}\Omega}{16A\sin^4\dfrac{\theta}{2}}\qquad(3\text{-}14)$$

从图 3.4(b)可知,一薄箔有许多这样的环:对应于一个原子核就有一个环;假如在单位体积内的原子核数为 n,则在体积 At 内共有 nAt 个原子核,也即有 nAt 个

---

[*]　请读者作数量级估计来说明:箔要薄到什么程度,才使箔中原子对 α 粒子前后不相互遮蔽.

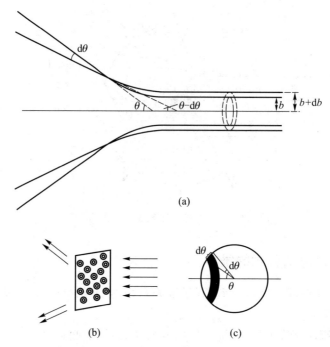

图 3.4 散射概率计算图示

"环". α 粒子打在这样的环上的散射角都是 θ, 故一个 α 粒子打在薄箔上, 被散射到 θ 到 $\theta - d\theta$ (即 $d\Omega$ 方向)范围内的概率为(假定箔中各原子核前后不互相遮蔽, 每个核都起作用):

$$dp(\theta) = \frac{a^2 d\Omega}{16A\sin^4 \dfrac{\theta}{2}} nAt$$

式中 n 是薄箔上的原子核数密度. 现若有 N 个 α 粒子打在薄箔上, 则在 $d\Omega$ 方向上测量到的 α 粒子数应为

$$dN' = N \frac{a^2 d\Omega}{16A\sin^4 \dfrac{\theta}{2}} nAt = ntN \left(\frac{1}{4\pi\varepsilon_0} \frac{Z_1 Z_2 e^2}{4E} \right)^2 \frac{d\Omega}{\sin^4 \dfrac{\theta}{2}} \qquad (3-15)$$

定义微分截面:

$$\sigma_C(\theta) \equiv \frac{d\sigma(\theta)}{d\Omega} \equiv \frac{dN'}{Nnt d\Omega}$$

它代表对于单位面积内每个靶核, 单位入射粒子、单位立体角内的散射粒子数. 由式(3-15), 微分截面即可表示为

$$\sigma_C(\theta) = \left(\frac{1}{4\pi\varepsilon_0} \frac{Z_1 Z_2 e^2}{4E} \right)^2 \frac{1}{\sin^4 \dfrac{\theta}{2}} \qquad (3-16)$$

这就是著名的卢瑟福公式. $\sigma_C(\theta)$ 具有面积的量纲, 它的物理意义是, α 粒子

散射到 θ 方向单位立体角内每个原子的有效散射截面. $\sigma_{\mathrm{C}}(\theta)$ 的单位是 m^2/sr. 通常以靶恩(简称靶,符号为 b)作为截面单位,$1\ \mathrm{b} = 10^{-28}\ \mathrm{m}^2$,$1\ \mathrm{mb}$(毫靶)$= 10^{-31}\ \mathrm{m}^2$.相应微分散射截面 $\sigma_{\mathrm{C}}(\theta)$ 的单位是 b/sr.

必须指出,在以上推导中假定原子核是不动的.如果抛弃这一假定,那么式 (3-16)仍成立,但是它是对质心坐标系的,只要把式中 θ 和 E,分别以 θ_{C} 和 E_{C} 代替即可.这个表达式在理论上是非常重要的,但在实际使用时,必须把它转到实验室坐标系.在实验室坐标系(L 系)中微分截面为 *

$$\sigma_{\mathrm{L}}(\theta_{\mathrm{L}}) = \left(\frac{1}{4\pi\varepsilon_0}\frac{Z_1 Z_2 e^2}{2E_{\mathrm{L}}\sin^2\theta_{\mathrm{L}}}\right)^2 \frac{\left[\cos\theta_{\mathrm{L}} + \sqrt{1-\left(\frac{m_1}{m_2}\sin\theta_{\mathrm{L}}\right)^2}\right]^2}{\sqrt{1-\left(\frac{m_1}{m_2}\sin\theta_{\mathrm{L}}\right)^2}} \qquad (3-17)$$

当 m_1/m_2 很小($m_1/m_2 \to 0$)时,则上式即简化为式(3-16)质心系形式,此时 $\theta_{\mathrm{L}} \approx \theta_{\mathrm{C}}$.

§4 卢瑟福公式的实验验证

(1) 盖革–马斯顿实验

卢瑟福理论是建立在原子的核式结构模型基础上的,即原子中带正电部分集中在原子中心很小的体积中,但它占有整个原子 99.9% 以上的质量,α 粒子在它外边运动,受原子全部正电荷 Ze 的库仑力作用.若实际情况确是如此,那么实验结果应该与理论公式(3-16)相符.从公式(3-16)可以看到以下四种关系:
A. 在同一 α 粒子源和同一散射体的情况下,$\mathrm{d}N'$ 与 $\sin^4\frac{\theta}{2}$ 成反比,即 $\mathrm{d}N'\sin^4\frac{\theta}{2} =$ 常数;B. 用同一 α 粒子源和同一种材料的散射体,在同一散射角,$\mathrm{d}N'$ 与散射体的厚度 t 成正比;C. 用同一散射物,在同一散射角,$\mathrm{d}N'$ 与 E^2 成反比,即 $\mathrm{d}N'E^2 =$ 常数;D. 用同一 α 粒子源,在同一散射角,对同一 nt 值,$\mathrm{d}N'$ 与 Z^2 成正比.对于从公式(3-16)得出的这四个结论,盖革和马斯顿于 1913 年在实验中得到了证明.1920 年,查德威克(J. Chadwick)改进了装置,用卢瑟福公式第一次直接通过实验测出了原子的电荷数 Z.通过比较,证明了原子的电荷数 Z 等于这元素的原子序数.这个结论与从其他角度对原子结构所作的考虑相符合,这就进一步有力地证明了卢瑟福公式的正确性[**].

---

* 关于(13-17)式的详细推导可参见本书第三版附录 1C.

** 卢瑟福公式与实验比较,究竟精确到什么程度?这方面的实验研究一直到最近还在进行.这是因为:在 1967 年卢瑟福公式开始对材料分析工作越来越显得有用之后(参见本书附录 Ⅰ),人们更关心它的精确程度.除 θ 很小或 $\theta=180°$ 两种情况将在下面讨论外,对一般情况,我们向读者推荐一篇较容易读的短文:〔12〕J. R. MacDonald et al. . J. App. Phys.,54(1983)1800.读后可写篇读书报告.

实验装置图及其说明见图 4.1.

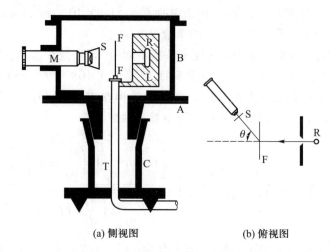

(a) 侧视图　　　　　　　　　　(b) 俯视图

图 4.1　检验卢瑟福散射公式的实验装置

图中 R 是放射源,F 是散射箔,S 是闪烁屏,圆形金属匣 B 固定于附有刻度的圆盘 A 上,A 和 B 可在光滑的套轴 C 上转动,R 与 F 装于与匣无关的管 T 上,整个匣子由 T 管抽空,在 S 屏上的闪烁计数通过显微镜 M 观察.

应该指出,在物理学中,许多在经典物理中成立的公式,在量子物理范畴内就不对了.但卢瑟福公式则是很少几个公式中的一个,它按经典物理导出,而在量子物理中仍保持原来形式.

（2）原子核大小的估计

在推导卢瑟福散射公式时,我们把原子核看作一个点,且只考虑库仑力.但事实上,每个原子核都有一定的大小(见第七章),而且,当入射粒子与原子核靠得足够近时,作用力不再是纯库仑力,那时,卢瑟福公式与实验结果就会产生明显偏差.

入射粒子能与原子核接近到什么程度呢? 作为估计,我们来计算当卢瑟福公式仍旧正确情况下,一个带正电(Z_1e)粒子,以一定能量$\left(\dfrac{1}{2}mv^2\right)$打向质量 m' 的原子核(Z_2e),并与其对头相碰时,可以接近的最小距离是多大.

假定原子核开始静止,当带正电粒子靠近核时,原子核由于排斥也将沿入射粒子方向运动.当入射粒子的动能全部转为它与原子核间的库仑势时,此时两者的间距即为入射粒子可接近此原子核的最小距离 r_m.由于入射粒子和原子核都在运动,所以真正能转化为库仑势的不是入射粒子的全部实验室系动能,而是入射粒子与原子核间的相对运动动能,即质心系能量 E_c[见(3-12)式].于是有关系式:

$$E_\mathrm{c} = \frac{1}{4\pi\varepsilon_0}\frac{Z_1Z_2e^2}{r_\mathrm{m}} \tag{4-1}$$

即得最小距离

$$r_{\text{m}} = \frac{1}{4\pi\varepsilon_0} \frac{Z_1 Z_2 e^2}{E_c} \equiv a \tag{4-2}$$

可见在卢瑟福公式成立的条件下, E_c 越大, 计算得到的 r_{m} 越少. 也就是说, 实际原子核半径总是小于 r_{m}.

实验证明, 当 ^{210}Po 的 α 粒子(5.3 MeV)对 ^{29}Cu 作 $\theta = 180°$ 散射时, 卢瑟福公式仍旧成立. 利用式(4-2)可以算出, 那时的 $a = 16.8$ fm, 因此, 铜的原子核半径一定小于 16.8 fm.

*（3） 关于小角处的卢瑟福公式

从式(3-13)看出, 当 θ 角很小时, 在 $d\Omega$ 立体角内接受到的出射粒子数 dN' 可能大于入射粒子数 N, 在 θ 非常小时, dN' 甚至可以趋于无穷大. 这显然是不可行的.

小角, 相当于大的碰撞参量, 那时, 在一般的实验条件下, 核外电子的作用可以忽略的假定就不再成立. 在 b 达到原子大小时, 由于原子呈中性, 库仑散射就根本不会发生. 因此, 在小角时, 不考虑核外电子屏蔽效应的卢瑟福公式不再正确*.

*（4） 180°处的卢瑟福公式

在某些情况下, 实验测到的卢瑟福散射截面远大于卢瑟福公式给出的数值. 不过, 偏差只发生在180°附近不到1°的范围内(当 $\theta = 179°$ 时, 实验与理论就相符很好). 对此偏差原因, 现已有了解释, 有兴趣的读者请参阅文献[14]. 在阅读文献之前, 请读者思考:测量散射角正好等于180°时的卢瑟福散射截面, 实验上有什么困难? 如何克服这一困难**?

§5 行星模型的意义及困难

（1） 意义

1. 最重要的意义是提出了原子的"核式结构", 即提出了以核为中心的概念, 从而将原子分为核外与核内两个部分(我们在日常生活中主要只接触到

---

* 参阅:[13]A.N. Mantri. Am. J. Phys.,45(1977)1122.

[14] T. E. Jackman et al. . Nucl. Inst. & Meth.,191(1981)527;O. S. Oen,ibid.,194(1982)87;D. W. Mingay & B. Rosner. ibid.,B2(1984)340;J. A. Moore et al.,ibid.,B17(1986)250.

** 对于在卢瑟福散射方面希望进一步扩大知识的读者,除了课程内容(包括本书附录Ⅰ)外,我们首先推荐阅读文献[12],凭现有知识已可基本读懂它. 然后再请考虑180°散射的实验问题,并从文献[14]中得到有益的启示.

核外这一部分），并且大胆地承认了高密度的原子核的存在.

2. 卢瑟福散射不仅对原子物理起了很大的作用，而且这种以散射为手段研究物质结构的方法，对近代物理一直起着巨大的影响. 一旦我们在散射实验中观察到卢瑟福散射所具有的特征（所谓"卢瑟福影子"），我们就能预料到，在研究的对象中可能存在点状的亚结构.

3. 卢瑟福散射为材料分析提供了一种手段. 1967 年，美国发送了一只飞行器到月球上，器内装有一只 α 源，利用 α 粒子对月球表面的卢瑟福散射，分析了月球表面的成分，把结果发回地球. 这一结果与 1969 年从月球取回样品所作分析结果基本符合，从此，卢瑟福散射日益为各实验室采用，成了材料分析的有力手段（参见附录Ⅰ）. 按此原理制成的"卢瑟福谱仪"现已成为商品.

（2） 困难

任何伟大的创造，经常在解决老问题的同时又孕育着新的问题. 卢瑟福模型也不例外.

卢瑟福模型与太阳系有极大的相似之处：它们都受 $1/r^2$ 力支配；体系总质量的 99.9% 都集中在中心（原子核或太阳）. 但是太阳系内的作用力是万有引力而原子内则是库仑力，这个差异立刻带来下述卢瑟福模型三个困难中的第一个困难：

1. 无法解释原子的稳定性. 谁都知道，任何带电粒子在作加速运动的过程中都要以发射电磁波的方式放出能量. 这样，电子就不能永远绕着原子核转下去. 因为电子绕核转动的圆运动是加速运动，电子本身带有负电荷，在加速运动中应不断向外发射电磁波而不断失去自己的能量，以致绕转的轨道半径越来越小，形成电子向着核作螺旋形的运动，最后在非常短的时间内（10^{-9} s 的数量级）掉到核内去，从而使正负电荷中和，原子全部崩溃（原子坍缩）. 然而，在现实世界中，谁也没见到有这类事发生，非但原子没有崩溃，连丝毫变化都未曾有过. 几百年前的金到今天还是金，这就证明原子是相当稳定的——但行星模型却无法解释这一事实.

2. 无法解释原子的同一性. 按照经典力学的规律，我们知道，今天的太阳系是由当初形成时宇宙的初始条件决定的，不同的初始条件不可能形成相同的结果，宇宙的变化是浩瀚莫测的，因此不可想象还存在着第二个完全一样的太阳系. 然而，原子的现实情况就不同了. 我们轻而易举就能找到相同的原子，来自美国的、英国的铁，甚至在月球上的铁，同中国的铁在原子结构上并没有丝毫差异. 这种原子的同一性按经典的行星模型是无法理解的.

3. 无法解释原子的再生性. 在太阳系中，一旦有彗星撞击到行星，则这颗行星原来的状态将被打乱且永远不可能再恢复到原来的状态——这是大家熟知的常识. 那么在原子中的情况又是怎样的呢？一个原子在同外来粒子相互作用后，一旦这外来客体远离，这个原子便马上又恢复到原来的状态，就像未曾发生过任何事情一样. 原子的这种再生性，又是卢瑟福模型所无法说明的.

正是上述所述的三大重大困难,使卢瑟福模型不为当时物理学界所认可,一些著名物理学家(包括普朗克、爱因斯坦、居里夫人等)都表示出"无动于衷"的态度. 但是面对如此困境,卢瑟福勇敢地于 1911 年 5 月在伦敦出版的《哲学杂志》上宣布了他的原子模型.[15] 当时,年轻的玻尔正在英国曼彻斯特大学卢瑟福所在实验室工作. 他深入了解卢瑟福模型的成功和困难,为他日后提出新的原子理论打下了很好的基础.

（3） 补注：定量估计举例

我们现在对困难 1 作个定量估计.

为简单起见,我们假定电子绕核（Ze）作圆周运动. 由离心力和库仑力的平衡,可得

$$\frac{m_e v^2}{R} = \frac{1}{4\pi\varepsilon_0} \frac{Ze^2}{R^2} \tag{5-1}$$

引入角动量

$$L = m_e v R \tag{5-2}$$

则电子的速度可被表示为

$$v = \frac{1}{4\pi\varepsilon_0} \frac{Ze^2}{L} \tag{5-3}$$

它的加速度

$$a = \frac{v^2}{R} = \left(\frac{1}{4\pi\varepsilon_0}\right)^3 \left(\frac{Ze^2}{L}\right)^2 \left(\frac{m_e Ze^2}{L^2}\right) = m_e \left(\frac{1}{4\pi\varepsilon_0}\right)^3 \frac{(Ze^2)^3}{L^4} \tag{5-4}$$

按照经典电动力学,单位时间内辐射的能量为

$$P = \frac{2}{3} \frac{1}{4\pi\varepsilon_0} \frac{e^2}{c^3} a^2 = \frac{2}{3} \left(\frac{1}{4\pi\varepsilon_0}\right)^7 \frac{e^2}{c^3} m_e^2 \frac{(Ze^2)^6}{L^8} \tag{5-5}$$

假如使电子的动能耗尽所需要的时间为 τ,则

$$P\tau = \frac{1}{2} m_e v^2 \tag{5-6}$$

把式(5-3)和(5-5)代入(5-6),整理后可得:

$$\tau = \frac{3}{4} \frac{1}{Z^4} \frac{L}{m_e c^2} \left(\frac{4\pi\varepsilon_0 Lc}{e^2}\right)^5 \tag{5-7}$$

利用

---

〔15〕 张凤珍,因心合译. 十九世纪物理学科的发展.（译自玻尔档案馆资料）国外建材译丛,1998 (2)44.

$$L^2 = \frac{Ze^2 m_e R}{4\pi \varepsilon_0} \tag{5-8}$$

可把式(5-7)化为

$$\tau = \frac{3}{4} \frac{R^3}{Zcr_e^2} \tag{5-9}$$

式中

$$r_e = \frac{e^2}{4\pi \varepsilon_0 m_e c^2} = 2.818 \text{ fm} \tag{5-10}$$

称之电子的经典半径.

若取 $R \approx 0.1$ nm, $Z = 1$, 则可从式(5-9)估算出 τ——电子作螺旋式运动落入核内所需要的时间:

$$\tau \approx 3.2 \times 10^{-10} \text{ s} \tag{5-11}$$

这就是卢瑟福模型的致命弱点.

小 结

（1）正如著名英国科学家贝尔纳所说："发现的最大困难,在于摆脱一些传统的观念."* 汤姆孙勇敢地提出:有比原子小得多的粒子——电子的存在.

（2）电子的发现不仅打破了原子不可分的经典物质观,为打开微观世界研究的大门作出了重大贡献,而且对物理学的发展产生重要影响.正如李政道所讲[16]:"从那以后影响了我们这世纪的物理思想,即大的是由小的组成,小的是由更小的组成,找到了最基本的粒子就知道最大的构造.这个思想不仅影响到物理,还影响到本世纪生物的发展,要知道生命就应研究它的基因,知道基因就可能会知道生命.我们现在发现这并不然.……20世纪是越微小越好,我们觉得小的是操纵一切的,而我猜测,21世纪将要把微观和宏观整体地联系起来,这不光是影响物理,也许会影响到生命的发展."在这里李政道又提出了新的科学思想,值得读者思考.

（3）卢瑟福模型的成功和困难告诉我们:一个模型的成功在于它能用一种比较直观的图像,抓住所研究问题中的主要矛盾,所得的结果能与实验相符.模型的这种特点也预示它必然有其局限性,甚至会带来新的难以解决的困难,从而迎来新的物理学革命.

---

* 陈其荣. 自然辩证法导论. 复旦大学出版社(1995)348.

〔16〕 李政道. 展望21世纪科学发展前景. 取自21世纪100个科学难题编写组. 21世纪100个科学难题. 吉林人民出版社,1998.

附录1A 电学单位

两点电荷之间的相互作用力

$$\boldsymbol{F} = k\frac{Z_1 Z_2 e^2}{r^2}\boldsymbol{e}_r$$

上式中选用的物理量单位不同,比例系数 k 也不同. 若选用国际单位制(SI),则电荷量的单位是库仑 C,两电荷的间距取为 1 m,力的大小及单位为 9×10^9 N,这时比例系数 $k = \frac{1}{4\pi\varepsilon_0} = 8.987\,55 \times 10^9 \frac{\mathrm{N \cdot m^2}}{\mathrm{C^2}}$;若选用厘米-克-秒静电单位制(CGSE),则电荷的电荷量单位是静电单位(esu),电荷相隔的距离选为 1 cm,力的大小为 1 dyn,这时力的表达式为 $F = \frac{Z_1 Z_2 e^2}{r^2}$,比例系数 $k = 1 \frac{\mathrm{dyn \cdot cm^2}}{\mathrm{esu^2}}$. 在这两种电学单位之间,只要在出现 e^2 处乘上 $\frac{1}{4\pi\varepsilon_0}$ 就可将高斯单位制换算到国际单位制(ε_0 为真空介电常量或称真空电容率). 本书采用国际单位制.

习　题

1-1　速度为 v 的非相对论的 α 粒子与一静止的自由电子相碰撞,试证明:α 粒子的最大偏离角约为 10^{-4} rad.

1-2　(1) 动能为 5.00 MeV 的 α 粒子被金核以 90°散射时,它的瞄准距离(碰撞参量)为多大?

(2) 如果金箔厚 1.0 μm,则入射 α 粒子束以大于 90°散射(称为背散射)的粒子数是全部入射粒子的百分之几?

1-3　试问:4.5 MeV 的 α 粒子与金核对心碰撞时的最小距离是多少? 若把金核改为 ^{7}Li 核,则结果如何?

1-4　(1) 假定金核半径为 7.0 fm,试问:入射质子需要多少能量,才能在对头碰撞时刚好到达金核的表面?

(2) 若金核改为铝核,使质子在对头碰撞时刚好到达铝核的表面,那么,入射质子的能量应为多少? 设铝核半径为 4.0 fm.

1-5　动能为 1.0 MeV 的窄质子束垂直地射在质量厚度为 1.5 mg/cm² 的金箔上,计数器记录以 60°角散射的质子. 计数器圆形输入孔的面积为 1.5 cm²,离金箔散射区的距离为 10 cm,输入孔对着且垂直于射到它上面的质子. 试问:散射到计数器输入孔的质子数与入射到金箔的质子数之比为多少? (质量厚度定义为 $\rho_m = \rho t$,其中 ρ 为质量密度,t 为靶厚)

1-6　一束 α 粒子垂直射至一重金属箔上,试求 α 粒子被金属箔散射后,散射角大于 60°的 α 粒子数与散射角大于 90°的粒子数之比.

1-7　单能的窄 α 粒子束垂直地射到质量厚度为 2.0 mg/cm² 的钽箔上,这时以散射角 $\theta_0 > 20°$散射的相对粒子数(散射粒子数与入射数之比)为 4.0×10^{-3}. 试计算:散射角 $\theta = 60°$相对应的微分散射截面 $\frac{\mathrm{d}\sigma}{\mathrm{d}\Omega}$.

1-8 （1）质量为 m_1 的入射粒子被质量为 $m_2(m_2 \leqslant m_1)$ 的静止靶核弹性散射,试证明:入射粒子在实验室坐标系中的最大可能偏转角 θ_L 由下式决定:$\sin\theta_L = m_2/m_1$.

（2）假如 α 粒子在原来静止的氦核上散射,试问:它在实验室坐标系中最大的散射角为多大?

1-9 动能为1.0 MeV的窄质子束垂直地射到质量厚度为 1.5 mg/cm^2 的金箔上,若金箔中含有 30%的银,试求散射角大于 30°的相对质子数为多少?

1-10 由加速器产生的能量为 1.2 MeV、束流为 5.0 nA 的质子束,垂直地射到厚为 1.5 μm 的金箔上,试求 5 min 内被金箔散射到下列角间隔内的质子数:

（1）59~61°;

（2）$\theta > \theta_0 = 60°$;

（3）$\theta < \theta_0 = 10°$.

第一章问题   参考文献——第一章

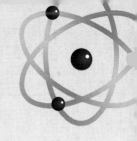

第二章　原子的量子态：玻尔模型

什么叫模型？模型就是奥地利的火车时刻表.奥地利的火车经常晚点,乘客问
列车员:"你们干吗还要时刻表?!"列车员回答:"有了时刻表你才知道火车晚点呀!"

——韦斯科夫(V. F. Weisskopf)

§6　背 景 知 识

　　1900 年普朗克(M. Planck)发表了著名的量子假说,但当时很少有人注意
他的文章,更不要说理解它了;连普朗克本人也不喜欢自己的"量子",他与很多
人一起想把量子说纳入经典轨道.可是,爱因斯坦(A. Einstein)却认真对待这一
革命性的观念,他在提出狭义相对论的同年(1905 年)明确地提出了光量子的
概念.无独有偶,爱因斯坦的论文同样不受名人的重视;甚至到了 1913 年,德国
最著名的四位物理学家(包括普朗克在内)在一封信中还把爱因斯坦的光量子
概念说成是"迷失了方向"[1].可是,当时年仅 28 岁的丹麦物理学家尼尔斯·
玻尔,却创造性地把量子概念用到了当时人们持怀疑的卢瑟福原子结构模型,
解释了近 30 年的光谱之谜.下面我们将分别介绍普朗克的量子假说、爱因斯坦
的光量子概念和有关光谱的实验事实.

玻尔与普朗克(1930 年)

---

　　〔1〕　Max Jammer. The Conceptual Development of Quantum Mechanics. McGraw Hill Book Co. (1966) 44.

（1）量子假说根据之一：黑体辐射*

什么叫黑体辐射？记得有时在评论某人物时（例如，莎士比亚的喜剧《威尼斯商人》中的高利贷者夏洛克），人们会贬称他"黑心"，就是说这个人对什么东西都贪得无厌. 与此相似，若一物体对什么光都吸收而无反射，我们就称这种物体为"绝对黑体"，简称"黑体". 事实上当然不存在"绝对黑体"，不过有些物体可以近似地作为"黑体"来处理，如图 6.1 所示. 一束光一旦从狭缝射入空腔后，就很难再通过狭缝反射出来，这个空腔的开口就可以被看作是黑体.

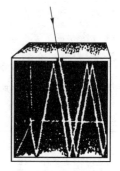

图 6.1　绝对黑体的模拟

我们知道，所有物体都能发射热辐射，而热辐射与光辐射一样，都是一定频率范围内的电磁波. 在冶金学中，炼钢的好坏常取决于炉内温度，而温度则可从颜色中得到反映，即我们需要知道炉内热辐射的强度分布 $u(\lambda)$——不同波长（颜色）对应的辐射强度，依此来把握炼钢的时机. 类似地，在天文学中，人们靠辐射的强度分布来判断星体表面的温度. 冶金学和天文学等方面的需要，大大推动了对热辐射的研究.

1859 年，基尔霍夫（G. R. Kirchhoff）证明，黑体与热辐射达到平衡时，辐射能量密度 $E(\nu,T)$ 随频率 ν 变化曲线的形状与位置只与黑体的热力学温度 T 有关，而与空腔的形状及组成的物质无关. 这样，利用黑体就可撇开材料的具体性质来普遍地研究热辐射本身的规律.

1893 年，维恩（W. Wien）发现黑体辐射的位移律. 实验测得黑体辐射本领 $R(\lambda,T)$ 在不同温度 T 下，随 λ 的变化规律，如图 6.2（a）所示：

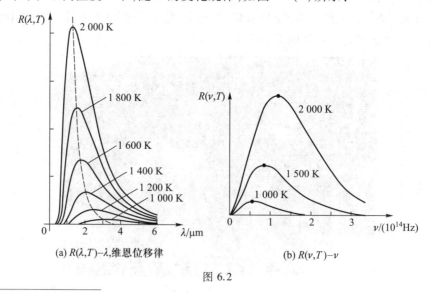

(a) $R(\lambda,T)$-λ, 维恩位移律　　　　(b) $R(\nu,T)$-ν

图 6.2

---

* 在"量子力学"课程中，将对黑体辐射作详细论述，参阅：〔2〕曾谨言. 量子力学. 科学出版社 (1981) 1.

$R(\lambda,T)$ 是表示单位时间从黑体的单位面积上所辐射出去的波长在 λ 附近单位波长范围内的能量大小. 由图可见, $R(\lambda,T)$ 的最大值所对应的波长 λ_m 是与黑体的热力学温度成反比的. 图 6.2(a)中虚线表示峰位随温度 T 的移动. 实验测得 λ_m 与 T 的乘积为常量:

$$\lambda_m T = 0.289\ 8\ \text{cm} \cdot \text{K} \tag{6-1}$$

式(6-1)即通常的维恩位移律公式.

类似地,可以测得辐射本领 $R(\nu,T)$,即单位时间从单位面积黑体上所辐射的频率在 ν 附近单位频率范围内能量随 ν 的变化规律,如图 6.2(b)所示. 由图可见,极大值所对应的 ν_m 与黑体热力学温度成正比.

总辐射本领 R 有如下表达式:

$$R(T) = \int_0^\infty R(\lambda,T)\,\mathrm{d}\lambda = -\int_0^\infty R(\nu,T)\,\mathrm{d}\nu$$

即有等式

$$R(\lambda,T)\,\mathrm{d}\lambda = -R(\nu,T)\,\mathrm{d}\nu \tag{6-2}$$

由此可得

$$R(\lambda,T) = \frac{c}{\lambda^2}R\left(\nu=\frac{c}{\lambda},T\right) \tag{6-3}$$

由于小孔(黑体)辐射本领与腔内热平衡时的辐射场的能量密度 $E(\nu,T)$ 有关[*]

$$R(\nu,T) = \frac{c}{4}E(\nu,T) \tag{6-4}$$

其中 $E(\nu,T)$ 为频率 ν 附近单位频率范围内的能量密度.

维恩根据实验结果,所得到的频率在 $(\nu,\nu+\mathrm{d}\nu)$ 之间的辐射能量密度 $E(\nu,T)$ 的经验关系式为

$$E(\nu,T)\,\mathrm{d}\nu = C_1\nu^3 \mathrm{e}^{-C_2\nu/T}\,\mathrm{d}\nu \tag{6-5}$$

式中 C_1 和 C_2 为经验参量,T 为平衡时的温度. 除了在低频部分有显著偏差外,此公式与实验相符得很好.

在 1900—1905 年间,瑞利(J. W. S. Rayleigh)和金斯(J. H. Jeans)根据经典电动力学和统计物理学导得

$$E(\nu,T)\,\mathrm{d}\nu = \frac{8\pi}{c^3}kT\nu^2\,\mathrm{d}\nu \tag{6-6}$$

式中 c 为光速,k 为玻耳兹曼常量. 此公式在低频部分与实验相符甚好,但随频率增大而与实验值的差距越来越大,当 $\nu\to\infty$ 时引起发散,这就是当时有名的"紫外灾难",见图 6.3.

在经典力学、热力学、统计物理学和电动力学取得一系列成就之后,物理学家在 19 世纪末已建成了一座座宏伟的科学大厦. 不少人认为,后辈物理学家似

---

[*] 此公式的推导,可参阅〔3〕王正行. 近代物理学. 北京大学出版社(1995)280.

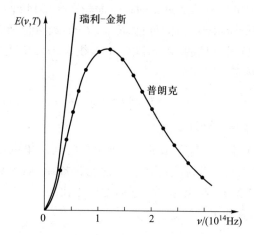

图 6.3　瑞利－金斯公式和普朗克公式与实验比较

乎只要做一些零碎的修补工作就行了. 但是, 在物理学晴朗的天空出现了两朵令人不安的"乌云"(1900 年 4 月英国开尔文勋爵语). 一朵是指迈克耳孙(A. A. Michelson)－莫雷(E. W. Morley)实验(1887 年), 另一朵则与黑体辐射有关. 正是这两朵乌云, 不久便掀起了物理学上深刻的革命: 一个导致相对论的建立, 另一个导致量子力学的诞生.

1900 年 10 月 19 日, 基尔霍夫的学生普朗克, 在德国物理学会会议上提出了一个黑体辐射能量密度的分布公式:

$$E(\nu, T)\mathrm{d}\nu = \frac{8\pi h \nu^3}{c^3} \frac{\mathrm{d}\nu}{\mathrm{e}^{h\nu/kT} - 1} \tag{6-7}$$

这个公式是普朗克为了凑合实验数据而猜出来的[4]. 显然, 当 $h\nu \gg kT$ 时, (6-7)式具有与维恩经验公式(6-5)完全一样的形式; 当 $h\nu \ll kT$ 时, (6-7)式就变为瑞利－金斯公式(6-6). 在提出这公式的当天, 鲁本斯(H. Rubens)立刻把它与卢默(O. Lummer)和普林斯海默(E. Pringsheim)当时测到的最精确的实验结果进行核对, 结果发现, 两者以惊人的精确性相符合. 鲁本斯第二天就把这一喜讯告诉了普朗克, 使他决心"不惜一切代价找到一个理论的解释". 经过两个月的日夜奋斗, 普朗克 12 月 14 日在德国物理学会提出: 电磁辐射的能量交换只能是量子化的, 即 $E = nh\nu$, $n = 1, 2, 3, \cdots$; 这里的 h 后来被称为普朗克常量. 在此能量量子化假定下, 他导出了著名的普朗克公式(6-7)式.

普朗克发表的常量[5]

$$h = 6.55 \times 10^{-34}\ \mathrm{J \cdot s}$$

只比现代值低 1%; 同时导出的玻耳兹曼常量

$$k = 1.346 \times 10^{-23}\ \mathrm{J/K}$$

比现代值低约 2.5%. 由此还可相当精确地算出阿伏伽德罗常量 N_A 及电子的电

〔4〕　塞格里. 从 X 射线到夸克. 上海科学技术文献出版社(1984).

〔5〕　M. Planck. Ann. der Physik, 4(1901)553.

荷 e,而在实验上只是在近二十年之后才独立地把 N_A 和 e 测量到这样精确的水平.

我国物理学家叶企孙在 1921 年与杜安(W. Duane)和帕尔默(H.H.Palmer)合作测定

$$h = (6.556 \pm 0.009) \times 10^{-34} \text{ J} \cdot \text{s}$$

[数字可按标准写法:$6.556(9) \times 10^{-34}$]. 此数值被国际物理学界沿用达 16 年.

普朗克常量在 2014 年的推荐值为

$$h = 6.626\ 070\ 040(81) \times 10^{-34} \text{ J} \cdot \text{s}$$

类似式(6-2),有关系式 $E(\nu,T)\mathrm{d}\nu = E(\lambda,T)\mathrm{d}\lambda$,利用此式和式(6-7)中 $E(\nu,T)\mathrm{d}\nu$ 的表达式,即可得到辐射波长在 $(\lambda,\lambda+\mathrm{d}\lambda)$ 范围中辐射能量密度的分布公式

$$E(\lambda,T)\mathrm{d}\lambda = \frac{8\pi hc}{\lambda^5} \frac{\mathrm{d}\lambda}{\mathrm{e}^{hc/kT\lambda} - 1} \qquad (6\text{-}8)$$

利用 $\dfrac{\mathrm{d}E(\lambda,T)}{\mathrm{d}\lambda} = 0$,可导出维恩位移律公式(6-1)(请读者计算).

由于量子化的概念同经典物理严重背离,因此在以后的十余年内,普朗克很后悔当时提出"量子说",并想尽办法试图把它纳入经典范畴——例如,把这种量子化说成是"假量子化";好比黄油,人们去商店买时,只能是一块一块整买,但拿到家里仍可以一点一点分割开. 只是在各种经典式的解释一一碰壁后,才理解到量子说的真正的深刻的含义[6].

正因为普朗克的量子说与经典物理的概念是如此之不同,因此在普朗克公式正式提出后的五年之中,没有人对其加以理会. 直到 1905 年,才由爱因斯坦作了发展,提出光的量子说,用 $E = h\nu$ 成功地解释了光电效应*.

(2) 量子假说根据之二:光电效应

1. 光电效应的发现

赫兹(H. R. Hertz)于 1887 年在用莱顿瓶放电的实验中,发现电磁波,并确定其传播速度等于光速. 赫兹的实验使麦克斯韦的电磁波理论得到全部验证. 正是在这个实验里,赫兹注意到,当紫外线照在火花隙的负极上,放电就比较容易发生. 这是光电效应的早期征兆. 次年,霍尔瓦希斯(W. Hallwachs)对此现象作了进一步研究,发现清洁而绝缘的锌板在紫外线照射下获得正电荷,而带负电的板在光照射下失掉其负电荷. 1900 年,林纳(P. Lenard)实验证明,金属在紫外线照射下发射电子. 过了两年,他进一步发现,光电效应的实验规律不能用波动说解释. 1905 年,爱因斯坦提出光量子假说,并用以解释光电效应.

---

[6] M. J. Klein. Physic Today,19,23(1966).

* 原著:[7]A. Einstein. Ann. der Physik,17(1905)132;并参考:[8]A. Arons & M. Peppard. Einstein's Proposal of the Photon Concept, Am. J. Phys.,33(1965)367.

2. 光电效应的实验规律

观察光电效应的实验装置如图 6.4 所示. 单色光投射到作为正极的金属表面, 引起光电子的逸出. 在另一端的电极上加负电压(减速势)V, 它的大小是电子能量的直接量度. 如果我们假定电子从正极发射出来的最大动能为 $\frac{1}{2}mv_m^2$, 那么, 当

$$eV = eV_0 = \frac{1}{2}mv_m^2$$

时, 就没有一个电子能够到达负极, 于是电流 i 为零. V_0 被称为遏止电压.

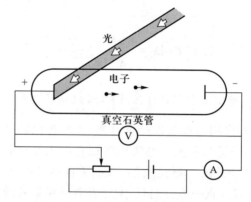

图 6.4　观察光电效应的实验示意图

初看起来, 光电效应极易理解, 但仔细考察一下实验规律, 就发现大有问题. 实验结果表明:

A. 当光的强度 I 与频率 ν 一定时, 光电流 i 与时间 t 的关系如图 6.5(a) 所示. 当光照到金属表面时, 电流几乎同时(<1 ns)产生.

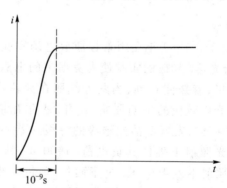

光强 I 和频率 ν 一定时, 光电流 i 与产生光电子的时间 t 的关系

图 6.5(a)

B. 当减速势 V 和光的频率 ν 固定时, 光电流 i 与光强 I 成正比, 即单位时间内逸出的电子数目正比于光的强度, 如图 6.5(b)所示.

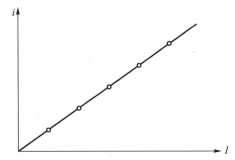

减速势 V 和光的频率 ν 固定时, 光强 I 与光电流 i 的关系

图 6.5 (b)

C. 当光的强度 I 和频率 ν 固定时, 光电流 i 随减速势 V 增加而减小, 如图 6.5 (c) 所示. 可见, ν 一定时, 对不同 I, 有相同的遏止电压 V_0. 当 $V = V_0$ 时, $i = 0$, 那时最大能量的电子都被阻止到静止 (当 V 较小时, 只是低能电子被阻止). 这表明光电子的最大能量与光强 I 无关.

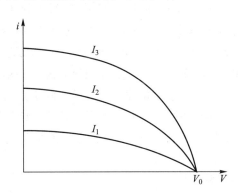

频率 ν 固定时, 不同光强 I 下, 光电流 i 与减速势 V 的关系

图 6.5 (c)

D. 对特定表面, 遏止电压 V_0 依赖于光的频率而与光的强度 I 无关, 从 B 可知, 与 i 也无关. 对金属材料铯 (Cs)、钾 (K)、铜 (Cu), 都分别有非常确定的阈频率 ν_0; 入射光的频率必须超过此阈值, 才能产生光电流, 否则, 不论光强 I 多大, 都无光电流 i, 见图 6.5 (d). 对大多数金属而言, ν_0 处于紫外区. 因典型的 V_0 约为几伏, 发出的光电子的动能在几个 eV. 由图 6.5 (d) 可知, 当 $\nu = \nu_0$ 时, $V_0 = 0$, 即不必外加减速电压, 电子都跑不出来. 而当 $\nu > \nu_0$ 时, 随 ν 增大, 遏止电压 V_0 也增大. 这表明光电子的最大能量与 ν 有关.

3. 光电效应的经典解释

经典物理认为, 光是一种波动, 当它照在电子上时, 电子就得到能量. 当电子集聚的能量达到一定程度时, 电子就能脱离原子的束缚而逸出. 那么, 光需要照射多少时间才能使电子达到这样的能量呢? 实验发现, 以光强为 $1\ \mu W/m^2$ 的光照射到钠金属表面, 即可有光电流被测到. 这就相当于一个 500 W 的光源照在 6 300 m 远处的钠金属板上 $\left(\dfrac{500}{4\pi \times 6\ 300^2} \right)$, 即可有电子发射. 容易估算, 在

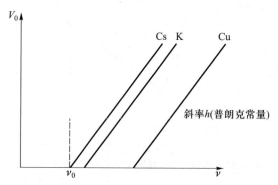

对特定金属表面，遏止电压 V_0 与频率 ν 的关系

图 6.5（d）

一平方米的面积上，一个原子层内约有 10^{19} 个钠原子*，那么十层就有 10^{20} 个钠原子. 假定入射光的能量为十层原子所吸收，那么，每一个原子得到 10^{-26} W $= 10^{-26}$ J/s $\approx 10^{-7}$ eV/s. 这表明，1 m^2 的钠金属板上，每个原子每秒钟接收到的能量约为 0.1 μeV，即使每个原子中只有一个电子接收能量，要使这个电子获得 1 eV 的能量，还需要 10^7 s $= 1/3$a（1 a $\approx \pi \times 10^7$ s）! 这与实验事实发生严重的矛盾. 光电效应的响应时间快（$T < 10^{-9}$ s），是经典物理最难理解的.

另外，依照经典理论，决定电子能量的是光强，而不是光的频率. 但实验事实却是：光电子能量与光强无关，而与频率有关. 暗淡的蓝光照出的电子的能量居然比强烈的红光照出的电子的能量大. 这种电子能量与光频率的关系是经典物理所无法解释的.

4. 光电效应的量子解释

1905 年，爱因斯坦发展了普朗克的量子说. 普朗克在解释黑体辐射时假定，物质振子的能量是量子化的，光以不连续方式从光源发出，但仍以波的方式传播. 爱因斯坦在 1905 年所发表的三篇划时代的论文中的一篇《光的产生和转化的一个启发性观点》中明确提出："按通常的想法，光的能量是连续地分布于光传播所经过的空间，当人们试图解释光电效应时，这种想法遇到了极大的困难".** 于是，他进一步假定，光的能量也是量子化的，光在空间的传播正像粒子那样运动. 这种粒子后来被称为光量子或光子. 爱因斯坦用光量子假说成功地解释了光电效应.

爱因斯坦在《物理学的进化》一书中**还强调了他提出光量子概念的科学思想："为了保持牛顿理论的基本观念，我们必须假设：单色光是由能-粒子组成的，并用光量子来代替旧的光微粒. 光量子以光速在空中穿过，它是能量的最小

---

* 从 $\frac{4}{3}\pi r^3 N_A = A/\rho = 23/0.97$ 可估算出钠的原子半径 $r \approx 0.2$ nm；1 m^2、一层原子的体积为 2×0.2 nm $\times 100^2$ cm$^2 = 4 \times 10^{-4}$ cm^3，内有原子数目为 4×10^{-4} cm$^3 \left/ \frac{4}{3}\pi r^3 \right. \approx 1.2 \times 10^{19}$.

** 爱因斯坦，英费尔德. 物理学的进化. 周肇威译. 上海科学技术出版社（1962）190.

单元. 我们把这些光量子叫做光子. 牛顿理论在这个新的形式下复活,就得出光的量子论."

按照爱因斯坦的观点,当光射到金属表面时,能量为 $h\nu$ 的光子被电子吸收. 电子把这能量的一部分用来克服金属表面对它的束缚,另一部分就是电子离开金属表面后的动能. 这一能量关系可以写成

$$\frac{1}{2}mv_m^2 = h\nu - \phi \qquad (6-9)$$

即,光子的能量 $h\nu$ 减去电子在金属中的结合能(脱出功)ϕ 等于电子的最大动能. 此式也称为爱因斯坦光电方程. 见图 6.6,它是图 6.5(d)的放大图. 当 $h\nu < \phi$ 时,电子不能脱出金属表面,因而没有光电子产生. 光的频率决定了光子的能量,也就决定了电子的能量. 光的强度只决定光子的数目;光子多,产生的光电子也多,但能不能产生光电子则决定于光的频率. 这样,经典理论所不能解释的光电效应就得到了说明.

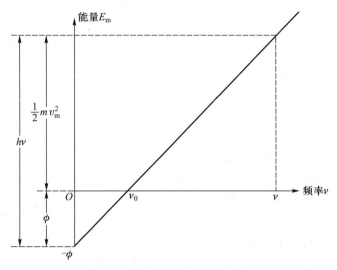

图 6.6　光电效应的爱因斯坦解释

但是由于传统的经典波动理论的影响之深,爱因斯坦的光量子论又是如此地与传统观念相对立,所以在相当长的时间内也不能为物理学界所接受,(6-9)式的正确性遭到怀疑. 直到 1916 年密立根发表了他从 1904 年开始,历经 10 多年所开展的精确的光电效应实验结果[*],完全证实了爱因斯坦光电方程的正确性,并测得了普朗克常量(即图 6.6 中直线的斜率),它与现代值十分相近,光量子论才开始得到人们的承认. 虽然如此,密立根还要说:"尽管爱因斯坦的公式是成功的,但其物理理论是完全站不住脚的." 可见,一个新的思想要被人们接受是相当困难的. 然而,历史很快作出了判断,光量子论终于被普遍接受,爱因斯坦也因光电效应(而不是相对论)获得 1921 年的诺贝尔物理学奖.

深入思考,将发现环绕"量子化"概念,还有一些科学难题没有明确答案,如

---

[*]　参见绪论中所推荐的文献〔11〕p100.

为什么能量一定要量子化？为什么普朗克常量会是这个特定值？……对于"光量子"，爱因斯坦直到临终（1955 年）前还讲过："这 50 年的沉思，并没有使我更接近'什么是光量子（光子）'这个问题的解决."*

（3） 光谱

光谱是光的频率成分和强度分布的关系图，它是研究原子结构的重要途径之一. 牛顿早在 1704 年就说过：若要了解物质的内部情况，只要看其光谱就可以了.

光谱是用光谱仪测量的. 光谱仪的种类繁多，但其基本结构原理却几乎都一样，大致由三部分组成：光源；分光器（棱镜或光栅）；记录仪（把分出的不同成分的光强记录下来）. 图 6.7 是棱镜光谱仪的原理图.

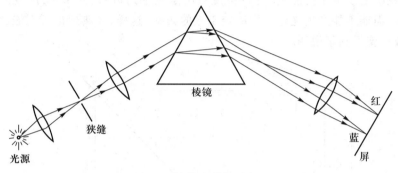

图 6.7　棱镜光谱仪示意图

不同的光源具有不同的光谱. 如果用氢灯作为一个光源，那么发出的光就是氢光，在光谱仪中测到的便是氢的光谱，如图 6.8 所示. 注意，图中最上面的数字是波数 σ 的大小，见下面的式（6-10）.

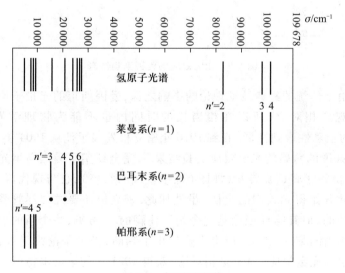

图 6.8　氢原子光谱

---

* 霍布森. 物理学：基本概念及其与方方面面的联系. 秦克诚等译，上海科学技术出版社（1990）329.

到 1885 年,人们从光谱仪中观察到的氢光谱线已有 14 条. 这年,巴耳末(J. J.Balmer)在对这些谱线进行分析研究后,提出了一个经验公式,依此可以计算在可见光区的谱线的波数 σ(即波长的倒数):

$$\sigma \equiv \frac{1}{\lambda} = \frac{4}{B}\left(\frac{1}{2^2} - \frac{1}{n'^2}\right), \quad n' = 3, 4, 5, \cdots \qquad (6\text{-}10)$$

式中 $B = 364.56$ nm,是个经验常量. 根据这个公式算得的波长数值在实验误差范围内与测到的数值完全一致. 后人称这个公式为巴耳末公式,而将它所表达的一组谱线(均落在可见光区)称为**巴耳末系**.

1889 年,里德伯(J. R. Rydberg)提出了一个普遍的方程[*]:

$$\sigma \equiv \frac{1}{\lambda} = R_{\mathrm{H}}\left[\frac{1}{n^2} - \frac{1}{n'^2}\right] = T(n) - T(n') \qquad (6\text{-}11)$$

这就是**里德伯方程**. 其中 $T(n)$ 称光谱项.

$$T(n) = \frac{R_{\mathrm{H}}}{n^2} \qquad (6\text{-}12)$$

氢的所有谱线都可用这个方程表示,其中 $R_{\mathrm{H}} = \dfrac{4}{B}$,称为**里德伯常量**,在此也是一个经验参量. 式中 $n = 1, 2, 3, \cdots$;对于每一个 n,有 $n' = n+1, n+2, n+3, \cdots$ 构成一个谱线系,例如:

$n = 1, n' = 2, 3, 4, 5, \cdots$,此谱系处于紫外区,1914 年由莱曼(T. Lyman)发现,称为**莱曼系**.

$n = 2, n' = 3, 4, 5, 6, \cdots$,在可见区,称为巴耳末系(1885 年),其中最著名的红色 H_α 线($n' = 3, \lambda = 656.3$ nm)是瑞典乌帕萨拉的埃格斯特朗(A. J. Ångström)在 1853 年首先测到的. 在一些杂志和书中还常看到的波长的另一单位埃(Å)(1 Å = 0.1 nm),即以他的名字命名. 有人把 1853 年作为科学光谱学的开始.

$n = 3, n' = 4, 5, 6, 7, \cdots$,在红外区,1908 年由帕邢(F. Paschen)发现,称为**帕邢系**.

$n = 4, n' = 5, 6, 7, 8, \cdots$,在红外区,1922 年由布拉开(F. Brackett)发现,称为**布拉开系**.

$n = 5, n' = 6, 7, 8, 9, \cdots$,在红外区,1924 年由普丰德(H. A. Pfund)发现,称为**普丰德系**.

其中,对于 $n = 4, n' = 7$ 以上的谱系,$n = 5, n' = 7$ 以上的谱系,以及 $n = 6, n' = 7$ 的谱系都是后来由哈姆泼雷斯(C. S. Humphreys)发现的.

从式(6-11)可知,氢的任一谱线都可以表达为两个光谱项之差,氢光谱是各种光谱项差的综合. 表面上如此繁复的光谱线竟然由式(6-11)简单地表示,这不能不说是一项出色的成果. 但是,里德伯公式(6-11)完全是凭经验凑出来

---

[*] 据说,当时里德伯并不知道巴耳末的工作,参见:[9] A.L.Schawlow. 1981 年诺贝尔奖的演讲,物理,11(1982)513.

的,它为什么能与实验事实符合得如此之好,在公式问世后将近三十年内,一直是个谜.

这个谜,由于玻尔把量子说引入了卢瑟福模型而得到了揭晓.原子物理学也从此展现出新的篇章.在图 6.9 中,我们可以看到对此作出杰出贡献的部分物理学家的照片.

图 6.9 1927 年索尔维会议参加者

前排左起第二到第六人为:普朗克、居里夫人、洛伦兹、爱因斯坦、朗之万.
第二排左起第一人:德拜、第三人:布拉格、第五到第九人:狄拉克、康普顿、
德布罗意、玻恩、玻尔. 第三排(站立)左起第六人:薛定谔、第八、九人为:
泡利和海森伯. 这些人的名字在本书中都将陆续出现.

§7 玻 尔 模 型

玻尔在 1913 年 2 月之前,还一直没有注意到巴耳末公式*. 2 月中,当他从他的好友那儿得知这一关于氢原子光谱线的经验表达式时,他即获得了他理论"七巧板中的最后一块板"[10]. 正如他在后来经常说的:"我一看到巴耳末公式,整个问题对我来说就全都清楚了".(玻尔的"二月转变").同年 3 月 6 日,玻尔就寄出了关于氢原子理论的第一篇文章,并在 7、9、11 三个月中连续发表三篇有历史意义的巨著**.

玻尔的氢原子理论是分三步完成的:

---

* 后来有人问玻尔:"您怎么会不知道巴耳末和里德伯的公式?"玻尔回答:"当时大多数物理学家都认为,原子光谱太复杂,它们绝不会是基础物理的一部分".

〔10〕 L. Rosenfeld & E. Rüdinger. Niels Bohr. North-Holland Pub. Co. (1968) 51.

** 原著:〔11〕Niels Bohr. Phil. Mag., 26(1913)1;26(1913)476;26(1913)857.并参考纪念性文章:
〔12〕杨福家,自然杂志,3(1980)780;8(1985)547.物理,10(1981)117;14(1985)641.

（1） 经典轨道加定态条件

玻尔认为,氢原子中的一个电子绕原子核作圆周运动(经典轨道),并作一个硬性的规定:电子只能处于一些分立的轨道上,它只能在这些轨道上绕核转动,且不产生电磁辐射.这就是玻尔的定态条件.应当指出,"一个硬性的规定"常常是在建立一个新的理论开始时所必要的;爱因斯坦在建立相对论时就是这样做的,玻尔在这里也是这样做的.至于这个硬性规定是否能够成立,首先要看由此而产生的结论与实验符合得如何.玻尔的定态条件是玻尔理论中最富有独创的内容.

如图 7.1 所示,质量为 m_e 的电子绕质子作半径为 r 的圆周运动.按经典力学,电子受到的向心力为

$$F = m_e \frac{v^2}{r}$$

这个力只能由质子和电子之间的库仑引力来提供,即

$$\frac{1}{4\pi\varepsilon_0} \frac{e^2}{r^2} = \frac{m_e v^2}{r}$$

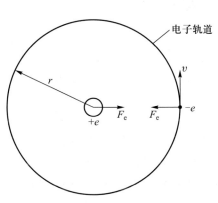

图 7.1　氢原子的电子经典轨道

由此得到电子在圆周运动中的能量表达式:

$$E = T + V = \frac{1}{2} m_e v^2 - \frac{e^2}{4\pi\varepsilon_0 r}$$

$$= \frac{1}{2} \frac{e^2}{4\pi\varepsilon_0 r} - \frac{e^2}{4\pi\varepsilon_0 r}$$

即

$$E = -\frac{1}{2} \frac{e^2}{4\pi\varepsilon_0 r} \qquad (7-1)$$

而电子作圆周运动的频率

$$f = \frac{v}{2\pi r} = \frac{1}{2\pi r} \sqrt{\frac{e^2}{4\pi\varepsilon_0 m_e r}} = \frac{e}{2\pi} \sqrt{\frac{1}{4\pi\varepsilon_0 m_e r^3}} \qquad (7-2)$$

（2） 频率条件

按照玻尔的观点,电子在定态轨道运动,不会发生电磁辐射,因此就不会损耗能量而落入核内.那么,在什么情况下产生辐射呢? 玻尔假定:当电子从一个定态轨道跃迁到另一个定态轨道时,会以电磁波的形式放出(或吸收)能量 $h\nu$(即光子能量 E),其值由能级差决定:

$$h\nu = E_{n'} - E_n \qquad (7-3)$$

这就是玻尔提出的频率条件,又称辐射条件. 玻尔在此把普朗克常量引入了原子领域. 定态,即无实质性运动;实质性运动只发生在定态之间.

把式(7-3)与(6-11)相比较,立刻看出:

$$E_n = -\frac{Rhc}{n^2} \qquad (7-4)$$

一旦写成这样的形式,里德伯公式(6-11)就得到了解释:它代表电子从定态 n'(能量为 $E_{n'}$)跃迁到 n(能量为 E_n)时释放的能量,相应的波长为 λ,频率为 ν. 相应波数 σ 可表示为

$$\sigma \equiv \frac{1}{\lambda} = \frac{1}{hc}(E_{n'} - E_n) \qquad (7-5)$$

由式(7-4)和(7-1)可得

$$r_n = \frac{1}{4\pi\varepsilon_0} \frac{e^2}{2Rhc} n^2 \qquad (7-6)$$

这就是氢原子中与定态 n 相应的电子轨道半径. n 只能取正整数,轨道是分立的. 至此,玻尔做了第二步. 然而,这些结果并未带来惊人的成就,因为 r_n 无法从实验中确定,R 仍旧是一个经验常量.

(3) 角动量量子化[13]

有些书籍把角动量量子化作为玻尔的第三个假定,但实际上,玻尔是依照对应原理(又称相应原理)的想法推出来的. 在原子范畴内的现象与宏观范围内的现象可以各自遵循本范围内的规律,但当把微观范围内的规律延伸到经典范围时,则它所得到的数值结果应该与经典规律所得到的相一致. 这就是对应原理主要内容之一.

让我们先把式(6-11)改写为

$$\nu = \sigma c = Rc \frac{n'^2 - n^2}{n'^2 n^2} = Rc \frac{(n'+n)(n'-n)}{n'^2 n^2}$$

当 n 很大时,考虑两个相邻 n 之间的跃迁($n'-n=1$),频率

$$\nu \approx Rc \frac{2n}{n^4} = \frac{2Rc}{n^3}$$

根据对应原理的准则,它应与经典关系式(7-2)一致,即

$$\frac{2Rc}{n^3} = \frac{e}{2\pi} \sqrt{\frac{1}{4\pi\varepsilon_0 m_e r^3}}$$

由此得到

---

[13] 杨福家. 物理教学,4(1983)14.关于对应原理,参阅绪论引文[13].

$$r = \sqrt[3]{\frac{1}{4\pi\varepsilon_0} \frac{e^2}{16\pi^2 R^2 c^2 m_e}} \cdot n^2$$

它应该与式(7-6)一致,于是,我们得到了里德伯常量的表达式:

$$R = \frac{2\pi^2 e^4 m_e}{(4\pi\varepsilon_0)^2 \cdot ch^3} \tag{7-7}$$

现在,里德伯常量不再是经验常量了,它已经由若干基本常量(e, m, h, c)组合而成,可以精确地算出了.

把式(7-7′)代入式(7-6),我们得到电子轨道半径:

$$r_n = \frac{4\pi\varepsilon_0 \hbar^2}{m_e e^2} \cdot n^2; \quad \hbar \equiv \frac{h}{2\pi} \tag{7-8}$$

把式(7-7′)代入式(7-4),我们得到电子在这个体系中的能量表达式:

$$E_n = -\frac{m_e e^4}{(4\pi\varepsilon_0)^2 \cdot 2\hbar^2 n^2} \tag{7-9}$$

另外,根据经典理论,电子的角动量应该为

$$L = m_e vr = m_e \sqrt{\frac{e^2}{4\pi\varepsilon_0 m_e r}} \cdot r = \sqrt{\frac{m_e e^2 r}{4\pi\varepsilon_0}}$$

把式(7-8)代入后,便有

$$L = n\hbar, \quad n = 1, 2, 3, \cdots \tag{7-10}$$

这就是角动量量子化条件*. 必须指出,式(7-7)到(7-10)都是在n很大的情况下导出的,但是我们假定它们对所有n都成立. 这就是对应原理的主要内容之二,也正是对应原理的精髓所在. 由于其中隐含着需经实验验证的假定,因此,我们称它为原理,而不称它为定理.

至此,我们已向读者介绍了玻尔在1913年提出来的氢原子模型,其中关键是玻尔理论的三步曲:提出了定态条件(量子态概念);频率条件(量子跃迁);用了对应原理. 其中还隐含:深入到原子领域时,能量守恒继续有效.

玻尔理论是否正确? 这主要看它的计算结果与实验的比较. 在作这样的比较(§8)之前,我们先讲一下计算的方法.

(4) 附注:数值计算法

我们已经有了里德伯常量和氢原子的能量、半径的表达式,见式(7-7)至式(7-9),为了进行数值计算,显然,只要把一些基本常量$(m_e, e, \hbar, \cdots)$代入即可. 但是,这样做既麻烦又缺乏物理意义. 现在我们介绍简便的数值计算法.

引入组合常量(其物理意义将逐步清楚):

---

* 希望读者仿照某些书籍,以角动量量子化条件为基本假设,从此出发导出里德伯常量、电子运动半径和能量,并与我们的推演过程作一比较.

$$\left. \begin{array}{l} \hbar c = 197 \text{ fm} \cdot \text{MeV} = 197 \text{ nm} \cdot \text{eV} \\[2mm] e^2/4\pi\varepsilon_0 = 1.44 \text{ fm} \cdot \text{MeV} = 1.44 \text{ nm} \cdot \text{eV} \\[2mm] m_e c^2 = 0.511 \text{ MeV} = 511 \text{ keV} \end{array} \right\} \qquad (7-11)$$

我们就可以方便地计算氢原子的第一玻尔半径($n=1$ 时的 r_n 值):从式(7-8),

$$r_1 \equiv a_1 = \frac{4\pi\varepsilon_0\hbar^2}{m_e e^2} = \frac{(\hbar c)^2}{m_e c^2 e^2/4\pi\varepsilon_0}$$

$$= \frac{(197)^2}{0.511 \times 10^6 \times 1.44} \text{ nm} \approx \frac{0.039 \times 10^6}{0.73 \times 10^6} \text{ nm} \approx 0.053 \text{ nm} \qquad (7-12)$$

第一玻尔半径通常又以 a_0 表示,并习惯上就称之为玻尔半径,它也是原子物理中常用的长度单位.

再计算氢原子的能量. 先把式(7-9)改写一下:

$$E_n = -\frac{m_e e^4}{(4\pi\varepsilon_0)^2 \cdot 2\hbar^2 n^2} = -\frac{m_e c^2}{2}\left(\frac{e^2}{4\pi\varepsilon_0\hbar c}\right)^2 \cdot \frac{1}{n^2} \qquad (7-13)$$

式中

$$\frac{e^2}{4\pi\varepsilon_0\hbar c} \equiv \alpha \approx \frac{1}{137} \qquad (7-14)$$

称为**精细结构常数**,其意义在以后会清楚. 从(7-11)式可知,α 是无量纲常数,其值为 1/137;它联系着三个重要常量:一个涉及电动力学(e),一个涉及量子力学($\hbar$),一个涉及相对论(c). 是什么样的物理因素把三者结合起来形成一个无量纲常数? 它的数值又为什么是 1/137? 至今无法回答. α 与 m_e/m_p 是原子物理中最重要的两个常数,都是至今没有办法从第一性原理导出的无量纲常数.

引入 α 后,式(7-13)变为

$$E_n = -\frac{1}{2}m_e(\alpha c)^2 \frac{1}{n^2} \qquad (7-15)$$

当 $n=1$ 时,

$$E_1 = -\frac{1}{2}m_e(\alpha c)^2 = -\frac{1}{2}m_e c^2 \alpha^2$$

$$= -\frac{1}{2}(0.511 \times 10^6) \times \left(\frac{1}{137}\right)^2 \text{ eV} \approx -13.6 \text{ eV} \qquad (7-16)$$

这就是氢原子基态能量;若定义氢原子基态能量为 0,那么

$$E_\infty = \frac{1}{2}m_e(\alpha c)^2 = 13.6 \text{ eV} \qquad (7-17)$$

就是把氢原子基态的电子移到无限远时所需要的能量,即是氢原子的电离能.

于是,我们有了表征原子的两个重要的物理量:一是线度,玻尔第一半径;一是能量,氢原子基态能量或电离能.

从式(7-16)还可看出

$$\alpha c = v_1 \qquad (7\text{-}18)$$

它被定义为玻尔第一速度. 其实,我们从圆轨道运动特点,

$$\frac{m_e v_1^2}{r_1} = \frac{e^2}{4\pi\varepsilon_0 r_1^2} \quad (n=1)$$

即可得到

$$v_1 = \sqrt{\frac{e^2}{4\pi\varepsilon_0 m_e r_1}} = \frac{e^2}{4\pi\varepsilon_0 \hbar} = \frac{e^2 c}{4\pi\varepsilon_0 \hbar c} = \alpha c \qquad (7\text{-}19)$$

$$\left(v_n = \frac{\alpha c}{n} \right)$$

它与式(7-18)相一致. 从此可知,电子在原子中运动的速度是光速的 1/137,速度不大,一般不必考虑相对论修正.

另外,我们可以把里德伯常量式(7-7)改写为

$$R = \frac{1}{2} m_e (\alpha c)^2 \frac{1}{hc} = \frac{E_\infty}{hc} \qquad (7\text{-}20)$$

由此可见,里德伯常量 R 正比于氢原子的电离能 E_∞,两者通过常数 hc 联系起来.

由式(7-8),(7-9)和(7-14)我们可得到 *

$$r_n E_n = -\frac{1}{2}\alpha\hbar c$$

当 n 很大时,$E_n \to 0$,r_n 会变得十分大,这就是下一小节(5)里德伯原子的情况。

对于光子,波数 σ 是波长的倒数,因此有

$$\sigma \equiv \frac{1}{\lambda} = \frac{E}{hc} \qquad (7\text{-}21)$$

式中 $E = h\nu$ 是光子能量,相应的波长

$$\lambda = \frac{hc}{E} = \frac{1.24}{E} \ \text{nm} \cdot \text{keV} \qquad (7\text{-}22)$$

这里我们已利用了组合常量

$$hc = 1.24 \ \text{nm} \cdot \text{keV} \qquad (7\text{-}23)$$

它只不过是式(7-11)中的 $\hbar c$ 的另一种表示形式. 在高能物理中可用超高能电子作探针研究原子核或核子的内部情况,电子能量越大,探针越细,这又是一

---

* 同学可自己推导.

个很好的例子. 从以上讨论, 我们看到了组合常量 hc(或 $\hbar c$) 的物理意义: 它是联系两种能量表达形式的桥梁. hc(或 $\hbar c$) 的量纲是线度与能量的乘积, 这两个量正是任何一个体系的最重要的两个物理量; 它们的乘积为常量, 就意味着小的线度必然与高的能量相联系. e^2 起着同样的作用, 它与 $\hbar c$ 是由精细结构常数联起来的.

§8 实验验证之一: 光谱

（1） 氢光谱

利用式(7–7)以及相应的物理常数, 早期得到 R 的理论值为 [*]:

$$R = 10\ 973\ 731.5\ \text{m}^{-1} \tag{8-1}$$

它与实验值

$$R_\text{H} = 10\ 967\ 758\ \text{m}^{-1} \tag{8-2}$$

符合得很好, 因而里德伯常量首次得到了理论的解释. 然而, 仍有点小问题: 理论与实验之间的差值超过万分之五, 而当时光谱学的实验精度已达万分之一. 著名的英国光谱学家福勒(A. Fowler)提出了这一质疑. 玻尔在 1914 年对此作了回答: 在原来的理论中假定氢核是静止的, 但由于氢核(质子)的质量不是无穷大, 当电子绕核运动时, 核不能固定不动, 而应作图 8.1 那样的两体运动. 于是, 上节给出的能量表达式中的电子质量, 就应以折合质量 m_μ 代替, 一质量为 m_A 的核相应的里德伯常量应写成

$$R_A = \frac{2\pi^2 e^4}{(4\pi\varepsilon_0)^2 \cdot ch^3}m_\mu = \frac{2\pi^2 e^4}{(4\pi\varepsilon_0)^2 \cdot ch^3}m_e\,\frac{1}{1+\dfrac{m_e}{m_A}} = R\,\frac{1}{1+\dfrac{m_e}{m_A}} \tag{8-3}$$

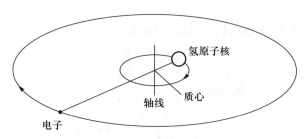

图 8.1 电子与原子核绕质心运动

当原子核质量 m' 取 ∞ 时, 上式便简化为

$$R_\infty = R$$

由此可见, 式(8–1)算得的里德伯常量实际是相当于原子核质量为无穷大的

---

[*] 现代最新的值(2014 年)为 $R = R_\infty = 10\ 973\ 731.568\ 508(65)\ \text{m}^{-1}$.

R_∞. 一般情况下的 R_A 值应从式(8-3)计算,表 8.1 列出几个具体例子.

表 8.1　里德伯常量 $R_A(\mathrm{cm}^{-1})$
($R_\infty = 109\ 737.31\ \mathrm{cm}^{-1}$)

^{1}H	109 677.58	^{4}He$^+$	109 722.27
^{2}D	109 707.42	^{7}Li^{2+}	109 728.80
^{3}T	109 717.35	^{9}Be^{3+}	109 730.70

注:元素左上角代表 A 值.

在电子与核绕质心运动时(图 8.1),电子与核之间的距离为[见式(7-12)]

$$r_{m_e m_A} = r_1 \frac{m_e}{m_\mu} = r_1 \frac{m_e + m_A}{m_A} \quad (基态)$$

而电子离质心距离(轨道半径)则仍为 r_1,与核质量无关(请读者证明).

由式(8-3)可知,只要能把个别原子的 R_A 精密地测定出来,就可以推算出 R_∞. 实验发现,依此推出的 R_∞ 与理论计算值式(8-1)完全一致. 这样,玻尔的理论使里德伯经验公式有了清晰的物理图像.

在里德伯公式

$$\sigma = \frac{1}{\lambda} = \frac{\nu}{c} = R\left(\frac{1}{n^2} - \frac{1}{n'^2}\right) \tag{8-4}$$

中,n' 和 n 分别表示电子在跃迁前后所处状态的量子数,若把式(7-8)表示的可能的轨道 r_n 和式(7-9)表示的可能的能量 E_n 用图解表示出来,即是图 8.2 或 8.3.图 8.3 是按能量大小的比例画出来的,称为**原子的能级图**.图中每一条横线代表一个能级,横线之间的距离表示能级的间隔,即能差. 在使用能级图时必须

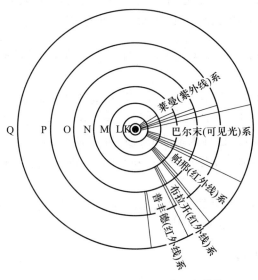

图 8.2　氢原子的电子轨道及光谱线

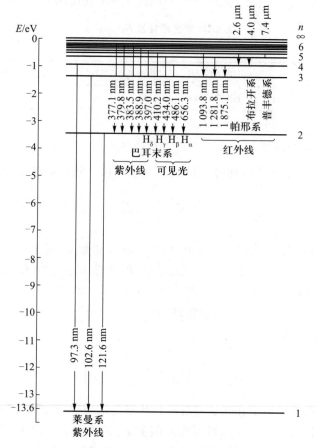

图 8.3 氢原子能级图与发射的光谱

注意:能量越大,波长越短;能量可以直接相加或相减,但波长却不能直接加减.
例如,当电子从 $n=2$ 跃迁到 $n=1$ 的能级时,电子辐射的能量是

$$h\nu = E_2 - E_1 = \left(-\frac{hcR}{4}\right) - (-hcR) = \frac{3}{4}hcR$$

但此时的电磁波的波长并不等于 E_2 和 E_1 相应的波长之差. 又如, $n=3$ 与 $n=2$ 之间的能差等于 $n=3 \longrightarrow n=1$ 之间距与 $n=2 \longrightarrow n=1$ 之间距的差;但是 $n=3$ 与 $n=2$ 之间跃迁波长(巴耳末系的 H_α 线)并不等于 $n=3 \longrightarrow n=1$ 之间跃迁波长(莱曼系中第二条谱线)与 $n=2 \longrightarrow n=1$ 之间跃迁波长(莱曼系中第一条谱线)之差.

这样,玻尔模型成功地解释了氢光谱,从而解开了近三十年之久的"巴耳末公式之谜",这是玻尔理论的一大成功.

(2) 类氢光谱

类氢离子是指原子核外只有一个电子的离子. 但原子核带有 $Z>1$ 的正电荷, Z 不同代表不同的类氢体系,例如:

Z =	1	H	呈电中性	记为 HI
	2	He^+	带一个单元正电荷	HeII
	3	Li^{2+}	带二个单元正电荷	LiIII
	4	Be^{3+}	带三个单元正电荷	BeIV

目前利用加速器技术已能产生像 O^{7+}、Cl^{16+}、Ar^{17+},甚至 U^{91+} 那样高 Z 的类氢离子.

玻尔理论对类氢离子的光谱的描述是很简单的,只要在原有公式中出现 e^2 时乘以 Z 即可,例如,类氢离子光谱的波数(R_A 内含 e^4,因而 R_A 要变为 $R_A Z^2$):

$$\left(\frac{1}{\lambda}\right)_A = R_A\left(\frac{1}{n^2} - \frac{1}{n'^2}\right)Z^2 = R_A\left\{\frac{1}{\left(\frac{n}{Z}\right)^2} - \frac{1}{\left(\frac{n'}{Z}\right)^2}\right\} \qquad (8-5)$$

从上式可以看出,n、n' 和 Z 分别都是整数,但比值 n/Z 和 n'/Z 就不一定是整数. 这正是类氢光谱与氢光谱的一个主要差别.

以 He^+ 为例,它的 $Z=2$,式(8-5)成为

$$\left(\frac{1}{\lambda}\right)_{He^+} = R_{He^+}\left[\frac{1}{(n/2)^2} - \frac{1}{(n'/2)^2}\right]$$

设 $n=4$,则 $n'=5,6,7,\cdots$,于是,

$$\left(\frac{1}{\lambda}\right)_{He^+} = R_{He^+}\left[\frac{1}{2^2} - \frac{1}{n_1^2}\right], \quad n_1 = 2.5, 3, 3.5, \cdots$$

而氢的巴耳末公式为

$$\left(\frac{1}{\lambda}\right)_H = R_H\left[\frac{1}{2^2} - \frac{1}{n'^2}\right], \quad n' = 3, 4, 5, \cdots$$

它们的主要区别有两个:一是 He^+ 的谱线比氢要多($n_1 = 2.5, 3.5, \cdots$ 相应的谱线都是氢光谱中没有的);二是 R_{He^+} 与 R_H 不同,因此,即使对 $n_1 = n'$ 的相应谱线,位置也不尽相同.

图 8.4 中较高的一组谱线代表氢原子的巴耳末谱线,较短的一组代表 He^+ 的**毕克林系**. 毕克林系是天文学家毕克林(E. C. Pickering)在 1897 年观察船舻座 ζ 星(中国名称:弧矢增二十二)的光谱中发现的. 从图中可以看到,毕克林系中每隔一条谱线和巴耳末系的谱线几乎重合,但又有一些谱线位于巴耳末两邻近的谱线之间(对应于 n_1 的半整数的谱线). 对于几乎重合的谱线,其波长又稍有差异(R 的不同).

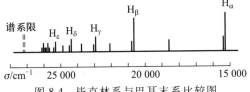

图 8.4 毕克林系与巴耳末系比较图

起初有人以为毕克林系就是氢的光谱线,并认为地球上的氢不同于其他星球上的氢.然而,玻尔从他的理论出发,郑重指出:毕克林系不是氢发出的,而是属于 He$^+$.英国物理学家埃万斯(E. J. Evans)在听到玻尔的见解后,立即到实验室里仔细观察氦离子的光谱,结果证实玻尔的判断完全正确.玻尔理论对类氢光谱的成功解释,促使人们更信服了它的可靠性.当这一消息传到爱因斯坦那里时,他也心悦诚服,并称玻尔的理论是一个"伟大的发现".直到年迈时,爱因斯坦还高度评价玻尔模型的成功,他说:"即使在今天,在我看来仍然是一个奇迹,这是思想领域中最和谐的乐章."[*]

(3) 肯定氘的存在

1932 年,尤雷(H. C. Urey)在实验中发现,在氢的 H$_\alpha$ 线(656.279 nm)的旁边还有一条谱线(656.100 nm),两者只差 0.179 nm.他便假定这一谱线属于氢的同位素,氘,并认为 $m_H/m_D = 1/2$,然后用式(8-3)算得不同的里德伯常量 R_H 和 R_D,进而算出相应的波长.结果发现,计算值与实验值相符得很好(请读者计算),从而肯定了氘(D,重氢)的存在.

(4) 附注一:非量子化轨道

我们在前面介绍了量子化的状态和分立的线状光谱.从式(7-8)和(7-9)可以知道,轨道半径与 n^2 成正比,而能量 E 的绝对值与 n^2 成反比.n 越大,半径越大,而能量则趋于零.即,量子化的能量是负的,最大的量子化能量是零.那么,有没有能量为正的情况呢?实验中已发现有这种情况.在巴耳末系的系限之外接有一个连续带,它就是一些具有正能量的原子产生的.

当电子离原子核很远时,它具有动能,这是正值,而这时的势能几乎为零,所以总能量就等于动能:$\frac{1}{2}mv_0^2$.当具有正能量的电子向原子核接近时,在库仑力(中心力)作用下,机械能守恒.在这轨道上任何一点的电子总能量都等于电子离原子核很远时的能量,是正值,可以写成

$$E = \frac{1}{2}mv^2 + \left(-\frac{Ze^2}{4\pi\varepsilon_0 r}\right) = \frac{1}{2}mv_0^2$$

它不是量子化的,可以取任何正值,这是因为:在库仑力作用下,能量 $E > 0$ 的轨道不会闭合,呈双曲线型,如图 8.5 所示.这种非周期性的运动是没有量子化的.

如果电子从这个非量子化轨道跃迁到一个量子化的轨道,原子就要发出一个光子,其能量是

$$h\nu = E - E_n = \left(\frac{1}{2}mv^2 - \frac{Ze^2}{4\pi\varepsilon_0 r}\right) + \frac{me^4Z^2}{(4\pi\varepsilon_0)^2 \times 2n^2\hbar^2}$$

$$= \frac{1}{2}mv_0^2 + \frac{hcRZ^2}{n^2}$$

---

[*] 埃·赛格雷.从 X 射线到夸克——近代物理学家和他们的发现.夏孝勇等译.上海科学技术文献出版社(1984)137.

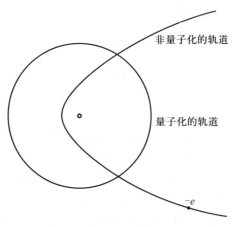

非量子化的轨道

量子化的轨道

-e

图 8.5　氢原子的非量子化轨道

式右边第一项可以是从零起的任何正值,而第二项相当于一个谱系限的能量.因此,发出的光的频率是连续变化的,它的数值从谱系限起向上增加,即朝短波方向延伸.

*（5）附注二：里德伯原子

里德伯原子是指原子中一个电子被激发到高量子态（n 很大）的高激发原子. 目前,在实验室中已制备出 $n \approx 105$ 的氢原子,射电天文观测已探测到 $n \approx 630$ 的大原子.

对高激发态原子的研究已有近百年的历史. 在 1885 年巴耳末提出氢原子的巴耳末公式之后,就有人观测到 $n = 13$ 的氢原子谱线. 1893 年毕克林通过星际观测得到 $n = 31$ 的谱线,建立了里德伯原子与天文学之间的联系. 1906 年观测到 $n = 51$ 的钠的里德伯态.

但由于传统光谱学的固有限制,对里德伯原子的研究进展一直很缓慢. 只是在激光技术应用到光谱学之后,才给研究工作带来新的色彩. 为什么人们对里德伯原子感兴趣呢?

在里德伯原子中,只有一个外层电子处于高激发态,它离原子实(原子核加其他电子)很远,原子实对它的静电库仑作用就像一个点电荷($+e$). 因此,任何原子,当它激发成高激发态的里德伯原子时,都可视为类氢原子;把原子看作由一个外层电子与一个原子实组成,从而可将多体问题简化为单电子问题,利用单电子原子的量子力学方法处理.

里德伯原子具有一系列奇特的性质.

依照玻尔的对应原理,当原子中电子激发到 n 很大的激发态时,电子的运动将接近于经典物理的情况. 它的轨道半径正比于 n^2[式(7-8)];例如,当 $n = 30$ 时,半径约为 48 nm,当 $n = 250$ 时,半径为 3.3 μm,接近于细菌的大小. 这真是特大的原子. 我们在第一章指出过,自然界存在的原子的质量可以相差 200多倍,但各种原子在正常情况下的半径大小都相差无几(见书末附表Ⅳ). 现在,里德伯原子却可比没有激发的基态原子大十万倍.

当量子态较低时,电子很容易回到基态,激发态平均寿命一般在 10^{-8} s 左右. 但是,当 n 很大时,辐射寿命近似正比于 $n^{4.5}$,只要不受别的原子碰撞,寿命长到千分之一秒甚至于一秒则是很普通的.

里德伯原子外层电子的结合能近似与 n^2 成反比,里德伯原子相邻两个束缚态之间的能量间隔就近似地与 n^3 成反比[参见式(7-7)],即随 n 的增加而迅速地减小. 例如,当 $n=30$ 时,$\Delta E_n \approx 1$ meV,$n=350$ 时,$\Delta E_n \approx 6.3\times10^{-4}$ meV. 这样小的能量间隔,一方面使检测困难,必须有高分辨光谱技术,另一方面,也带来了一些新的现象. 例如,一般认为室温的黑体辐射对原子的影响是完全可以忽略的,因为黑体辐射的频率与温度成正比,在室温(300 K)下,其频率远低于原子的一般辐射频率. 但对于里德伯原子,ΔE_n 已低到足以与室温黑体辐射频谱相匹配,从而观察到了室温黑体辐射对高激发态原子寿命的影响[14].

在普通的基态原子中,原子内部的库仑作用比较强,外加的电场、磁场对原子的影响比较小. 但对里德伯原子,高激发态电子离原子中心很远,原子中心部分给它的库仑作用较弱,外加电、磁场比较容易影响它,从而产生一些有趣的现象. 关于里德伯原子的其他性质,可以参阅文章[15].

§9　实验验证之二：弗兰克-赫兹实验

（1）基本想法

玻尔理论已由光谱研究得到了部分的证实. 但是,任何重要的物理规律都必须得到至少两种独立的实验方法的验证. 弗兰克(J. Franck)和赫兹(G. Hertz)在玻尔的理论发表后不久,就用了一种独立于光谱研究的方法验证玻尔理论.

玻尔理论的要点是,原子内部存在稳定的量子态,电子在量子态之间跃迁时伴随着电磁波的吸收或发射. 光谱实验,就是从电磁波发射或吸收的分立特征,证明量子态的存在. 而弗兰克-赫兹实验则是用电子束激发原子,如果原子只能处于某些分立的能态(量子态),那么,实验一定会显示,只有某种能量的电子才能引起原子的激发.

为什么用电子作为激发原子的手段呢? 从前面第一章 §3 中讨论可知,当电子与原子相碰时,由于碰撞前后质心将保持匀速直线运动,真正能使原子激发的最大能量是碰撞前两粒子体系的质心系能量. 在假定碰前靶原子可近似认为静止时,质心系能量 E_c 与入射电子的实验室动能 E_L 有关系式(3-10),$E_c=[m'/(m'+m_e)]E_L$,其中 m' 是原子质量. 可见用质量小的电子撞击时,可把全部动能转给原子. 因此,电子作为一种激发原子的手段是十分有效的.

---

〔14〕　E. J. Beiting et al. . J. Chem. Phys.,70(1979)3551;T. F. Gallagher & W. E. Cooke. Phys. Rev. Lett.,42(1979)835.

〔15〕　张绮香. 物理,10(1981)273.

（2）弗兰克-赫兹实验

在 1914 年,即玻尔理论发表的第二年,弗兰克和赫兹进行了电子轰击原子的实验,证明了原子内部能量确是量子化的.弗兰克-赫兹实验的示意图如图 9.1 所示.在玻璃容器中充以待测气体,电子从容器内的热阴极 K 发出,经 K 与栅极 G 之间的电场加速.而在 G 与接收极 A 之间加 −0.5 V 的反电压,当电子通过 KG 空间,进入 GA 空间时,若有较大能量,则就可以克服反电场而到达接收极 A,成为通过电流计的电流.若电子在 KG 区域与原子相碰,把自己的能量给了原子,那么,电子剩下的能量就可能很小,以致过栅极后已不足以克服反电压而抵达 A.若这类电子数目很多,那么电流计的读数将明显地减小.

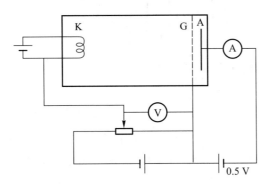

图 9.1　弗兰克-赫兹实验示意图

弗兰克-赫兹最初研究的是汞蒸气.实验时,把 KG 间的电压逐渐增加,同时观察电流计的电流.图 9.2 即显示 A 极电流随 KG 间电压变化的曲线:当 KG 间的电压由零逐渐增加时,A 极电流不断地上升、下降,出现一系列的峰和谷;峰(或谷)间距离大致相等,均为 4.9 V.即,KG 间的电压为 4.9 V 的整数倍时,电流突然下降.为什么有这样的现象呢?下面我们就来讨论产生这种现象的物理机制.

上述实验现象充分表明:汞原子对于外来的能量,不是"来者皆收",而是当外来能量达到 4.9 eV 时,它才吸收.即,汞原子内存在一个能量为 4.9 eV 的量子态.

当 KG 间的电压低于 4.9 V 时,电子在 KG 间加速而获得的能量不到 4.9 eV,此时若与汞原子碰撞,按经典的观点,它应把能量几乎全部转移给汞原子,但现在的实验表明,汞原子不接受低于 4.9 eV 的能量.于是,电子仍具有足够的能量通过栅极,并克服反电压而到达 A 极,对电流作出贡献.在电子能量低于 4.9 eV 的情况下,电子能量越高,就越容易抵达 A 极,电流也就越来越大.当 KG 间电压达到 4.9 V 时,电子若在 G 极附近与汞原子相碰,就有可能把所获能量全部传递给汞原子,使汞原子处于 4.9 eV 的激发态,那时,电子就无力到达 A 极,因此电流就大幅度下降.待 KG 间的电压略超过 4.9 V 时,电子并不能像经典规律所预言的,把能量全部传给汞原子,而只能转移掉 4.9 eV.因此,电子就留下了一部分能量,足以克服反电压而到达 A 极,那时电流又开始上升.当

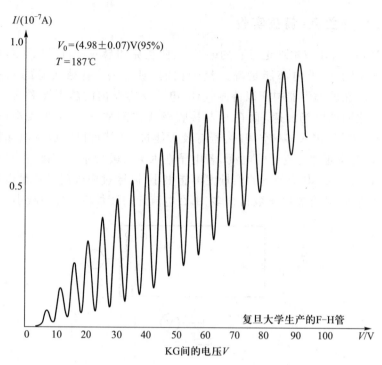

图 9.2　汞的第一激发电势的测量(承复旦大学近代物理实验室提供)

KG 间的电压二倍于 4.9 V 时,电子在 KG 区内一次碰撞损失 4.9 eV 能量后,有可能再次获得 4.9 eV 能量与另一原子发生非弹性碰撞,依此耗尽能量,从而又造成电流的下降. 同理,当 KG 间的电压为 4.9 V 的三倍时,电子在 KG 区内有可能经三次碰撞而失去能量. 这就清楚地证实了原子中量子态的存在.

　　但是,弗兰克-赫兹在 1914 年用的实验装置(图 9.1)有一缺点:电子的动能难以超过 4.9 eV;一旦被加速达到了 4.9 eV,就将与汞原子碰撞而失去能量. 这样,就无法使汞原子受激到更高的能态,以致只能证实汞原子的 4.9 eV 这一个量子态.

（3）　改进的弗兰克-赫兹实验

　　1920 年,弗兰克将原先的实验装置作了改进,其示意图如图 9.3 所示. 与原来的装置(图 9.1)相比较,有三方面的改进:一、在原来的阴极 K 前加上一极板,以达到旁热式加热,其目的是使电子均匀发射,从而把电子的能量测得更准;二、在靠近阴极 K 处加了一个栅极 G_1,并让管内的气体更加稀薄,以使 KG_1 的间距小于电子在汞蒸气中的平均自由程,目的是建立一个无碰撞的加速区,使电子在这个区域内(KG_1 内)只加速不碰撞;三、使 G_1 与靠近 A 极的 G_2 这两个栅极处于同电位,即建立一个等势区来作为碰撞区,电子在这个区域内(G_1G_2 内)只碰撞不加速. 这样,改进后的装置的最大特点是,把加速与碰撞分在两个区域内进行,从而避免了原先装置中的缺点,可使电子在加速区获得相当高的能量.

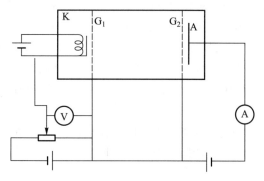

图 9.3　改进的弗兰克-赫兹实验示意图

实验结果确实显示出汞原子内存在一系列的量子态,如图 9.4(a)所示 *.注意,在这能级图中,右边是以 eV 为单位表示能级 E(取基态能量为零),左边是以 E/hc 来间接表示相应能级的能量,其单位是 cm^{-1},与波数 σ 的单位相同,但不是波数.用 E/hc 表示能级的好处是:它们之差即是相应谱线的波数 σ[见式(7-5)],由它的倒数立刻可得到图 9.4(a)中所列出的所有谱线波长.

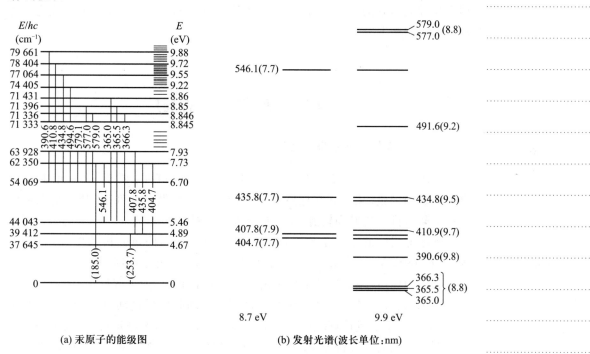

(a) 汞原子的能级图　　　　　(b) 发射光谱(波长单位:nm)

图 9.4　汞原子的能级图和发射光谱

1924 年,赫兹用上述改进后的装置重新做了实验.他在测量汞原子能级的同时,还仔细观察汞的发射光谱.当 KG_1 间的电压加到 $\geqslant 8$ V 时,图 9.4(a)中的

---

* 与图 9.2 相似,请读者画一张 KG_1 间电压与 A 极电流间的变化曲线,并作些说明.

六个低激发态都能产生,从图上可知,有可能发生六条跃迁,但其中两条(185.0 nm和253.7 nm)处于紫外区,因此在可见光光谱仪中应能观察到四条谱线,实验结果确是如此,见图9.4(b)的左边;当KG_1间的电压加到$\geqslant 10$ V时,就见到十三条谱线,见图9.4(b)的右边.图上谱线旁的数字代表波长,以纳米为单位,括号内的数值是代表相应谱线出现时在KG_1上加的电压,以伏为单位.请读者对照图9.4(a)和(b)来理解实验结果.

这些结果充分表明,原子被激发到不同的状态时,它所吸收的能量是不连续的,即原子体系的内部能量是量子化的.弗兰克-赫兹实验有力地证实了原子中量子态的存在.

(4) 结语

在原子物理、量子力学发展史中有三类最重要、最有名的实验:一是证实光量子的实验,包括黑体辐射、光电效应、康普顿效应等实验;二是证实原子中量子态的实验,诸如光谱实验、弗兰克-赫兹实验;三是证实物质波动性的实验,这将在第三章中讨论.

弗兰克-赫兹实验在原子物理中占有相当重要的地位,它采用了与光谱研究相独立的方法,从另一角度证实了原子体系量子态的存在,并且实现了对原子的可控激发.

§10　玻尔模型的推广

(1) 玻尔-索末菲模型

在玻尔的理论发表后不久,索末菲(A. Sommerfeld)便于1916年提出了椭圆轨道的理论.索末菲在他所提出的理论中主要做了两件事,其一是把玻尔的圆形轨道推广为椭圆轨道,其二是引入了相对论修正[*].

索末菲当时的企图是解释那时在实验中观察到的氢光谱的精细结构,例如,早在1896年,迈克耳孙和莫雷就发现氢的H_α线是双线,相距0.36 cm^{-1},后来,又在高分辨率的谱仪中呈现出三条紧靠的谱线.为了解释这一实验事实,玻尔猜测,它可能是由于电子在椭圆轨道上运动时作慢进动所引起的.按此想法,索末菲作了定量计算.在考虑椭圆轨道及引入相对论修正后,发现原来由玻尔模型所得到的能级将分裂.其中$n=3$的能级将分裂为三条,$n=2$的能级会分裂成两条,并定量计算出了三条H_α线,与实验完全符合.不过,在第四章§23节中,我们将会看到,这一"完全符合"纯属一种巧合.只有彻底抛弃轨道运动的量子理论才能对光谱的精细结构作出正确的解释.实际一条H_α线,在高分辨率的谱仪中将呈现出七条精细结构(见图23.4).对此玻尔-索末菲模型是完全无

---

[*] 关于索末菲椭圆轨道理论的详细内容可参见本书第二版§10内容.

能为力的.

（2） 相对论修正

下面对相对论修正作一简单介绍. 按照相对论原理,物体在运动时,其质量不再是常量,而与它的运动速度有关,即

$$m = \frac{m_0}{\sqrt{1-\beta^2}}, \quad \beta \equiv \frac{v}{c} \qquad (10-1)$$

式中 m_0 是物体的静质量,v 是物体的速度,c 是光在真空中的速度. 当 $v \ll c$ 时,$m \approx m_0$,这表明满足相应原理;当 v 趋近于 c 时,m 将远大于 m_0.

相对论给出的运动物体的动能表达式是

$$E_k = (m - m_0)c^2 = m_0 c^2 \left[\frac{1}{\sqrt{1-\beta^2}} - 1 \right] \qquad (10-2)$$

它与经典公式不同. 当 $v \ll c$,即 β 很小时,对上式右边第一项作级数展开,且略去高阶无穷小量,则上式便可写为

$$E_k = m_0 c^2 \left[1 + \frac{1}{2}\beta^2 - 1 \right] = \frac{1}{2} m_0 v^2$$

这就是经典表述形式.

在相对论成立的范畴里,质量用 $m = \frac{m_0}{\sqrt{1-\beta^2}}$ 表示,动能用 $E_k = (m - m_0)c^2$ 表示. 在相对论中,关键的常量是光速 c.

下面将用相对论对圆周轨道进行修正.

让我们从能量角度看,能量可写成动能与势能之和,即

$$E = E_k - \frac{Ze^2}{4\pi\varepsilon_0 r} \qquad (10-3)$$

先看第二项,因

$$r_n = \frac{4\pi\varepsilon_0 \hbar^2}{me^2} \frac{n^2}{Z}$$

对一般情况都成立,则第二项可写为

$$\frac{Ze^2}{4\pi\varepsilon_0 r_n} = \frac{Z^2 e^2 m e^2}{(4\pi\varepsilon_0)^2 \hbar^2 n^2} = \frac{Z^2}{n^2} \cdot \frac{e^4}{(4\pi\varepsilon_0)^2 \hbar^2 c^2} mc^2 = \frac{Z^2}{n^2} \cdot \alpha^2 \cdot mc^2$$

另外,依照式(7-15)并考虑原子核带有 Ze 电荷,则

$$E_n = -\frac{1}{2} m \left(\alpha c \frac{Z}{n} \right)^2$$

由此可知 $v_n = \alpha c \dfrac{Z}{n}$，即 $\beta \equiv \dfrac{v_n}{c} = \dfrac{\alpha Z}{n}$。

故在考虑相对论效应后，式(10-3)便写为

$$E_n = (m - m_0)c^2 - mc^2 \left(\frac{Z\alpha}{n} \right)^2 = - m_0 c^2 + mc^2 \left[1 - \left(\frac{Z\alpha}{n} \right)^2 \right]$$

$$= - m_0 c^2 + \frac{m_0 c^2}{\sqrt{1 - \beta^2}} \left[1 - \beta^2 \right]$$

即

$$E_n = m_0 c^2 \left[\sqrt{1 - \beta^2} - 1 \right]$$

这就是能量的表达式。对此式作级数展开，且略去高次项，便有

$$E_n = m_0 c^2 \left[1 - \frac{1}{2}\beta^2 + \frac{\frac{1}{2}\left(\frac{1}{2} - 1 \right)}{2!}\beta^4 - 1 \right]$$

$$= - m_0 c^2 \left[\frac{1}{2}\beta^2 + \frac{1}{8}\beta^4 \right]$$

即

$$E_n = - \frac{m_0 c^2}{2} \left(\frac{Z\alpha}{n} \right)^2 \left[1 + \frac{1}{4}\left(\frac{Z\alpha}{n} \right)^2 \right] \tag{10-4}$$

在上面的简单推导过程中，我们不难看出相对论效应是如何被考虑进去的。显而易见，上式中第一项就是玻尔理论原来给出的，第二项则是考虑了相对论效应后增加的修正项。虽然这一简单推导只对圆轨道才成立，但是，它已包含了相对论修正引起的主要效果。

值得指出，在作上述展开时，认为 $\beta \ll 1$，至少是 $\beta < 1$，那么当 $\beta = \dfrac{Z\alpha}{n} > 1$，即在 $n = 1$，而 $Z > 137$ 时会出现什么情况呢？尽管目前还没有出现这个问题，因实际上目前得到国际上认可的人工制造的最重的核素还只是 $Z = 113$。并且，在考虑了核的大小而作出理论修正后表明，在 $Z \leqslant 172$ 时还不会出现 $\beta > 1$ 的情况。但是，重离子加速器将有可能制造 $Z = 184$ 的原子核，一旦这个尝试成功，将会给我们带来什么影响？那时，对今天的理论又能作出什么样的裁决呢？这正是当前在原子物理学中的一个活跃的研究领域。

（3） 碱金属原子的光谱

类氢离子的光谱用玻尔理论已得到很好的解释，这里要讨论的是碱金属元素的原子光谱。对这两大类原子来说，在谁更像氢原子的问题上各有所长。从核外只有一个电子这个角度看，显然类氢离子优于碱金属原子，但从最外层那

个电子所感受到的那个"原子实"的作用来说,碱金属原子中原子实的净电荷 Z 是 1,在这一点上又优于类氢离子. 因此,在讨论了类氢离子的光谱和这类体系的结构以后,把建立起来的理论推广到较复杂一些的碱金属原子,从而研究它们的光谱,是一个很自然的发展.

在前面讨论氢原子光谱时,我们已经知道,巴耳末系的特点决定了式(6-11)

$$\sigma = \frac{1}{\lambda} = R_{H}\left[\frac{1}{2^2} - \frac{1}{n^2}\right]$$

中有两项. 其中第一项是固定项,它决定系限及末态;第二项是动项,它决定初态.碱金属原子的光谱也与巴耳末线系相似,即随光的波长由长到短,其光强由强到弱,而谱线的间距则由疏到密. 图 10.1 给出的是锂原子的光谱线系. 从这类第一手资料(直接来自实验),即可得到能级图. 图 10.2 是锂的能级图. 为了便于记忆这个能级图,我们把它的主要特征归结为如下四条:

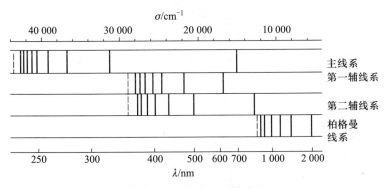

图 10.1　锂原子的光谱线系

A. 有四组谱线——每一组的初始位置是不同的,即表明有四套动项.

B. 有三个终端——即有三套固定项.

C. 两个量子数——主量子数 n 和轨道角动量量子数 l.

D. 一条规则——由图 10.2 中可见原子能级之间的跃迁有一个选择规则.即要求两能级的轨道角动量量子数之差满足 $\Delta l = \pm 1$.对这个选择规则,我们可以这样解释:l 的差别就是角动量的差别,由于光子的角动量是 1,要在跃迁时放出一个光子,角动量就只能差 1.根据这个选择规则,我们就可以画成能级图. 在图 10.2 中,能级按 l 值分类,l 值相同的能级画在同一列上. 图中,由 nP 向 2S 跃迁的,即 nP → 2S,称为**主线系**(Principal series);nS → 2P 的,称为**锐线系** (Sharp series),又称第二辅线系;nD → 2P 的,称为**漫线系**(Diffuse series),又称第一辅线系;nF → 3D 的则称为**基线系**(Fundamental series),又称**柏格曼线系** (Bergmann series). 由于这四个线系分别是从 $l=1$、0、2、3 各列出发的,而各线系的英文名称的第一个字母分别为 P、S、D、F,故习惯上用 S,P,D,F 来表示 $l=0$、1、2、3,l 大于 3 的即按字母次序排列(G,H,I,…表示 l 值为 4,5,6,…).

必须指出,图 10.1 给出的锂原子的光谱线系图,是发射光谱,即锂原子被

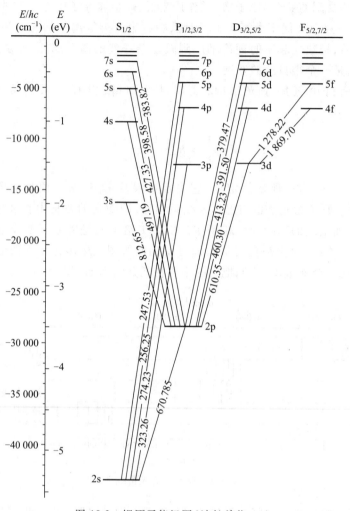

图 10.2　锂原子能级图(波长单位 nm)

激发(高温或碰撞)后直接发出的光谱. 假如我们观察锂的吸收光谱,即让具有波长连续分布的光透过物质(锂),我们将观测到某些波长的光被物质吸收而产生暗线或暗带组成的光谱. 但是,我们只能观测到与主线系相对应的吸收光谱,这对所有碱金属的吸收光谱都是如此. 这是因为,只有主线系与原子的基态相联系,而产生吸收光谱的物质一般都处于基态.

在图 10.3 上我们把氢、锂、钠的能级图并列比较. 从此可清楚看出,由于最外层都是一个电子,所以三者有一定相似性. 例如,对于 $n=3$,它们都有三条分裂的能级:3S,3P,3D;不过,对于氢原子,三者分裂是如此之小,以致在图上无法标出,而对于锂原子,分裂比较明显,对于钠,则有很大的分裂. 而对于 $n=6$ 的四条能级,分裂值都减小;虽然钠原子仍有最大的分裂,但只限于 l 值小的能级(6S,6P).

对于碱金属原子出现的这种能级分裂,如何给予正确的解释呢? 这里仅作定性的讨论.

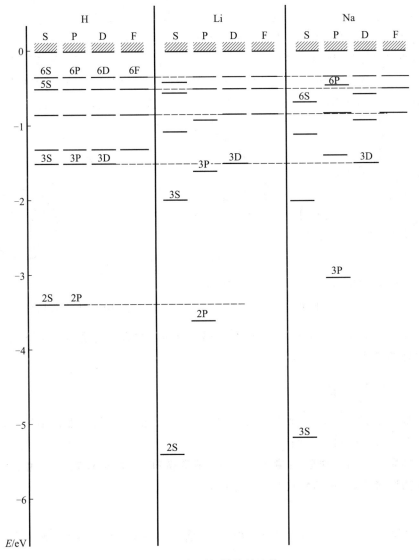

图 10.3　氢、锂、钠能级比较

与类氢离子相比,碱金属的原子实并不严实.当价电子离原子实很远(即 n 大),且轨道较圆(即 l 大)时,如图 10.4(a)所示那样,还不会出现什么问题.但当价电子离原子实较近(即 n 小),轨道又扁平(l 小)时,就将出现氢原子中所没有的两种情况:一是轨道在原子实中的贯穿,即如图 10.4(b)所示;二是原子实会发生极化效应(图 10.5).这两种情况都影响原子的能量.下面分别加以讨论.

关于轨道贯穿.由图 10.3 可以看出,锂的 S 能级要比氢能级低得多,它相当于偏心率很大的轨道.接近原子实的那些轨道会穿过原子实,从而影响了能量.

关于原子实的极化. 原子实本是一个球形对称的结构,它里边的原子核带有 Ze 正电荷,$Z-1$ 个电子带有 $(Z-1)e$ 负电荷. 当价电子靠近原子实运动时,由于价电子的电场作用,原子实中带正电的原子核与带负电的电子就会相对于中心作微小的相对位移,如图 10.5 中的实线圆所示. 于是负电的中心不再在原子核上,形成一个电偶极子. 这就是原子实的极化. 极化而成的电偶极子的电场又作用于价电子,使它感受到除库仑场以外的另加的吸引力,这就引起能量的降低.

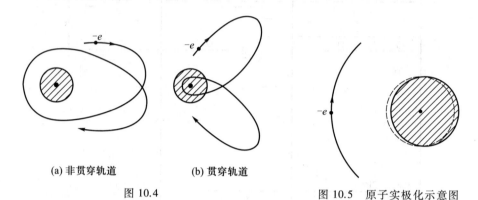

(a) 非贯穿轨道   (b) 贯穿轨道

图 10.4   图 10.5 原子实极化示意图

原子实极化和轨道贯穿的理论,对碱金属原子能级与氢原子能级的差别作了很好的说明.

（4）题外话

从量子概念的引入,到类氢光谱的解释,一切似乎都很自然而清晰. 不过,尼尔斯·玻尔曾告诫我们:

如果谁在第一次学习量子概念时,不觉得糊涂,那么他就一点也没有懂. 亲爱的读者,您有没有觉得有点糊涂呢?

小 结

(1) 普朗克为了解释黑体辐射实验,引入了能量交换量子化的假说:$\varepsilon = h\nu$;普朗克常量 h 的物理意义是:能量量子化的量度,即分立性的量度.

爱因斯坦发展了普朗克的假说,引入了光量子的概念,以解释光电效应. 他提出光子的能量 $E = h\nu$(在 1917 年,又提出光子的动量 $p = h\nu/c$),从而把表征粒子特性的量(能量和动量)与表征波动性的量(波长或频率)联系起来,其间的桥梁是普朗克常量 h.

(2) 19 世纪末,物理学家开始敲开原子的大门,他们发现了电子的电荷 e 和质量 m_e. 但是,单靠这两个常量既不能决定原子体系的**线度**,也不能决定它的**能量**;线度与能量,总是表征物质结构任一层次的两个基本特征量. 还缺少一个常量,它正是普朗克常量.

尼尔斯·玻尔把 h 与 e 和 m_e 结合起来,导出了表征原子体系的线度:

$r_1 = 4\pi\varepsilon_0\hbar^2/m_e e^2 = 0.052\,9$ nm, 和能量: $E = \dfrac{1}{2} m_e (\alpha c)^2 = 13.6$ eV. 注意, 乘积 $\alpha c = e^2/4\pi\varepsilon_0\hbar$, 并不包含 c; c 在这里只是非本质地出现.

(3) 玻尔处理原子结构所用的方法是: 对于电子绕原子核运动, 用经典力学处理; 对于电子轨道半径, 则用量子条件来处理. 这就是所谓半经典的量子论: 只对电子的径向运动采取量子理论, 而对其角向运动则仍用经典理论.

玻尔之所以选择电子的径向运动先行量子化, 是因为原子坍缩(§5,(2)) 的标志就是电子轨道半径为零. 只要原子半径由于量子化而不可能收缩到零, 原子坍缩问题就算解决了[*].

(4) 在表面上完全不同的事物之间寻找它们的内在联系, 这永远是自然科学的一个令人向往的主题. 玻尔把当时人们持极大怀疑的卢瑟福模型、普朗克-爱因斯坦的量子化与表面上毫不相干的光谱实验巧妙地结合了起来, 解释了近30年之谜——巴耳末与里德伯的公式

$$\sigma = \frac{1}{\lambda} = R\left(\frac{1}{n^2} - \frac{1}{n'^2}\right)$$

首次算出了里德伯常量.

玻尔的理论不仅得到光谱实验的支持, 而且还为与光谱完全独立的弗兰克-赫兹实验所证明. 量子态的概念就有了可靠的实验依据.

不过, 玻尔模型正像"模型"两字所意味着的, 有着一系列难以克服的困难. 正是这些困难, 迎来了物理学更大的革命(参见以下各章, 特别是第三章).

附录2A　知　鱼　乐[**]

日本第一位领诺贝尔物理学奖的汤川秀树(见第七章)曾不止一次地引用《庄子》第十七篇《秋水》一文中的"知鱼乐":

> 庄子与惠子游于濠梁之上. 庄子曰:"鲦鱼出游从容, 是鱼之乐也." 惠子曰: "子非鱼, 安知鱼之乐?" 庄子曰:"子非我, 安知我不知鱼之乐?" 惠子曰:"我非子, 固不知子矣; 子固非鱼也, 子之不知鱼之乐, 全矣!" 庄子曰:"请循其本. 子曰'汝安知鱼乐'云者, 既已知吾知之而问我. 我知之濠上也."

并询问几十位物理学家:"您接近惠子还是接近庄子?"

这里包含着两种极端的思维方法: 一是不相信任何未加证实的事物, 一是不怀疑任何未经证明其不存在或不曾发生的事物.

汤川认为:"没有任何科学家会顽固地坚持其中任何一个极端观点, 问题在于他更接近其中的哪一个.""否则就不可能产生今天的科学".

如果全按惠子的观点, 那么不会有玻尔的理论. 玻尔的高明之处在于: 从直觉出发, 认定

---

[*] 宇宙也有坍缩问题. 量子宇宙学所采取的办法与玻尔的方法颇有相似之处.

[**] 参见: 〔16〕汤川秀树. 创造力和直觉. 周林东译. 复旦大学出版社(1987). 在引此书时, 作者趁机感谢汤川夫人的有益交谈及在原著上的题字.

鱼是快乐的,然后,比庄子更进一步,设法证实了鱼是快乐的,并判断它快乐到什么程度.

附录2B　量子百年话创新

创新,起点是一问.

尼尔斯·玻尔:如果谁在第一次学习量子概念时,不觉得糊涂,那么,他就一点也没有懂.

"紫外灾难"引爆"量子革命"

灼热的物体会发热、发光.发热也好,发光也好,都是在发射电磁辐射,热辐射中包含很多红外辐射,即比红色光波长更长的辐射.红外取暖器就是利用这样的辐射.可见光,红橙黄绿青蓝紫;红光波长最长,频率最低;紫光波长最短,频率最高;比紫光波长再短的光,就是紫外线,再短就到 X 射线、γ 射线.

灼热物体发热、发光所发出的辐射中包含有多种波长.那么,辐射的能量大小与辐射的波长有什么关系呢? 例如,发出的红外线、红光、紫外线,其波长各不相同,哪一种波长的辐射所含有的能量更高一点呢? 这是 19 世纪将结束时,科学家最关心的问题之一.当时有两位科学家,按经典理论导出的公式很好地解释了长波辐射与能量的关系,到了短波部分却出现了"紫外灾难",即波长越短、频率越高、能量越大,那么,紫外线波长最短,所含能量就最多,即辐射能量都被紫外线分走了! 显然与实验事实不符.经典物理出现了灾难性的后果,令人赞美不绝的、甚至被某些人认为已完美无缺的经典物理大厦的上空出现了令人不安的乌云!

1900 年 10 月 19 日,普朗克凭借他丰富的经验凑出的一个公式,与最好的实验结果相比,符合得几乎天衣无缝! 普朗克在喜出望外之时,下决心寻找此公式的理论根据.经过两个月的日夜奋斗,终于在 12 月 14 日从理论上导出了这一公式,先决条件是假定灼热物体吸收或发射辐射的能量必须是不连续的,即能量 $E=nh\nu$,其中 n 必须是整数,即 $1,2,3\cdots\cdots$;ν 是辐射的频率,h 是常量,后者被称为普朗克常量,它是能量最小化的量度,即分立性的量度.能量大小只能是一个 $h\nu$、两个 $h\nu\cdots$,而不能是半个或一个半 $h\nu\cdots\cdots$.量子的概念由此诞生! 但是它与经典物理连续、平滑的概念相冲突,很难为人们所接受,连普朗克自己都不相信.他只好说,去商店内买黄油,只能一块一块买,但回来后可由你任意切割.量子概念的深刻含义及其给 20 世纪科技带来的革命风暴那时尚无人能够预料与理解.

过了五年,爱因斯坦登场.在 1905 年,爱因斯坦不仅发表了相对论,而且用量子论解释了 1887 年赫兹就已观察到的、经典物理无法理解的光电效应.在观念上,爱因斯坦比普朗克进了一步:不仅认为物体吸收、发射辐射时,能量是一份一份的,而且,辐射本身也是量子化的.黄油不仅是一块一块包装,而且,从本质上是切不开的.爱因斯坦依据光的量子说解释了光电效应,其理论的一系列预告被 1912 年里查德孙的实验完全证实,即使如此,爱因斯坦对光量子的深邃眼光不被物理学界所接受.例如,在 1913 年,当普朗克、能斯特(W. H. Nernst)、鲁本斯(Heinrich Rubens)、瓦尔堡(O. H. Warburg)联合提名爱因斯坦为普鲁士科学院院士时,在推荐书上说:

"我们可以说,几乎没有一个现代物理学的重要问题是爱因斯坦没有做过巨大贡献的.当然他有时在创新思维中会迷失方向,例如,他对光量子的假设."

但是爱因斯坦不理这些嘲笑,继续向前迈进.在 1916 年,他确定了光量子的动量.同年,密立根的实验证实了爱因斯坦的光量子公式,并计算出普朗克常量.1921 年爱因斯坦因对光电效应的解释获诺贝尔物理学奖(领奖是在 1922 年).然而,对光量子概念的广泛接受,是在 1924 年爱因斯坦对康普顿效应(见本书 §30)的划时代的认识.

在 1922 年与爱因斯坦同时领诺贝尔奖的还有获当年物理学奖的丹麦物理学家尼尔斯·玻尔.他在 1913 年一连发表三篇文章,把量子观念引入原子.正像英国喜剧作家吉尔伯特(W. S. Gilbert,1836—1911)的喜剧《爱奥兰茜》中的大法官,在"仙女嫁凡人者死"中加了一个"不":"仙女不嫁凡人者死",摆脱了仙女与凡人相恋而引起的困难.尼尔斯·玻尔在经典物理支柱之一、麦克斯韦经典电磁理论("绕一个原子核旋转的各个电子会辐射其能量并沿螺旋线缩进原子核",因此,原子无法稳定存在)中加了一个"不"字.玻尔大胆提出"……电子不会辐射……"!从而解决了他的导师卢瑟福的模型(原子中电子绕中心核运动)的困难,使原子能稳定存在.玻尔把当时人们持极大怀疑的普朗克、爱因斯坦的量子化,当时无人承认的卢瑟福的模型,与表面上毫不相干的、当时属于化学范畴的光谱实验巧妙地结合了起来,解释了近 30 年之谜——巴耳末氢光谱公式!即氢光谱不是连续谱,而是分立谱,正好与量子化相对应.玻尔理论不仅得到了光谱实验的支持,而且还为与光谱完全独立的弗兰克-赫兹实验所证实,即实验中电子与原子相碰撞,电子的能量只能一份一份地被吸收,半份能量被原子所拒收,从而使量子概念有了可靠的实验依据.玻尔因此获得了 1922 年诺贝尔物理学奖.

为庆祝玻尔的成就,在玻尔获奖一年后,世界物理中心之一的德国哥廷根举行了玻尔节,请玻尔发表演讲.在听众中有一位年仅 20 岁的大二学生,维尔纳·海森伯,他随导师索末菲来到演讲厅,一方面,他体验到了大师的演讲"每个字句都经过推敲,而且背后隐藏着深邃的思索",另一方面,他真是初生牛犊不怕虎,面对物理大师,居然敢于提问,而且是极具挑战性的问题.玻尔立刻感到问题击中要害,而且还包含一种不寻常的概念.会后他邀请海森伯外出散步,作了颇为深入的讨论.后来,海森伯不止一次地说,这是他一生中最为重要的散步,决定他命运的散步——"我的科学生涯从这次散步开始".不久,玻尔邀请海森伯去哥本哈根工作一段时间,并让他住在哥本哈根大学理论物理研究所(1965 年改名为玻尔研究所)的阁楼上,而玻尔一家当时也住在旁边的一座小楼内.玻尔不仅在研究所内经常与海森伯等一批年轻人讨论,而且还与海森伯在他可爱的祖国——丹麦,作了三天徒步旅行.海森伯学到了物理学,他理解了玻尔的爱国主义精神,玻尔的精神气质!从此,诞生了海森伯的名言:科学扎根于讨论.在海森伯与玻尔相遇后 10 年,他因"创建量子力学"而一人获 1932 年诺贝尔物理学奖.普朗克、爱因斯坦、玻尔的量子论,经过海森伯、泡利、薛定谔、狄拉克、玻恩等一批科学家的努力,终于发展成一门比较成熟的学科:量子力学.

尽管人们对量子力学的含义还有争论,但是量子学说的革命性概念处处取得成功,量子力学在实际中得到了巨大应用,战无不胜.半导体、激光、超导无一不与量子论有关,现在甚至有人在谈论"量子计算机时代"快要到来!1988 年的诺贝尔物理学奖得主李特曼估计,当今世界国民经济总产值中 25% 来自与量子现象有关的技术.

敢于向世界说"不"

百年前发生的量子革命是激动人心的,那一段时期发生的故事可以说是百听不厌!它们给我们的启示则是既深刻又不断发人深省.

普朗克之所以能解决"紫外灾难",是靠了深厚而又广博的基础,他通晓物理学每个领域的基本知识.但他在当时毕竟已属老年辈了(42 岁),新的量子概念与他熟知的经典物理是如此格格不入,致使他难以接受.普朗克在以后的十几年内总是想把量子概念纳入经典轨道,甚至对爱因斯坦的光量子说,他批评为"迷失了方向".

爱因斯坦(1905 年时 26 岁)、玻尔(1913 年时 28 岁),正处于风华正茂的年纪,他们举起了创新旗帜，带领海森伯等一批年轻人向旧世界宣战。他们都是敢于向旧世界说"不"的人！

不管普朗克愿意不愿意，他被实验事实逼上梁山，"孤注一掷"地提出，能量是不连续的；爱因斯坦深化了这个"不"字，而且在相对论里又说了一个"不"：光速是不变的；玻尔则说，在微观世界里，绕核运动的电子是不辐射的；海森伯更提出了量子力学中最关键的一个关系式"不确定关系式"（见本书§13），以一个"不"字与基于完全确定论的经典物理彻底决裂！

不过，所有这些"不"都不是无中生有，而是有坚强的实验事实为依据。"科学靠两条腿走路，一是理论，一是实验，有时一条腿走在前面，有时另一条腿走在前面。但只有使用两条腿，才能前进。在实验过程中寻找新的关系，上升为理论，然后再在实践中加以检验"（密立根，1923年获得诺贝尔物理学奖时的演说）。

正是靠了黑体辐射实验、光电效应实验、原子光谱实验、弗兰克-赫兹实验……，一连串的"不"字才能响彻云霄。

"不"字是一个否定词。但是百年前开始的物理革命风暴并非否定一切。牛顿力学、麦克斯韦电磁理论，作为19世纪的伟大科学成果，仍然是当今科技世界的理论支柱，卫星上天、宇宙飞行、电气世界，都以它们为基础。只是当人们的探索范围深入到微观世界时，主宰分子、原子、粒子运动规律的是量子力学，描述高速（接近于光速）运动物体规律的是相对论！李政道、杨振宁提出"宇称不守恒"，只是指发生在弱相互作用范围的宇称不再守恒。创新是在已有基础上的创新，有旧，才有新。

要创新，必须有适合新事物成长的肥沃土壤。玻尔的贡献不仅在物理学，还在于他创造了一个和谐的、有利于创新的环境。在他成名以后，英、美、德的邀请源源而来，但是他立志在不到500万人口的祖国大地上创建世界物理中心。丹麦原先连物理学教授的位置都没有，在1916年才为玻尔专设了一个物理学教授的位置。在1921年，在玻尔的努力下，哥本哈根大学理论物理研究所成立，它很快就成为世界三大理论物理学的中心之一。在研究所里，既有22岁当讲师、27岁当教授、31岁获得诺贝尔奖的海森伯和作为"上帝的鞭子"、"不断指出他人论文中缺陷的泡利（1945年获诺贝尔奖），又有开玩笑不讲分寸的朗道（1962年获诺贝尔奖），以及"几乎把画漫画、写打油诗作为主要职业，而把物理学变成副业"的伽莫夫（放射性衰变理论创造者之一）。

研究所很快成了"物理学界的朝拜圣地"，这个圣地的中心人物当然是玻尔。他事业心极强，夜以继日地工作，但又幽默好客，不摆架子；他爱才如命，到处物色有希望的青年人来所工作；他积极提倡国际合作，以致被人誉为"科学国际化之父"。

哥本哈根的气氛使人感到繁忙、激动、活泼、欢乐、无拘无束、和蔼可亲。哥本哈根精神随着量子力学的诞生而诞生，并成了物理学界最宝贵的精神财富。

天空中又出现了乌云

21世纪的钟声已经敲响，当我们回首时，经典物理大厦已经屹立了整整一百多年了，现在依然宏伟壮观。随着经典大厦顶上的乌云的消失，更为金碧辉煌的、至今仍相当神秘的量子大厦已经建成。那么，有没有第三座大厦？它又会是怎么样的大厦？为对此有所回答，让我们先看看已在量子大厦上空出现的乌云。

人们对物质结构的认识，从分子、原子深入到原子核，再到中子、质子，进一步又深入到夸克。即分子由原子所组成，原子由原子核与电子所组成，原子核由中子与质子所组成，中子、质子由夸克所组成。随着1995年找到了最后一个夸克——顶夸克存在的依据，2000年找到了最后一个轻子（与 τ 子相联的中微子），构成了物质的基本框架，六个夸克（上夸克、下夸克、奇异夸克、粲夸克、底夸克、顶夸克）和六个轻子（电子、μ 子、τ 子以及与它们相联的三个中微子），总算在21世纪来临前夕团圆相聚（见本书附录Ⅱ）。可是谁也没有直接看到孤立的夸克,它们总是成对、成堆地存在,永不分离! 这是为什么?

物理学中的对称原理,正受到一个又一个挑战,理论越来越对称,而实验越来越多地发现不对称. 不对称倒成了普遍规律! 这又是为什么?

抬头望明月,看星星,越来越好看. 从伽利略发明的望远镜,到今天各类天文望远镜、射电望远镜,从地上望远镜到天上望远镜,从可见光看到 X 射线、γ 射线. 但看来看去只看到了茫茫宇宙的 4%,而 96% 都是看不见的暗物质、暗能量. 2007 年 5 月 15 日美国宇航局报告说,一个天文学家小组利用哈勃望远镜,探测到了位于遥远星系团中呈环形分布的暗物质. 这是迄今为止能证明暗物质存在的最有力的证据. 它们是什么? 它们也是我们熟知的分子、原子、夸克、粒子吗? 看来都不像.

20 世纪初人们不理解光芒万丈照大地的太阳何以会光耀夺目? 其能量从何而来? 感谢相对论,感谢量子论,使我们对太阳能的来源了解得一清二楚. 但是,今天我们已经知道,在那遥远的地方还有比太阳的能量大千万亿倍的星球(所谓类星体),它一直在发光,这样巨大的能量又从哪里来? 是哪种能量在起作用? 看来,用现有的知识无法回答这些世纪难题. 量子大厦的高空已升起了朵朵乌云.

20 世纪的三大科学发现:相对论、量子论、DNA 双螺旋结构,导致人类三大科技工程:曼哈顿工程(核武器,以及接着而来的核动力、核技术的广泛应用)、阿波罗工程(登月、航天与空间研究开发)和人类基因组工程. 现在我们面临的是与新世纪、新经济密切相关的三大科技前沿:信息科学、生命科学、材料科学以及引导我们不断去探索的自然奥秘——一朵又一朵的乌云!

科学发现最终必然导致技术的创新,新生产力的出现,从而促使新的经济形态逐步替代旧的形态. 新的乌云必然引起新的科学发现,人类的文明史就是如此日新月异地向前发展.

(本文大部分内容曾于 2000 年 11 月 23 日在上海核学会、于 12 月 13 日在复旦大学物理系、于 12 月 30 日在上海物理学会作过演讲,后载于《解放日报》2001 年 1 月 7 日;在把此文附于本书时,又作了部分修改.)

习 题

2-1 铯的逸出功为 1.9 eV,试求:

(1) 铯的光电效应阈频率及阈值波长;

(2) 如果要得到能量为 1.5 eV 的光电子,必须使用多少波长的光照射?

2-2 对于氢原子、一次电离的氦离子 He^+ 和两次电离的锂离子 Li^{++},分别计算它们的:

(1) 第一、第二玻尔轨道半径及电子在这些轨道上的速度;(2) 电子在基态的结合能;

(3) 由基态到第一激发态所需的激发能量及由第一激发态退激到基态所放光子的波长.

2-3 欲使电子与处于基态的锂离子 Li^{++} 发生非弹性散射,试问电子至少具有多大的动能?

2-4 运动质子与一个处于静止的基态氢原子作完全非弹性的对心碰撞,欲使氢原子发射出光子,质子至少应以多大的速度运动?

2-5 (1) 原子在热平衡条件下处于不同能量状态的数目是按玻耳兹曼分布的,即处于能量为 E_n 的激发态的原子数为:

$$N_n = N_1 \frac{g_n}{g_1} e^{-(E_n - E_1)/kT},$$

式中 N_1 是能量为 E_1 状态的原子数,k 为玻耳兹曼常量,g_n 和 g_1 为相应能量状态的统计权重. 试问:原子态的氢在一个大气压、20 ℃温度的条件下,容器必须多大才能有一个原子处在第一激发态? 已知氢原子处于基态和第一激发态的统计权重分别为 $g_1 = 2$ 和 $g_2 = 8$.

(2) 电子与室温下的氢原子气体相碰撞,要观察到 H_α 线,试问电子的最小动能为多大?

2-6 在波长从 95 nm 到 125 nm 的光带范围内,氢原子的吸收光谱中包含哪些谱线?

2-7 试问哪种类氢离子的巴耳末系和莱曼系主线的波长差等于 133.7 nm?

2-8 一次电离的氦离子 He^+ 从第一激发态向基态跃迁时所辐射的光子,能使处于基态的氢原子电离,从而放出电子,试求该电子的速度.

2-9 电子偶素是由一个正电子和一个电子所组成的一种束缚系统,试求出:(1) 基态时两电子之间的距离;(2) 基态电子的电离能和由基态到第一激发态的激发能;(3) 由第一激发态退激到基态所放光子的波长.

2-10 μ^- 子是一种基本粒子,除静质量为电子质量的 207 倍外,其余性质与电子都一样. 当它运动速度较慢时,被质子俘获形成 μ 子原子. 试计算:(1) μ 子原子的第一玻尔轨道半径;(2) μ 子原子的最低能量;(3) μ 子原子莱曼线系中的最短波长.

2-11 已知氢和重氢的里德伯常量之比为 0.999 728,而它们的核质量之比为 $m_H/m_D = 0.500\ 20$,试计算质子质量与电子质量之比.

2-12 当静止的氢原子从第一激发态向基态跃迁放出一个光子时,(1) 试求这个氢原子所获得的反冲速率为多大?(2) 试估计氢原子的反冲能量与所发光子的能量之比.

2-13 钠原子的基为 3S,试问钠原子从 4P 激发态向低能级跃迁时,可产生几条谱线(不考虑精细结构)?

2-14 钠原子光谱的共振线(主线系第一条)的波长 $\lambda = 589.3$ nm,辅线系系限的波长 $\lambda_\infty = 408.6$ nm,试求:(1) 3S、3P 对应的光谱项和能量;(2) 钠原子基态电子的电离能和由基态到第一激发态的激发能.

第二章问题　　　　参考文献——第二章

第三章 量子力学导论

从来如此，便对么？

——鲁迅：狂人日记

*   *   *

思维世界的发展，从某种意义上说，就是对"惊奇"的不断摆脱.

——爱因斯坦

---

19 世纪末的三大发现，即 1895 年的 X 射线（第六章），1896 年的放射性（第七章）和 1897 年的电子（第一章），揭开了近代物理发展的序幕. 接着，1900 年，普朗克针对经典物理学解释黑体辐射的困难，提出辐射源能量量子化的概念（第二章）；1905 年，爱因斯坦针对光电效应的实验事实与经典观念的矛盾，提出光量子的概念（第二章）；1913 年，玻尔把普朗克-爱因斯坦的量子化概念用到卢瑟福模型（第一章），提出量子态的观念，并对氢光谱作出了满意的解释（第二章）；借助于 1925 年泡利提出的不相容原理（第五章）及同年乌伦贝克和古兹密特提出的电子自旋假设（第四章），像塞曼效应、元素周期性等一系列实验事实都得到了很好的解释（第四、五章）.

不过，至此形成的量子论（称为**旧量子论**），不论在逻辑上还是在对实际问题的处理上，都有严重的缺陷与不足（参见本章§11）. 为建立一套严密的理论体系，需要有新的思想，这就是"物质粒子的波粒二象性"（§12）. 关于光子的波粒二象性，实际上已由爱因斯坦在 1905 年和 1917 年明确提出（第二章），并为康普顿实验进一步证明（第六章），但只是在 1924 年，才由德布罗意把它推广到所有的物质粒子（§12）.

在此基础上，经过几年的努力，终于在 1925—1928 年期间由海森伯、玻恩、薛定谔和狄拉克等人建立了量子力学——它与相对论一起构成近代物理学的两大理论支柱. 它们在 20 世纪中称得上"革命性"的理论.

波粒二象性是量子力学的最重要的概念. 要特别强调的是，对微观客体，这里讲的"波"，或者"粒子"，与经典的相应概念是截然不同的（§12，§14）. 量子力学的本质特征在 1927 年海森伯提出的不确定关系中得到了最明确的反映（§13）；它是微观客体波粒二象性的必然结果.

量子力学的内容可以包括三个方面：一是介绍产生新概念的一些重要实验；二是提出一系列不同于经典物理的新思想；三是给出解决具体实际问题的方法.

根据本书的要求，我们着重阐明前两方面的内容，而对第三方面的内容只作简略的介绍(§15—17). 即使对于前两方面的内容,我们的讲授原则依然是,言犹未尽.

§11 玻尔理论的困难

在第二章中,我们已充分说明,玻尔在 1913 年提出的氢原子理论获得了很大的成功:它所提出的量子态概念得到实验的直接验证;当时它成功地解释了近 30 年来氢光谱之谜,从理论上算出了里德伯经验常量;它解释并预告了氦离子光谱. 从后面的章节中还将看到,利用玻尔模型能很好地说明特征 X 光谱,并第一次用物理的观念阐明了元素的周期性.

然而,由于玻尔理论把微观粒子看作经典力学中的质点,把经典力学的规律用于微观粒子,就不可避免地使得在这一理论中存在难以解决的内在矛盾. 首先,在概念上就难以理解为什么在氢原子中核与电子之间的静电相互作用是有效的,而加速电子在驻态(定态)时发射电磁辐射的能力却消失了;对驻态之间跃迁过程中发射和吸收辐射的原因是不清楚的,对过程的描写是十分含糊的. 为了清楚地看出这些矛盾,我们讲一下卢瑟福提出的质疑及薛定谔提出的非难.

当卢瑟福收到玻尔的文稿时,他当即提出如下质疑[1-3]:

"当电子从一个能态跳到另一能态时,您必须假设电子事先就知道它要往那里跳!"

为什么这样说呢? 假如电子处于 E_1 能态,它必须吸收能量为 $E_2 - E_1$ 的光子才能跳到 E_2 能态,吸收其他能量的光子都不会引起预期的跃迁(为简单起见,我们假定只有两条能级 E_1 和 E_2,且 $E_2 > E_1$). 那么,电子怎么从各种能量的光子中选择它要的光子呢? 为了要选择它要的光子,电子必须在事先就知道它要去的能级(E_2),好像它以前已经去过了,但是为了"去过了",首先必须先吸收它要的光子,…… 这样,就陷入了逻辑上的恶性循环.

下面,我们再介绍一下薛定谔的非难,即著名的"糟透的跃迁!"[4]

电子从一个轨道跃迁到另一个轨道时,按照相对论,它的速度不能无限大,即不能超过光速,因此它必须经历一段时间. 在这一段时间里,电子已经离开 E_1 态,尚未到达 E_2 态,那时电子处在什么状态呢?! 这是那"糟透的跃迁"理论无法回答的.

玻尔理论(旧量子论)不仅对这些逻辑上的矛盾与困难束手无策*,而且还在一系列实际问题上处处碰壁,例如,这种理论竟无法解释简单程度仅次

---

〔1〕 N. Bohr. Proc. Phys. Soc.,78(1961)1083.

〔2〕 J. B. Birks,ed.. Rutherford at Manchester(New York:W. A. Benjamin)(1963)127.

〔3〕 玻尔. 原子物理学和人类知识论文续编. 商务印书馆(1978)49.

〔4〕 W. Heisenberg. Physics & Beyond. Harper & Row Pub. (1972)75.

* 尼尔斯·玻尔"尼尔斯"(Niels Bohr "Kneels"). 参阅:〔5〕B. Hoffmann. The Strange Story of the Quantum. Dover Pub. (1959).

于氢原子的氦原子光谱；即使对于氢原子，对其谱线强度及精细结构也无能为力；它还无法说明原子是如何组成分子及构成液体和固体的. 因此，玻尔在 1922 年领诺贝尔奖时说："这一理论还是十分初步的，许多基本问题还有待解决."

面对这些困难，有人主张彻底放弃量子论，完全回到经典学说. 但是，大量事实越来越显示出量子假说的生命力；我们需要的是新的思想.

§12 波粒二象性

（1） 经典物理中的波和粒子

波和粒子这两个概念，在经典物理中都是非常重要的. 它们是两种仅有的、又完全不同的能量传播的方式，即能量的传播总可以用波或者用粒子来描述. 例如，声音使耳膜感受到振动，这便是声音以波的形式传播能量的结果. 而将一石子猛击玻璃使之破碎，这则是以粒子的形式传递能量的例证. 经验告诉我们，波和粒子这两个概念永远无法同时使用，即不能同时用波和粒子这两个概念去描写同一现象，因为，这在逻辑上是不可能的.

我们知道，对于理想的粒子，它具有完全的定域性，原则上可以无限精确地确定它的质量、动量和电荷. 粒子可视为一质点，尽管在自然界中所有的粒子都有一定的大小，但在一定条件下总可视为一个质点. "质点"的概念是相对的. 如在气体分子运动论中分子可被视为质点，虽然它有内部结构；同样，在银河系中，星球也可被视为质点. 当粒子本身的线度相对于体系的大小可以忽略时，当它的内部结构对探讨的问题不重要时，它就可被视为质点. 对于质点，只要初始的位置和速度已知，那就原则上可用牛顿力学完全描述它未来的位置和速度.

对于波，我们已从波的单缝衍射、双缝干涉等现象对它有所了解. 波的特征量是波长和频率. 对于理想的波，它必具有确定的频率和波长. 原则上，频率和波长可被无限精确地测定，但为此，波不能被约束，而必须是在空间无限扩展的.

综上所述，当说到粒子在空间的位置是可无限精确地被测定时，意味着我们假定粒子是一无限小的质点；而若要无限精确地测定一个波的频率或波长，则这个波必须是在空间无限扩展的.

那么，具体如何测定一个波的波长呢？在实验上可以采取"拍"的方法. 如图 12.1 所示，取一振幅恒定、频率已知为 ν_1 的波（原则上可以从波的发生器得到）与一频率未知、设为 ν_2 的波发生干涉，就形成了"拍"（两波的振幅相同，仅频率不同，相加而成）. 从是否存在拍，可以判定 ν_2 与 ν_1 是否有差值. 由数学上的傅里叶分析可知，图 12.2 所示的这样一个波形是由许多频率不同的正弦波叠加而成的.

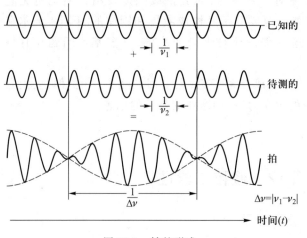

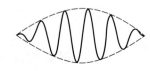

图 12.1　拍的形成　　　　　　　　　　　图 12.2　一个拍

观察是否存在拍,至少要看到一个拍. 从图 12.1 可知,观察一个拍所需要的时间是 $1/\Delta\nu$,因此,"至少要看到一个拍"所需时间为

$$\Delta t \geqslant \frac{1}{\Delta\nu} \quad 或 \quad \Delta t \Delta\nu \geqslant 1 \qquad (12-1)$$

设波速为 v,则在 Δt 时间内波所经过的路程为

$$\Delta x = v\Delta t$$

代入式(12-1)后,便有

$$\frac{\Delta x}{v} \geqslant \frac{1}{\Delta\nu} \qquad (12-2)$$

又因 $\nu = v/\lambda$,则 $\Delta\nu = \dfrac{v}{\lambda^2}\Delta\lambda$,代入式(12-2)便得

$$\Delta x \Delta\lambda \geqslant \lambda^2 \qquad (12-3)$$

式(12-1)表示,要无限精确地测准频率,就需花费无限长的时间;式(12-3)表示,要无限精确地测准波长,就必须在无限扩展的空间中进行观察. 以后将会看到,量子力学中最重要的一个关系式,不确定关系,即可从此导出.

(2) 光的波粒二象性

关于光的本性的研究,已有很长的历史. 早在 1672 年,牛顿就提出光的微粒说,认为光是由微粒组成的. 但不到六年,即 1678 年,荷兰的惠更斯(C. Huygens)向巴黎学院提交了《光论》,把光看成是纵向波动,用光的波动说导出了光的直线传播规律、反射折射定律,并解释双折射现象. 从此,光的微粒说和波动说一直在争论中不断发展.

直到 19 世纪初,在菲涅耳(A. J. Fresnel)、夫琅禾费(J. Fraunhofer)与杨氏(T. Young)等人证实光的干涉、衍射的实验之后,光的波动说才为人们普遍承认. 到了 19 世纪末,麦克斯韦和赫兹更肯定了光是电磁波. 那时,光的波动说似乎得到了决定性的胜利.

可是,正如在第二章中所指出的,在 20 世纪初,对光的本性的认识又有了一个螺旋式的上升.

爱因斯坦在 1905 年用光的量子说解释了光电效应,提出光子的能量

$$E = h\nu \tag{12-4}$$

在 1917 年又指出,光子不仅有能量,而且有动量

$$p = \frac{h}{\lambda},\text{或者 } p = \hbar k \tag{12-5}$$

式中波矢 $k = 2\pi/\lambda$,从而把标志波动性质的 ν 和 $\lambda(k)$,**通过一个普适常量——普朗克常量 h,同标志粒子性质的 E 和 p 联系起来了**.光是粒子性和波动性的矛盾统一体.式(12-4)、(12-5)即是光的波粒二象性的数学表示式.

光的这种特性在 1923 年的康普顿散射实验中得到十分清晰的体现:在实验中,用晶体谱仪测定 X 射线波长,它的根据是波动的衍射现象;而散射对波长的影响方式又只能把 X 射线当作粒子来解释(关于 X 射线的介绍,详见第六章).可见,**光在传播时显示出波动性,在转移能量时显示出粒子性**.光既能显示出波的特性,又能显示出粒子的特性;但是在任何一个特定的事例中,光要么显出波动性,要么显出粒子性,两者决不会同时出现*.

(3) 德布罗意假设

正当不少物理学家为光的波粒二象性感到十分迷惑的时候,一个从历史学的研究转向物理学的法国青年人,路易·德布罗意**,在他的从事 X 射线研究的哥哥的影响下,对量子理论尤其感兴趣,并将它定为博士论文的研究方向.另外,爱因斯坦更是青年德布罗意崇拜的偶像.他称颂爱因斯坦说:"我知道这位杰出而年轻的学者在他 25 岁时已经把一些极富革命性的概念引入了物理学,使物理学的面貌为之一新,他因此成了现代科学的牛顿."他还认为:"爱因斯坦的光的波粒二象性乃是遍及整个物理世界的一种绝对普遍现象."***他把光的波粒二象性推广到了所有的物质粒子,从而朝创造量子力学迈开了革命性的一步.

德布罗意在 1929 年领诺贝尔奖奖金时曾回忆过当时的想法:"一方面,并不能认为光的量子论是令人满意的,因为它依照方程 $E = h\nu$ 定义了光粒子的能量,而这个方程中却包含着频率 ν.在一个单纯的微粒理论中,没有什么东西可以使我们定义一个频率;单单这一点就迫使我们在光的情形中必须同时引入微粒的观念和周期性的观念.

另一方面,在原子中电子稳定运动的确立,引入了整数;到目前为止,在物理学中涉及整数的现象只有干涉和振动的简正模式.这一事实使我产生了这样的想法:不能把电子简单地视为微粒,必须同时赋予它们以周期性."

---

* 对光的本性有兴趣的读者,可参阅:〔6〕M. O. Scully & M. Sargent. Physics Today(March 1972)38.

** 关于德布罗意的生平,参见:〔7〕阎康年.物理,11(1982)758;以及绪论中的引文〔9〕.

*** 参见:路甬祥主编.创新辉煌——科学大师的青年时代.科学出版社,2001,397-399.

德布罗意在 1923 年 9 月—10 月一连写了三篇短文,并于 1924 年 11 月向巴黎大学理学院提交了题为《量子理论的研究》的博士论文. 在这些论文中,他提出了所有的物质粒子都具有波粒二象性的假设. 他认为"任何物体伴随以波,而且不可能将物体的运动和波的传播分开";并给出粒子的动量 p 与这伴随着的波的波长 λ 之间的关系为[8]

$$\lambda = \frac{h}{p} \tag{12-6}$$

这就是著名的德布罗意关系式,它是式(12-5)的推广;德布罗意认为,它对所有的物质粒子,不论其静质量是否为零,都成立. 我们只能把它看作一种假设,它的正确与否,必须通过实验来检定.

式(12-6)与相对论中的质能关系式

$$E = mc^2 \tag{12-7}$$

是近代物理学中最重要的两个关系式. 前者,通过普朗克常量(一个很小的量)把粒子性和波动性联系起来;后者,通过光速(一个很大的量)把能量与质量联系起来。能在表面上完全不同的物理量之间找到内在的联系,不能不说是物理学的一大胜利.

式(12-6)也使我们进一步看清了普朗克常量的意义. 在 1900 年普朗克引入这一常量时,它的意义是,量子化的量度,即它是不连续性(分立性)程度的量度单位. 而现在,经过爱因斯坦和德布罗意的努力,物质粒子的波粒二象性的观念出现了,而在物质波动性和粒子性之间起桥梁作用的,又是这个普朗克常量. 量子化和波粒二象性,是量子力学中最基本的两个概念,而一个相同的常量 h,在这两个概念中都起着关键的作用;这一事实本身就说明了,这两个重要概念有着深刻的内在联系.

在任何表达式中,只要有普朗克常量 h 的出现,就必然意味着这一表达式的量子力学特征.

(4) 戴维孙–革末实验*

1925 年,戴维孙和革末在做电子在镍(Ni)中的散射实验时,由于一次偶然的破坏真空事故,致使镍被氧化了,为了还原,他们采取对镍加热处理,结果镍形成了单晶结构,从而第一次得到了电子在晶体中的衍射现象. 当时他们并没有看到德布罗意的工作. 后来,了解到物质波的概念后,在 1927 年他们较精确

---

[8]　倪光炯,李洪芳. 近代物理. 上海科学技术出版社(1979). 在该书中较详细地介绍了式(12-6)的由来.

*　除戴维孙和革末的实验外,独立地证明电子波动性的,还有 G. P. 汤姆孙的实验. 本节只介绍戴维孙和革末的实验,但读者可参阅:[9]G. J. Davisson & L. H. Germer. Phys. Rev.,30(1927)705.

[10]　G. P. Thomson. Proc. Roy. Soc.,A(London)117(1928)600;Nature,120(1927)802.

应该指出,利用晶体做电子衍射的实验,首先是德布罗意在 1924 年举行论文答辩时提出来的,当时著名的科学家佩林(J. B. Perrin)问他:"这些波怎样用实验来证实呢?",德布罗意答道:"用晶体对电子的衍射实验可以做到. "参阅:[11]M. Jammer. The Conceptual Development of Quantum Mechanics,McGraw-Hill Book Co. (1966)247.

地进行了这个实验. 实验的装置如图 12.3 所示. 从加热的灯丝出来的电子经电位差 V 加速后,从"电子枪"射出,并垂直地投射在一块镍单晶上. 探测器安装在角度为 θ 的方向上. 然后就在不同数值的加速电压 V 下读取"反射"束的强度. 结果发现,当 $V = 54$ V(电子动能为 54 eV)、$\theta = 50°$ 时,探测到的反射束强度出现一个明显的极大,如图 12.4(a)、(b)所示. 这些强"反射"电子束的出现,可由发生在某些假定电子具有一个 $\lambda = \dfrac{h}{p}$ 的波长的"布拉

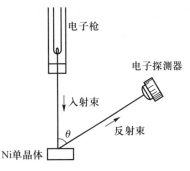

图 12.3 电子在晶体中
衍射实验示意图

格平面"族上的反射来说明,如同在第六章中对 X 射线波动性描述的那样. 图 12.4 所示的测量结果不能依据粒子运动来说明,但能用干涉来解释. 而按照经典观点,粒子不能干涉,只有波动才能干涉. 作为实例,我们再给出图 12.5.

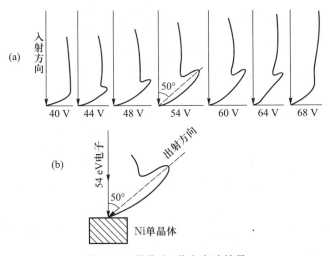

图 12.4 戴维孙-革末实验结果

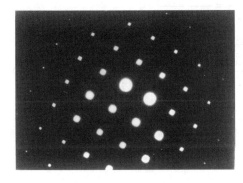

(a) 电子在金单晶上的衍射

(b) 电子在金-钒多晶上的衍射图像

图 12.5
(承洪良森博士从美国康奈尔大学提供)

电子在晶体中的散射是射线在晶格中散射的一个特例,如图 12.6 所示,这时的散射平面既是一个镜面,又是一个晶面,这种面被称为布拉格面,所产生的衍射又称布拉格衍射. 在第六章中将进一步详细讨论布拉格面对 X 射线的衍射. 在图 12.6 中,横竖晶格常量都为 a,入射与出射方向的夹角均为 θ,图中的 $\alpha = \dfrac{\theta}{2}$,两相邻布拉格面的间距 $d = a\sin\alpha$. 这样,强波束射出的条件是

$$n\lambda = 2d\cos\alpha = 2a\sin\alpha\cos\alpha = a\sin 2\alpha = a\sin\theta$$

即

$$n\lambda = a\sin\theta \qquad (12\text{-}8)$$

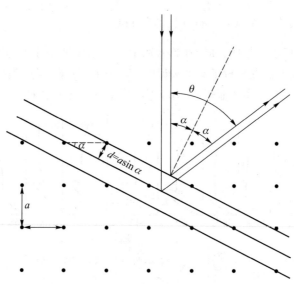

图 12.6 强"散射"是从间隔为 d 的布拉格平面族上的"反射"引起的

按照德布罗意假设,波长 $\lambda = \dfrac{h}{p}$,而当能量不高时,动量 p 可用经典表示,故在非相对论近似下 *

$$\lambda = \frac{h}{p} = \frac{h}{\sqrt{2mE_k}} = \frac{hc}{\sqrt{2mc^2 E_k}}$$

将有关数值代入,即得到电子的德布罗意波长

$$\lambda = \frac{1\ 240\ \text{eV}\cdot\text{nm}}{\sqrt{2\times 0.511\times 10^6\ \text{eV}\cdot E_k(\text{eV})}} = \frac{1.226}{\sqrt{E_k(\text{eV})}}\ \text{nm} \qquad (12\text{-}9)$$

---

* 请读者注意,当电子动能 $E_k \gg mc^2$ 时,要用相对论公式. 由总能量 $E^2 = p^2c^2 + m^2c^4$ 及 $E = E_k + mc^2$ 可解出动量

$$p = \frac{1}{c}\sqrt{E_k(E_k + 2mc^2)}$$

即有

$$\lambda = \frac{hc}{\sqrt{E_k(E_k + 2mc^2)}}$$

注意,上式仅对电子才成立,且 E_k 要以 eV 为单位,这同在第二章中给出的对光子成立的关系式 $\lambda = \dfrac{1.24}{E_k(\text{keV})}$ nm 有所不同. 当入射电子能量 $E_k = 54$ eV 时,由式 (12-9) 便可算得 $\lambda = 0.167$ nm. 若将式 (12-9) 代入式 (12-8) 且移项后便有

$$\sin \theta = \frac{n}{a} \cdot \lambda = \frac{n}{a} \cdot \frac{1.226 \text{ nm}}{\sqrt{E_k(\text{eV})}} \qquad (12\text{-}10)$$

对镍来说,$a = 0.215$ nm,若取入射电子能量 $E = 54$ eV,则从上式可得

$$\sin \theta = 0.776 \, n$$

可见,在此电子能量入射下 n 只能为 1,即只有一个极大值. 一般情况,n 可取几个值,即有几个极大值出现在相应的 θ 角方向上. $n = 1$ 的衍射被称为一级布拉格衍射,$n = 2$ 相应二级布拉格衍射,依此类推. 在 $\theta = \arcsin 0.776 = 50.9°$ 的方向上应测到出射束强度为最大,它与实验值差 1°. 为什么有这一差值呢?这是因为电子进入晶格后,在晶格内其速度要增加,由式 (12-10) 可知,能量 E 增大,θ 角就要变小. 经如此考虑而作出修正后,得到 $\theta = 50°$,与实验结果完全符合. 这就有力地证明了电子的波动性,证明了电子的德布罗意波的公式的正确.

20 世纪 30 年代以后,实验进一步发现,不但电子,而且一切实物粒子,如中子、质子、中性原子等都有衍射现象,也就是都有波动性,它们的波长也都由式 (12-6) 决定. 从而进一步证实了德布罗意假设的真实性. 表 12.1 给出的是德布罗意波长 $\lambda = 0.1$ nm 时所对应的各粒子的动能[*]. 由于与室温相当的能量为

$$kT = 8.6 \times 10^{-5} \frac{\text{eV}}{\text{K}} \times 300 \text{ K} \approx 0.025 \text{ eV}$$

表 12.1　德布罗意波长 $\lambda = 0.1$ nm 时所对应的各粒子的动能

光子	电子	中子	氢原子
12.4 keV	150 eV	0.081 eV	0.02 eV

因此,讨论比 He 重的原子的德布罗意波就没有什么意义了. 但并不是说这时德布罗意关系不成立,而只是显示不出来罢了. 例如,若一质量为 10 μg 的物体,以每秒 1 cm 的速度运动,那么它的德布罗意波长 $\lambda = 6.6 \times 10^{-22}$ cm!由此可知,德布罗意关系在宏观物体上是体现不出来的,它只有在微观粒子中才显示出来,但并不是对宏观物体不适用.

（5）德布罗意波和量子态

在第二章中我们曾指出,玻尔用了定态条件、频率条件、再加上相应原理后,得到了角动量的量子化条件 $L = n\hbar$. 依此,导出了氢原子的第一玻尔半径、能量和速度(动量)的量子化结果. 我们也可直接把角动量量子化条件 $L = n\hbar$ 作为假设,代替相应原理,从此导出所有其他的结果.

---

[*] 表 12.1 中光子的数据由 $\lambda = \dfrac{1.24}{E_k(\text{keV})}$ nm 算得,这里仅仅为了比较而一并列出.

下面我们将介绍,德布罗意怎么把原子中的定态与驻波联系起来,十分自然地得到角动量量子化条件.

德布罗意假设认为:体现电子的波动性的波长为 $\lambda = \dfrac{h}{p} = \dfrac{h}{mv}$. 现在,把这个德布罗意关系用到氢原子中那个绕核回转的电子上. 要使绕核运动的电子能稳定存在,与这个电子相应的波就必须是一个驻波. 图 12.7(a)给出了一维运动电子相应的各种驻波,图 12.7(b)给出了轨道运动电子所相应的驻波,当电子绕核一圈后,这个波的相位不变,否则,电子波必将毁掉. 换言之,要使电子稳定运动,电子绕核回转一圈的周长必须是与其相应的波长的整数倍,即

$$2\pi r = n\lambda = n\frac{h}{mv}, \quad n = 1,2,\cdots \tag{12-11}$$

改写一下为

$$mvr = n\frac{h}{2\pi}$$

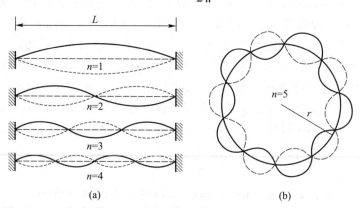

图 12.7 与定态联系的驻波

这就是玻尔曾给出过的角动量量子化条件

$$L = n\hbar, \quad n = 1,2,\cdots \tag{12-12}$$

由此可以看出,一个波要被束缚起来,就必须是一个驻波,而驻波的条件就是角动量量子化条件. 图 12.8(a)和(b)给出的是 $n=2$ 和 4 情况下的驻波图像.

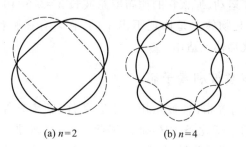

(a) $n=2$ (b) $n=4$

图 12.8 $n=2$(a)和 $n=4$(b)时的驻波图像

为了证明以上论述的正确性,不妨将玻尔第一速度 $v = \alpha c$ 代入关系式 $\lambda = \dfrac{h}{mv}$,即

$$\lambda = \frac{h}{m\alpha c} = \frac{h}{mc} \cdot \frac{1}{\alpha} = 2\pi \frac{\hbar}{mc} \cdot \frac{1}{\alpha}$$

式中 $\frac{\hbar}{mc} \cdot \frac{1}{\alpha}$ 就是折合电子康普顿波长 $\left[\frac{\hbar}{mc}, \text{见后面式}(30\text{-}9)\right]$ 乘上 137 倍,亦即

第一玻尔半径 a_1,故有

$$\lambda = 2\pi a_1$$

参见图 12.9. 由此证明,以前所得的结果确实满足驻波条件.

（6） 一个在刚性匣子中的粒子

设想一个粒子处于壁为刚性的匣子中作一维运动,如图 12.10(a)所示. 由

经典理论知,这个粒子在匣子中的动能恒为 $\frac{1}{2}mv^2$,运动周期 $T = \frac{2d}{v}$.

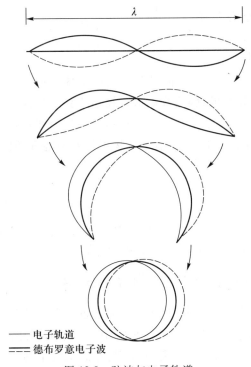

—— 电子轨道
=== 德布罗意电子波

图 12.9 驻波与电子轨道

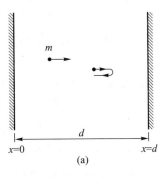

(a)

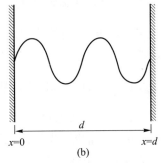

(b)

图 12.10 一维刚性匣子中的驻波

现在用量子观点,考虑一个微观粒子被关在一个宽度为 d 的匣子里面作一维运动,则与粒子对应的德布罗意波穿不出匣子的壁,因此 $x=0$ 和 d 两点永远是波节,如图 12.10(b)所示. 这个粒子在这匣子中要能够永远存在下去,则其德布罗意波必须是一个驻波,它的波长必须满足

$$n\frac{\lambda}{2} = d, \quad n = 1, 2, \cdots \tag{12-13}$$

即匣子的宽度至少为半个波长那么大. 将上式分别代入德布罗意关系式 $p = \frac{h}{\lambda}$

和非相对论动能公式 $E_k = \dfrac{p^2}{2m}$，便可得到

$$p = \frac{nh}{2d} \tag{12-14}$$

$$E_k = \frac{n^2 h^2}{8md^2} \tag{12-15}$$

由此可见，动量和能量都是量子化的.
此外，从式（12-15）可知，这个粒子的最低
能量是 $E_1(n=1)$，即使在热力学温度为零
时，这个动能依然存在，如图 12.11 所示，图
中虚线表示不存在 E 为零的能级. 应该指
出，这些特性只有在微观尺度中才突出地
体现出来，但并不因此意味着在宏观中就不
存在. 无论宏观还是微观，绝对静止是没有
的，任何物质都处于永不停息的运动之中，
今天，这个观点已为大量事实所证明.

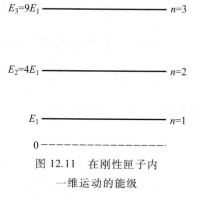

图 12.11　在刚性匣子内
一维运动的能级

上述两小节所讲的内容，可归纳为一句话，即，禁闭的波必然导出量子化条
件. 固然，这句话本身并非量子力学特有的，因为我们可以轻易找到大量的经典
例证来说明这一点，对熟悉音乐的人来说更是不难理解；但是，一旦把波和粒子
联系起来之后，就得到了粒子的能量量子化，这才是经典物理学所不能理解的，
它只有用量子力学才能得到解释.

（7）　波和非定域性

前面曾指出，波的特性之一是，它在空间上可以是无限扩展的，这就是波的
非定域性. 由于这个特性，若要将一个波关在匣子中，这个匣子的线度至少须有
半个波长 $\dfrac{\lambda}{2}$. 由此可知，波长越小，约束波的区域越小，但绝不会为零.

从德布罗意波的观点看，玻尔的氢原子实际上就是一个德布罗意波被关在
库仑势场中的情况. 先假设粒子（氢原子中的电子）在匣内是一简单的正弦波，
而匣子近似为刚性边界（$V=\infty$），然后再加上库仑势的作用，并假定匣子的线度
是半个波长大小——即粒子在匣子内处于基态，这样就得到了如图 12.12（a）所
示的那样波函数（实际上氢原子的波函数及势能函数如图 12.12（b）所示）. 在
这样的假设下，由式（12-15）可得到这个粒子的动能为

$$E_k = \frac{h^2}{8md^2} = \frac{h^2}{8\pi^2 mr^2}$$

式中已利用 $d=\pi r$；这是因为，在匣内对于一个周期的路程是 $2d$，而对于圆周则
为 $2\pi r$，这里的 r 是半径. 因总能量是动能加势能（现在是库仑势），故有

$$E = \frac{\hbar^2}{2mr^2} - \frac{e^2}{4\pi\varepsilon_0 r} \tag{12-16}$$

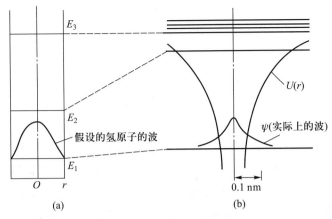

图 12.12　氢原子的能级和波函数（简化图）

由 $\dfrac{\mathrm{d}E}{\mathrm{d}r} = 0$ 求得 $r_{\min}$ 为

$$r_{\min} = \frac{4\pi\varepsilon_0\hbar^2}{me^2} = a_1 \qquad (12\text{-}17)$$

再代入式（12-16），即得到在上述假定下的氢原子基态能量

$$E = -\frac{me^4}{(4\pi\varepsilon_0)^2\cdot 2\hbar^2} = -13.6\ \mathrm{eV} \qquad (12\text{-}18)$$

在第二章中曾指出,原子世界中最重要的两个特征量是原子的线度 a_1 和能量 E. 现在,通过上述简单的运算就得到了表征氢原子的这两个量,且同玻尔所给出的结果相同.

（8）评注

关于以上三段内容,读者可以在很多有关量子力学的书籍中找到类似的叙述. 它的好处在于:比较形象地说明了波粒二象性与量子化条件的关系,有一定启发性;正因为这一点,我们才在这里向读者作了这些介绍. 不过,我们必须强调指出 *:所有这些叙述方法,都是非常近似的. 如果说,玻尔的做法过分强调了粒子性(轨道概念),那么本节的这些做法过分夸大了物质的波动性.

§13　不确定关系

（1）不确定关系的表述和含义

不确定关系,有时又被称为测不准关系,是海森伯在 1927 年首先提出来的. 它反映了微观粒子运动的基本规律,是物理学中一个极为重要的关系式. 它包

---

* 在学了下一节之后,作为一个思考题,请读者自己判明.

括多种表示式,其中两个是:

$$\Delta x \Delta p_x \geqslant h \qquad (13-1)$$

$$\Delta t \Delta E \geqslant h \qquad (13-2)$$

式(13-1)表明,当粒子被局限在 x 方向的一个有限范围 Δx 内时,它所相应的动量分量 p_x 必然有一个不确定的数值范围 Δp_x,两者的乘积满足 $\Delta x \Delta p_x \geqslant h$. 换言之,假如 x 的位置完全确定($\Delta x \rightarrow 0$),那么粒子可以具有的动量 p_x 的数值就完全不确定($\Delta p_x \rightarrow \infty$);当粒子处于一个 p_x 数值完全确定的状态时($\Delta p_x \rightarrow 0$),我们就无法在 x 方向把粒子固定住,即粒子在 x 方向的位置是完全不确定的[*].

式(13-2)表明,若一粒子在能量状态 E 只能停留 Δt 时间,那么,在这段时间内粒子的能量状态并非完全确定,它有一个弥散 $\Delta E \geqslant h/\Delta t$;只有当粒子的停留时间为无限长时(稳态),它的能量状态才是完全确定的($\Delta E = 0$).

有些书籍对不确定关系作了不十分确切的叙述. 例如,认为式(13-1)说明,我们不能同时测准粒子的坐标位置 x 及其相应的动量 p_x. 这样的说法,容易使人们认为,不确定关系是对测量过程的一个限制,似乎粒子本身具有确定的坐标和动量,只是我们不能同时精确地测量它们. 事实上,不确定关系揭示的是一条重要的物理规律:**粒子在客观上不能同时具有确定的坐标位置及相应的动量**. 因而,"不能同时精确地测量它们"只是这一客观规律的一个必然的后果[**].

从这个意义上,**我们不赞成把式(13-1)或(13-2)称为"不确定关系"**.

应该指出,在不确定关系中,一个关键的量又是普朗克常量 h. 它是一个小量,因而,不确定关系在宏观世界并不能得到直接的体现;但它不等于零,从而使得不确定关系在微观世界成为一个重要的规律. 为了说明这点,我们举两个数值例子.

先看氢原子,在第二章我们已经给出电子的玻尔第一半径 $r_1 = 0.053$ nm 及玻尔第一速度 $v_1 = \alpha c$;相应的动量为 $p_1 = mv_1 = mc\alpha$. 从不确定关系看,电子如果在 r_1 轨道上,位置确定了,它的动量就完全不确定,因而"在轨道上运动"的概念失去了意义[***]. 现在,我们假定电子可以在 r_1 范围内运动,即 $\Delta x = r_1 = 0.053$ nm,那时,相应的 $\Delta p/p$ 是多少呢? 从关系式(13-1),我们有:

$$\frac{\Delta p}{p} = \frac{h/\Delta x}{p} = \frac{hc}{mc^2 \alpha \Delta x} = \frac{1.24 \text{ nm} \cdot \text{keV}}{511 \text{ keV} \cdot (137)^{-1} \cdot 0.053 \text{ nm}} = 6.3$$

可见,动量的不确定程度是如此之大,以致无法确切地说明在 r_1 范围内运动的电子具有多大的动量.

现在再看一个宏观的例子. 假如有一个 10 g 小球以 10 cm/s 速度运动,小

---

[*] 注意,式(13-1)中的坐标与动量必须在同一方向;对 Δx 与 Δp_y,并不存在类似的关系,而有:$\Delta x \Delta p_y = 0$. 当然,对 $\Delta y \Delta p_y$,$\Delta z \Delta p_z$,我们可写出与式(13-1)相似的式子.

[**] 需要指出,关于不确定关系的不同的理解,在学术界一直是有争论的.

[***] 在 20 世纪 50 年代,玻尔曾回忆起,有一次在他演讲之后,一位学生问他:"真有这样的傻瓜,他认为电子在轨道上绕核运动吗?".

球的瞬间位置确定得相当精确,譬如说,$\Delta x = 10^{-4}$ cm(在日常生活中,这个精度是十分高的),那么,它的动量不确定度为多少呢? 从关系式(13-1)我们有:

$$\frac{\Delta p}{p} = \frac{h/\Delta x}{p} = \frac{(6.6 \times 10^{-27}\ \text{g} \cdot \text{cm}^2/\text{s})/(10^{-4}\ \text{cm})}{10 \times 10\ \text{g} \cdot \text{cm/s}} = 6.6 \times 10^{-25}$$

由此可见,对宏观物体引起的动量不确定性小得完全可以被忽略,它无法被目前任何精确的实验方法所觉察.

不确定关系在宏观世界的效果,好像是在微观世界里当 $h \to 0$ 时产生的效果;这里,相应原理又一次得到了体现:当 $h \to 0$ 时,量子物理→经典物理.

（2） 不确定关系的简单导出

我们在这里介绍不确定关系的两种简单的推导方法. 首先,我们从经典波动概念出发,利用在§12导得的关系式:

$$\Delta t \Delta \nu \geqslant 1 \qquad\qquad (13\text{-}3)$$
$$\Delta x \Delta \lambda \geqslant \lambda^2 \qquad\qquad (13\text{-}4)$$

它表明,为了得到一个孤立波,即位置很确定的波包(见图13.1),我们必须用很多个波去叠加;即,Δx 越小,$\Delta \lambda$ 就越大. 反之,要无限精确地测量一个波的波长 ($\Delta \lambda \to 0$),则必须在无限扩展的空间中进行观察 ($\Delta x \to \infty$). 要无限精确地测准频率($\Delta \nu \to 0$),就需要花无限长的时间($\Delta t \to \infty$).

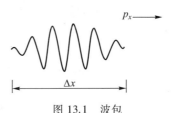

图 13.1　波包

这些都是经典物理的概念. 现在我们加入德布罗意关系 $\lambda = h/p$;即把经典关系式(13-3)、(13-4)用到了微观粒子,则立刻产生了新的观念.

把从 $\lambda = h/p$ 得到的 $\Delta \lambda = \dfrac{h}{p_x^2} \Delta p_x$ 代入式(13-4),便有

$$\Delta x \Delta \lambda = \Delta x \Delta p_x \frac{h}{p_x^2} \geqslant \lambda^2$$

或改写为

$$\Delta x \Delta p_x \geqslant \frac{(\lambda p_x)^2}{h} = \frac{h^2}{h} = h$$

即得式(13-1):

$$\Delta x \Delta p_x \geqslant h$$

同样,从式(13-3)出发,代入德布罗意关系式,并代入式 $\nu = E/h$,便可得到

$$\Delta t \Delta E \geqslant h$$

下面我们再介绍不确定关系的又一简单导出法. 考察单缝衍射的例子[*]. 先从经典波的观点看,如图13.2(a)、(b)和(c)所示,当入射波的波长 λ 与狭缝的宽

---

[*]　衍射实验,首先是由意大利的格里马弟(F. M. Grimaldi)在1660年做的. 直到1818年才由法国科学家菲涅耳(A. J. Fresnel)用光的波动理论作了理论上的解释.

度 d 相近时,就会出现衍射现象,而当 $\lambda \ll d$ 时,衍射现象就消失. 发生衍射时,图像如图 13.2(d) 所示,图的中区(中心峰)面积为其余峰面积的三倍,中区的位置(所张的 θ 角)由式

$$\sin \theta = \pm \frac{\lambda}{d} \tag{13-5}$$

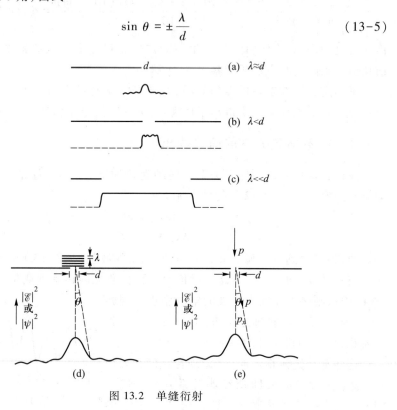

图 13.2　单缝衍射

确定. 中区旁的各极小值(强度为零的点)所对应的 θ 角由式

$$\sin \theta = \frac{n\lambda}{d} \tag{13-6}$$

决定. 这些关系都是在经典物理中熟悉的,对任何波动都成立. 假如我们考虑的是与电子相对应的德布罗意波,已有实验同样证明这些关系的正确性了,从而证明了电子的波动性. 那时,假如入射的电子具有确定的动量 p,在经过狭缝 d 后,即使只考虑中心区(大量的电子落在这里),动量不确定性也至少有 $p\sin\theta$ [见图 13.2(e)],即

$$\Delta p_x \geqslant p\sin\theta \tag{13-7}$$

利用式(13-5),我们有(缝宽 d 即为 Δx):

$$\Delta p_x \geqslant p\lambda/\Delta x$$

进一步,考虑到德布罗意关系 $p=h/\lambda$,即得式(13-1)

$$\Delta p_x \Delta x \geqslant h$$

必须指出,以上的推导方法虽然反映了不确定关系的本质,但比较粗糙. 更

严格的证明[12]将给出：

$$\Delta x \Delta p_x \geqslant \frac{\hbar}{2} \qquad (13-8)$$

$$\Delta t \Delta E \geqslant \frac{\hbar}{2} \qquad (13-9)$$

（3） 应用举例

[例1]　束缚粒子的最小平均动能

假如粒子被束缚在线度为 r 的范围内，即假定 $\Delta x = r$，那么，依照式（13-8），粒子的动量必定有一个不确定度，它至少为

$$\Delta p_x = \frac{\hbar}{2\Delta x} = \frac{\hbar}{2r}$$

Δp_x 的定义是

$$\Delta p_x = \sqrt{\left[(p_x - \bar{p}_x)^2 \right]_{\text{平均}}} \qquad (13-10)$$

对于束缚在空间的粒子，其动量在任何方向的平均分量必定为零，即 $\bar{p}_x = 0$，故 Δp_x 与均方动量的关系为

$$(\Delta p_x)^2 = (p_x^2)_{\text{平均}} \qquad (13-11)$$

对于三维空间，

$$(p_x^2)_{\text{平均}} = \frac{1}{3}(p^2)_{\text{平均}} \qquad (13-12)$$

依照这些关系式，我们可以得到最小的平均动能

$$E_k = \frac{p_{\text{平均}}^2}{2m} = \frac{3\hbar^2}{8mr^2} \qquad (13-13)$$

式中 m 为粒子的质量．由此可见，E 决不为零；于是，我们再次得到了在 §12 中所得到的结论．这一结论从不确定关系得到，与束缚形式无关，只要粒子被束缚在空间（或言之，粒子在势阱内），粒子的最小动能就不能为零（粒子不能落到阱底）．事实上，假如粒子的动能可以为零，则不确定关系就要求 $\Delta x \to \infty$，粒子怎么能被束缚住？！

[例2]　电子不能落入（被束缚在）核内

玻尔的原子理论不能解释：作加速运动的电子，为什么不辐射能量而落入核内．不确定关系对此作了回答．

随着电子离核越来越近，即 r 越来越小，它将从原子的线度（$0.1\,\text{nm}$，$10^{-8}\,\text{cm}$）过渡到原子核的线度（fm，$10^{-13}\,\text{cm}$）．依照不确定关系，电子的动量将越来越不确定，或依照式（13-13），电子的平均动能将越来越大．例如，电子的运动范围从 $0.1\,\text{nm}$ 到 $3\,\text{fm}$ 时，它的平均动能约从 $1\,\text{eV}$ 量级增大到 $0.1\,\text{GeV}$ 量级*．电子从哪里能得到这样大的能量？！ 没有任何这样的能量来源．因此，电子几乎不能靠近原子核，更不要说被束缚在核内了．原子核内有质子和中子，而不能有电子（见第七章）．

式（13-13）还告诉我们，原子中的电子与原子核内的质子和中子相比，具有的平均动能相差约 10^6 倍**，前者为 eV 量级时，后者就是 MeV 量级；原子的能级图与核的能级图的差

---

[12] 曾谨言. 量子力学. 科学出版社（1981）；周世勋. 量子力学. 上海科学技术出版社（1961）.

* 注意，能量很高时，要用相对论计算，$E_k \approx p_{\text{平均}} c$.

** 请读者自己演算.

异,正证明了这一点.

[**例3**] 谱线的自然宽度

在光谱线系中,如果与某谱线对应的两条能级(状态)都有确定的能值,那么在它们之间发生的跃迁就会给出一确定的谱线,原则上就是一条线. 但是,电子要从某一条能级往下跃迁,电子在这条能级上必有一定寿命,即 Δt 不能是无限长. 按照不确定关系,这条能级必定存在相应的宽度 ΔE,因此,谱线不可能是几何的线,而是有个宽度 ΔE,此即谱线的自然宽度. 例如,假定原子中某激发态的寿命为 $\Delta t = 10^{-8}$ s,由不确定关系式(13-9),

$$\Delta E \geqslant \frac{\hbar}{2\Delta t} = \frac{\hbar c}{2\Delta t c} = \frac{197 \times 10^{-15} \times 10^{6}}{2 \times 10^{-8} \times 3 \times 10^{8}} \text{ eV} = 3.3 \times 10^{-8} \text{ eV}$$

这就是与该激发态相应的谱线的自然宽度,它是由能级的固有寿命所决定的. 实验完全证明了谱线自然宽度的存在.

能级的寿命有时会受外界条件的影响,例如,气体中的原子彼此之间不断地碰撞. 当一激发态的原子遭到碰撞原子作用时,一般要改变它的激发能,激发态的寿命要缩短. 按不确定关系,碰撞效应将增大跃迁谱线的宽度. 由此增大的宽度往往远大于自然宽度. 为了减少碰撞引起的增宽,在光谱研究中采用的光源常处在低气压状态(例如 1 mmHg 量级的压强).

不确定关系已渗透到微观世界的各个领域,应用的例子是不胜枚举的,但是从上面几个简单的事例中已经表明:不确定关系,并不像有些人所说的,"给物理学带来了不精确性". 恰恰相反,不确定关系带来的正是微观世界的精确性. 只不过,它与经典物理的"精确性"的概念有质的区别罢了. 这一点,我们在以后的章节中还要作进一步的阐述.

(4) 互补原理

几乎与海森伯提出不确定关系的同时,玻尔提出了互补原理,有时又译为并协原理*. 如果说,海森伯的不确定关系从数学上表达了物质的波粒二象性. 那么玻尔的互补原理则从哲学的角度概括了波粒二象性. 互补原理与不确定关系是量子力学的哥本哈根解释的两大支柱.

玻尔的互补原理首先来自对波粒二象性的看法. 玻尔认为,既然光和粒子都有波粒二象性,而波动性和粒子性又决不会在同一测量中同时出现(见§12),那么,波和粒子这两种(经典的)概念在描述微观现象时就是互斥的;另一方面,既然波和粒子这两种形象不能同时存在,它们就不会在同一实验中直接冲突. 但这两种概念在描述微观现象、解释实验时又都是不可缺少的,企图扔掉哪一个都不行,在这种意义上它们就是"互补的",或"并协的".

玻尔对互补原理所作的概括是:"一些经典概念的应用不可避免地将排除另一些经典概念的同时应用,而这'另一些经典概念'在另一些条件下又是描述

---

* 1927 年 9 月 16 日在意大利科莫湖召开的、纪念意大利物理学家伏打(Volta)逝世一百周年的国际物理学会议上,玻尔第一次正式提出互补原理. 但当时并不为人们所深刻理解. 一个月之后,玻尔又在布鲁塞尔召开的第五次索尔维(Solvey)国际物理学讨论会上对互补原理作了阐明. 爱因斯坦参加了这次会议. 从此开始了爱因斯坦与玻尔关于量子力学的著名论战,持续达数十年之久. 见§14(5).

现象所不可缺少的;必须而且只需将所有这些既互斥、又互补的概念汇集在一起,才能而且定能形成对现象的详尽无遗的描述."[13]

玻尔为了阐明他提出的互补原理,经常举一个简单易懂的例子:银币有正、反两面,在任一时刻我们只能看到其中一面,不能同时看到两个面,而只有当银币的正、反两面都被看到后,才能说我们对这个银币有了较完整的认识.

玻尔互补原理所含的某些思想,我国古代的哲学家公孙龙早在两千多年前就曾经提出过.他在《离坚白·命题》中作了如下叙述:"视不得其所坚,而得其所白者,无坚也.抚不得其所白,而得其所坚者,无白也."意思是说:看一块白色的硬石块,只能看到它的白的颜色,而不能感到它的坚硬;用手摸它,可以知道它的坚硬,但无法知道它的颜色.

著名的物理学家惠勒(John A. Wheeler)在1981年10月到我国访问时,在演讲中曾提到:"在西方,互补观念似乎是革命性的.然而,玻尔高兴地发现,在东方,互补观念乃是一种自然的思想方法.为了采用象征性的方法来表述互补性,玻尔选择中文的'阴阳'……"在1937年玻尔访华期间,对我国道家思想产生了浓厚的兴趣,并意识到东西方文化的互补性.玻尔还选择了中国的太极图(外国人称之为"阴阳符号")作为自己家族族徽的中心图案,并刻上了"对立即互补"的铭文(见图13.3).玻尔本人并不满足把互补原理的应用限于自然科学领域,他还尝试推广到社会科学领域,使它成为具有普遍意义的哲学思想.

图 13.3　玻尔家族的族徽

无论是不确定关系,还是互补原理,必然导致"微观理论是统计性的"观念,它与经典物理的"决定性"观念截然不同.

| 思考题 |

1. 试用不确定关系回答卢瑟福的质疑和薛定谔的非难(§11).

2. 试论证:在微观世界,"轨道"概念失去了意义,但在电视机的显像管中,仍旧可以用"电子的轨迹"的概念.

[13] 玻尔.原子论和自然的描述.郁韬译.商务印书馆(1964).

*（5） 对第一章的补注：卢瑟福散射经典描述的条件

在第一章，我们已经指出卢瑟福公式在小角时的问题；我们在讨论库仑散射式（3-1）时，曾指出过碰撞参量 b 与散射角 θ 有一一对应的关系，这个"一一对应"在什么条件下成立？现在，我们对这些问题作一讨论.

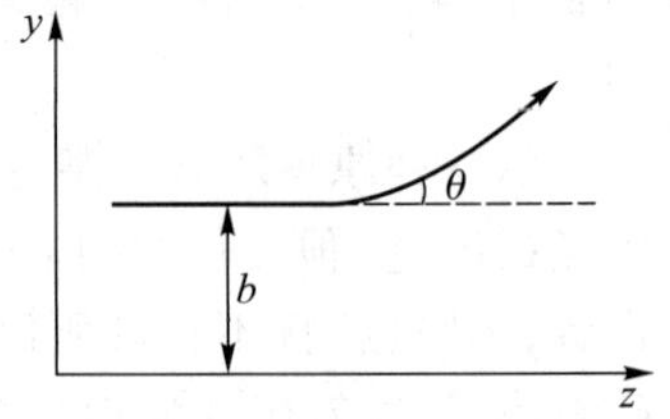

首先，入射束在实验中不是几何直线，它一定有一个宽度（准直孔也有一有限的大小），即存在 Δb，由此将使出射方向有一个变化 $\Delta\theta_1$

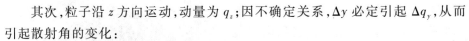

图 13.4

$$\Delta\theta_1 = \left|\frac{d\theta}{db}\cdot\Delta b\right| = \left|\frac{d\theta}{db}\Delta y\right| \quad (13\text{-}14)$$

这里我们取入射方向为 z 轴，与它垂直的方向为 y 轴（见图 13.4）.

其次，粒子沿 z 方向运动，动量为 q_z；因不确定关系，Δy 必定引起 Δq_y，从而引起散射角的变化：

$$\Delta\theta_2 = \frac{\Delta q_y}{q_z}$$

按不确定关系

$$\Delta y\Delta q_y \geqslant \hbar/2$$

我们得到

$$\Delta\theta_2 = \frac{\Delta q_y}{mv} \geqslant \frac{\hbar}{2mv\Delta y} = \frac{\lambda}{2\Delta y} \quad (13\text{-}15)$$

式中 λ 为相对运动折合波长.

由于 $\Delta\theta_1$ 与 $\Delta\theta_2$ 毫无关联，因此总的 $\Delta\theta$ 由下式决定：

$$(\Delta\theta)^2 = (\Delta\theta_1)^2 + (\Delta\theta_2)^2 = \frac{\lambda^2}{4(\Delta y)^2} + \left(\frac{d\theta}{db}\right)^2(\Delta y)^2 \quad (13\text{-}16)$$

对 Δy 求极值，可知：当

$$(\Delta y)^2 = \frac{\lambda}{2\,|\,\theta'(b)\,|}$$

时，$\Delta\theta$ 取极小值：

$$(\Delta\theta)^2_{\min} = \lambda\left|\frac{d\theta}{db}\right|$$

要使经典描述成立，必须

$$\Delta\theta_{\min} < \theta$$

即

$$\lambda \left| \frac{\mathrm{d}}{\mathrm{d}b} \frac{1}{\theta(b)} \right| < 1 \qquad (13-17)$$

有了 θ 与 b 的函数关系,我们就可把它具体化. 对于非屏蔽的库仑势,我们在第一章已得到

$$b = \frac{a}{2}\cot\frac{\theta}{2}; \qquad a = \frac{|Z_1 Z_2| e^2}{4\pi\varepsilon_0 E}$$

这里取绝对值的目的是既可用于相斥也可用于相吸. 对于小角,

$$b \approx \frac{a}{2} \frac{1}{\theta/2} = \frac{a}{\theta}$$

于是,式(13-17)的条件改写为

$$\frac{1}{\kappa} \equiv \frac{\lambda}{a} = \frac{4\pi\varepsilon_0 \hbar/mv}{2|Z_1 Z_2| e^2/mv^2} = \frac{4\pi\varepsilon_0 \hbar v}{2|Z_1 Z_2| e^2} < 1$$

式中引入了量 κ. 进一步引入玻尔第一速度 $v_1 = e^2/4\pi\varepsilon_0\hbar$,即得

$$\kappa = \frac{2|Z_1 Z_2| v_1}{v} > 1 \qquad (13-18)$$

这就是著名的"玻尔卡帕大于 1",导致卢瑟福公式的经典描述成立的充要条件.

考虑核外电子的屏蔽效应后,应该使用屏蔽库仑势,什么样的势最能反映实际情况,一直是被探索的课题,常用的有:

玻尔指数势:

$$V(r) = \frac{Z_1 Z_2 e^2}{4\pi\varepsilon_0 r} \mathrm{e}^{-r/p} \qquad (13-19)$$

林哈德(J. Lindhard)标准势:

$$V(r) = \frac{Z_1 Z_2 e^2}{4\pi\varepsilon_0} \left[\frac{1}{r} - \frac{1}{(r^2 + 3p^2)^{1/2}} \right] \qquad (13-20)$$

莫里衰(Molière)势:

$$V(r) = \frac{Z_1 Z_2 e^2}{4\pi\varepsilon_0 r} (0.1\mathrm{e}^{-6r/p} + 0.55\mathrm{e}^{-1.2r/p} + 0.35\mathrm{e}^{-0.3r/p}) \qquad (13-21)$$

式中屏蔽参量

$$p = 0.885\,3a_1(Z_1^{2/3} + Z_2^{2/3})^{-1/2} \qquad (13-22)$$

a_1 为玻尔第一半径. 对不同的势,卡帕关系就不一样. 例如,对标准势,我们有:

$$\kappa > 1 + \frac{b^2}{p^2} \qquad (13-23)$$

相应的截面表达式当然也不一样. 例如,对玻尔指数势,卢瑟福散射截面将由 $\sigma_\mathrm{R}(\theta)$ 变为

$$\sigma(\theta) = \left(\frac{1}{4\pi\varepsilon_0}\frac{Z_1 Z_2 e^2}{2mv^2}\right)^2 \frac{1}{\left[\sin^2\frac{\theta}{2} + \left(\frac{\lambda}{2p}\right)^2\right]^2}$$

$$= \frac{\sigma_R(\theta)}{\left[1 + \left(\frac{\lambda}{2p\sin\frac{\theta}{2}}\right)^2\right]^2} \tag{13-24}$$

仅当

$$\frac{\lambda}{2p\sin\frac{\theta}{2}} \sim \frac{\lambda}{p\theta} < 1 \tag{13-25}$$

时, $\sigma(\theta)$ 才趋向 $\sigma_R(\theta)$, 即

$$\theta > \frac{\lambda}{p} = \theta' \tag{13-26}$$

所以, $\sigma_R(\theta)$ 至少在 $\theta < \frac{\lambda}{p}$ 范围内不适用.

§14 波函数及其统计解释

（1） 波粒二象性及概率概念

众所周知,在经典力学中,我们有了一个受到已知力的系统的运动方程之后,只要知道初始条件,即知道粒子在某一时刻($t=0$ 时)的确切位置与动量,我们就可以求解方程,给出粒子在任何时刻的位置与动量. 这就是经典物理中的"决定性观念",或"严格的因果律";它在宏观世界,例如对天体物理,对人造地球卫星的运动规律的描述,都得到了巨大的成功.

当由宏观世界转向微观时,经典物理学家很自然地把熟悉的一套成功方法搬过来,希望经过观察能够精密地确定某一微观粒子,例如电子的位置与动量. 但是,海森伯与玻尔的观点与此截然不同:对微观粒子,我们不能同时确定物质或辐射的位置与动量,不能比海森伯不确定关系所允许的更准确. 结果,我们只能预言这些粒子的可能行为. 海森伯与玻尔认为,概率性观点在量子物理学中是基本观点;决定论必须放弃. 这就是量子力学的哥本哈根解释的核心内容. 下面我们就来看看这种观点是怎么产生的.

在上一节介绍单缝衍射的实验中,已可清晰地看出,由于电子的动量至少有一个 Δp 的不确定性,我们就不能精确地预料电子究竟落在屏上哪个部位. 这个不确定性是由衍射现象决定的,来自波粒二象性. 不过,在不确定性中又有完全的确定性:譬如,电子落入中区的概率是完全确定的.

又如,处在能级宽度为 ΔE 的能态上的微观粒子,它的寿命为 Δt. 在 Δt 时

间内,某粒子究竟何时衰变(或者,是否跃迁到低能态)是完全不确定的. 不过,它的衰变概率则是完全确定的. 这种确定性,正是来自不确定关系,来自物质的波粒二象性.

波粒二象性必然导致事物的统计解释;统计性把波与粒子两个截然不同的经典概念联系了起来. 对于光(辐射)的情况,爱因斯坦早在 1917 年就引入了统计性的概念. 对于物质波,则是玻恩(Max Born)在 1926 年 6 月提出了德布罗意波的概率解释.

先考察一下辐射的情况. 经典理论告诉我们,电磁波的能量流(单位时间单位面积上的能量大小)正比于波的电场强度平方,即 $|E|^2$. 从粒子观点看,它应该等于 $h\nu N$,其中 N 是光子的通量,即单位时间穿过垂直于传播方向的单位面积的光子数. 例如,考虑一束非常弱的紫外线,每一光子的能量为 $h\nu = 5$ eV,光强是 1×10^{-13} W/m^2,相当于地球表面上星光强度的一亿分之一,那么,可以算出,N 为 12.5 cm$^{-2} \cdot$ s^{-1}. 既然光子是量子化的,这里出现的非整数只能表明,N 是个平均值,其中包含概率的概念;N 在 12 附近变动,平均值是 12.5. N 是发现一光子在单位时间内穿过单位面积的概率的量度.

显然,一定频率的光的强度与光子的数目成正比,而在某一处的光子数则与该处出现一个光子的概率成正比,又因光的强度与光波的电场强度的平方成正比,于是,在某处发现一个光子的概率与光波的电场强度的平方成正比,即

$$N \propto |E|^2$$

我们知道,波长为 λ、频率为 ν、在 x 方向运动的正弦电磁波的电场强度可以写作

$$E = E_0 \sin 2\pi \left(\frac{x}{\lambda} - \nu t \right)$$

而对于在 x 方向以恒定线动量运动的粒子,其德布罗意波可相应地写为

$$\psi = \psi_0 \sin 2\pi \left(\frac{x}{\lambda} - \nu t \right)$$

或者,更一般地写为

$$\psi = \psi_0 e^{i(k \cdot r - \omega t)}$$

式中 $|k| = 2\pi/\lambda$,$\omega = 2\pi\nu$. 这样,与物质波相联系的不仅有一个波长,而且还有一个振幅 ψ,称为**波函数**. 与德布罗意一样,玻恩也受到爱因斯坦的光的波粒二象性的很大启发. 类似于爱因斯坦把 $|E|^2$ 解释为"光子密度的概率量度",玻恩把 $|\psi|^2$ 解释为在给定时间、在 r 处的单位体积中发现一个粒子的概率. 玻恩指出:"对应于空间的一个状态,就有一个由伴随这状态的德布罗意波确定的概率.""若与电子对应的波函数在空间某点为零,这就意味着在这点发现电子的概率小到零."[14]

必须指出,玻恩提出的波函数的概率解释,并不是,也不可能是从什么地方导出来的;它是量子力学的基本原理之一,也可以说是一个基本假设.

---

[14] Max Born. Atomic Physics. Hafner Pub. Co. (1962).

虽然在名称上波函数与经典的波振幅有类似之处,但是它们的意义是完全不同的. 经典的波振幅是可以被测量的,而 ψ 在一般情况下是不可测量的. 可以测量的,一般只是 $|\psi|^2$,它的含义是概率. 对于概率分布来说,重要的是相对概率分布,显而易见,$\psi(r)$ 与 $C\psi(r)$(C 为常数)所描述的相对概率分布是完全相同的;而经典波的波幅若增加一倍,则相应的波动的能量将为原来的四倍,代表了完全不同的波动状态. 为了更本质地了解量子波与经典波的不同,我们在下面介绍双缝干涉实验及其解释.

(2) 双缝干涉实验

为了说明波函数的特性,我们介绍双缝干涉实验. 在光学中,双缝干涉实验是由英国杨氏在 1801 年首先作出的,并用光的波动理论作了满意的解释. 人们称此实验为杨氏实验*,它是光的波动理论最重要的基础实验之一.

我们在光源 S 前放有与 S 等距离的两条平行狭缝 1 和 2(见图 14.1(a)),两缝之间的距离很小,这时缝 1 和缝 2 构成一对相干光源,从缝 1 和 2 发出的光将在空间叠加,产生干涉现象. 图 14.1(a)中的曲线 $I_1(x)$ 表示仅当缝 1 打开时在屏幕上记录到的光强沿 x 方向的分布;曲线 $I_2(x)$ 表示仅当缝 2 打开时在屏幕上记录到的分布;曲线 $I_{12}(x)$ 则表示两缝同时打开时在屏上显示的双缝干涉图样.

如果在 S 处换上一架机枪,子弹向两孔乱射,那么,依照经典观点,我们将得到图 14.1(b),图中各曲线的含义与 14.1(a)中对应的曲线类同;两孔同时打开时得到的强度分布 $n_{12}(x)$ 只是两孔分别打开时强度之和,即

$$n_{12}(x) = n_1(x) + n_2(x)$$

这里并不存在干涉现象. 这是经典物理中波和粒子两个截然不同的概念的具体体现.

如果在 S 处放一把电子枪呢?电子从 S 射出,经过双缝而到达屏幕,在屏上记录到的电子强度分布将是怎么样呢?依照经典观点,显然应该是像图 14.1(b)那样的结果. 实际上却得到类似于图 14.1(a)的结果,即图 14.1(c).

实验已经发现,不论我们把入射光强减弱到什么程度,只要屏幕的曝光时间足够长,我们仍观察到双缝干涉图像. 那时,从光量子的观点看,入射光已弱到使光子一个一个地通过狭缝!同时,现代的实验技术已可使电子流减弱到如此程度,使电子发射的间隔时间(或者,电子到达屏幕的间隔时间)比个别电子通过狭缝的时间长千万倍,当我们在屏幕上记录电子时,固然在开始时得到的分布似乎是毫无规律的,但是,积累的时间长了,我们仍然得到了双缝干涉图像!关于电子的实验结果,见图 14.2. 不论光子、电子,还是中子、质子,我们都得到了类似的结果.

这些结果充分表明,干涉图像的出现体现了微观粒子的共同特性,而且它

---

* 参阅:〔15〕哈里德(D. Halliday)和瑞斯尼克(R. Resnick),物理学,高等教育出版社(1965). 在这本书里,对于杨氏实验有较详细的描述,并附有清晰的照片.

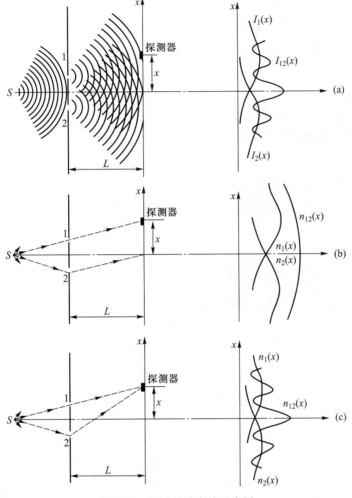

图 14.1 双缝干涉实验示意图

并不是由微观粒子相互之间作用产生的,而是个别微观粒子属性的集体贡献.

就单个微观粒子(譬如电子)而言,我们完全无法预言它将通过哪个狭缝,将落到屏上哪个部位;在完全相同的实验条件下,每个电子都是"我行我素".但是大量电子的行为却是完全可以预卜的.

必须指出,关于电子的结果是完全出乎人们意料之外的.电子通过缝1时,应该说,缝2是否打开对它不应有任何影响.同样,电子通过缝2时,缝1的存在也应与它毫无关系.若是如此,缝1、2同时打开时,屏上电子的强度应是分别打开时强度之和.但事实却不是如此!这只能说明缝1和缝2同时在起作用,似乎是电子同时通过缝1和缝2!到目前为止,人们在 10^{-16} cm 范围内尚未发现电子有任何结构,电子的半径至少要小于 10^{-16} cm,电子哪里来的分身术!?

为了"看看"电子究竟如何通过双缝,试在双缝旁边各放一光源(图 14.3, P_1, P_2)和一光探测器(D_1, D_2),光源发出之光子打在经过狭缝的电子上,被散

(a) 28只电子所产生的

(b) 1 000只电子所产生的

(c) 10 000只电子所产生的

(d) 几百万只电子所产生的

图 14.2 双缝干涉实验

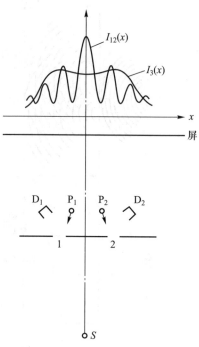

图 14.3 用光子(P_1,P_2)探测电子行径

射出来由探测器记录. 假如电子同时通过双缝,那么两只光探测器同时给出信号(符合记数). 我们控制电子流,使电子一个一个地射向屏幕,结果发现,总是只有一个光探测器给出信号,从来没有符合记数. 似乎真相大白,我们发现了电子的踪迹,但再看看屏上电子的强度分布,又出现了没有料到的结果:干涉图像已消失,测到的只是像机枪子弹那样的结果(图 14.3 上的 $I_3(x)$ 而不是 $I_{12}(x)$),为两个强度的简单相加! 换言之,我们要想在狭缝旁边窥视电子的行为,干涉就消失了. 重复实验,把光源关掉,我们又得到了干涉图像!

有人可能会说,光子与电子的作用太强以致破坏了干涉. 怎么使作用减小呢? 减弱光强,即减少光子数目,显然不是办法;因为光子越少,"受检查"的电子数目也相应减少. 减弱光子的能量,即增加光子所对应的波长,那时光子在空间的定域范围就相应增加(光子定域的精确程度不能超过其波长). 这样,对于波长超过两缝间距的光子不能针对某特定的狭缝而进行探测,即无法识别电子从哪个狭缝通过.

经过各种条件、不同方式的实验的反复试验与考虑,人们发现,"观察效应使干涉消失"在原则上是无法避免的.

最后,需要指出,无论是单缝衍射(图 13.2),还是双缝干涉实验(图 14.1),在 1961 年之前都属于"假想实验",即在承认电子具有波动性的前提下(电子在晶体中的衍射证明了这一点),设想一定存在电子的衍射及干涉现象. 1961 年,约恩孙(C. Jönsson)首次使"假想实验"变成了事实,他巧妙地在金属薄片上开了五条狭缝,每条缝长 50 μm,宽 0.3 μm,间隔 1 μm,成功地获得了衍射和干涉图样[16]. 清晰的电子双缝干涉实验是在 1989 年才完成的(结果与图 14.2 相似,参见文献[17]).

"这些实验,都是用任何经典方法所绝对不能解释的,但是,量子力学的核心正是包含在这些实验之中"(费曼语).

下面我们将介绍,如何利用量子力学的基本原理——态的叠加原理来解释干涉实验(参见文献[18]与[19]).

（3） 态的叠加原理

为了解释双缝干涉实验,我们必须介绍量子力学中另一个基本原理,态的叠加原理. 为此,我们先重申一下上一节讲的一个基本原理:玻恩对波函数的统计解释.

在微观世界中,一事件发生的概率 P 等于波函数 ψ(复数)的绝对值平方:

$$P = |\psi|^2 \tag{14-1}$$

ψ 又称概率幅. 为了明确起见,我们常采用下列符号:假如"发生某事件"泛用"从初态 i 到末态 f 的跃迁"来表示,则发生这种跃迁的概率 $w_{i \to f}$,或简写 w_{if},可表示为

$$w_{if} = |\langle f|i \rangle|^2 \tag{14-2}$$

$\langle f|i \rangle$ 即表示从 i 态到 f 态跃迁的概率幅,或概率振幅,相当于 ψ.

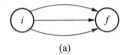
(a)

现在我们列出概率幅 $\langle f|i \rangle$ 服从的几个规则:

规则一 如果发生在 i 态与 f 态之间的跃迁,存在着几种物理上不可区分的方式(途径),见图 14.4(a),那么,在 $i \to f$ 间的跃迁概率幅应是各种可能发生的跃迁概率幅之和:

$$\langle f|i \rangle = \sum_n \langle f|i \rangle_n \tag{14-3}$$

脚标 n 表示 n 种跃迁方式.

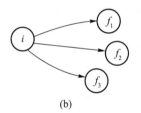
(b)

规则二 假如有 n 个彼此独立、互不相关的末态 $f_1, f_2, f_3, \cdots, f_n$,见图 14.4(b),我们如果知道跃迁到任意一末态的概率(只要到达末态,不论哪一个末态都可以),那么,跃迁概率 $|\langle f|i \rangle|^2$ 等于到达各种末态的跃迁概率之和:

$$|\langle f|i \rangle|^2 = \sum_n |\langle f|i \rangle_n|^2 \tag{14-4}$$

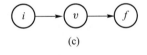
(c)

(d)

图 14.4 概率幅运算规则说明图

[16] C. Jönsson, Z. Physik, 161(1961)454;通俗性介绍参见:许明康,物理,9(1980)332.

[17] A. Tonomura, et al. . Am. J. phys. 57(1989)117.

[18] L. V. Tarasov. Basic Concepts of Quantum Mechanics. MIR Pub. Moscow(1980)75.

[19] 费曼. 费曼物理学讲义. 上海科学技术出版社,3(1984).

规则三 假如从 i 态到 f 态的跃迁必须经过某一中间态 v，见图 14.4(c)，那么，总的跃迁概率幅等于分段概率幅之乘积：

$$\langle f \mid i \rangle = \langle f \mid v \rangle \langle v \mid i \rangle \tag{14-5}$$

规则四 假如有两个独立的微观粒子组成一体系，并且两粒子同时发生了两个跃迁，见图 14.4(d)，那么，体系的跃迁概率幅等于个别粒子的跃迁概率幅之乘积：

$$\langle fF \mid iI \rangle = \langle f \mid i \rangle \langle F \mid I \rangle \tag{14-6}$$

对于后三条规则的理解，并不困难，它们在概率论中是众所周知的概率相加律（规则二）和独立事件的概率相乘律（规则三、四）. 只是第一条规则，称为概率幅叠加规则，是态的叠加原理的一种表述*，实际是量子力学概念体系的基础，费曼称它为量子力学第一原理. 它同样是一条基本原理，至今无法从更基本的观念把它导出.

（4）干涉实验的解释

现在我们利用概率幅的概念及其遵守的诸规则来解释干涉实验. 假定一电子从初态 S 出发，经过开有双缝 1 和 2 的墙（相应于中间态 1 和 2），最后被记录在屏幕上，末态为 x. 见图 14.1.

假定只打开狭缝 1，关闭缝 2，那么，依照规则三，

$$\langle x \mid S \rangle_1 = \langle x \mid 1 \rangle \langle 1 \mid S \rangle$$

电子在 x 处被记录的概率 $I_1(x)$ 为

$$I_1(x) = |\langle x \mid S \rangle_1|^2 = |\langle x \mid 1 \rangle \langle 1 \mid S \rangle|^2 \tag{14-7}$$

类似地，当缝 1 关闭，只打开缝 2 时，我们有：

$$I_2(x) = |\langle x \mid S \rangle_2|^2 = |\langle x \mid 2 \rangle \langle 2 \mid S \rangle|^2 \tag{14-8}$$

现在双缝齐开，因为无法区分电子究竟从哪个缝通过，我们必须利用规则一，因而

$$\langle x \mid S \rangle = \langle x \mid 1 \rangle \langle 1 \mid S \rangle + \langle x \mid 2 \rangle \langle 2 \mid S \rangle \tag{14-9}$$

那时，跃迁概率为

$$\begin{aligned} I_{12}(x) = {} & |\langle x \mid S \rangle|^2 = |\langle x \mid 1 \rangle \langle 1 \mid S \rangle \\ & + \langle x \mid 2 \rangle \langle 2 \mid S \rangle|^2 \\ = {} & I_1(x) + I_2(x) + \langle x \mid S \rangle_1 \langle x \mid S \rangle_2^* \\ & + \langle x \mid S \rangle_1^* \langle x \mid S \rangle_2 \end{aligned} \tag{14-10}$$

可见，$I_{12}(x) \neq I_1(x) + I_2(x)$，而是多了两项，正是这两项，电子从初态到末态的两种可能的跃迁的概率幅的干涉项，引起了干涉图像.

我们再考察图 14.3（或图 14.5）. 先假定光源 P 放出的光子相应的波长很长，以致不论在哪个狭缝与电子散射，都会在探测器 D_1 或 D_2 被记录，即此时光子不能"检查"电子究竟从哪个狭缝通过. 此时，对于电子，我们有两个概率幅：

---

* 对态的叠加原理，也可参阅引文〔12〕.

$$\langle x \mid 1 \rangle \langle 1 \mid S \rangle = \varphi_1$$
$$\langle x \mid 2 \rangle \langle 2 \mid S \rangle = \varphi_2 \qquad (14\text{-}11)$$

对于光子,从对称性考虑,显然有

$$\langle D_1 \mid 1 \rangle \langle 1 \mid P \rangle = \langle D_2 \mid 2 \rangle \langle 2 \mid P \rangle = \psi_1$$
$$\langle D_2 \mid 1 \rangle \langle 1 \mid P \rangle = \langle D_1 \mid 2 \rangle \langle 2 \mid P \rangle = \psi_2$$
$$(14\text{-}12)$$

第一个式子相当于图 14.5 中的虚线,第二个式子相当于图中从 P 出发的实线.

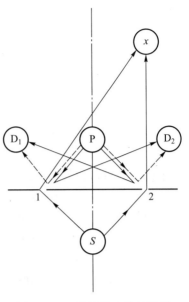

图 14.5 双缝干涉实验的解释

我们先求电子在 x 处被记录,光子同时在 D_1 被记录的概率幅. 这个事件包括两个不可区别的过程:第一个过程,电子从缝 1 通过到达 x,概率幅为 $\langle x \mid 1 \rangle \langle 1 \mid S \rangle = \varphi_1$,同时,光子在 1 附近与电子散射而到达 D_1,概率幅为 $\langle D_1 \mid 1 \rangle \langle 1 \mid P \rangle = \psi_1$,整个过程的概率幅,依照规则四,式(14-6),应为

$$\langle x D_1 \mid SP \rangle_1 = \varphi_1 \psi_1$$

第二个可能的过程是,电子从缝 2 通过后到达 x,概率幅为

$$\langle x \mid 2 \rangle \langle 2 \mid S \rangle = \varphi_2,$$

同时,光子在 2 附近与电子散射而到达 D_1,概率幅为

$$\langle D_1 \mid 2 \rangle \langle 2 \mid P \rangle = \psi_2,$$

整个过程的概率幅,应为

$$\langle x D_1 \mid SP \rangle_2 = \varphi_2 \psi_2$$

这两个过程是不可区分的,因此,依照规则一,式(14-3),x 处记录电子,D_1 同时记录光子的概率幅为

$$\langle x D_1 \mid SP \rangle = \varphi_1 \psi_1 + \varphi_2 \psi_2 \qquad (14\text{-}13)$$

类似地,我们可得到 x 处记录电子,D_2 同时记录光子的概率幅为

$$\langle x D_2 \mid SP \rangle = \varphi_1 \psi_2 + \varphi_2 \psi_1 \qquad (14\text{-}14)$$

于是,在 x 处记录电子、不管在哪个探测器记录光子的概率为[(规则二,式(14-4)]

$$\mid \langle x \mid S \rangle \mid^2 = \mid \langle x D_1 \mid SP \rangle \mid^2 + \mid \langle x D_2 \mid SP \rangle \mid^2 \qquad (14\text{-}15)$$

把式(14-13)、(14-14)代入后即得

$$\mid \langle x \mid S \rangle \mid^2 = (\mid \varphi_1 \mid^2 + \mid \varphi_2 \mid^2)(\mid \psi_1 \mid^2 + \mid \psi_2 \mid^2) +$$
$$(\varphi_1 \varphi_2^* + \varphi_1^* \varphi_2)(\psi_1 \psi_2^* + \psi_1^* \psi_2) \qquad (14\text{-}16)$$

式中第二项明显地反映了干涉效应,这是在光子不能"检查"电子走向的情况下得到的结果.

假如我们使光子相应的波长变短,以致在缝 1 处与电子散射的光子到达 D_2 的概率大为减少,即 ψ_2 下降,从式(14-16)可知,干涉项即变小;当 $\psi_2 = 0$ 时,干涉项完全消失,那时

$$\mid \langle x \mid S \rangle \mid^2 = \mid \psi_1 \mid^2 (\mid \varphi_1 \mid^2 + \mid \varphi_2 \mid^2) \qquad (14\text{-}17)$$

我们再也看不到干涉图像. 就是说, 要把电子的走向区分出来, 我们就必然失去了干涉效应.

式(14-17)是"完全可以区分"的极端情况; 另一个极端情况是"完全不可区分", 那时 $\psi_1 = \psi_2$, 式(14-16)变为

$$|\langle x | S \rangle|^2 = 2|\psi_1|^2 |\varphi_1 + \varphi_2|^2 \qquad (14-18)$$

而式(14-16)则是一般的情况, 介于两极端情况之间. "完全可以区分"与"完全不可区分", 是连续过渡的. 随着两过程可区分程度的增加, 干涉效应就逐渐消失.

由以上分析可以清楚地看出, 对出现干涉图像的解释是靠了概率幅的线性叠加. 当双缝齐开时, 即使对于一个电子, 也要用 $\varphi_1 + \varphi_2$ 去描写它, 双缝确实同时在起作用. 请读者注意: 我们在解释双缝干涉时并没有用经典的波的叠加原理; 虽然不少书籍都采用类似经典物理的办法、用波的叠加解释双缝干涉, 强调经典物理中波的叠加原理在量子力学同样适用. 这样做, 不仅不能解释光子"检察"电子而引起干涉图像的消失现象, 而且, 更重要的是, 没有对现象作本质的说明.

利用经典的波叠加原理, 确实可以解释双缝干涉, 19 世纪初的杨氏实验正是这样被解释的. 在经典物理中把干涉现象的出现看作是波动存在的标志; 有了波动, 才有干涉. 因此, 毫不奇怪, 当涉及微观粒子的实验中出现干涉、衍射现象时, 人们就用"波"的词眼加在微观粒子身上, 诸如德布罗意波, 波函数, 波方程, 波动力学等等名词就纷纷出现. 由于历史的原因, 我们并不反对这些名词, 但是必须指出: 德布罗意波与经典波根本不同, 我们决不能用经典波的图像来想象微观粒子. 电子经过狭缝时出现的干涉和衍射与经典波的图像毫无关系, 它的起因是**统计规律中的概率幅的相加律 (而不是概率相加律!)**. 在双缝干涉实验中, 是一个电子的两个态的叠加, 干涉是自己与自己的干涉, 绝不是两个电子的干涉.

虽然在量子力学中态的叠加与经典物理中波的叠加, 在数学形式上完全相同, 但在物理本质上则完全不同. 两个经典波的叠加一般导致一个新的波, 具有新的特征, **但两个量子波 (更确切的说法可以是, 两个概率幅) ψ_1 和 ψ_2 的叠加 $\psi = C_1\psi_1 + C_2\psi_2$ 并不形成新的状态**, 它代表什么呢? 假如体系处于 ψ_1 描述的状态下, 测量某力学量 B 所得结果是一个确切的值 β_1, 在 ψ_2 描述的状态下, 测量 B 的结果是另一个确切的值 β_2, 在 ψ 描述的状态下, 测量 B 所得结果绝不是 β_1 和 β_2 以外的新的数值, 而是可能为 β_1 也可能为 β_2, 究竟是哪一个, 完全不能肯定, 但得到 β_1 或 β_2 的概率则完全肯定, 分别为 $|C_1|^2$ 或 $|C_2|^2$. 量子力学中态的叠加导致在叠加态下测量结果的不确定性.

对以上讲法, 有人可能会提出异议: "光有波粒二象性, 而光的波动性是经典的概念, 在宏观世界中习以为常. 那么你为什么要强调量子力学中的波与经典波是截然不同的?" 这是一个很好的问题.

首先我们要指出, 一个处于状态 k(波矢)、ω(圆频率)和 α(极化态)的光子, 是谈不上经典波概念的. 只有当大量的光子出现在 $k\omega\alpha$ 态时, 经典光波的

种种现象才能出现,它的特征与光子态的特征 $kω\alpha$ 相符. 但是,只有玻色子,才有可能在一个状态集聚大量粒子;光子是自然界存在的唯一稳定的玻色子,从而使"电磁波"成了很普遍又"很特殊"的现象. 对于电子(以及一切费米子),决不会出现类似的现象,这样的"集体效应"决不会产生. 经典干涉(经典叠加)只在玻色子的集合中发生.

对于任何微观粒子,都有量子力学的干涉效应,它由概率幅的叠加而产生. 对于玻色子的集合,还存在经典干涉,它由波的叠加所产生. 它与量子干涉并存,并往往把后者"掩盖"了.

"光的波粒二象性"概念中的波,与作为电磁波的光波的"波",是两个根本不同的概念. 微观粒子既不是经典的波,也不是经典的粒子,它是一个特殊的客体;它具有在不同环境下显示出类似于经典波或粒子特性的潜在能力. 至今为止,虽然作了数以百次计的各种尝试,但是,没有人能够用人们习惯的语言来恰当地描写微观粒子. 正如法国科学家朗之万(Paul Langevin)所说:

"在微观世界中,我们看到在宏观世界里获得成功的一些概念都是不够充分的,这些概念是为了适用于宏观世界而创立的,并且是在多少世纪当中同这个世界长期接触而产生的."

或者,如我国思想家老子在 2 300 年之前所说的:"道可道,非常道. 名可名,非常名."对这句话,汤川秀树作过如下译释:(译文参见第二章引文[16])

"真正的道——自然规律,不是惯常的道,不是公认的事物秩序. 真正的名称——真正的概念,不是惯常的名称,不是公认的概念."

汤川还对此作了如下说明:

"在伽利略和牛顿于 17 世纪发现物理学的新'道'之前,亚里士多德的物理学就是公认的概念. 当牛顿力学被建立起来并被承认为正确的'道'的时候,牛顿力学就又成为唯一得到公认的概念了. 20 世纪物理学是从超越'惯常的道'并发现新的'道'开始的. 今天,以相对论和量子力学表示的新'道'已经变成惯常的'道'了. 甚至像第四维(空间)和概率幅这样奇特的概念,现在也几乎变成惯常的了. 找出另一种非惯常的'道'和另一些非惯常的概念的时代已经到来了."

一个日本人,居然对中国的文化有如此深刻的理解,不是很令人赞叹的么!

(5) 评注

本节介绍了量子力学的两条基本原理,它与波粒二象性、不确定关系有机地结合在一起反映了量子物理与经典物理的根本区别.

这个区别首先表现在:**量子物理的基本规律是统计规律,而经典物理的基本规律是决定论、严格的因果律**. 哥本哈根学派更认为:**大自然的一切规律都是统计性的,经典因果律只是统计规律的极限**.

这个区别还表现在:量子物理的统计规律与经典物理中熟知的统计规律截然不同. 在经典物理中,"概率"是统计规律的关键概念;而在量子物理中,"概率幅"才是最核心的概念. 在经典物理中,根本的规律是决定论,统计规律只

图 14.6　1930 年索尔维会议期间玻尔与爱因斯坦漫步于布鲁塞尔
(承玻尔档案馆惠赠)

是对待多粒子体系的一种方法、一种工具、一种权宜之计,而在量子物理中,根本规律就是统计规律,个别粒子都体现出统计属性.

正是在这些原则性的观点上,爱因斯坦与玻尔持有完全不同的看法.爱因斯坦比玻尔年长几岁,两人很早就互相敬仰,并成了亲密的朋友.但在探索科学真理的道路上,两人又是针锋相对,展开了著名的论战 *.爱因斯坦和玻尔的论战可分为两个阶段.1930 年第六届索尔维会议标志着第一阶段的结束 (图14.6).早在 1926 年 12 月,爱因斯坦在给玻恩的信中就说过:"我无论如何深信,上帝是不会掷骰子的." ** 爱因斯坦针对波函数的统计解释、不确定关系、互补原理提出了种种非难,力图指出量子力学在逻辑上的错误,认为它是一个不自洽的理论.在这次会议上,爱因斯坦又提出了著名的光子箱理想实验 ***.结果被玻尔击败,从而迫使爱因斯坦承认量子力学是一种正确的统计理论.于是开始了论战的第二阶段,直到 1955 年爱因斯坦逝世为止,争论的焦点是理论的完备性.爱因斯坦认为:量子力学的统计理论只是一种权宜之计,并非最终的理论.而以玻尔、海森伯为首的哥本哈根学派从一开始就认为:量子力学是一种完备的理论,其数学物理基础不容作进一步的修改.

---

* 惠勒对此论战的描述:"它发生在如此伟大的两个人物之间,经历了如此长久的时间,涉及如此深奥的问题,而却又是在如此真挚的友谊关系之中."关于这场论战,可参阅:〔20〕 杨福家.自然杂志,3(1980)780;〔21〕 张瑞琨,吴以义.自然杂志,5(1982)183.

** 参看《爱因斯坦文集》第一卷,221,602-611.

*** 参见文献〔20〕,那里有作者摄的光子箱的彩色照片.

到目前为止,争论还在进行. 费曼在他的讲义中写道:"我们必须强调经典力学和量子力学的一个重要差别. 我们一直在讨论某情况下电子到达的概率,即使在最好的实验中也无法准确预料将会发生什么事情,我们只能预料其概率. 如果这些都是正确的话,这就表示物理学已放弃了准确预料事情的理想,而且相信这是不可能的,唯一得到的只是预料各种事件发生的概率,虽然这不符合我们早期企图了解自然的理想. 可以说是退了一步. 但没有人能够避免.""目前只能讨论概率. 虽然是'目前',但非常可能永远如此,非常可能永远无法解决这个疑难,非常可能自然界就是如此. "

而狄拉克在 1972 年的一次关于量子力学发展的会议上作的闭幕词中这样说道[22]:"在我看来,很显然,我们还没有量子力学的基本定律. 我们现在正在使用的定律需要作重要的修改,只有这样,才能使我们具有相对论性的理论. 非常可能,从现在的量子力学到将来的相对论性量子力学的修改,会像从玻尔轨道理论到目前的量子力学的那种修改一样剧烈. 当我们作出这样剧烈的修改之后,当然,我们用统计计算对理论作出物理解释的观念可能会被彻底地修改. "

对量子力学的基本概念的叙述暂告一段落. 我们希望,这些内容将有助于启发读者思考,有助于读者对量子力学的深入学习. 以下几节将着重介绍薛定谔方程,重点放在"目前的量子力学"怎么解决具体的实际问题.

§15 薛定谔方程

(1) 薛定谔方程的建立

当德布罗意关于物质波的概念传到瑞士苏黎世时,在德拜建议下,由他的学生薛定谔作了一个关于物质波的报告. 薛定谔在报告中清晰地介绍了德布罗意怎么把波与粒子伴随起来,又怎么依此自然地导得了玻尔的量子化条件. 报告之后,德拜作了一个评注:"有了波,就应有一个波动方程. "*确实,德布罗意并没有告诉我们粒子在势场中的波函数,也没有告诉我们波函数怎样随时间变化. 过了不久,薛定谔果然提出了一个波方程,当时谁也没有想到这个方程会变得如此重要,以致在以后成了著名的薛定谔方程. 这个方程像牛顿运动方程一样,不能从更基本的假设中推导出来;它是量子力学的基本方程,它的正确与否只能靠实验来检定.

下面我们介绍建立薛定谔方程的一种方法.

对于一个质量为 m、动量为 p、在势场 $V(x)$ 中运动的非相对论粒子,粒子的能量可以写成(先考虑一维运动)

---

[22] P. A. M. Dirac. The Development of Quantum Mechanics. Acc. Naz. Lincei,Roma(1974)56.

* 参阅一篇有趣的回忆文章:[23] Felix Bloch. Physics Today. 29(Dec. 1976)23.

$$E = \frac{p^2}{2m} + V(x) \tag{15-1}$$

利用德布罗意关系 $E = \hbar\omega, p = \hbar k$（见 §12），上式变为

$$\hbar\omega = \frac{(\hbar k)^2}{2m} + V(x) \tag{15-2}$$

对于自由粒子,我们可以把粒子的波函数写成平面波形式:

$$\Psi(x,t) = \psi_0 e^{i(kx-\omega t)} \tag{15-3}$$

现在的任务是要找一个方程,它既要与式(15-2)一致,又要在 $V(x) = 0$ 时得到解(15-3). 从式(15-3),显然,

$$\left.\begin{array}{l} i\hbar \dfrac{\partial}{\partial t}\Psi = E\Psi \\[2mm] -i\hbar \dfrac{\partial}{\partial x}\Psi = p\Psi \\[2mm] -\hbar^2 \dfrac{\partial^2}{\partial x^2}\Psi = p^2\Psi \end{array}\right\} \tag{15-4}$$

利用 $V(x) = 0$ 时的式(15-1),可知,

$$\left(i\hbar \frac{\partial}{\partial t} + \frac{\hbar^2}{2m}\frac{\partial^2}{\partial x^2}\right)\Psi = \left(E - \frac{p^2}{2m}\right)\Psi = 0$$

或者,

$$i\hbar \frac{\partial}{\partial t}\Psi(x,t) = -\frac{\hbar^2}{2m}\frac{\partial^2}{\partial x^2}\Psi(x,t) \tag{15-5}$$

对于自由粒子的一般状态,它是平面波的叠加,我们可以容易地证明,它仍满足式(15-5).

对于 $V(x) = V_0$ 为常数时(仍是不存在作用力的情况),容易看出,式(15-3)是方程

$$-\frac{\hbar^2}{2m}\frac{\partial^2 \Psi}{\partial x^2} + V_0\Psi = i\hbar\frac{\partial \Psi}{\partial t} \tag{15-6}$$

的解,且与式

$$\frac{(\hbar k)^2}{2m} + V_0 = \hbar\omega \tag{15-7}$$

相一致. 现在我们把式(15-6)推广到一般的势场 $V(x)$,认为粒子的运动满足:

$$-\frac{\hbar^2}{2m}\frac{\partial^2 \Psi}{\partial x^2} + V(x)\Psi = i\hbar\frac{\partial \Psi}{\partial t} \tag{15-8}$$

这就是一维薛定谔方程. 把它与经典关系式(15-1)相比较,不难看出,我们只不过在式(15-1)中作了如下变换:

$$E \rightarrow i\hbar\frac{\partial}{\partial t}; \quad p \rightarrow -i\hbar\frac{\partial}{\partial x} \tag{15-9}$$

然后作用到波函数 Ψ 上,就得到式(15-8).

显然,推广到三维的情况是十分容易的[*]:

$$\left[-\frac{\hbar^2}{2m}\nabla^2+V(\boldsymbol{r})\right]\varPsi(\boldsymbol{r},t)=\mathrm{i}\hbar\frac{\partial}{\partial t}\varPsi(\boldsymbol{r},t) \qquad (15-10)$$

当 $V(\boldsymbol{r})=0$ 时的自由粒子的解为

$$\varPsi(\boldsymbol{r},t)=\psi_0\mathrm{e}^{\mathrm{i}(\boldsymbol{k}\cdot\boldsymbol{r}-\omega t)} \qquad (15-11)$$

而与式(15-10)对应的经典表示式是

$$E=\frac{\boldsymbol{p}^2}{2m}+V(\boldsymbol{r}) \qquad (15-12)$$

从式(15-12)到式(15-10),也可看作是如下变换

$$E\rightarrow\mathrm{i}\hbar\frac{\partial}{\partial t};\quad \boldsymbol{p}\rightarrow-\mathrm{i}\hbar\nabla \qquad (15-13)$$

并作用到波函数上的结果.

式(15-10)就是著名的薛定谔方程的一般表示式. 我们再次重申,它是量子力学的基本方程,但只能看作是一个假设. 事实上,我们可以把式(15-13)与波函数(15-11)的存在一起当作是量子力学的基本假设.

我们还可注意到,方程式(15-10)对 $\varPsi$ 是线性微分方程,即假如 $\varPsi_1$ 和 $\varPsi_2$ 是方程的解,那么 $C_1\varPsi_1+C_2\varPsi_2$($C_1$ 和 C_2 是两个常数)也是方程的解,这正是波函数的叠加原理所要求的.

(2) 定态薛定谔方程

当势场 $V(\boldsymbol{r})$ 不显含时间 t 时,式(15-10)可用分离变数法求其特解,即我们可以把波函数写成

$$\varPsi(\boldsymbol{r},t)=\psi(\boldsymbol{r})T(t) \qquad (15-14)$$

把式(15-10)两边除以 ψT,可得

$$\frac{\mathrm{i}\hbar}{T}\frac{\mathrm{d}T}{\mathrm{d}t}=\frac{1}{\psi}\left[-\frac{\hbar^2}{2m}\nabla^2+V(\boldsymbol{r})\right]\psi \qquad (15-15)$$

于是,

$$\frac{\mathrm{i}\hbar}{T}\frac{\mathrm{d}T}{\mathrm{d}t}=E \qquad (15-16)$$

$$\frac{1}{\psi}\left[-\frac{\hbar^2}{2m}\nabla^2+V(\boldsymbol{r})\right]\psi=E \qquad (15-17)$$

E 在这里是分离常数,与 $\boldsymbol{r}$、t 无关,并具有能量的量纲. 式(15-16)的解为

$$T=T_0\mathrm{e}^{-\mathrm{i}Et/\hbar} \qquad (15-18)$$

---

[*] 拉普拉斯算符 ∇^2 在直角坐标系中的定义:

$$\nabla^2\equiv\frac{\partial^2}{\partial x^2}+\frac{\partial^2}{\partial y^2}+\frac{\partial^2}{\partial z^2}$$

若把常数 T_0 归到 ψ 所含常数之中,则

$$\Psi(r,t) = \psi(r) e^{-iEt/\hbar} \tag{15-19}$$

概率密度

$$\Psi^* \Psi = \psi^* \psi \tag{15-20}$$

与时间无关. 而且我们还有(即式 15-17):

$$\left[-\frac{\hbar^2}{2m} \nabla^2 + V(r) \right] \psi = E\psi \tag{15-21}$$

这就是定态薛定谔方程.

这里要特别指出,用来描写实物粒子的波函数必须满足三个条件,即 $\psi(x)$ 必须是**单值、有限、连续**. 因为粒子任何地方出现的概率只能有一个,因此在任何地方的波函数必须单值;这个概率显然不可能无限大,因此波函数必须处处有限;概率不可能在某处发生突变,因此波函数必须处处连续. 上述三个条件通称为波函数的**标准条件**. 在用量子力学解实际问题时,波函数的标准条件是十分重要的.

(3) 应用举例

[例1] 一维无限深势阱

考虑在一维空间中运动的粒子,它的势能在一定区域内(从 $x=0$ 到 $x=d$)为零,而在此区域外,势能为无限大(图 15.1),即

$$V(x) = \begin{cases} 0, & 0 < x < d \\ \infty, & x \geq d, x \leq 0 \end{cases} \tag{15-22}$$

这种势称为**一维无限深势阱**.

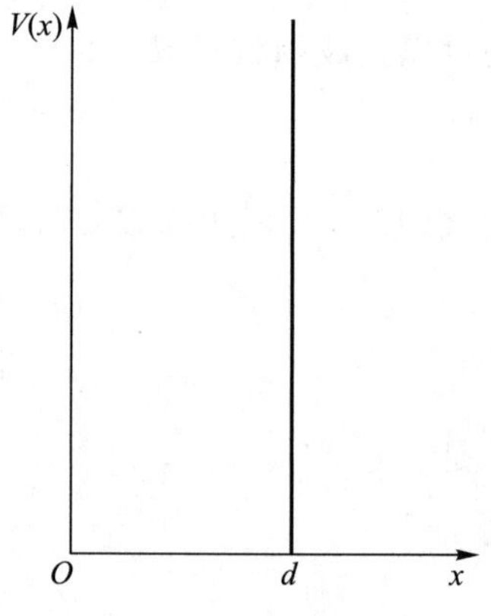

在阱内,体系满足的定态薛定谔方程为

$$\frac{\hbar^2}{2m} \frac{d^2\psi}{dx^2} + E\psi = 0 \tag{15-23}$$

若记

$$k^2 \equiv \frac{2mE}{\hbar^2} \tag{15-24}$$

则方程可以改写为

$$\frac{d^2\psi}{dx^2} = -k^2\psi \tag{15-25}$$

图 15.1 一维无限深势阱

此方程的解为

$$\psi = A\sin(kx + \delta) \tag{15-26}$$

因 $\psi(0)=0$ (阱外 $V(x)=\infty$,波函数在 $x=0,d$ 处必为零),即得常数 $\delta=0$. 又因 $\psi(d)=0$,即得量子化条件

$$kd = n\pi, \quad n = 1, 2, \cdots \tag{15-27}$$

于是,式(15-26)和式(15-24)分别为

$$\psi_n(x) = A\sin\frac{n\pi x}{d} \tag{15-28}$$

$$E_n = \frac{n^2 h^2}{8md^2}, n = \text{正整数} \tag{15-29}$$

此即式(12-15).

现在,我们把上面做的事情归纳一下:

在阱外,由于 $V(x) = \infty$,薛定谔方程中的 $\psi(x)$ 只能为零,否则方程失去意义. 在阱内,$V(x) = 0$,得式(15-23). 因两次微商化为波函数本身,故方程的解必为指数型;由于两次微商结果得负号[式(15-25)],指数幂必定出现虚数 i,故其解为正弦或余弦函数. $\psi(0) = 0$ 排除了余弦解;$\psi(d) = 0$ 引出了量子化条件.

波函数(15-28)中还有一个常数 A 没有确定. 我们可以利用归一化条件来定 A. 因粒子在整个空间出现的概率必定是1,故波函数满足归一化条件:

$$\int_{-\infty}^{\infty} \left| \psi_n \right|^2 \mathrm{d}x = 1$$

把式(15-28)代入,并考虑到有效区域,便有:

$$\int_{-\infty}^{\infty} A^2 \sin^2 \frac{n\pi x}{d} \mathrm{d}x = \int_0^d A^2 \sin^2 \frac{n\pi x}{d} \mathrm{d}x = A^2 \frac{d}{2} = 1$$

由此得到归一化系数 $A = \sqrt{2/d}$,代入式(15-28)便得到归一化波函数

$$\psi_n = \sqrt{\frac{2}{d}} \sin \frac{n\pi x}{d} \tag{15-30}$$

图 15.2 分别给出 $n = 1, 2, 3$ 时的波函数及相应的概率. 必须指出,粒子出现的概率,当 $n = 1$ 时,为 $\left| \psi_1(x) \right|^2$,它的极大值出现在中间;当 $n = 2$ 时,$\left| \psi_2(x) \right|^2$ 在中间为零,在两旁各有一个极大值,那么,一个粒子究竟出现在哪里? 这是用经典语言所无法回答的问题. 我们只能说,粒子又在这里又在那里("分身术"!).

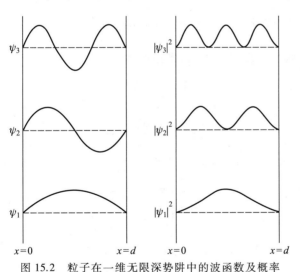

图 15.2 粒子在一维无限深势阱中的波函数及概率

[例2] 一维有限深势阱

现在考虑粒子在一维有限深势阱中的运动. 一维有限深势阱,如图 15.3 所示,可以表示为

$$V(x) = \begin{cases} 0, & \text{当 } |x| < \dfrac{d}{2} \\ V_d, & \text{当 } |x| \geqslant \dfrac{d}{2} \end{cases} \tag{15-31}$$

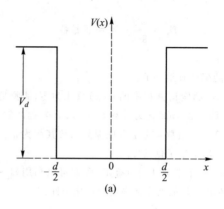

(a)

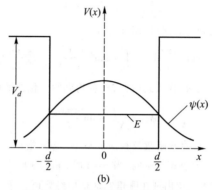

(b)

图 15.3　一维有限深势阱($E < V_d$)

在阱内$\left(|x| < \dfrac{d}{2} \right)$的情况已由上一小节给出,波函数为正弦函数.

在阱外$\left(|x| \geqslant \dfrac{d}{2} \right)$,体系所满足的薛定谔方程是

$$\frac{\mathrm{d}^2 \psi}{\mathrm{d}x^2} = \frac{2m(V_d - E)}{\hbar^2}\psi \equiv k_d^2 \psi \qquad (15\text{-}32)$$

$$k_d^2 \equiv \frac{2m(V_d - E)}{\hbar^2}$$

阱外方程的解为指数函数,由波函数的有限条件,可得$x \leqslant -d/2$和$x \geqslant d/2$的两个解为

$$\psi(x) = \begin{cases} A_+ \, \mathrm{e}^{k_d x}, & x \leqslant -\dfrac{d}{2} \\[2mm] A_- \, \mathrm{e}^{-k_d x}, & x \geqslant \dfrac{d}{2} \end{cases} \qquad (15\text{-}33)$$

式中k_d、$A_\pm$均为常数. 这个结果显示了微观粒子与经典粒子的一个根本差异:在$E < V_d$的情况下,按经典物理观点,粒子是绝不可能跑到阱外去的;但在量子力学中,粒子有一定概率出现在阱外.

图 15.4 显示在微观世界里可能发生的图像. 宾主正在客厅里喝茶的时候,隔壁车库内的汽车突然闯入大厅! 这张图是仿照著名物理学家伽莫夫(G.Gamow)的原作绘制的*. 它

---

* 参见伽莫夫的著作:《物理世界奇遇记》(绪论中的引文). 伽莫夫的主要科学贡献是下面将给出的式(15-40). 关于他的科学生涯,可参见他的自传体作品:[24] G. Gamow. My World Line. Viking Press, New York(1970).

包含着两个物理内容:由不确定关系决定了汽车在车库中永远不会静止;微观客体在有限深势阱内有一定透出的概率.(注意,车库的壁不可能无限坚硬,它对应的是有限深势阱.)

图 15.4　汽车闯入了客厅

现在我们从不确定关系考察一下势阱.

从物理概念上,或从数学方程上,都容易理解,当阱外 $V(x)=\infty$ 时,波函数 ψ 在阱外为零.按照不确定关系,$\psi(x)=0$,$\Delta x=0$,必然有 $\Delta p=\infty$,那么只能相应于 $V(x)=\infty$.这就是无限深的势阱.假如 $V(x)$ 有限,那么 $\Delta p\neq\infty$,不确定关系就导致 $\Delta x\neq0$,阱外就必然有出现粒子的概率.这就是有限深的势阱.

我们再看一下图 15.5.依照经典观点,若粒子能量 $E<V$,那么粒子只能在阱内运动[图 15.5(a)];若粒子 $E>V$,虽然在进入势阱边缘后动能开始急剧增

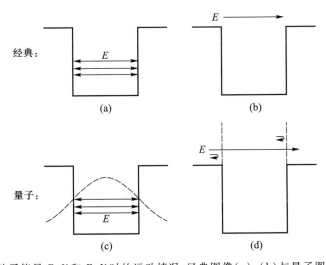

图 15.5　粒子能量 $E<V$ 和 $E>V$ 时的运动情况:经典图像(a)、(b)与量子图像(c)、(d)

加,走出势阱后运动又恢复原样,但运动方向不会改变.[图15.5(b)].但按照量子观点,情况就大为不同,当 $E<V$ 时,粒子仍有在阱外出现的概率[图15.5(c)];当 $E>V$ 时,粒子的动能在势阱的边界将发生变化,而动能的变化相当于波长的变化,这就说明粒子在阱的边界上既有反射又有透射[图15.5(d)]*. 好像在观望商品橱窗时,既看到陈列的商品,又可照见自己的脸面.

[例3] 隧道效应

我们现在考虑方势垒的穿透问题.方势垒如图15.6所示,

$$V(x) = \begin{cases} 0, x < x_1, x > x_2 \\ V_0, x_1 < x < x_2 \end{cases} \tag{15-34}$$

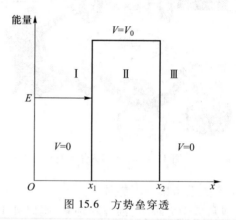

图 15.6 方势垒穿透

当入射粒子能量 E 低于 V_0 时,按照经典力学观点,粒子不能进入势垒,将全部被弹回.但是,量子力学将给出全然不同的结论.我们从一维定态薛定谔方程出发:

$$\frac{d^2\psi}{dx^2} = \frac{2m}{\hbar^2}[V(x) - E]\psi$$

然后分三个区域求解.

在区域 I $(x<x_1)$,$V=0$,故方程变为

$$\frac{d^2\psi}{dx^2} = -\frac{2mE}{\hbar^2}\psi = -k_1^2\psi, \tag{15-35}$$

$$k_1^2 \equiv \frac{2mE}{\hbar^2}$$

其解是正弦波:

$$\psi_1 = A_1\sin(k_1 x + \varphi_1) \tag{15-36}$$

式中 A_1 、φ_1 均为常数.

在区域 II $(x_1<x<x_2)$,$V = V_0 > E$,故方程为

$$\frac{d^2\psi}{dx^2} = \frac{2m}{\hbar^2}(V_0 - E)\psi \equiv k_2^2\psi, \tag{15-37}$$

$$k_2^2 \equiv \frac{2m}{\hbar^2}(V_0 - E)$$

---

* 作为一个思考题,请读者考虑.

其解是指数函数：

$$\psi_{II} = A_2 e^{-k_2 x} + B_2 e^{k_2 x} \qquad (15-38)$$

在区域 III $(x>x_2)$，$V=0$，故方程形式与式 $(15-35)$ 类同，其解也是正弦波：

$$\psi_{III} = A_3 \sin(k_1 x + \varphi_3) \qquad (15-39)$$

式中 A_2，B_2，A_3，φ_3 均为常数，它们与 A_1，φ_1 一起可由波函数在 x_1，x_2 两点连续的条件和归一化的要求决定.

由此可见，在区域 III 的波函数并不为零；原在区域 I 的粒子有通过区域 II 进入 III 的可能，见图 15.7. 可以算出（见文献〔12〕），粒子从 I 到 III 的穿透概率：

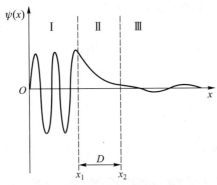

图 15.7 势垒贯穿过程的波函数

$$P = e^{-\frac{2}{\hbar}\sqrt{2m(V_0-E)}D}$$

或者，

$$\ln P = -\frac{2}{\hbar}\sqrt{2m(V_0-E)}D \qquad (15-40)$$

由此可见，势垒厚度（$D = x_2 - x_1$）越大，粒子通过的概率越小；粒子的能量 E 越大，则穿透概率也越大. 两者都呈指数关系，因此，D 和 E 的变化对 P 十分灵敏. 伽莫夫首先导出这一关系式，并用此解释原子核发生 α 衰变的实验事实；他开创了量子力学用于原子核领域的先例，解释了经典物理无法回答的势垒穿透效应（又称隧道效应）. 伽莫夫的工作，给原来对量子力学持怀疑态度的卢瑟福留下了深刻的印象.

附注：隧穿显微镜

由于电子的隧道效应，金属中的电子并不完全局限于表面边界之内. 即，电子密度并不在表面边界突然地降为零，而是在表面以外呈指数衰减；衰减长度约为 1 nm，它是电子逸出表面势垒的量度. 如果两块金属（例如，一块呈针状，称探针；一块呈平板形，为待测样品）互相靠得很近，且近到 1 nm 以下时，它们的表面电子云就会发生重叠. 如果在两金属之间加一微小电压 V_T，那就可以观察到它们之间的电流 J_T（称为隧道电流），

$$J_T \sim V_T e^{-A\sqrt{\phi}s}$$

式中 A 为常数，s 为两金属间距离，ϕ 为样品表面的平均势垒高度. 如果 s 以 0.1 nm 为单位，则 $A = 1$，ϕ 的量级为 eV. 因此，当 s 变化 0.1 nm 时，J_T 呈数量级变化，十分灵敏. 由于针尖可以做得很细、很尖，其顶端甚至只有一个原子，所以当探针在样品上扫描时，表面上小到原子尺度的特征就显现为隧道电流的变化.

依此,可以分辨表面上分立的原子,揭示出表面上原子的台阶、平台和原子列阵.

这就是具有原子显像能力的扫描隧穿显微镜(Scanning Tunneling Microscopy,缩写为STM)的基本原理.利用STM人类实现了直接"看"到单个原子的愿望.虽然对它的物理构思早在1971年就有人提出过,但真正的研制成功是在1982年.而且,在1985年还制成能在大气压下工作的袖珍式STM.为表彰发明人作出的重大贡献,宾尼希(G. Binnig)* 和罗雷尔(H. Rohrer)与鲁斯卡(E. Ruska)分享1986年诺贝尔物理学奖(当时年已八旬的鲁斯卡的贡献为:在20世纪30年代初发明第一台电子显微镜——普通的光学显微镜中的照射光束和玻璃透镜被电子束与电磁透镜所代替).

虽然STM的原理并不复杂,但制作并不简单.因为它必须消除外界震动等影响,使探针-表面间隙保持稳定;必须采用特殊技巧和方法,把探针放到离表面不到1 nm的地方,又不与样品表面相碰;为保证原子分辨率,要制作尖端只能有一个原子的探针尖.

目前STM已可直接绘出表面的三维图像,并有很高的分辨率,可分辨出单个原子.其横向分辨率达0.1 nm,纵向为0.01 nm(电子显微镜的点分辨率为0.24 nm).图15.8是高序石墨表面碳原子规则排列的STM图像(3 nm×3 nm).

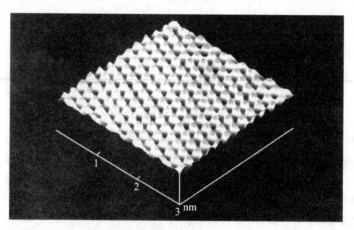

图15.8　高序石墨表面上碳原子排列的STM图(3 nm×3 nm)

(取自参考文献〔25〕)

STM技术不仅可用来进行材料的表面分析,直接观察表面缺陷,表面吸附体的形态和位置,还可利用STM针尖对原子和分子进行操纵和移动,重新排布原子和分子,实现了人类直接操纵单个原子和分子的梦想.图15.9是在美国IBM实验室,埃格勒博士(D. Eigler),采用低温、超高真空条件下的STM操纵,将35个氙原子在金属镍表面上排列成的"IBM"字样.另外STM技术已被用到了生命科学的研究中,利用它可研究DNA(脱氧核糖核酸)的构形等.图15.10是由中国科学院上海原子核研究所单分子探测和操纵实验室和上海交通大学Bio-X中心为主,与德国萨莱大学的科学家们合作完成的,用单个DNA分子片

---

* 宾尼希当时在瑞士苏黎世的IBM实验室工作,是一位年轻的德国博士后,罗雷尔是他的导师.

段构建的字母"DNA". 这个首创的成果是单个生物大分子纳米操纵技术水平的一个象征. 目前在我国已有不少研究所和大学利用 STM 技术开展了大量的工作,且进入了世界行列.

图 15.9 用氙原子在金属镍表面排成的"IBM"字样

(取自文献〔25〕)

图 15.10 用单个 DNA 分子构建的字母"DNA"

(取自文献〔25〕)

有兴趣的读者可参阅:Phys. Today,1987 年 1 月号中几篇文章;该刊 1986 年 8 月号中 C. F. Quate 的一篇文章译载于:物理,16(1987)129;以及参考文献〔25〕和〔26〕.

[例 4] 一维谐振子势阱

在经典物理中,我们已经知道,在自然界简谐振动是十分普遍的. 任何体系的小振动,常常可以分解为若干彼此独立的一维谐振动. 一维谐振动的能量可以表示为

$$E = p^2/2m + kx^2/2 \tag{15-41}$$

式中 $V = kx^2/2$,k 是振子的弹性系数. 在经典物理中,谐振子的运动将是正弦运动,$x(t) = x_0 \sin(\omega t + \delta)$,其中角频率

$$\omega = \sqrt{k/m} \tag{15-42}$$

经典的能量可以表示为

$$E = \frac{1}{2} kx_0^2 \tag{15-43}$$

x_0 为粒子动能等于零时粒子的位置,称之为"转折点". 显然 E 可以取任何数值.

〔25〕 李民乾,胡钧,张益. 分子手术与纳米诊疗. 上海科学技术文献出版社(2005).

〔26〕 白春礼. 原子和分子的观察和操纵. 湖南教育出版社(1994).

　　　白春礼. 纳米科技现在与未来. 四川教育出版社(2001).

在量子力学中,对于 $V(x) = \dfrac{1}{2}kx^2$ 的薛定谔方程为

$$-\frac{\hbar^2}{2m}\frac{\mathrm{d}^2\psi(x)}{\mathrm{d}x^2} + \frac{1}{2}m\omega^2 x^2 \psi(x) = E\psi(x) \tag{15-44}$$

它与前三个例子不同,它是系数为非常数的微分方程,但是,它仍属于可以精确求解的少数几个例子中的一个. 这里我们不作具体计算(可参见文献〔12〕),只给出结果如下:

$$E_n = \left(n + \frac{1}{2}\right)\hbar\omega; n = 0,1,2,\cdots \tag{15-45}$$

$$\psi(x) = \sqrt{\frac{\alpha}{2^n n! \sqrt{\pi}}} e^{-\alpha^2 x^2/2} H_n(y) \tag{15-46}$$

式中常数 $\alpha = \sqrt{\dfrac{m\omega}{\hbar}}$,$y = \alpha x$,$H_n(y)$ 是厄米特多项式,它的某些表达式为

$$\left.\begin{array}{l}
H_0(y) = 1 \\
H_1(y) = 2y \\
H_2(y) = 4y^2 - 2 \\
H_3(y) = 8y^3 - 12y \\
H_4(y) = 16y^4 - 48y^2 + 12 \\
H_5(y) = 32y^5 - 160y^3 + 120y
\end{array}\right\} \tag{15-47}$$

还可证明,能级之间的跃迁服从 $\Delta n = 1$ 的选择规则,即跃迁只能发生在相邻能级之间. 从这些结果,我们可以看出,谐振子势具有三个特点:一是 $n = 0$ 时,基态能量不为零,即有零点能,这并不是谐振子势所特有的;二是能量间隔都相同(等距),这是谐振子势的最大特点;三是跃迁只能逐级进行*. 把后两个特点相结合,就给出:各跃迁都发出频率相同的辐射,实验测到的能谱中就只有一条谱线. 这些特点常被用来验证理论的可靠程度. 由于谐振子势和方阱势都比较简单,可以使薛定谔方程得到精确解,因此常被理论计算用作第一级近似的出发点. 例如,高速电子在晶格中运动,理论工作者先假定它受到一个谐振子势的作用,然后就与实验测到的、电子在晶格中运动所产生的辐射谱比较. 如果电子经受到的是严格的谐振子势,那么在实验中只应测到一个频率(一个能量)的谱线. 结果,实验情况与理论情况有偏差,依照这一偏差,我们就可以对理论作出修正. 谐振子势尽管是简单的,但它对实验工作和理论工作都起着相当重要的作用.

附注: 上面讲到的谐振子势的第一个特点,零点能的存在,从不确定关系立刻可以得到. 假如粒子的位置的不确定度为 $\Delta x = a$,则动量的不确定度至少为 $\Delta p = \hbar/2a$,粒子的最小动量

$$p = \Delta p = \hbar/2a$$

代入式(15-41)后,可得到能量

$$E = \frac{\hbar^2}{8ma^2} + \frac{1}{2}m\omega^2 a^2 \tag{15-48}$$

它是 a 的函数,当 $\mathrm{d}E/\mathrm{d}a = 0$ 时取极小值,即当

---

* 当用外电磁场激发谐振子时,也只能一级一级向上激发.

$$\frac{dE}{da} = -\frac{\hbar^2}{4ma^3} + m\omega^2 a = 0, a^2 = \hbar/2m\omega \qquad (15-49)$$

时,从式(15-48)可得:

$$E = \frac{1}{2}\hbar\omega \qquad (15-50)$$

它与 $n = 0$ 时的式(15-45)相一致,它就是谐振子势的零点能.

*§16 平均值与算符

（1） 平均值的求法

既然量子力学的基本规律是统计规律,波函数 ψ 只包含概率的含义,那么,很自然,对于任何物理量,只有求出了与它对应的平均值之后,才能与实验上观察到的量相比较. 从薛定谔方程我们可以求出波函数,有了波函数怎么求平均值呢?

先回忆一下经典的情况.

假如有根均匀的棒,长 L,坐标位置 x 可以在 $0 \to L$ 之间任何地方,那么它的平均值:

$$\bar{x} = \frac{\int_0^L x\,dx}{\int_0^L dx} = \frac{L^2/2}{L} = \frac{L}{2}$$

这就是均匀棒的重心.

假如棒是不均匀的,其密度有个分布 $\rho(x)$,那么,

$$\bar{x} = \frac{\int_0^L x\rho(x)\,dx}{\int_0^L \rho(x)\,dx}$$

一般说,假如我们要求任意的 x 函数 $f(x)$ 在 x 定义域 $[0, L]$ 范围内的平均值,那么,

$$\overline{f(x)} = \frac{\int_0^L f(x)P(x)\,dx}{\int_0^L P(x)\,dx} \qquad (16-1)$$

式中 $P(x)$ 是 $f(x)$ 在 x 定义域范围内的概率分布,$\overline{f(x)}$ 是 $f(x)$ 的权重平均. 一般在定义 $P(x)$ 时常使

$$\int_0^L P(x)\,\mathrm{d}x = 1$$

此即归一化条件.

现在转到量子力学的情况. 显然, $\psi^*\psi$ 相当于 x 空间的概率分布, 那么, 多次位置测量的平均值(有时也称为期待值)

$$\bar{x} = \int_{-\infty}^{\infty} \psi^*(x)\,x\,\psi(x)\,\mathrm{d}x \qquad (16-2)$$

其中 $\psi(x)$ 满足归一化条件:

$$\int_{-\infty}^{\infty} \psi^*(x)\psi(x)\,\mathrm{d}x = 1 \qquad (16-3)$$

这表示在整个空间内找到粒子的概率为 100%, 这是十分显然的.

任何位置的可测量的函数 $f(x)$ 的平均值

$$\overline{f(x)} = \int_{-\infty}^{\infty} \psi^*(x)f(x)\psi(x)\,\mathrm{d}x \qquad (16-4)$$

动量的 x 分量 p_x 是可测量的量, 怎么求它的平均值呢? 乍一看来, 很容易, 只要把 $p_x(x)$ 代入式(16-4)就可以了. 但是, 问题不这么简单: $p_x(x)$ 是写不出来的; $p_x(x)$ 表示与每一特定的 x 有对应的 $p_x(x)$ 值, 这是"轨道"的语言, 直接违反不确定关系.

到此为止, 我们考虑的都是以位置 x 为自变量(x 的本征函数为基矢)的空间, 称为位置表象. 在这种表象里, $p_x(x)$ 并不存在. 只对于 $f(x)$ 存在的函数, 我们才可以用上面讲的方法求平均值.

（2）算符的引入

对于动量 p_x, 我们首先必须在动量表象中求它的平均值:

$$\bar{p}_x = \int_{-\infty}^{\infty} \phi^*(k)\,p_x\,\phi(k)\,\mathrm{d}k \qquad (16-5)$$

函数 $\phi(k)$ 的含义类似于 $\psi(x)$: 粒子的动量在 p_x 到 $p_x + \mathrm{d}p_x$ 之间的概率为 $\phi^*(k)\phi(k)\,\mathrm{d}k$. k 为波矢, 它与 p_x 一一对应: $p_x = \hbar k$.

不过, 我们可以利用傅里叶变换把位置表象与动量表象联系起来:

$$\phi(k) = \frac{1}{\sqrt{2\pi}}\int_{-\infty}^{\infty} \psi(x)\,\mathrm{e}^{-ikx}\,\mathrm{d}x \qquad (16-6)$$

$$\psi(x) = \frac{1}{\sqrt{2\pi}}\int_{-\infty}^{\infty} \phi(k)\,\mathrm{e}^{ikx}\,\mathrm{d}k \qquad (16-7)$$

积分前的常数保证了波函数的归一化. 把式(16-6)代入式(16-5), 即有:

$$\bar{p}_x = \frac{1}{2\pi}\int_{-\infty}^{\infty}\left[\int_{-\infty}^{\infty} \psi^*(x')\,\mathrm{e}^{ikx'}\,\mathrm{d}x'\,k\hbar\int_{-\infty}^{\infty} \psi(x)\,\mathrm{e}^{-ikx}\,\mathrm{d}x\right]\mathrm{d}k$$

$$= \frac{i\hbar}{2\pi} \int_{-\infty}^{\infty} \left[\int_{-\infty}^{\infty} \psi^*(x') e^{ikx'} dx' \int_{-\infty}^{\infty} \psi(x) \frac{\partial}{\partial x} (e^{-ikx}) dx \right] dk$$

把括号内的第二个积分作分部积分,并注意到 $\psi(\infty) = 0$,即得

$$\bar{p}_x = -i\hbar \int_{-\infty}^{\infty} \left\{ \frac{1}{\sqrt{2\pi}} \int_{-\infty}^{\infty} \left[\frac{1}{\sqrt{2\pi}} \int_{-\infty}^{\infty} \psi^*(x') e^{ikx'} dx' \right] e^{-ikx} dk \right\} \times$$

$$\frac{\partial \psi(x)}{\partial x} dx$$

比较式(16-6),我们发现,在方括号内的积分就是 $\phi^*(k)$,因此,从式(16-7)可知,大括号内的积分就是 $\psi^*(x)$,于是,

$$\bar{p}_x = \int_{-\infty}^{\infty} \psi^*(x) \left(-i\hbar \frac{\partial}{\partial x} \right) \psi(x) dx \tag{16-8}$$

把此式与 $\bar{x}$,即式(16-2),相比较,我们发现,为了要在位置表象里求 $\bar{p}_x$,即为了从 $\psi(x)$ 求 $\bar{p}_x$,我们只要把 $p_x(x)$ 换以

$$\hat{p}_x = -i\hbar \frac{\partial}{\partial x} \tag{16-9}$$

即,

$$\bar{p}_x = \int_{-\infty}^{\infty} \psi^*(x) \hat{p}_x \psi(x) dx \tag{16-10}$$

我们就可以依照求 $\bar{x}$ 的同样方法求 $\bar{p}_x$. 式中 $\hat{p}_x$ 被称为动量 x 分量的算符,它在三维空间里显然是式(16-9)的推广:

$$\hat{p} = -i\hbar \nabla \tag{16-11}$$

在位置表象里,凡是可以写作 x 函数的可测量的物理量,它们的算符就是它们自己,即

$$\hat{f}(x) = f(x)$$

譬如,x 算符就是 x.

类似地,我们有能量算符

$$\hat{E} = i\hbar \frac{\partial}{\partial t} \tag{16-12}$$

式(16-9)、式(16-11)、式(16-12)就是上节用过的式(15-9)和式(15-13). 我们愿意重申:薛定谔方程不是导出来的,而是量子力学的一个基本假设,这个假设等价于:假设能量算符和动量算符的存在,同时假设波函数的存在.

类似地,我们还有角动量算符:

$$\left. \begin{aligned} \hat{L}_x &= \hat{y}\hat{p}_z - \hat{z}\hat{p}_y = -i\hbar \left(y \frac{\partial}{\partial z} - z \frac{\partial}{\partial y} \right) \\ \hat{L}_y &= \hat{z}\hat{p}_x - \hat{x}\hat{p}_z = -i\hbar \left(z \frac{\partial}{\partial x} - x \frac{\partial}{\partial z} \right) \\ \hat{L}_z &= \hat{x}\hat{p}_y - \hat{y}\hat{p}_x = -i\hbar \left(x \frac{\partial}{\partial y} - y \frac{\partial}{\partial x} \right) \end{aligned} \right\} \tag{16-13}$$

它是从关系式

$$L_x = yp_z - zp_y$$
$$L_y = zp_x - xp_z$$
$$L_z = xp_y - yp_x$$

（即 $L = r \times p$）而来的.

转到球坐标,我们可把式(16-13)化成*:

$$\left.\begin{array}{l} \hat{L}_x = i\hbar\left(\sin\phi\,\dfrac{\partial}{\partial\theta} + \cot\theta\cos\phi\,\dfrac{\partial}{\partial\phi}\right) \\[3mm] \hat{L}_y = -i\hbar\left(\cos\phi\,\dfrac{\partial}{\partial\theta} - \cot\theta\sin\phi\,\dfrac{\partial}{\partial\phi}\right) \\[3mm] \hat{L}_z = -i\hbar\,\dfrac{\partial}{\partial\phi} \end{array}\right\} \qquad (16\text{-}14)$$

并且还有:

$$\hat{L}^2 = \hat{L}_x^2 + \hat{L}_y^2 + \hat{L}_z^2 = -\hbar^2\left[\frac{1}{\sin\theta}\frac{\partial}{\partial\theta}\left(\sin\theta\,\frac{\partial}{\partial\theta}\right) + \frac{1}{\sin^2\theta}\frac{\partial^2}{\partial\phi^2}\right] \qquad (16\text{-}15)$$

有了算符之后,粒子在三维空间的任何一个力学量 A 的平均值,可以表示为

$$\bar{A} = \int \psi^*(r)\,\hat{A}\psi(r)\,d\tau \qquad (16\text{-}16)$$

利用上述所给出的一些算符的表达式,我们容易证明算符的一个重要特性,即,一般说来,代表力学量的两个算符的乘积是可以不对易的. 我们用符号 $[\hat{G},\hat{F}] = \hat{G}\hat{F} - \hat{F}\hat{G}$ 表示两算符 $\hat{G}$ 和 $\hat{F}$ 的对易关系. 若 $[\hat{G},\hat{F}] = 0$,表示两算符可以对易,即有 $\hat{G}\hat{F} = \hat{F}\hat{G}$. 若 $[\hat{G},\hat{F}] \neq 0$,表示两算符不可对易. 例如,我们可以证明坐标算符和动量算符有如下对易关系:

$$[\hat{x},\hat{p}_x] = [\hat{y},\hat{p}_y] = [\hat{z},\hat{p}_z] = i\hbar \qquad (16\text{-}17)$$

$$[\hat{x},\hat{p}_y] = [\hat{x},\hat{p}_z] = [\hat{y},\hat{p}_x] = [\hat{y},\hat{p}_z]$$

$$= [\hat{z},\hat{p}_x] = [\hat{z},\hat{p}_y] = 0 \qquad (16\text{-}18)$$

现举一例给以证明. 考虑一维情况,我们可将 $[\hat{x},\hat{p}_x]$ 作用到 $\psi(x)$ 上,于是可得:

$$[\hat{x},\hat{p}_x]\psi(x) = (\hat{x}\hat{p}_x - \hat{p}_x\hat{x})\psi(x)$$

$$= x\left[-i\hbar\frac{d}{dx}\psi(x)\right] - \left(-i\hbar\frac{d}{dx}\right)[x\psi(x)] = i\hbar\psi(x)$$

---

* 请读者证明.

于是可得 $[\hat{x}, \hat{p}_x] = i\hbar$. 类似可证明式(16-17)和式(16-18)中其他一些对易关系结果.

利用式(16-13)和对易关系式(16-17)和式(16-18),容易证明角动量算符之间有如下对易关系式(见习题3-14):

$$\left[\hat{L}_x, \hat{L}_y\right] = i\hbar \hat{L}_z$$

$$\left[\hat{L}_y, \hat{L}_z\right] = i\hbar \hat{L}_x$$

$$\left[\hat{L}_z, \hat{L}_x\right] = i\hbar \hat{L}_y \tag{16-19}$$

而只有

$$\left[\hat{L}^2, \hat{L}\right] = 0 \tag{16-20}$$

即算符 $\hat{L}^2$ 与 L_x, L_y, L_z 都对易. 下面我们将进一步指出,算符的对易关系有重要的物理内容.

(3) 本征方程、本征函数和本征值

在经典力学中,动能与势能之和 $p^2/2m + V$ 称为哈密顿函数;现在,因为 $p^2/2m$ 相应的算符为 $-\dfrac{\hbar^2 \boldsymbol{\nabla}^2}{2m}$,而 $V(\boldsymbol{r})$ 的算符即为自己,因此

$$H = \left[-\frac{\hbar^2}{2m} \boldsymbol{\nabla}^2 + V(\boldsymbol{r}) \right] \tag{16-21}$$

称为哈密顿算符. 依此,定态薛定谔方程可以写为

$$H\psi = E\psi \tag{16-22}$$

在数学中,算符的一般定义是,作用到一个函数之后可把该函数映射为另一个函数,即

$$\hat{O}f = g \tag{16-23}$$

但当函数 f 与 g 只差一个常数时,

$$\hat{O}f = \lambda f \tag{16-24}$$

那时,函数 f 称为本征函数(eigenfunction)*,λ 一般是一组数,称之为本征值谱(eigenvalue spectrum),相应的方程称为本征方程(eigenequation). 若一个本征值对应于 n 个本征函数,则称这一本征函数是 n 度简并的.

因此,定态薛定谔方程式(16-22)就是本征方程,求解薛定谔方程的问题实质上就是求能量算符的本征函数及本征值的问题. 若两算符对易,则此两算符可以有共同的本征函数,且这两个算符所代表的力学量在它们的共同本征函数

---

* eigen 是德文,意思是"自己的".

所描写的状态中,可同时有确定值;若两算符不对易,如 $\hat{x}$ 和 $\hat{p}_x$,则没有共同的本征函数,于是,不能同时有确定值,而要满足不确定关系式(13-8).

*§17 氢原子的薛定谔方程解

(1) 中心力场的薛定谔方程

薛定谔在建立波动方程之后,他首先想解决的问题并不是在§15中讲的方阱或势垒,而是氢原子. 薛定谔方程对氢原子的描述取得了很大的成功,从而很快得到了人们的重视与公认.

考虑一个电子和原子核的体系,核电荷为 Ze、质量为 m'、电子电荷为 $-e$、质量为 m_e. 显然,势能中的主要项是两电荷之间的静电相互作用:

$$V(r) = -\frac{Ze^2}{4\pi\varepsilon_0 r} \qquad (17-1)$$

$V(r)$ 只是电子离核的距离 r 的标量函数. 因此,正如在经典力学中所说的,它是中心力场;对于这种力场,在与半径矢量成直角的方向没有力的分量,因此角动量一定守恒:

$$\boldsymbol{r} \times \boldsymbol{F} = \frac{\mathrm{d}\boldsymbol{L}}{\mathrm{d}t} = 0; \quad \boldsymbol{L} = 常数 \qquad (17-2)$$

我们在这一小段里,暂且不管 $V(r)$ 的具体形式,先来考察一下中心力场的薛定谔方程以及由此得到的一般结果,看看角动量守恒在现在情况下对应什么.

三维定态薛定谔方程如式(15-21)所示,即

$$\left[-\frac{\hbar^2}{2m}\boldsymbol{\nabla}^2 + V(r) \right]\psi = E\psi \qquad (17-3)$$

现在,m 应改为电子-核的折合质量 $m_\mu = \dfrac{m_e m'}{m_e + m'}$. 而

$$V(\boldsymbol{r}) = V(r)$$

是球对称势,因此用球极坐标(图 17.1)比较方便:

$$\boldsymbol{\nabla}^2 = \frac{\partial^2}{\partial x^2} + \frac{\partial^2}{\partial y^2} + \frac{\partial^2}{\partial z^2}$$

$$= \frac{1}{r^2}\frac{\partial}{\partial r}\left(r^2\frac{\partial}{\partial r}\right) + \frac{1}{r^2\sin\theta}\frac{\partial}{\partial\theta} \times$$

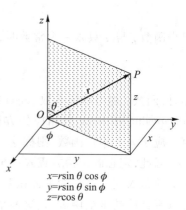

$x = r\sin\theta\cos\phi$
$y = r\sin\theta\sin\phi$
$z = r\cos\theta$

图 17.1 球极坐标

$$\left(\sin\theta\,\frac{\partial}{\partial\theta}\right) + \frac{1}{r^2\sin^2\theta}\,\frac{\partial^2}{\partial\phi^2} \tag{17-4}$$

核的位置取为坐标原点. 于是,式(17-3)变为

$$-\frac{\hbar^2}{2m_\mu}\left[\frac{1}{r^2}\,\frac{\partial}{\partial r}r^2\,\frac{\partial}{\partial r}\psi\right] - \frac{\hbar^2}{2m_\mu r^2}\left[\frac{1}{\sin\theta}\,\frac{\partial}{\partial\theta}\left(\sin\theta\,\frac{\partial\psi}{\partial\theta}\right) + \frac{1}{\sin^2\theta}\,\frac{\partial^2\psi}{\partial\phi^2}\right] + V\psi = E\psi$$

$$\tag{17-5}$$

比较式(16-15),我们立刻发现上式的左边第二项正比于 $\hat{L}^2$,于是[*]

$$-\frac{\hbar^2}{2m_\mu}\left[\frac{1}{r^2}\,\frac{\partial}{\partial r}r^2\,\frac{\partial}{\partial r}\right]\psi + \frac{\hat{L}^2}{2m_\mu r^2}\psi + V(r)\psi = E\psi \tag{17-6}$$

由于 $V(r)$ 是中心场,我们可以采取分离变数法把问题大大简化,令:

$$\psi(r,\theta,\phi) = R(r)Y(\theta,\phi) \tag{17-7}$$

代入式(17-6)并作适当整理后,即得:

$$\frac{1}{\hbar^2 Y}\hat{L}^2 Y = \frac{1}{R}\,\frac{\mathrm{d}}{\mathrm{d}r}\left(r^2\,\frac{\mathrm{d}}{\mathrm{d}r}R\right) + \frac{2m_\mu r^2}{\hbar^2}(E - V(r)) \tag{17-8}$$

既然式的左边只与 θ、ϕ 有关,右边只与 r 有关,而 r、θ、ϕ 都是独立变数,因此,右边等于左边必定意味着两边都等于一个相同的常数,我们记为 α,称为分离常数. 于是,我们得到一个较简单的偏微分方程:

$$\hat{L}^2 Y(\theta,\phi) = \alpha\hbar^2 Y(\theta,\phi) \tag{17-9}$$

以及一个常微分方程:

$$\left[-\frac{\hbar^2}{2m_\mu r^2}\,\frac{\mathrm{d}}{\mathrm{d}r}\left(r^2\,\frac{\mathrm{d}}{\mathrm{d}r}\right) + \frac{\alpha\hbar^2}{2m_\mu r^2} + V(r)\right]R(r) = ER(r) \tag{17-10}$$

这两个方程都是本征值方程. 第二个方程是径向方程,是能量的本征值方程,它的解有赖于势场 $V(r)$ 的具体形式,我们在下一小段里再作详细讨论. 现在先考虑第一个方程,它与 $V(r)$ 的具体形式无关,是中心力场的普适方程,对此,我们可作进一步的分离变数:

$$Y(\theta,\phi) = \Theta(\theta)\Phi(\phi) \tag{17-11}$$

把它与 $\hat{L}^2$ 的表达式(16-15)一起代入式(17-9),可得到

$$\frac{\sin\theta}{\Theta}\,\frac{\mathrm{d}}{\mathrm{d}\theta}\left(\sin\theta\,\frac{\mathrm{d}\Theta}{\mathrm{d}\theta}\right) + \alpha\sin^2\theta = -\frac{1}{\Phi}\,\frac{\mathrm{d}^2\Phi}{\mathrm{d}\phi^2} = \nu \tag{17-12}$$

这里我们又引入了一个分离常数 ν,于是我们得到了两个方程,对第一个方程

---

[*] 请读者证明:式(17-6)左边第一项正比于粒子动量在 r 方向的分量 p_r,并由此说明式(17-6)的含义.

$$\frac{\mathrm{d}^2 \Phi}{\mathrm{d}\phi^2} + \nu\Phi = 0 \qquad (17\text{-}13)$$

很容易得到其通解:

$$\left. \begin{aligned} \Phi &= A\mathrm{e}^{\mathrm{i}\sqrt{\nu}\phi} + B\mathrm{e}^{-\mathrm{i}\sqrt{\nu}\phi}, & \nu \neq 0 \\ \Phi &= C + D\phi, & \nu = 0 \end{aligned} \right\} \qquad (17\text{-}14)$$

A, B, C, D 都是常数. 波函数的标准条件要求 Φ 在空间各点都是单值的, 即 $\Phi(\phi) = \Phi(\phi+2\pi)$. 依此要求, 对 $\nu = 0$ 的解, 我们必须取 $D = 0$; 对 $\nu \neq 0$ 的解, 则要求$\sqrt{\nu}$必须是整数, 以 m 表示($\sqrt{\nu} \equiv m$). 于是, 我们得到方程(17-13)的特解:

$$\Phi_m = \frac{1}{\sqrt{2\pi}} \mathrm{e}^{\mathrm{i}m\phi}, \quad m = 0, \pm 1, \pm 2, \cdots \qquad (17\text{-}15)$$

其中系数$\dfrac{1}{\sqrt{2\pi}}$是按波函数的归一化条件

$$\int_0^{2\pi} \Phi_m^* \Phi_m \mathrm{d}\phi = 1 \qquad (17\text{-}16)$$

得到的.

　　显而易见, 波函数(17-15)是算符$\hat{L}_z$的本征函数:

$$\left. \begin{aligned} \hat{L}_z \Phi_m &= L_z \Phi_m \\ -\mathrm{i}\hbar \frac{\mathrm{d}}{\mathrm{d}\phi}\left(\frac{1}{\sqrt{2\pi}}\mathrm{e}^{\mathrm{i}m\phi}\right) &= m\hbar\left(\frac{1}{\sqrt{2\pi}}\mathrm{e}^{\mathrm{i}m\phi}\right) \end{aligned} \right\} \qquad (17\text{-}17)$$

或者,

于是, 我们得到了角动量在 z 方向的投影算符$\hat{L}_z$的本征值, 即角动量 L 在 z 方向的投影大小为

$$L_z = m\hbar \qquad (17\text{-}18)$$

这正是玻尔的角动量量子化条件, 这里不是假定, 而是求解薛定谔方程得到的. 其中整数 m 被称为磁量子数.

　　现在我们再转到从式(17-12)引出的另一个方程:

$$\frac{\sin\theta}{\Theta}\frac{\mathrm{d}}{\mathrm{d}\theta}\left(\sin\theta\frac{\mathrm{d}\Theta}{\mathrm{d}\theta}\right) + \alpha\sin^2\theta = \nu = m^2 \qquad (17\text{-}19)$$

为了解此方程, 先作如下变换:

$$u = \cos\theta \qquad (17\text{-}20)$$

代入 $\Theta(\theta)$ 后得到新的函数 $P(u)$

$$\Theta(\theta) = P(u) \qquad (17\text{-}21)$$

于是式(17-19)变为

$$\frac{\mathrm{d}}{\mathrm{d}u}\left[(1-u^2)\frac{\mathrm{d}P}{\mathrm{d}u}\right] + \left(\alpha - \frac{m^2}{1-u^2}\right)P = 0 \qquad (17\text{-}22)$$

关于方程(17-22)的解法,请读者参阅数理方法的教材[27],我们在此只列出其结果.

结果之一:

$$\alpha = l(l+1), l = 0,1,2,\cdots$$

$$|m| \leqslant l, m = 0, \pm 1, \pm 2, \cdots, \pm l \tag{17-23}$$

于是,从式(17-9)我们得到:

$$\hat{L}^2 Y_{l,m} = L^2 Y_{l,m} = l(l+1)\hbar^2 Y_{l,m}$$

因此,算符$\hat{L}^2$的本征函数是$Y_{l,m}$,相应的本征值,即角动量平方的大小是

$$L^2 = l(l+1)\hbar^2$$

或者,

$$L = \sqrt{l(l+1)}\,\hbar \tag{17-24}$$

可见,不仅轨道角动量的z分量L_z是量子化的,而且轨道角动量L本身也是量子化的. 整数l被称为角动量量子数.

结果之二:方程(17-22)的解为

$$P(u) = P_l^{|m|}(u) \tag{17-25}$$

$P_l^{|m|}(u)$是**关联勒让德函数**:

$$P_l^{|m|}(u) = (1-u^2)^{\frac{|m|}{2}} \frac{\mathrm{d}^{|m|}}{\mathrm{d}u^{|m|}} P_l(u) \tag{17-26}$$

而

$$P_l(u) = \frac{1}{2^l l!} \frac{\mathrm{d}^l}{\mathrm{d}u^l}(u^2-1)^l \tag{17-27}$$

是勒让德多项式.

综合式(17-11)、(17-15)、(17-21)、(17-25),我们得到算符$\hat{L}^2$的本征函数:

$$Y_{l,m}(\theta,\phi) = N_{lm} P_l^{|m|}(\cos\theta)\mathrm{e}^{im\phi} \tag{17-28}$$

称为**球谐函数**,式中N_{lm}是归一化常数,按归一化条件

$$\int_0^{2\pi}\int_0^{\pi} Y_{l,m}^*(\theta,\phi)Y_{l,m}(\theta,\phi)\sin\theta\mathrm{d}\theta\mathrm{d}\phi = 1 \tag{17-29}$$

可求得

$$N_{lm} = \sqrt{\frac{(l-|m|)!\,(2l+1)}{4\pi(l+|m|)!}} \tag{17-30}$$

如在第二章所述,一般称$l=0$的态为 s 态,$l=1$的态为 p 态,$l=2$的态为 d 态等等. 某些球谐函数的表达式为

---

〔27〕 梁昆淼. 数学物理方法. 人民教育出版社(1979)331.

$$l = 0: \quad Y_{0,0} = \frac{1}{\sqrt{4\pi}}$$

$$l = 1: \quad Y_{1,0} = \sqrt{\frac{3}{4\pi}} \cos\theta$$

$$Y_{1,\pm1} = \sqrt{\frac{3}{8\pi}} \sin\theta e^{\pm i\phi}$$

$$l = 2: \quad Y_{2,0} = \sqrt{\frac{5}{16\pi}} (3\cos^2\theta - 1)$$

$$Y_{2,\pm1} = \mp\sqrt{\frac{15}{8\pi}} \sin\theta\cos\theta e^{\pm i\phi}$$

$$Y_{2,\pm2} = \sqrt{\frac{15}{32\pi}} \sin^2\theta e^{\pm 2i\phi}$$

注意到 $|Y_{l,m}|^2$ 与 ϕ 无关,只与 θ 有关,即电子出现的概率,对 z 轴有旋转对称性.

球谐函数,作为轨道角动量的本征函数(见式17-9),在坐标按原点反演下(称之**宇称**变换),具有十分重要的特性:假如

$$(r, \theta, \phi) \rightarrow (r, \pi - \theta, \phi + \pi) \tag{17-31}$$

那么,可以证明*:

$$Y_{l,m}(\pi - \theta, \phi + \pi) = (-1)^l Y_{l,m}(\theta, \phi) \tag{17-32}$$

因此,由变换得到的新的球谐函数与原来的只差一个正负号,而且,是正是负全由 l 的数值决定.当 l 为偶数时为正,那时 $Y_{l,m}$ 称为具有**偶宇称**;当 l 为奇数时为负,那时 $Y_{l,m}$ 具有**奇宇称**.由于波函数 ψ 的另一部分 $R(r)$ 不随坐标反演而变号,因此 l 的奇偶决定了 ψ 的宇称的奇偶性.

我们采用一个算符 $\hat{P}$ 表示坐标的反演.假如 $\psi(r)$ 具有确定的宇称,那么,

$$\hat{P}\psi(\boldsymbol{r}) = \psi(-\boldsymbol{r})$$

显然,

$$\hat{P}^2\psi(\boldsymbol{r}) = \hat{P}\psi(-\boldsymbol{r}) = \psi(\boldsymbol{r})$$

因此,宇称算符 $\hat{P}$ 对应的本征值 $P = \pm1$;波函数 ψ 的宇称必定是正或是负.

一般说来,在体系上没有外力作用时,哈密顿量在宇称算符作用下是不变的,因此,波函数的宇称是运动常数,它的奇偶性不随时间而变.

(2) 电子在库仑场中运动

现在我们考虑径向方程(17-10),为了解此方程,必须知道 $V(r)$ 的具体形

---

* 请读者证明.

式;我们取式(17-1),即考虑电子在库仑场中运动.那时,

$$\left[-\frac{\hbar^2}{2m_\mu r^2}\frac{\mathrm{d}}{\mathrm{d}r}\left(r^2\frac{\mathrm{d}}{\mathrm{d}r}\right)+\frac{l(l+1)\hbar^2}{2m_\mu r^2}-\frac{Ze^2}{4\pi\varepsilon_0 r}\right]R=ER \qquad (17-33)$$

我们只考虑电子处于束缚态的情况,即 E 为负值 *. 首先我们要指出,束缚电子的势阱不仅仅是库仑势,而且还有离心势,即式(17-33)左边的第二项.两者合成有效势:

$$V_{有效}(r)=\frac{l(l+1)\hbar^2}{2m_\mu r^2}-\frac{Ze^2}{4\pi\varepsilon_0 r} \qquad (17-34)$$

势的形式如图 17.2 所示.我们在 §12 中早已指出,束缚在势阱中的粒子,其能量只能取分立数值,即能量是量子化的.现在我们将进一步看到这一点.

解方程式(17-33)并不容易,但我们可以先考察一下渐近行为、极端情况,这是物理学中常用的方法,它往往可以很快地给人们一个清晰的图像.为此,先定义:

$$k^2=-\frac{2m_\mu E}{\hbar^2} \qquad (17-35)$$

由于 E 是负的,故 k^2 为正值.取 $l=0$(角动量基态),并把式(17-35)代入式(17-33),即得:

$$\left[\frac{1}{r^2}\frac{\mathrm{d}}{\mathrm{d}r}\left(r^2\frac{\mathrm{d}}{\mathrm{d}r}\right)+\frac{2m_\mu Ze^2}{4\pi\varepsilon_0\hbar^2 r}\right]R=k^2 R$$

或者,

$$\frac{\mathrm{d}^2 R}{\mathrm{d}r^2}+\left(\frac{2}{r}\frac{\mathrm{d}R}{\mathrm{d}r}+\frac{2m_\mu Ze^2}{4\pi\varepsilon_0\hbar^2 r}R\right)=k^2 R$$

$$(17-36)$$

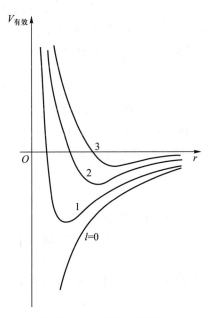

图 17.2　氢原子的有效势

现考虑 $r\to\infty$ 时的渐近解,那时

$$\frac{\mathrm{d}^2 R}{\mathrm{d}r^2}-k^2 R=0$$

其解为

$$R=C_1\mathrm{e}^{kr}+C_2\mathrm{e}^{-kr} \qquad (17-37)$$

r 很大时,波函数应趋于零,所以 $C_1=0$.为了使 $R\sim\mathrm{e}^{-kr}$ 对所有的 r 都正确,我们必须使式(17-36)括号内的数值为零,即

---

　*　当 E 取正值时,对于任何 E 值,方程(17-33)都有满足波函数标准条件的解,即粒子的能量具有连续谱,这相当于粒子可以离开固定电荷而运动到无限远处(电离).

$$-\frac{2kR}{r} + \frac{2m_\mu Z e^2 R}{4\pi\varepsilon_0 \hbar^2 r} = 0$$

或者,

$$k = \frac{m_\mu Z e^2}{4\pi\varepsilon_0 \hbar^2} = \frac{Z}{a_1} \qquad (17-38)$$

a_1 为第一玻尔半径,把此式代入式(17-35)即得基态能量

$$E_1 = -\frac{\hbar^2 k^2}{2m_\mu} = -Z^2 \frac{1}{2} m_\mu c^2 \left(\frac{e^2}{4\pi\varepsilon_0 \hbar c}\right)^2 = -Z^2 E_{11} \qquad (17-39)$$

其中

$$E_{11} = \frac{1}{2} m_\mu c^2 \left(\frac{e^2}{4\pi\varepsilon_0 \hbar^2 c}\right)^2 = \frac{1}{2} m_\mu (\alpha c)^2 \approx 13.6 \text{ eV} \qquad (17-40)$$

为玻尔基态能量,右下角 11 表示 n 与 Z 都等于 1.根据我们已有的经验,容易猜到,能量本征谱可以表达成:

$$E_n = -\left(\frac{Z}{n}\right)^2 E_{11} \qquad (17-41)$$

下面所作的严格的计算证明它是对的.

现在我们再回到式(17-33),较严格地求解波函数.除了已引入的 k,即式(17-35),再引入两个无量纲参量:

$$\gamma = \frac{m_\mu Z e^2}{4\pi\varepsilon_0 k \hbar^2}; \quad \rho = 2kr \qquad (17-42)$$

于是,径向方程即变成:

$$\frac{d^2 R}{d\rho^2} + \frac{2}{\rho} \frac{dR}{d\rho} + \left[\frac{\gamma}{\rho} - \frac{1}{4} - \frac{l(l+1)}{\rho^2}\right] R = 0 \qquad (17-43)$$

先看渐近解,当 ρ 很大时,分母含 ρ 的项均可略去,于是

$$\frac{d^2 R}{d\rho^2} - \frac{1}{4} R = 0 \qquad (17-44)$$

类似于解(17-37),我们有

$$R = e^{-\rho/2}, \text{当} \rho \to \infty \qquad (17-45)$$

由此,可以假设方程(17-43)的解为

$$R(\rho) = e^{-\rho/2} F(\rho) \qquad (17-46)$$

代入式(17-43),即得

$$\frac{d^2 F}{d\rho^2} + \left(\frac{2}{\rho} - 1\right) \frac{dF}{d\rho} + \left[\frac{\gamma-1}{\rho} - \frac{l(l+1)}{\rho^2}\right] F = 0 \qquad (17-47)$$

此式在 $\rho = 0$ 处仍有奇性,对此,一般以幂级数形式求解:

$$F(\rho) = \rho^s \sum_{j=0}^{\infty} a_j \rho^j \qquad (17-48)$$

式中 s 是待定整数,它必须大于等于零,以保证 $r = 0$ 时波函数的有限性.把式(17-48)代入式(17-47),整理后可得:

$$\sum_{j=0}^{\infty} \left[(s+j)(s+j-1) + 2(s+j) - l(l+1) \right] a_j \, \rho^{s+j-2} +$$

$$\sum_{j=0}^{\infty} \left[(\gamma - 1) - (s+j) \right] a_j \, \rho^{s+j-1} = 0 \qquad (17\text{-}49)$$

为了使此式成立,ρ 的各级幂次项的系数必须分别为零,这就要求 γ 值为整数.
另外,取展开中 ρ 最低幂的系数,即此式左边 $j=0$ 时的第一项的系数为零,得:

$$s(s-1) + 2s - l(l+1) = 0$$

或者,

$$s(s+1) = l(l+1)$$

此方程有两个解:$s=l$,$s=-(l+1)$. 既然 $l \geqslant 0$,而 s 也必须大于等于零,我们只能取

$$s = l \qquad (17\text{-}50)$$

从而,由式(17-46)可得:

$$R(\rho) = \mathrm{e}^{-\rho/2} \rho^l \sum_{j=0}^{\infty} a_j \, \rho^j \qquad (17\text{-}51)$$

此式当 $\rho \to \infty$ 时将趋向无限大,与波函数标准条件不符,因此,级数只能包含有限项,即 j 值有限. 于是,我们取 $\gamma = n$(整数),则在式(17-49)中,由最高幂次项的系数为零可得:

$$(\gamma - 1) - (s + j) = 0,\text{或者},j + l + 1 - n = 0 \qquad (17\text{-}52)$$

于是,我们得到[依式(17-42)]

$$n = \frac{m_\mu Z e^2}{4\pi\varepsilon_0 k\hbar^2} \qquad (17\text{-}53)$$

从而

$$E_n = -\frac{(k\hbar)^2}{2m_\mu} = -\left(\frac{Z}{n}\right)^2 E_{11} \qquad (17\text{-}54)$$

这正是式(17-41). 这里整数 n 被称为主量子数.

我们再把方程(17-51)改写成:

$$R(\rho) = \mathrm{e}^{-\rho/2} \rho^l G(\rho) \qquad (17\text{-}55)$$

即令

$$F(\rho) = \rho^l G(\rho)$$

式(17-47)即变成:

$$\rho \frac{\mathrm{d}^2 G}{\mathrm{d}\rho^2} + \left[2(l+1) - \rho \right] \frac{\mathrm{d}G}{\mathrm{d}\rho} + \left[n - (l+1) \right] G = 0 \qquad (17\text{-}56)$$

这一方程在数理方法中是熟知的,称为**关联拉盖尔**(associated Laguerre)**方程**,其解为**关联拉盖尔多项式**:

$$G(\rho) = \mathrm{L}_{n+l}^{2l+1}(\rho) \qquad (17\text{-}57)$$

归一化的径向波函数即为

$$R_{n,l}(r) = -\left\{ \left(\frac{2Z}{na_1} \right)^3 \frac{[n-(l+1)]!}{2n[(n+l)!]^3} \right\}^{1/2} \times$$

$$\exp\left(-\frac{Zr}{na_1}\right)\left(\frac{2Zr}{na_1}\right)^l \mathrm{L}_{n+l}^{2l+1}\left(\frac{2Zr}{na_1}\right) \qquad (17\text{-}58)$$

从式(17-52)还可以知道：

$$n \geqslant l+1 \qquad (17\text{-}59)$$

径向波函数的某些表达式为

$$R_{1,0}(r) = 2\left(\frac{Z}{a_1}\right)^{3/2}\exp\left(-\frac{Zr}{a_1}\right)$$

$$R_{2,0}(r) = 2\left(\frac{Z}{2a_1}\right)^{3/2}\left(1-\frac{Zr}{2a_1}\right)\exp\left(-\frac{Zr}{2a_1}\right)$$

$$R_{2,1}(r) = \frac{1}{\sqrt{3}}\left(\frac{Z}{2a_1}\right)^{3/2}\left(\frac{Zr}{a_1}\right)\exp\left(-\frac{Zr}{2a_1}\right)$$

$$R_{3,0}(r) = 2\left(\frac{Z}{3a_1}\right)^{3/2}\left[1-\frac{2Zr}{3a_1}+\frac{2}{27}\left(\frac{Zr}{a_1}\right)^2\right]\exp\left(-\frac{Zr}{3a_1}\right)$$

$$R_{3,1}(r) = \frac{4\sqrt{2}}{3}\left(\frac{Z}{3a_1}\right)^{3/2}\left[\frac{Zr}{a_1}-\frac{1}{6}\left(\frac{Zr}{a_1}\right)^2\right]\exp\left(-\frac{Zr}{3a_1}\right)$$

$$R_{3,2}(r) = \frac{2\sqrt{2}}{27\sqrt{5}}\left(\frac{Z}{3a_1}\right)^{3/2}\left(\frac{Zr}{a_1}\right)^2\exp\left(-\frac{Zr}{3a_1}\right)$$

注意到径向函数 $R_{n,l}(r)$ 有节点,即在某些 r 值($r\neq0$)处, $R_{n,l}(r)=0$.节点数等于 $n-l-1$.例如对 $R_{3,0}(r)$, $n-l-1=2$,即有二个节点.

用这些波函数计算出的径向概率分布函数 $P(r)=r^2|R_{n,l}|^2$ 随 Zr/a_1 的变化见图17.3. 图上各垂直实线的位置相应于 $\langle r \rangle$,即电子径向坐标的平均值 *：

$$\langle r \rangle = \int_0^\infty \int_0^\pi \int_0^{2\pi} \psi_{n,l,m}^* r \psi_{n,l,m} r^2 \sin\theta \, \mathrm{d}r \mathrm{d}\theta \mathrm{d}\varphi$$

$$= \frac{n^2 a_1}{Z}\left\{1+\frac{1}{2}\left[1-\frac{l(l+1)}{n^2}\right]\right\} = \frac{a_1}{2Z}[3n^2-l(l+1)] \qquad (17\text{-}60)$$

---

* 请读者证明式(17-60),并按式

$$\langle r^k \rangle = \int_0^\infty (R_{n,l})^2 r^k \cdot r^2 \mathrm{d}r$$

利用 $R_{n,l}$ 的表达式,证明下列一些常用的表达式：

$$\left\langle \frac{1}{r} \right\rangle = \frac{Z}{a_1 n^2}$$

$$\left\langle \frac{1}{r^2} \right\rangle = \frac{Z^2}{a_1^2 n^3\left(l+\frac{1}{2}\right)}$$

$$\left\langle \frac{1}{r^3} \right\rangle = \frac{Z^3}{a_1^3 n^3 l\left(l+\frac{1}{2}\right)(l+1)}$$

$$\langle r^2 \rangle = \frac{1}{2Z^2}a_1^2 n^2[5n^2+1-3l(l+1)]$$

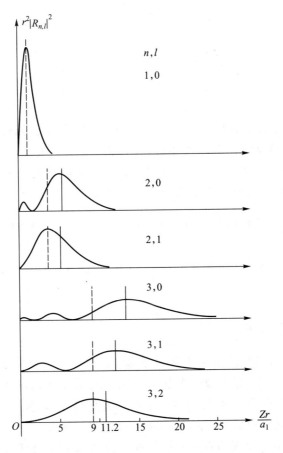

图 17.3 氢原子的径向概率分布函数($n=1,2,3$). 垂直实线代表$\langle r \rangle$的位置,
虚线则为a_n的位置. a_1为玻尔第一半径

从图上可知,$\langle r \rangle$与玻尔模型中不同量子数n的轨道半径,即玻尔半径(以垂直虚线表示)

$$a_n = \frac{n^2 a_1}{Z} \tag{17-61}$$

的差值随l增大而减小. 对图 17.3 的各种情形,当$l = n - 1$时,径向概率分布函数$P(r)$的最大值处,即电子概率密度最大处的r值,恰好是玻尔半径a_n处(见习题 3-12). 除$r=0$处,$P(r)=0$外,其他$P(r)=0$的点,即$R_{n,l}(r)=0$的点.

在玻尔模型中,只涉及一个量子数n和两个量子化条件:

$$E_n = -\left(\frac{Z}{n}\right)^2 E_{11} \text{ 和 } L_z = n\hbar$$

现在,对氢原子所作的波动力学计算中,我们有三个量子数(n,l和m)和三个本征值方程:

$$\hat{H}\psi_{n,l,m} = -\left(\frac{Z}{n}\right)^2 E_{11}\psi_{n,l,m}$$

$$\hat{L}_z\psi_{n,l,m} = m\hbar\psi_{n,l,m}$$

$$\hat{L}^2\psi_{n,l,m} = l(l+1)\hbar^2\psi_{n,l,m}$$

$$(17\text{-}62)$$

应该指出,在仅考虑电子受到库仑场的作用时,虽然波函数依赖于三个量子数,但能量本征值只与主量子数 n 有关. 这表明,本征函数是简并的,即许多不同的本征函数对应于同一个本征值. 因为 $n \geqslant l+1, n=1,2,3,\cdots, l=0,1,2,\cdots$,因此,对每一个 n 存在 n 个可能的 l 值;又因 $l \geqslant |m|$,对每一个 l 值就有 $2l+1$ 个 m 值,于是,总的波函数 $\psi_{n,l,m}$ 是 n^2 度简并的. 证明如下:

$$\sum_{l=0}^{n-1}(2l+1) = [1+3+5+\cdots+2(n-1)+1]$$

$$= [1+3+5+\cdots+(2n-1)] = \frac{n}{2}[1+(2n-1)]$$

$$= n^2$$

(3) 电子云图

在图 17.4 中,我们给出了不同量子数 n, l 和 m 时,氢原子中电子的概率密度 $|\psi(r,\theta,\varphi)|^2$ 图. 通常被称为电子云图. 实际是电子出现概率的分布图,黑色区域是电子出现概率不为零处,白色区域是电子概率为零的地方. 因为 $|\psi(r,\theta,\varphi)|^2 = |R_{n,l}(r)Y_{l,m}(\theta,\varphi)|^2 = |R_{n,l}(r)|^2|Y_{l,m}(\theta,\varphi)|^2$,其中 $|Y_{l,m}(\theta,\varphi)|^2$ 与 ϕ 无关,所以电子出现的概率密度与 ϕ 无关,对 z 轴有旋转对称性. 由图 17.4 还可见,电子概率密度随 θ 的变化,当 $m=0$ 时,电子的概率分布集中在 z 轴附近;而 $m=l$ 时电子的概率分布集中在与 z 轴垂直的 xy 平面附近.

从径向分布 $|R_{n,l}(r)|^2$ 看,电子在径向有概率为零的节点出现,节点数即 $R_{n,l}(r)=0$ 的点数.

(4) 评注

以薛定谔方程为基础而建立起来的波动力学,与海森伯在稍早一些时候(1925 年)发展的矩阵力学一起,形成了量子力学的两种表述方式. 经薛定谔证明,两种表述方式是完全等价的. 由于薛定谔方程比较容易被人们所理解,一般书籍都先介绍波动力学.

矩阵力学和波动力学的出现,标志着区别于旧量子论的量子力学的诞生. 它们与玻恩对波函数的统计解释及海森伯的不确定关系一起,组成了非相对论的量子力学的严密体系. 它们不仅解释了氢原子,而且还第一次成功地解释了氦原子,以及其他的原子、分子现象.

但是,对于电子自旋等一类概念,非相对论的量子力学是束手无策的;1928 年由狄拉克建立起来的相对论量子力学成功地解释了自旋等现象. 不过,相对论量子力学至今仍不能说是完善的,虽然它已取得了惊人的成就.

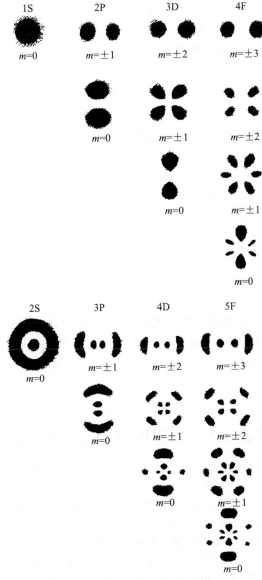

图 17.4　氢原子的电子概率密度 $|\psi(r,\theta,\varphi)|^2$ 图

小　　结

（1）人们对光的本性的认识，从光的微粒说占统治地位到光的波动说被普遍接受这中间经过了 140 多年，以后又经过了约 100 年，到 1917 年爱因斯坦明确地提出了光的波粒二象性，并给出了将光的波动性和粒子性联系起来的两个著名关系式：$E = h\nu$ 和 $p = h/\lambda$. 从此，人们对光的本性有了一个全面的认识.

（2）为了克服玻尔模型所遇到的根本困难，即要确立原子中电子运动的稳定性，一位对爱因斯坦极为崇拜的巴黎大学博士生德布罗意通过类比的科学方法,把光的波粒二象性推广到了所有物质粒子,提出了物质波思想,假设所有物质粒子具有波粒二象性.同时,给出了著名的德布罗意关系式:$\lambda = h/p$.

（3）本章介绍了三个重要实验:

电子对晶体的衍射、单缝衍射及双缝干涉.

（4）关于量子力学的基本特点可简要归纳如下:

（A）量子力学的两个重要概念:

量子化概念及波粒二象性概念.

（B）量子力学的一个重要关系式:

不确定关系.

（C）量子力学的一个基本原理:

态的叠加原理.

（D）量子力学的两个基本假设:

波函数的统计性解释及薛定谔方程.

（E）量子力学的关键常量:

普朗克常量.

（5）玻尔的互补原理从哲学角度概括了波粒二象性,后来玻尔又尝试将这一原理推广到自然科学的其他领域,乃至人类社会科学领域,使它成为具有普遍哲学意义的科学原理.

附录 3A　爱因斯坦的 A、B 系数

原子能级之间的跃迁一般伴随着辐射的吸收和发射.这是原子体系与辐射场相互作用的结果,严格的处理方法应该把原子体系与辐射场都量子化,这就是量子电动力学的方法.假如只把原子体系量子化,而对辐射场仍作连续性处理,那是量子力学采用的方法(参阅引文〔12〕).量子电动力学能解释自发发射的问题,而量子力学只能计算吸收与受激发射.我们在这里介绍爱因斯坦在 1917 年提出的辐射的发射和吸收理论[28],他用清晰的物理概念简洁地给出了受激发射与自发发射、吸收系数三者之关系,即著名的 A、B 系数;也正是在这篇具有历史意义的论文里,爱因斯坦提出了受激发射的概念,为对当今世界产生巨大影响的激光技术的诞生提供了理论基础.

现在我们就介绍爱因斯坦的 A、B 系数.

考虑原子的两个能级 E_j 和 $E_i (E_j > E_i)$.在此两能级之间发生跃迁时,可能发射或吸收的辐射频率 ν_{ji} 由量子化条件决定:

$$h\nu_{ji} = E_j - E_i \tag{3A-1}$$

原子体系从高能级到低能级的跃迁可以分为两种:一是熟知的自发跃迁(或自发发射),这是在不受外界条件影响的情况下,体系由能级 E_j 跃迁到 E_i;一是爱因斯坦引入的受激跃迁(受激发射),它指体系在外界(辐射场)的作用下由 E_j 跃迁到 E_i.原子体系从低能级到高能级的跃迁过程,只发生在外界提供能量的情况下,例如,从辐射场吸收能量为 $h\nu_{ji}$ 的光子,简称

---

〔28〕　A. Einstein. Phys. Zeit.,18(1917)121.英译文载于 D. ter Haar. The Old Quantum Theory. Pergamon Press(1967).

吸收.

假如在单位体积内某时刻 t 时,处于能级 E_j 和 E_i 的原子数分别为 n_j 和 n_i,那么,对于自发发射,跃迁概率显然正比于 n_j,若把比例常数写为 A_{ji},则[见图 3A.1(a)]

$$\frac{\mathrm{d}n_j}{\mathrm{d}t} = -\frac{\mathrm{d}n_i}{\mathrm{d}t} = -A_{ji}n_j \qquad (3A-2)$$

对受激发射,跃迁概率不仅正比于 n_j,而且还正比于外场 $u(\nu_{ji}, T)$,

$$\frac{\mathrm{d}n_j}{\mathrm{d}t} = -\frac{\mathrm{d}n_i}{\mathrm{d}t} = -B_{ji}n_j u(\nu_{ji}, T) \qquad (3A-3)$$

式中 $u(\nu_{ji}, T)$ 表示辐射场在单位频率范围内的能量密度,它不仅与辐射场的频率有关,而且还依赖于辐射场的温度 T.

对于吸收,类似地有:

$$\frac{\mathrm{d}n_j}{\mathrm{d}t} = -\frac{\mathrm{d}n_i}{\mathrm{d}t} = C_{ij}n_i u(\nu_{ji}, T) \qquad (3A-4)$$

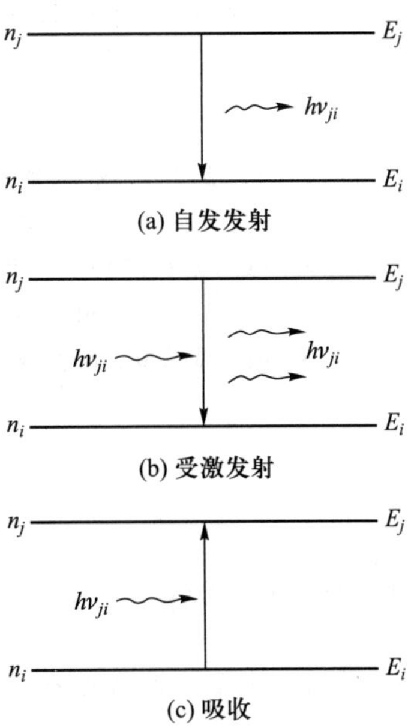

(a) 自发发射

(b) 受激发射

(c) 吸收

图 3A.1

上面三个式子中的 A、B、C 分别称为**自发发射系数**、**受激发射系数**和**吸收系数**.

当外场不存在时,只发生自发辐射,那时从式(3A-2)可得:

$$n_j = n_{j0}e^{-A_{ji}t} \qquad (3A-5)$$

n_{j0} 为起始时刻 $t=0$ 时的原子在 E_j 能级上的数目,随着 t 的增长而指数衰减. 原子保持在激发态 (E_j) 中的平均时间 τ 可从下式求得:

$$\tau = \frac{1}{n_{j0}}\int_0^\infty t \mid \mathrm{d}n_j \mid = \int_0^\infty t e^{-A_{ji}t} A_{ji} \mathrm{d}t = \frac{1}{A_{ji}} \qquad (3A-6)$$

τ 称为**激发态的平均寿命**,也是激发态的原子数减少到原来的 $1/e$ 所经历的时间.

当外场作用时,三种过程可能都存在,那时,

$$-\frac{\mathrm{d}n_j}{\mathrm{d}t} = \frac{\mathrm{d}n_i}{\mathrm{d}t}$$

$$= A_{ji}n_j + B_{ji}n_j u - C_{ij}n_i u = P_{\text{发}}n_j - P_{\text{吸}}n_i \qquad (3A-7)$$

其中

$$P_{\text{发}} = A_{ji} + B_{ji}u$$
$$P_{\text{吸}} = C_{ij}u \qquad (3A-8)$$

分别代表单位时间每个原子的发射概率和吸收的概率.

对于稳态,我们应该有

$$\frac{\mathrm{d}n_j}{\mathrm{d}t} = 0$$

于是

$$\frac{P_{\text{吸}}}{P_{\text{发}}} = \frac{n_j}{n_i} = \frac{C_{ij}u}{A_{ji} + B_{ji}u} \qquad (3A-9)$$

或者,

$$C_{ij}un_i = (A_{ji} + B_{ji}u)n_j \tag{3A-10}$$

另外,从热平衡角度考虑,按玻耳兹曼定律,我们有:

$$\frac{n_j}{n_i} = \frac{G_j}{G_i}e^{-(E_j-E_i)/kT} \tag{3A-11}$$

式中 G_j(或 G_i)是能级 E_j(或 E_i)的简并度,即具有能量为 E_j(或 E_i)的不同量子态的个数. 为简便见,我们假定非简并情况,即取 $G_i = G_j = 1$.

联合式(3A-10)和(3A-11),我们得到:

$$\exp[-(E_j-E_i)/kT](A_{ji}+B_{ji}u) = C_{ij}u \tag{3A-12}$$

此式当 $T\to\infty$ 时也应成立,那时 u 将十分大,$B_{ji}u \gg A_{ji}$,而指数部分将趋于 1,于是,

$$B_{ji} = C_{ij} \tag{3A-13}$$

从而

$$u(\nu_{ji}, T) = \frac{A_{ji}/B_{ji}}{e^{(E_j-E_i)/kT} - 1} \tag{3A-14}$$

考虑到维恩热力学定律

$$u(\nu, T) = \nu^3 f(\nu/T) \tag{3A-15}$$

对任何体系都正确,在此也应该成立,因此从式(3A-14)必然导致:

$$\left.\begin{array}{c} E_j - E_i \propto \nu_{ji} \\ A_{ji}/B_{ji} \propto \nu_{ji}^3 \end{array}\right\} \tag{3A-16}$$

这样就给出了量子化条件(3A-1).

当 $h\nu \ll kT$ 时,从式(3A-14)可得

$$u(\nu_{ji}, T) = \frac{A_{ji}/B_{ji}}{h\nu_{ji}/kT}$$

那时它必须与瑞利-金斯公式

$$u(\nu_{ji}, T) = 8\pi\nu_{ji}^2 kT/c^3 \tag{3A-17}$$

相一致,于是

$$\frac{A_{ji}}{B_{ji}} = \frac{8\pi h\nu_{ji}^3}{c^3} \tag{3A-18}$$

这样,爱因斯坦就不仅给出了 B、C 系数的关系式(3A-13),把三个系数归为两个,而且给出了 A、B 系数之比值的表达式. 把它代入式(3A-14),即得到普朗克的著名公式:

$$u(\nu, T) = \frac{8\pi h\nu^3}{c^3}\frac{1}{e^{h\nu/kT} - 1} \tag{3A-19}$$

从以上分析中可以看出,如果略去受激发射,那么 u 的表达式中 (-1) 项即消失了,从而与普朗克定律相抵触;要使原子-辐射相互作用的量子描述成立,受激发射的假设是必要的. 由附录 3C 可知,受激发射是发明激光的物理基础.

假如我们一开始就承认普朗克公式,那么把式(3A-14)与(3A-19)相比较,即可求出 A、B 系数之比值(3A-18). 从此可知,A、B 比值与波长三次方成反比;研究长波辐射时,自发发射现象可以忽略,研究短波辐射时,受激发射常常可以不予考虑.

总之,我们证实了受激发射假设的必要,并导出了发射、吸收三个系数之间的两个关系式(3A-13)、(3A-18);它们都可由量子电动力学严格导出,但是爱因斯坦在 1917 年量子力学建立之前就得到了这些关系.

必须指出,爱因斯坦在推导这些关系时考虑了一个原子体系,即许多原子的集合. 但是,

A、B 系数是由单个原子的内部结构决定的参量,与原子的集合并无关系,也不依赖于辐射场. 在推导中用了热平衡条件,但可以证明,A、B、C 之间的关系,不论热平衡是否达到,都是正确的.

附录 3B 跃迁的选择规则

在量子力学中,我们可以计算受激发射系数和吸收系数,对具体计算过程,读者可参阅量子力学教材(引文〔12〕),这里我们给出它们的结果:

$$B_{ji} = \frac{4\pi^2 e^2}{3\hbar^2} \left| \langle \boldsymbol{r}_{ji} \rangle \right|^2 \tag{3B-1}$$

并从此结果出发来讨论跃迁的选择规则.

式(3B-1)中的

$$e\langle \boldsymbol{r}_{ji} \rangle = e\langle j \mid \boldsymbol{r} \mid i \rangle = e\iiint \psi_j^* \boldsymbol{r}\psi_i \mathrm{d}\tau \tag{3B-2}$$

称为**电偶极矩**. 我们记态 i 和 j 的量子数分别为 $n_1 l_1 m_1$ 与 $n_2 l_2 m_2$,并用氢原子的波函数代入来考察式(3B-2)不等于零的条件. 因为波函数分为 r、θ、ϕ 三部分,所以我们把 $\boldsymbol{r}$ 也作相应的分解:

$$r_x = x = r\sin\theta\cos\phi = r\sin\theta\frac{\mathrm{e}^{\mathrm{i}\phi} + \mathrm{e}^{-\mathrm{i}\phi}}{2}$$

$$r_y = y = r\sin\theta\sin\phi = r\sin\theta\frac{\mathrm{e}^{\mathrm{i}\phi} - \mathrm{e}^{-\mathrm{i}\phi}}{2\mathrm{i}}$$

$$r_z = z = r\cos\theta$$

因式(3B-2)的 ϕ 部分为

$$\int_0^{2\pi} \mathrm{e}^{-\mathrm{i}m_2\phi} \boldsymbol{r} \mathrm{e}^{\mathrm{i}m_1\phi} \mathrm{d}\phi$$

于是,积分的 x、y、z 的各分量为

$$\int_0^{2\pi} \left[\mathrm{e}^{\mathrm{i}(m_1 - m_2 + 1)\phi} + \mathrm{e}^{\mathrm{i}(m_1 - m_2 - 1)\phi} \right] \mathrm{d}\phi \tag{3B-3}$$

$$\int_0^{2\pi} \left[\mathrm{e}^{\mathrm{i}(m_1 - m_2 + 1)\phi} - \mathrm{e}^{\mathrm{i}(m_1 - m_2 - 1)\phi} \right] \mathrm{d}\phi \tag{3B-4}$$

$$\int_0^{2\pi} \mathrm{e}^{\mathrm{i}(m_1 - m_2)\phi} \mathrm{d}\phi \tag{3B-5}$$

要使(3B-3)、(3B-4)两式不等于零,必须有

$$m_1 - m_2 = \Delta m = \pm 1$$

要使式(3B-5)不为零,必须有

$$m_2 - m_1 = \Delta m = 0$$

依此我们得到了电偶极跃迁的选择规则为

$$\Delta m = \pm 1, 0 \tag{3B-6}$$

关于 θ 部分,我们只要利用关联勒让德多项式的性质:

$$\cos \theta P_l^m = \frac{(l-m+1)P_{l+1}^m + (l+m)P_{l-1}^m}{2l+1}$$

$$\sin \theta P_l^m = \frac{P_{l+1}^{m+1} - P_{l-1}^{m+1}}{2l+1}$$

(3B-7)

以及 P_l^m 的正交性,即积分

$$\int_0^\pi P_{l_2}^{m*} P_{l_1}^m \sin \theta \mathrm{d}\theta$$

(3B-8)

只有当 $l_2 = l_1$ 时才不为零(参阅引文〔28〕),我们由式(3B-2)不为零,类似地可以得到 l_2 必须等于 $l_1 \pm 1$,或

$$\Delta l = \pm 1$$

(3B-9)

式(3B-6)及式(3B-9)就是电偶极辐射的选择规则. 它对紫外线和可见光(波长远大于原子半径)适用;对于波长与原子半径差不多的 X 射线,则要考虑高阶辐射(例如四极辐射).

附录 3C   激 光 原 理

在爱因斯坦提出受激发射概念 40 年之后,基于这一概念的激光器问世了,它不仅使古老的光学恢复了青春,而且对科学技术的各个领域产生了极其深刻的影响. 它可算是 20 世纪内最伟大的科技成就之一.

前面我们已经提到,如果一个腔体中同时存在着原子体系和光信号,它们之间的相互作用可以归结为三个基本过程,即自发发射、受激吸收和受激发射.

处于激发态的原子自发地从高能级 E_2 跃迁到低能级 E_1,同时发射光子,这就是自发发射. 对于每个激发态原子来说,这种自发发射是独立地进行着的,因此发射出的光子也是彼此独立的,它们的发射方向和初相位都不相同,因此对于一个普通光源,我们可以从各个方向看到它的光. 下面我们将要看到,激光束却具有完全不同的性质.

如果原子处于低能级 E_1,有一外来光子趋近它,该光子携带的能量 $h\nu_{21}$ 若恰好与原子的某一对能级的能量差($E_2 - E_1$)相等,那么原子就可能吸收这个光子而跃迁到上能级. 这种跃迁不是自发地产生的,而是在外来光子刺激下产生的,所以称为受激吸收. 单位时间单位体积内原子受激吸收的能量为

$$C_{12} u(\nu_{21}) N_1 h\nu_{21}$$

(3C-1)

式中 C_{12} 为爱因斯坦系数,$u(\nu_{21})$ 为腔内辐射场的能量密度,N_1 为低能级原子数密度.

受激发射是激光器中最基本的过程. 如果原子在开始时处于某个上能级 E_2,这时有一外来光子趋近它,该光子携带的能量 $h\nu_{21}$ 正好等于原子的某一对能级的能量差 $E_2 - E_1$,上述原子就可能受此外来光子的刺激而从上能级 E_2 向下能级 E_1 跃迁,同时发射出一个和外来光子完全一样的光子,这就是受激发射的过程. 受激发射的结果,使原子从上能级回到了下能级,而光子数由一个变成了二个. 受激发射产生的光子在频率上、发射方向上、相位和偏振状态上都和入射光子完全一样,因此受激发射意味着原来光讯号的放大. 单位时间单位体积内原子受激发射的能量为

$$B_{21} u(\nu_{21}) N_2 h\nu_{21}$$

(3C-2)

在附录 3B 中我们已经证明,爱因斯坦系数 $B_{21} = C_{12}$.

对于一个原子体系来说,若有能量密度为 $u(\nu_{21})$ 的光信号存在,那么就既有受激吸收,

又有受激发射. 从受激发射的角度而言,净的受激发射能量将是:

$$B_{21}u(\nu_{21})N_2h\nu_{21} - C_{12}u(\nu_{21})N_1h\nu_{21}$$

$$= (N_2 - N_1)B_{21}u(\nu_{21})h\nu_{21} \tag{3C-3}$$

因此,要使受激发射超过受激吸收,**有激光输出,必须使高能级的原子数密度 N_2 大于低能级的原子数密度 N_1**.如能设法保持 $N_2 > N_1$,那么,由于激光器两端有两块互相平行的高反射镜子,使光信号在激光器的腔体中不断来回振荡,不断放大,最终就形成强烈的激光束.受激发射的光子具有相同的能量(频率)、相同的相位、偏振态,且从同一方向发出.

第一个单色光放大器是在微波波段实现的,称为**微波激射器**(1954 年问世),又称**脉塞**(Maser;此词由五个字的字头组成:Microwave Amplification of Stimulated Emission of Radiation, 意思是:辐射的受激发射的微波放大). 不到几年,就在可见光范围内制成光激射器,即**莱塞**, 简称**激光器**,或**激光**(Laser,即把上面五个字的第一个换成 Light). 现在不管什么波段,都统称**激光器**,或**激光**.

产生激光的关键是处于高能级原子的数密度 N_2 大于低能级原子数密度 N_1,但在一般热平衡条件下,它们满足玻耳兹曼分布:

$$\frac{N_2}{N_1} = e^{-(E_2-E_1)/kT} \tag{3C-4}$$

由于 $E_2 > E_1$,因此 $N_2 < N_1$.所以,在热平衡时,总是受激吸收超过受激发射,不能产生净的受激发射. 为了要产生净的受激发射,必须破坏热平衡状态,创造一些条件使 $N_2 > N_1$.对于某一对特定能级,若出现 $N_2 > N_1$ 的情况,则我们把这种情况称为"**粒子数反转**",即粒子数分布与玻耳兹曼分布相反.

为了促使非热平衡状态即粒子数反转的出现,必须用一定的手段去激励原子体系,使它处于上能级的粒子数增加. 在气体激光器中采用"放电激励"的手段;在固体或染料激光器中用脉冲光源去照射激光工作物质,这是"光激励". 我们把各种激励方式统称为"**泵浦**"或"**抽运**".

由于粒子有使自己处于低能级的倾向,位于上能级的粒子通过各种途径往下能级跃迁.处于非热平衡状态的体系是不稳定的,它要趋向于热平衡状态. 当粒子从上能级通过受激发射而跃迁到下能级时,上能级的粒子数 N_2 逐渐减少,下能级粒子数 N_1 逐步增加,如要保持 $N_2 > N_1$,不断得到激光的输出,就必须不断地"泵浦",以补充处于上能级的粒子.

现在我们以氦氖激光器为例,来说明激光器的工作原理.氦氖激光器中氦与氖之比为 5:1 到 10:1,实际比例由腔体的具体结构而定.图 3C.1 是氦和氖的有关能级图,氦的能级 2^1S 和 2^3S 用大写字母标记,它代表激光原子中两个电子的总的轨道角动量和自旋;氖的一些能级用小写字母标记,它们代表激发态单个电子的量子数,因为氖的其余九个电子都保持在基态.

氖可以产生多条激光谱线,在图 3C.1 中标明了最强的三条.最常用的是 632.8 nm 的红光($5s \to 3p$),另两条是 3.39 μm($5s \to 4p$)和 1.15 μm($4s \to 3p$),都属红外波段.注意,在 $5s \to 4s$ 之间的跃迁是禁戒的(请读者回答,为什么). 这三条激光线的上能级分别为 $5s$ 和 $4s$,下能级分别为 $4p$ 和 $3p$. 我们现在来讨论,如何实现相应能级的粒子数反转.

在室温情况下,绝大多数氖原子都处于基态,如果在 He-Ne 激光管上加一电压,产生气体放电,管中电子被电场加速而有较大的动能,这些快速电子与 He 或 Ne 原子发生非弹性碰撞,将动能转为原子的内能、使 He 和 Ne 激发到几个较低的能级. 由于氦和电子碰撞被激发到 2^3S 和 2^1S 的概率比激发氖原子大,而且这两个能级都是亚稳态,很难回到基态,因此在 He 的这两个激发态上集聚了较多的原子. 又由于 Ne 的 $5s$ 和 $4s$ 与 He 的 2^1S 和 2^3S 的能量

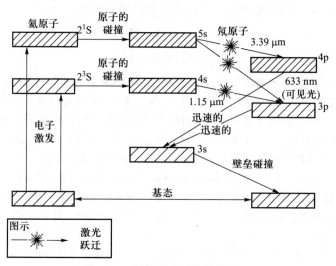

图 3C.1 氦氖激光系统的能级图

几乎相等,当两种原子相碰时非常容易产生能量的"共振转移",即在碰撞中 He 把能量传递给 Ne 而回到基态,而 Ne 原子中电子则由 2p 态被激发到 5s 态或 4s 态. 要产生激光,除了增加上能级的粒子数外,还要设法减少下能级的粒子数. 现在,下能级 4p,3p 的寿命比上能级 5s,4s 要短得多,这样就有利于形成粒子数的反转.

由于受激发射的原子由 5s,4s 跃迁到 4p,3p,而处于 4p,3p 的原子很快向 3s 态跃迁,但 3s 态是亚稳态,倘若 3s 态上集聚了大量原子,它可以俘获一个从 4p→3s 或 3p→3s 自发发射的光子或与电子碰撞而回到 4p 或 3p,这又不利于形成粒子数反转. 为克服此点,我们可以将放电管做得比较细,使原子与管壁碰撞频繁,借助于这种碰撞,3s 态的 Ne 原子可以将能量交给管壁发生"无辐射跃迁"* 而回到基态,以及时减少 3s 态的 Ne 原子数,有利于激光下能级 4p 与 3p 态的抽空.

必须指出,粒子数反转只是产生激光的必要条件,不是充分条件. 粒子数反转条件只是保证了光在激光管内传播时增益系数大于零,产生放大作用. 为了产生激光,必须使激光管两端的反射镜达到极高的反射率,以使光在激光管中经过多次反射、不断放大. 换言之,光在管内(特别是两块反射镜上)的损失必须远低于放大的增益. 事实上,两块反射镜中,一块几乎全反射,一块则是部分反射,以使激光可以透过这块镜子而射出. 图 3C.2 是氦氖激光管的示意图.

激光具有极好的单色性,例如 He-Ne 激光管发出的 632.8 nm 的红光,相应的频率为 4.74×10^{14} Hz,而它的频宽可窄到 7×10^3 Hz,相对频宽 $\Delta \nu / \nu$ 为 1.6×10^{-11},其单色性比普通的最好单色光源好一万倍. 目前的激光 $\Delta \nu / \nu$ 的最佳值已达 10^{-14} 量级,如果用这样的激光控制一架时钟,那么钟的每年误差将小于 1 μs.

激光又有极好的准直性,例如,几百瓦的激光可以从地球射到月球,再反射回地球. 依此可精确地测量地球与月球之间的距离.

激光的连续输出功率约为 10^4 W 量级,脉冲输出功率已达 10^{16} W 量级**.

---

* 无辐射跃迁是指不发射辐射的退激发过程. 处于激发态的原子把能量以热运动方式传给周围原子,或转为分子的振动.

** 中科院上海光机所和上海科技大学联合实验室成功实现 10^{16} W 超短超强激光输出,达到国际领先水平. 凤凰网,2017.10.29.

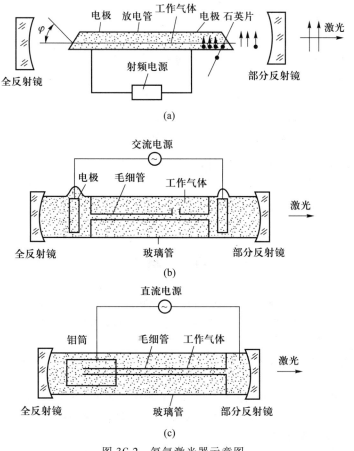

图 3C.2 氦氖激光器示意图

由于激光具有很好的特性,所以在工业、农业、医学、通信、能源、军事等各方面有极其广泛的应用,在这些方面的影响是十分巨大的. 在物理、化学等学科的基础研究方面,激光也有重要应用. 1997 年美国斯坦福大学的华裔科学家朱棣文因其在利用激光技术冷却囚禁气体原子实验方面的杰出贡献,与法国和美国两位学者一起分享了 1997 年的诺贝尔物理学奖. 为此激光被誉为创造奇迹的光,照亮 21 世纪之光[29].

附录 3D 原子单位(a.u.)

在原子物理范畴里,有时使用原子单位(a. u.),它的定义如下:

取 $e=1, m=1, \hbar=1$ 为最基本量,于是:

电荷单位:e(电子电荷)

质量单位:m(电子质量)

角动量单位:$\hbar$

---

[29] 有兴趣的读者可参见:乐俊淮等. 激光技术. 中国科技出版社(1994);倪光炯等. 改变世界的物理学(第三版). 复旦大学出版社(2007).

长度单位：a_1（玻尔第一半径 $4\pi\varepsilon_0\hbar^2/me^2$）

速度单位：v_1（玻尔第一速度 αc）

动量单位：p_1［玻尔第一动量 $me^2/(4\pi\varepsilon_0\hbar)=mv_1$］

能量单位：$e^2/(4\pi\varepsilon_0 a_1)$（两倍于氢原子电离能为 27.2 eV）

时间单位：a_1/v_1

频率单位：$v_1/a_1=me^4/[(4\pi\varepsilon_0)^2\hbar^3]=4.134\times10^6\ \mathrm{s}^{-1}$

电势单位：$e/(4\pi\varepsilon_0 a_1)=me^3/(4\pi\varepsilon_0\hbar)^2=27.2\ \mathrm{V}$

电场强度单位：$e/(4\pi\varepsilon_0 a_1^2)=m^2e^5/[(4\pi\varepsilon_0)^3\hbar^4]=5.142\times10^9\ \mathrm{V/cm}$

磁场单位：$\left(\dfrac{1}{4\pi\varepsilon_0}\right)^2\dfrac{m_e^2e^3}{\hbar^3}=235.3\times10^7\ \mathrm{G}$

于是，玻尔磁矩 $\mu_B=\dfrac{e\hbar}{2m}=\dfrac{1}{2}\mathrm{a.u.}$

习 题

3-1 电子的能量分别为 10 eV、100 eV 和 1 000 eV 时，试计算其相应的德布罗意波长.

3-2 设光子和电子的波长均为 0.4 nm，试问：(1)光子的动量与电子的动量之比是多少？(2)光子的动能与电子的动能之比是多少？

3-3 若一个电子的动能等于它的静能量，试求：(1)该电子的速度为多大？(2)其相应的德布罗意波长是多少？

3-4 把热中子窄束射到晶体上，由布拉格衍射图样可以求得热中子的能量. 若晶体的两相邻布拉格面间距为 0.18 nm，一级布拉格掠射角（入射束与布拉格面之间的夹角）为 30°，试求这些热中子的能量.

3-5 电子显微镜中所用加速电压一般都很高，电子被加速后的速度很大，因而必须考虑相对论修正. 试证明：电子的德布罗意波长与加速电压的关系应为

$$\lambda=\frac{1.226}{\sqrt{V_r}}$$

式中 $V_r=V(1+0.978\times10^{-6}V)$，称为相对论修正电压，其中电子加速电压 V 的单位是 V，λ 的单位是 nm.

3-6 (1) 试证明：一个粒子的康普顿波长与其德布罗意波长之比等于

$$\sqrt{\left(\frac{E}{E_0}\right)^2-1}$$

式中 E_0 和 E 分别是粒子的静能量和运动粒子的总能量.（康普顿波长 $\lambda_c=\dfrac{h}{mc}$，m 为粒子的静质量，其意义在第六章中讨论）

(2) 当电子的动能为何值时，它的德布罗意波长等于它的康普顿波长？

3-7 一原子的激发态发射波长为 600 nm 的光谱线，测得波长的精度为 $\Delta\lambda/\lambda=10^{-7}$，试问该原子态的寿命为多长？

3-8 一个电子被禁闭在线度为 10 fm 的区域中，这正是原子核线度的数量级，试计算它的最小动能.

3-9 已知粒子波函数 $\psi=N\exp\left\{-\dfrac{|x|}{2a}-\dfrac{|y|}{2b}-\dfrac{|z|}{2c}\right\}$，试求：(1)归一化常数 N；

（2）粒子的 x 坐标在 0 到 a 之间的概率；（3）粒子的 y 坐标和 z 坐标分别在 $-b$ 到 $+b$ 和 $-c$ 到 $+c$ 之间的概率.

3—10 若一个体系由一个质子和一个电子组成,设它的归一化空间波函数为 $\psi(x_1, y_1, z_1; x_2, y_2, z_2)$,其中足标 1,2 分别代表质子和电子,试写出:

（1）在同一时刻发现质子处于 $(1,0,0)$ 处,电子处于 $(0,1,1)$ 处的概率密度;

（2）发现电子处于 $(0,0,0)$,而不管质子在何处的概率密度;

（3）发现两粒子都处于半径为 1、中心在坐标原点的球内的概率大小.

3—11 对于在阱宽为 a 的一维无限深阱中运动的粒子,计算在任意本征态 ψ_n 中的平均值 $\bar{x}$ 及 $\overline{(x-\bar{x})^2}$,并证明:当 $n \to \infty$ 时,上述结果与经典结果相一致.

3—12 求氢原子 1s 态和 2p 态电荷径向密度的最大位置.

3—13 设氢原子处在波函数为 $\psi(r, \theta, \varphi) = \dfrac{1}{\sqrt{\pi a_1^3}} e^{-r/a_1}$ 的基态,a_1 为玻尔第一半径,试求势能 $U(r) = -\dfrac{1}{4\pi\varepsilon_0}\dfrac{e^2}{r}$ 的平均值.

3—14 证明下列对易关系:
$$[\hat{y}, \hat{p}_y] = i\hbar$$
$$[\hat{x}, \hat{p}_y] = 0$$
$$[\hat{x}, \hat{L}_x] = 0$$
$$[\hat{x}, \hat{L}_y] = i\hbar z$$
$$[\hat{p}_x, \hat{L}_x] = 0$$
$$[\hat{p}_x, \hat{L}_y] = i\hbar\hat{p}_z$$

3—15 设质量为 m 的粒子在半壁无限高的一维方阱中运动,此方阱的表达式为
$$V(x) = \begin{cases} \infty & x < 0 \\ 0 & 0 \leq x \leq a \\ V_0 & x > a \end{cases}$$

试求在 $E < V_0$ 的束缚态情况下:

（1）粒子能级的表达式;

（2）证明在此阱内至少存在一个束缚态的条件是,阱深 V_0 和阱宽 a 之间满足关系式:
$$V_0 a^2 \geqslant \frac{h^2}{32m}$$

3—16 在宏观世界里,汽车闯入客厅(图 15.4)的概率为多少?

第三章问题　　　参考文献——第三章

第四章　原子的精细结构：电子的自旋

我们已经对自旋有了最终的描述了吗？我不这样认为．

——杨振宁（1982 年，1985 年）

在第二章里，我们介绍了玻尔的原子理论．玻尔理论考虑了原子中的最主要的相互作用，即原子核与电子的静电相互作用．与此相互作用对应的能量计算值，与实验符合得很好，反映能量差值的光谱线（巴耳末光谱系等）得到了满意的解释．不过，如果仔细观察光谱线，人们发现其中还有精细结构，例如，巴耳末系中的 H_α 线并非单线（现在已分辨出，H_α 线内含有七条谱线）．钠的黄色 D 线更是著名的双线．这就清楚表明，我们还需要考虑其他相互作用，考虑引起能量变化的原因；从经典角度看，这是非常显然的：即使对于像氢原子那样简单的体系，除了电子与核的静电相互作用外，由于电子绕核运动，还必定存在磁相互作用．从量子理论看，同样存在磁相互作用，本章将在量子力学基础上讨论原子的精细结构．

本章先介绍原子中电子轨道运动引起的磁矩，并把量子化概念扩大到三维（§18），然后介绍原子体系与外磁场（梯度场和均匀场）的相互作用（§19，§22），以及原子体系内部的磁场所引起的相互作用（§21）．由此，不仅说明了空间量子化是客观存在的，而且说明，单靠电子的轨道运动不可能解释实验事实．我们必须引入电子自旋的假设（§20）．由电子自旋引起的磁相互作用是产生原子精细结构的主要因素．但是，自旋概念的深刻含义却远远超出了原子的范畴，它是微观物理学最重要的概念之一（§22）．最后，我们对氢原子的谱系结构作一综合的叙述（§23）．

§18　原子中电子轨道运动的磁矩

（1）经典表示式

从经典电磁学知道，一载流线圈有一磁矩 $\boldsymbol{\mu}$，它可以表示为［见图 18.1（a）］

$$\boldsymbol{\mu} = iS\boldsymbol{e}_\mathrm{n}$$

式中 i 是电流大小；S 是电流所围面积；$\boldsymbol{e}_\mathrm{n}$ 是垂直于该面积的单位矢量．

依此可知，原子中电子绕原子核旋转也必定有一个磁矩．如图 18.1（b）所示，如果电子绕核旋转的圆周频率为 ν，轨道半径为 r，则磁矩为（我们这里假定

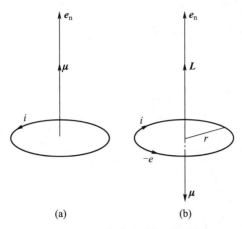

$$(a) \qquad\qquad (b)$$

图 18.1　电流产生磁矩示意图

电子的轨道是圆形的. 请读者证明,对于任意形状的闭合轨道,所得结果不变.)

$$\boldsymbol{\mu} = i\boldsymbol{S} = - e\nu\pi r^2 \boldsymbol{e}_{\mathrm{n}} = -\frac{ev}{2\pi r}\pi r^2 \boldsymbol{e}_{\mathrm{n}}$$

$$= -\frac{e}{2m_{\mathrm{e}}}m_{\mathrm{e}}vr\boldsymbol{e}_{\mathrm{n}} = -\frac{e}{2m_{\mathrm{e}}}\boldsymbol{L}$$

记
$$\gamma \equiv \frac{e}{2m_{\mathrm{e}}}$$

式中 m_{e} 为电子的质量,则

$$\boldsymbol{\mu} = -\gamma\boldsymbol{L} \tag{18-1}$$

此即为原子中电子绕核运动的磁矩 $\boldsymbol{\mu}$ 与电子的轨道角动量 $\boldsymbol{L}$ 之间的关系式. 由此可以看出,电子绕核运动的磁矩 $\boldsymbol{\mu}$ 与 $\boldsymbol{L}$ 反方向,这是因为磁矩的方向是根据电流方向的右手螺旋定则定义的,而电子的运动方向与电流方向相反,因此 $\boldsymbol{\mu}$ 与 $\boldsymbol{L}$ 反向. 式(18-1)中的 γ 称为**旋磁比**.

另外,我们从电磁学中知道,磁矩在均匀外磁场中不受力,但受到一个力矩作用,这个力矩为($\boldsymbol{B}$ 为磁感应强度)

$$\boldsymbol{\tau} = \boldsymbol{\mu} \times \boldsymbol{B}$$

而力矩的存在将引起角动量的变化(见本章附录 4A),即

$$\frac{\mathrm{d}\boldsymbol{L}}{\mathrm{d}t} = \boldsymbol{\tau} = \boldsymbol{\mu} \times \boldsymbol{B} \tag{18-2}$$

由式(18-1)和式(18-2)可得

$$\frac{\mathrm{d}\boldsymbol{\mu}}{\mathrm{d}t} = -\gamma\boldsymbol{\mu} \times \boldsymbol{B}$$

或者改写一下,

$$\frac{\mathrm{d}\boldsymbol{\mu}}{\mathrm{d}t} = \boldsymbol{\omega} \times \boldsymbol{\mu}; \quad \boldsymbol{\omega} \equiv \gamma\boldsymbol{B} \tag{18-3}$$

这就是**拉莫尔进动**的角速度公式,它表明:在均匀外磁场 $\boldsymbol{B}$ 中,一个高速旋转的磁矩并不向 $\boldsymbol{B}$ 方向靠拢,而是以一定的角速度 $\boldsymbol{\omega}$ 绕 $\boldsymbol{B}$ 作进动, $\boldsymbol{\omega}$ 的方向与 $\boldsymbol{B}$ 一

致. 图 18.2 给出的就是原子的磁矩受磁场作用发生进动的示意图. 由图可见，$\boldsymbol{\mu}$ 绕 $\boldsymbol{B}$ 的方向作进动，进动角频率（又称拉莫尔频率）$\nu_{\text{L}} = \omega/2\pi$.

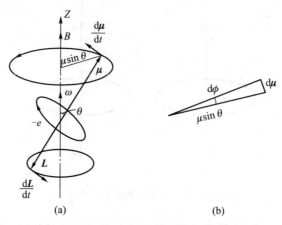

图 18.2　磁矩绕磁场 $\boldsymbol{B}$ 进动示意图

为进一步理解 $\boldsymbol{\omega}$ 的意义，我们可以分析矢量 $\boldsymbol{\mu}$ 的进动. 图 18.2(b) 取自与 $\boldsymbol{B}$ 垂直的、$\boldsymbol{\mu}$ 进动平面上的一小块扇面，$\boldsymbol{\mu}$ 离 $\boldsymbol{B}$ 的垂直距离即是扇面半径 $\mu\sin\theta$，显然，

$$\text{d}\mu = \mu\sin\theta\text{d}\phi$$

于是，

$$\frac{\text{d}\mu}{\text{d}t} = \mu\sin\theta\,\frac{\text{d}\phi}{\text{d}t} = \mu\sin\theta\omega$$

或者，

$$\frac{\text{d}\boldsymbol{\mu}}{\text{d}t} = \boldsymbol{\omega}\times\boldsymbol{\mu}$$

由此可知，$\omega = \text{d}\phi/\text{d}t$，代表角度 ϕ 随时间 t 的变化率，故 ω 称为角速度.

（2）量子表示式

量子的磁矩表示式与经典有同样的形式，即式（18-1），本质的区别是式（18-1）中的角动量 L 的大小应取由量子力学计算所得到的式（17-24），即 $L = \sqrt{l(l+1)}\,\hbar$，也就是磁矩 μ 的数值表达式为

$$\mu_l = -\gamma L = -\sqrt{l(l+1)}\,\hbar\gamma = -\sqrt{l(l+1)}\,\frac{e\hbar}{2m_{\text{e}}}$$

利用式（17-18），$L_z = m_l\hbar$，可得磁矩在 z 方向的投影 $\mu_{l,z}$ 的表达式为

$$\mu_{l,z} = -\gamma L_z = -\gamma m_l\hbar = -\frac{e\hbar}{2m_{\text{e}}}m_l$$

它们又可写为

$$\mu_l = -\sqrt{l(l+1)}\,\mu_{\text{B}}, \quad l = 0,1,2,\cdots \tag{18-4}$$

$$\mu_{l,z} = -m_l\mu_{\text{B}}, \quad m = 0,\ \pm 1,\cdots,\ \pm l \tag{18-5}$$

式中（请读者计算）

$$\mu_B = \frac{e\hbar}{2m_e}$$

$$= 0.927\ 4 \times 10^{-23}\ \text{J} \cdot \text{T}^{-1}$$

$$= 0.927\ 4 \times 10^{-23}\ \text{A} \cdot \text{m}^2$$

$$= 0.009\ 274\ \text{mA} \cdot \text{nm}^2$$

$$= 0.578\ 8 \times 10^{-4}\ \text{eV} \cdot \text{T}^{-1} \tag{18-6}$$

称之为玻尔磁子,是轨道磁矩的最小单元. 它是原子物理学中的一个重要常量(请说明式 18-6 各种写法的物理意义). 我们还可把它改写一下:

$$\mu_B = \frac{1}{2} \frac{e^2}{\hbar c} \cdot \frac{\hbar^2}{m_e e^2} \cdot ec = \frac{1}{2}\alpha c(ea_1) \tag{18-7}$$

式中 α 是精细结构常数($1/137$),a_1 为玻尔第一半径. 显然,ea_1 是原子的电偶极矩的量度,而 μ_B 则是原子的磁偶极矩的量度. 当电磁波与物质中原子相互作用时,由于电场振幅 E_m 与磁场振幅 B_m 有关系式 $E_m = cB_m$,所以由式(18-7),很易得到磁相互作用 $B_m\mu_B$ 与电相互作用 $E_m ea_1$ 之比为 $\frac{1}{2}\alpha$,即前者比后者至少小两个数量级.

(3) 角动量取向量子化

式(18-4)和(18-5)表明磁矩及其 z 分量的大小是量子化的,它来源于轨道角动量 $\boldsymbol{L}$ 及其 z 分量 L_z 的大小的量子化,L_z 的量子化表明了角动量在空间取向的量子化. 图 18.3 给出了角动量矢量模型示意图,形象地表示了角动量在空间的取向是不连续的,而是量子化的. $l=1$ 时,角动量矢量在空间有 3 个取向,$l=2$ 时,有 5 个取向,$l=3$ 时,有 7 个取向……,即角动量量子数为 l 时,角动量在空间有 $2l+1$ 个取向,它对应有 $2l+1$ 个投影值 m_l.

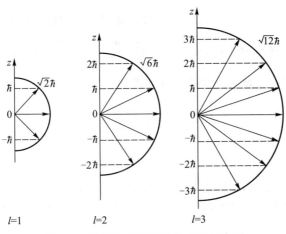

图 18.3　轨道角动量及其分量的示意图

§19 施特恩-格拉赫实验

上一节的讨论表明,不仅原子中电子轨道的大小、形状和电子运动的角动量、原子内部的能量都是量子化的,而且在外场中角动量的取向也是量子化的.

施特恩(O. Stern)和格拉赫(W. Gerlach)在 1921 年进行的实验是对原子在外磁场中取向量子化的首次直接观察,它是原子物理学中最重要的实验之一[1],其装置示意图见图 19.1.

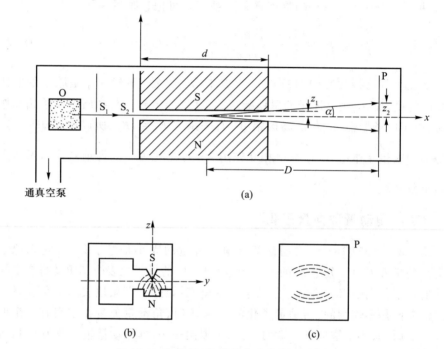

图 19.1　施特恩-格拉赫实验的装置示意图

原子(例如氢原子)*在容器 O 内被加热成蒸气,热平衡时容器内的原子速率满足麦克斯韦速率分布律;$f(v) = 4\pi\left(\dfrac{m}{2\pi kT}\right)^{3/2} e^{-\frac{mv^2}{2kT}} v^2$,但从小孔出射的原子的速率分布函数应为碰壁原子的速率分布函数**,

$$F(v) = \pi\left(\frac{m}{2\pi kT}\right) e^{-\frac{mv^2}{2kT}} v^3 \tag{19-1}$$

---

〔1〕　W. Gerlach. & O. Stern. Zeitschrift für Physik,9(1922)349.

* 施特恩和格拉赫最初的实验是用银原子做的;用氢原子做类似的实验,是在 1927 年.但两者结果是一致的.

** 关于热平衡时碰壁粒子速率分布函数的详细计算可参阅:李洪芳,热学. 高等教育出版社(2001) 230.

利用 $\dfrac{\mathrm{d}F(v)}{\mathrm{d}v} = 0$ 可得最可几速率为

$$v = \sqrt{\dfrac{3kT}{m}} \qquad (19\text{-}2)$$

即有

$$mv^2 = 3kT \qquad (19\text{-}3)$$

式中 k 是玻耳兹曼常量（8.617×10^{-5} eV $\cdot$ K^{-1}）. 由此表明, 当温度 $T = 7 \times 10^4$ K 时, 原子的动能才达到 9.0 eV, 尚低于氢的第一激发能（10.2 eV）. 在一般实验条件下, 容器内的温度远低于 10^5 K, 那时的氢原子都处于基态.

氢原子从容器 O 内通过一小孔逸出, 再经过狭缝 S$_1$ 和 S$_2$ 后, 就使我们选出了沿水平方向 x 运动的氢原子束, 其速率为 v, 由式（19-3）确定. 在狭缝 S$_2$ 右面有一个磁场区, 由于一个带磁矩 μ 的磁体在均匀磁场中只受到力矩的作用, 只有在不均匀的磁场中才会受到力的作用, 因此, 为了使进入磁场区域的原子束受到力的作用, 这个磁场区必须是一个非均匀的磁场区. 所谓"磁场的均匀与非均匀", 都是相对的; 我们现在的对象是原子束, 因此就要求磁场在 0.1 nm 的线度范围内呈非均匀性. 这是实验的困难所在, 而施特恩与格拉赫的功绩之一, 就是制造了一块能在很小线度内产生很不均匀磁场的磁铁, 见图 19.1（b）. 对于这样一种磁铁, 容易看出,

$$\frac{\partial B_z}{\partial x} = \frac{\partial B_z}{\partial y} = 0$$

于是, 受力方向只是在 z 方向（参见附录 4A）：

$$F_z = \mu_z \frac{\partial B_z}{\partial z} \qquad (19\text{-}4)$$

原子束以水平（x 方向）速率 v 进入磁场区, 而在垂直方向 z 受到力 F_z 的作用, 这就好比平抛运动, 原子束在磁场区内将作抛物线运动, 运动方程为

$$x = vt$$

$$z_1 = \frac{1}{2} \frac{F_z}{m} t^2 \qquad (19\text{-}5)$$

原子束在经过磁场区（长度为 d）到达出口处时, 已偏离 x 轴 z_1 距离, 那时与 x 轴的偏角为

$$\alpha = \arctan\left(\frac{\mathrm{d}z_1}{\mathrm{d}x}\right)_d = \arctan\left(\frac{F_z t}{mv}\right)_d = \arctan\left(\frac{F_z d}{mv^2}\right)$$

然后它沿直线运动, 一直落到屏幕 P 上面, 那时偏离 x 轴的距离为 z_2, 利用 $z_2 = D\tan\alpha$, 可得

$$z_2 = \mu_z \frac{\partial B_z}{\partial z} \cdot \frac{dD}{3kT} \qquad (19\text{-}6)$$

式中 D 表示屏幕 P 离磁场区中点的距离(图 12.1),而

$$\mu_z = \mu \cos \beta \qquad (19\text{-}7)$$

见图 19.2.由此可见,若仅仅是 μ 量子化($\mu = -\sqrt{l(l+1)}\mu_B$),而 $\cos\beta$ 可以是任意的话,那么 μ_z 就不是量子化的,从而 z_2 也不可能是量子化的. 只有当空间也是量子化时,即 μ 在 z 方向的投影也是量子化时,z_2 的数值才可能是分立的. 因此,从实验测到的 z_2 值是否分立,就可反过来证明 μ_z 是否量子化. 施特恩-格拉赫实验的结果表明,氢原子在磁场中只有两个取向,这就有力地证明了**原子在磁场中的取向是量子化的**,见图 19.3.

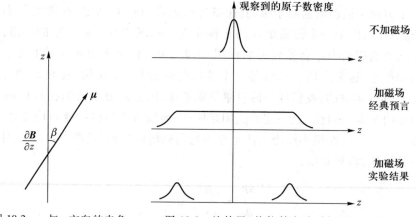

图 19.2 μ 与 z 方向的夹角　　图 19.3 施特恩-格拉赫实验对氢原子的结果

施特恩-格拉赫实验是空间量子化的最直接的证明,它是第一次量度原子的基态性质的实验,又正是这个实验,进一步开辟了原子束及分子束实验的新领域.

然而,应该指出,尽管这个实验证实了原子在磁场中的空间量子化,但由这个实验给出的氢原子在磁场中只有两个取向的事实,在当时,却是空间量子化的理论所不能解释的. 按空间量子化理论,当 l 一定时,m_l 有 $2l+1$ 个取向,由于 l 是整数,$2l+1$ 就一定是奇数. 在实验中,确实观察到了奇数取向的例子,例如对于基态氧原子,得到了五个取向;对于锌、镉、汞、锡等原子,只观察到一个取向. 但是,对于氢原子,对于锂、钠、钾、铜、银、金等原子,都观察到两个取向. 这只能说明,到此为止,我们对原子的描述仍是不完全的.

§20　电子自旋的假设

(1)　乌伦贝克与古兹密特提出电子自旋假设

从施特恩-格拉赫实验出现偶数分裂的事实,给人启示:要 $2l+1$ 为偶数,只

有角动量为半整数. 而轨道角动量是不可能给出半整数的.

1925 年,年龄还不到 25 岁的两位荷兰学生,乌伦贝克(G. E. Uhlenbeck)与古兹密特(S. Goudsmit)根据一系列的实验事实(包括后面将提到的碱金属双线和反常塞曼效应实验)提出了大胆的假设 [*]:电子不是点电荷,它除了轨道角动量外,还有自旋运动,它具有固有的自旋角动量 s:

$$|s| = \sqrt{s(s+1)}\,\hbar, s = \frac{1}{2} \tag{20-1}$$

它在 z 方向的分量只有两个:

$$s_z = \pm \frac{1}{2}\hbar$$

换言之,自旋量子数在 z 方向的分量只能取 $\pm \frac{1}{2}$:

$$s_z = m_s \hbar, m_s = \pm \frac{1}{2} \tag{20-2}$$

提出电子像一个陀螺,能够绕自身轴旋转,似乎并无创造性可言;绕太阳运动的地球,不是也在自转吗? 不过,提出**任何电子**都有相同的自旋角动量,而且它们在 z 方向的分量只取两个数值,这是经典物理无法接受的. 更迷惑人的还在于:如果把电子看作一个带有电荷 $-e$ 的小球,半径为 10^{-14} cm(目前的实验证据表明,电子的线度远小于 10^{-14} cm),它像陀螺一样绕自身轴旋转,那么,可以证明,自旋角动量为 $\frac{1}{2}\hbar$ 的电子,在表面上的切向线速度将大大超过光速(请读者计算)!

正因为这些概念上的困难,乌伦贝克-古兹密特的假设一开始就遭到很多人的反对(包括当时已闻名的泡利)[**],以致使乌伦贝克与古兹密特想把已写好的文章收回. 但是,他们的导师埃伦菲斯特(P. Ehrenfest)已把稿子寄出发表,并说"您们还年青,有些荒唐,没关系". 后来的事实却证明,电子的自旋概念是微观物理学最重要的概念. 对此,我们以后还要作进一步阐明.

(2) 朗德 g 因子

电子既然有自旋,那肯定还存在与自旋相联系的磁矩. 依照式(20-1)、(20-2),类似于式(18-4)和式(18-5),我们有:

---

[*] 原著:[2]G. E. Uhlenbeck & S. Goudsmit. Naturwissenschaften,13(1925)953;Nature,117(1926)264. 回忆性文章:[3]S. Goudsmit,Phys. Today,14(1961 June)18.关于发现电子自旋的历史,参见:[4] 王自华,通向电子自旋之路,复旦大学研究生论文(1983).

[**] 虽然泡利在 1925 年初就建议:为了完整地描述电子,除了已有的三个量子数(n,l,m_l)外,还要有第四个量子数. 但是,泡利认为,这个量子数应该是"双值的,在经典上不可能描述的";因此"一当我听到电子自旋具有经典力学的特征时,我就强烈地怀疑它的正确性"[参见 1945 年泡利领诺贝尔奖时的演讲:[5] W. Pauli. Nobel Lectures Physics 1942—1962.Elsevier,(1964)43.]

$$\left. \begin{array}{l} \mu_s = -\sqrt{s(s+1)}\,\mu_B = -\dfrac{1}{2}\sqrt{3}\,\mu_B \\[4mm] \mu_{s,z} = -m_s\mu_B = \mp\dfrac{1}{2}\mu_B \end{array} \right\} \qquad (20\text{-}3)$$

但是,这两个式子与一系列的实验不符(也见§21,22). 为了与实验事实相吻合,乌伦贝克与古兹密特就在假设电子自旋的同时,进一步假设:电子的磁矩为1个玻尔磁子,即为经典数值的2倍:

$$\left. \begin{array}{l} \mu_s = -\sqrt{3}\,\mu_B \\[3mm] \mu_{s,z} = \mp\,\mu_B \end{array} \right\} \qquad (20\text{-}4)$$

磁矩的方向与自旋方向相反. 这个假设受到各种实验的支持. 而且与电子自旋概念一起可由狄拉克的相对论量子力学严格导出.

这表明,磁矩与角动量的关系式(18-4)和(18-5)在原子体系中并不普遍成立. 不过,我们可以定义一个 g 因子,使得对任意角动量 j 所对应的磁矩,以及它们在 z 方向的投影,可以表示为

$$\left. \begin{array}{l} \mu_j = -\sqrt{j(j+1)}\,g_j\mu_B \\[3mm] \mu_{j,z} = -m_j\,g_j\,\mu_B \end{array} \right\} \qquad (20\text{-}5)$$

当只考虑轨道角动量时, $j=l$,则

$$g_l = 1 \qquad (20\text{-}6)$$

于是,

$$\left. \begin{array}{l} \mu_l = -\sqrt{l(l+1)}\,\mu_B \\[3mm] \mu_{l,z} = -m_l\mu_B \end{array} \right\} \qquad (20\text{-}7)$$

即回到式(18-4)和(18-5),它们是借助于经典的轨道概念再加上量子化条件而导得的.

当只考虑自旋角动量时, $j=s$,则[*]

$$g_s = 2 \qquad (20\text{-}8)$$

从而,我们即得到式(20-4). 到此为止,它只是一个假设. 式(20-5)中的 g 称为**朗德(Lande)g 因子**,或简称为 g 因子. 它可以表示为:

$$g = \dfrac{\text{测量到的}\ \mu_z, \text{以}\ \mu_B\ \text{为单位}}{\text{角动量在}\ z\ \text{方向的投影,以}\ \hbar\ \text{为单位}} \qquad (20\text{-}9)$$

g 因子是反映物质内部运动的一个重要物理量.

---

[*] 有的书籍把电子的 g 因子分别写成: $g_l = -1$, $g_s = -2$;这表示他们已把式(20-5)中的负号归在 g 因子内,因而式(20-5)中的负号要改为正号.

（3） 单电子的 g 因子表达式

上面分别考虑了电子的轨道角动量和自旋角动量所对应的 g 因子,现在要合起来考虑. 原子中的电子一般既有轨道角动量,又有自旋角动量,它们相应的磁矩应该合起来形成电子的总磁矩,如图20.1所示 *

电子的总磁矩的计算可以利用矢量图来进行. 由于 $\dfrac{g_s}{g_l}=2$,$\boldsymbol{\mu}_l$ 和 $\boldsymbol{\mu}_s$ 合成的总磁矩 $\boldsymbol{\mu}$ 不在总角动量 $\boldsymbol{j}$ 的延线方向. 但 $\boldsymbol{l}$ 和 $\boldsymbol{s}$ 是绕 $\boldsymbol{j}$ 进动的,因此 $\boldsymbol{\mu}_l$、$\boldsymbol{\mu}_s$ 和 $\boldsymbol{\mu}$ 都绕 $\boldsymbol{j}$ 的延线进动.

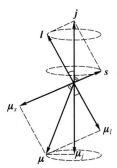

图 20.1　电子磁矩同角动量的关系

从图中可以看出,$\boldsymbol{\mu}$ 不是一个有确定方向的量,然而它可分解为两个分量:一个沿 $\boldsymbol{j}$ 的延线,称作 $\boldsymbol{\mu}_j$,这是有一定方向的常量;另一个是垂直于 $\boldsymbol{j}$ 的,由于它绕着 $\boldsymbol{j}$ 转动,故对外平均效果全抵消了. 因此,对外发生作用的是 $\boldsymbol{\mu}_j$,我们把它称作电子的总磁矩.

由图可知,要计算 $\boldsymbol{\mu}_j$ 的大小,只需把 $\boldsymbol{\mu}_l$ 和 $\boldsymbol{\mu}_s$ 在 $\boldsymbol{j}$ 方向上的分量相加就可以了,所以

$$\mu_j = \mu_l\cos(\boldsymbol{l},\boldsymbol{j}) + \mu_s\cos(\boldsymbol{s},\boldsymbol{j})$$

这里 $(\boldsymbol{l},\boldsymbol{j})$ 和 $(\boldsymbol{s},\boldsymbol{j})$ 分别代表 $\boldsymbol{\mu}_l$ 和 $\boldsymbol{\mu}_j$ 之间及 $\boldsymbol{\mu}_s$ 和 $\boldsymbol{\mu}_j$ 之间的夹角,把式(20-4)和(20-7)代入,并利用三角形的余弦定理,得 $\boldsymbol{\mu}_j$ 的大小为

$$\mu_j = (-g_l\hat{l}\,\mu_B)\frac{\hat{j}^2 + \hat{l}^2 - \hat{s}^2}{2\hat{j}\,\hat{l}} + (-g_s\hat{s}\,\mu_B)\frac{\hat{j}^2 + \hat{s}^2 - \hat{l}^2}{2\hat{j}\hat{s}}$$

依照式(20-5),它应等于 $-g_j\hat{j}\mu_B$,式中 $\hat{j}$ 是 $\sqrt{j(j+1)}$ 的缩写**,其他类同. 于是,

$$g_j = g_l\frac{\hat{j}^2 + \hat{l}^2 - \hat{s}^2}{2\hat{j}^2} + g_s\frac{\hat{j}^2 + \hat{s}^2 - \hat{l}^2}{2\hat{j}^2}$$

$$= \frac{g_l + g_s}{2} + \left(\frac{g_l - g_s}{2}\right)\left(\frac{\hat{l}^2 - \hat{s}^2}{\hat{j}^2}\right) \tag{20-10}$$

把电子的 g_l 因子和 g_s 数值[即式(20-6)和(20-8)]代入,即得

---

* 请读者注意,为了与后面讨论多电子原子时所用角动量的符号相区别,这里对单电子的讨论中都用小写的 l,s 和 j 表示电子的轨道角动量、自旋角动量和总角动量. 相应的量子数用符号 l,s 和 j 表示.

** 这里的 j 是角动量 j 的量子数. 由于 $j=s+l$,而 s 对应的量子数 $s=\dfrac{1}{2}$,且只有两个取向,因此,$j=l+\dfrac{1}{2}$ 或 $l-\dfrac{1}{2}$,也只可取两个数值;当 $l=0$ 时,总角动量就是自旋角动量,只有一个数值 $j=\dfrac{1}{2}$. 对任意两个角动量相加的情况,见下一章.

$$g_j = \frac{3}{2} + \frac{1}{2}\left(\frac{\hat{s}^2 - \hat{l}^2}{\hat{j}^2}\right) \qquad (20-11)$$

这个式子对解释后面要讲到的几个实验都是十分重要的. 从式(20-10)可知, $g_s \neq g_l$ 在此起关键作用, 如果 $g_s = g_l = 1$, 则 $g_j = 1$.

必须指出, 在推导式(20-10)或(20-11)时, 隐含着两个假定. 一是假定 s 与 l 耦合成 j. 如果外加磁场很强, 以致 s 不能与 l 耦合成 j 时, s 与 l 将分别绕外磁场进动, 式(20-11)就不再成立. 只有当外磁场的强度不足以破坏 s-l 耦合时, s-l 耦合成 j, j 绕外磁场进动, 那时式(20-11)才是正确的.

另一个假定是, 我们只考虑单个电子. 似乎这是很强的限制, 会使式(20-11)的应用范围大大减少, 其实并不然. 确实, 对一个原子, 我们应把原子中所有的电子的贡献都加起来 *. 但是, 对于原子序数为奇数的大多数原子, 所有偶数部分的电子的角动量都双双抵消了, 最终有贡献的只是剩下的那个单电子; 对于所有这类单电子体系, 式(20-11)都有效. 对于另一些原子, 对原子的总角动量(也就是对原子的总磁矩)有贡献的电子数目不止一个, 但即使对这类原子, 在大多数情况下 **, 我们仍可以使用式(20-11). 只要把式中 s, l 改为 S, L. S 和 L 为各个有贡献的电子耦合成的总自旋及总的轨道角动量所对应的量子数; 把 j 改为 J, 它是由 S 和 L 耦合成的总角动量所对应的量子数(如何耦合, 见下一章). 即

$$g_J = \frac{3}{2} + \frac{1}{2}\left(\frac{\hat{S}^2 - \hat{L}^2}{\hat{j}^2}\right) \qquad (20-12)$$

例如 $_1H$, $_3Li$, $_{11}Na$, $_{19}K$, $_{29}Cu$, $_{47}Ag$, $_{79}Au$ 等(左下角数码代表原子序数), 都是单电子体系, 它们的基态状态为 $^2S_{1/2}$, 这里 S 表示单电子的轨道角动量 l 为 0 (对多电子原子取 L 的值), 因而 j 只取一个数值, $j = \frac{1}{2}$; j 的数值表示在右下角(对多电子原子取 J 的值). 左上角表示 $2s+1$ 的数值(对多电子原子取 $2S+1$ 的值), 由于单电子的 s 总是 1/2, 因而 $2s+1 = 2$, 代表双重态. 对于 $^2S_{1/2}$ 态, 可用式(20-11)算出 $g_j = 2$, 由于 $j = 1/2$, 因而 $m_j = \pm\frac{1}{2}$, 于是 $m_j g_j = \pm 1$, 见表 20.1 所列的第一行. 对于 P 态, 相应的 $l = 1$, 因而 $j = 1/2, 3/2$, 有两个原子态 $^2P_{1/2}$, $^2P_{3/2}$.

---

* 我们暂不考虑原子核的贡献. 由于核的质量比电子的质量至少大三个数量级, 而磁矩与质量成反比, 因此, 核的磁矩比电子的至少要小三个量级. 原子核磁矩对原子的贡献, 将构成所谓超精细相互作用, 参见第八章.

** 即所谓罗素-桑德斯(Russell-Saunders)耦合占优势的情况. 实际上, 对所有的原子基态, 罗素-桑德斯耦合几乎都成立. 罗-桑耦合又称 L-S 耦合, 在这种耦合方式中, 所有电子的自旋、轨道角动量分别相加("耦合")为总的自旋 S 和总的轨道角动量 L, 然后再把 S 与 L 耦合成总角动量 J:

$$(s_1 s_2 s_3)\cdots(l_1 l_2\cdots) = (S, L) = J$$

与此相对立的有 j-j 耦合:

$$(s_1 l_1)(s_2 l_2)\cdots = (j_1 j_2\cdots) = J$$

见第五章.

像$_{81}$Tl这样的单电子体系,它的原子基态就处于$^2P_{1/2}$. 类似地,我们有$^2D_{3/2}$, $^2D_{5/2}$. 它们对应的g_j因子均可由式(20-11)算出,并与m_jg_j一起列于表20.1内.

表 20.1 几种双重态的g_j因子和m_jg_j值

原子态	g_j	m_jg_j
$^2S_{1/2}$	2	± 1
$^2P_{1/2}$	$\dfrac{2}{3}$	$\pm\dfrac{1}{3}$
$^2P_{3/2}$	$\dfrac{4}{3}$	$\pm\dfrac{2}{3}, \pm\dfrac{6}{3}$
$^2D_{3/2}$	$\dfrac{4}{5}$	$\pm\dfrac{2}{5}, \pm\dfrac{6}{5}$
$^2D_{5/2}$	$\dfrac{6}{5}$	$\pm\dfrac{3}{5}, \pm\dfrac{9}{5}, \pm\dfrac{15}{5}$

（4） 施特恩-格拉赫实验的解释

在上节我们已对施特恩-格拉赫实验作了介绍,但那时只考虑电子在原子中的轨道运动,从而未能解释氢原子在非均匀磁场中的偶分裂现象. 现在我们把电子的自旋也考虑进去,即原子的总磁矩是由轨道磁矩和自旋磁矩两部分合成的,于是,式(19-6)

$$z_2 = \mu_z \frac{\partial B_z}{\partial z} \frac{dD}{3kT}$$

中的μ_z应由式(20-5)替代,且为了一般起见,用符号J代替j,对单电子情况,J用j代替.

$$z_2 = -m_J g_J \mu_B \frac{\partial B_z}{\partial z} \frac{dD}{3kT} \tag{20-13}$$

由于$m_J = J, J-1, \cdots, -J$,共有$2J+1$个数值,故相应地,就有$2J+1$个分立的z_2数值,即在感光片上有$2J+1$个黑条;它代表了$2J+1$个空间取向. 从感光黑条的数目,我们可以求出J的数值,从而可定出m_J的数值;再从黑条距中线的距离z_2(或从相邻黑条之间的间距)可以算出$m_J g_J$的数值,因而可求出g_J因子. 这是实验求g因子的一个重要方法.

现在我们可以解释单电子或多电子体系的各种原子的施特恩-格拉赫实验的结果. 例如,对氢原子(单电子),我们已提及,从高温容器中射出的氢原子处于基态,因而$n=1, l=0, j=0+s=1/2, m_j=\pm 1/2$,由式(20-11)可算出,$g_j=2$,故$m_jg_j=\pm 1$,于是

$$z_2 = \pm \mu_B \frac{\partial B_z}{\partial z} \frac{dD}{3kT}$$

具体实验所对应的参量为：$\dfrac{\partial B_z}{\partial z} = 10$ T/m；

$$d = 1 \text{ m}, \quad D = 2 \text{ m}, \quad T = 400 \text{ K}$$

再利用常量：$k = 8.617 \times 10^{-5}$ eV/K；$\mu_B = 0.578\ 8 \times 10^{-4}$ eV/T，我们即可求出

$$z_2 = \pm 1.12 \text{ cm}$$

它表明基态的氢原子束在不均匀磁场的作用下分裂为两层，各距中线 1.12 cm. 计算结果与实验符合得很好. 对其他原子的实验结果，参见表 20.2（请读者自己思考表内各项的意义）. 注意到表中一些原子有不同的电子数，但它们的基态有相同的原子态，从而得到相同的相片图样. 其中原因，在学了下一章内容后，将可知晓. 这样，施特恩－格拉赫实验证明了：

（i）空间量子化的事实；

（ii）电子自旋假设的正确，$s = 1/2$；

（iii）电子自旋磁矩数值的正确，$\mu_{s,z} = \pm\mu_B$，$g_s = 2$.

表 20.2　施特恩－格拉赫实验结果

原子	基态	g	mg	相片图样
Zn，Cd，Hg，Pd	$^1S_0$	—	0	|
Sn，Pb	$^3P_0$	—	0	|
H，Li，Na，K，Cu，Ag，Au	$^2S_{1/2}$	2	± 1	| |
T1	$^2P_{1/2}$	2/3	$\pm 1/3$	|| |
O	$^3P_2$	3/2	$\pm 3, \pm\dfrac{3}{2}, 0$	| | | | |
	$^3P_1$	3/2	$\pm\dfrac{3}{2}, 0$	| | |
	$^3P_0$	—	0	|

注 1. 氧（O）的基态是 $^3P_2$；另外两个状态 $^3P_1$ 和 $^3P_0$ 是激发态，但与基态相差极微. 为什么三个状态中 $^3P_2$ 是基态？参见第五章.

2. Zn，Cd，Hg，Pd，Sn，Pb，O 都是多电子体系，对磁矩的贡献主要来自两个电子（见第五章）. 要用式（20-12）计算 g_J 因子. 当 $J = 0$ 时，对实验观察起作用的 mg 数值恒为零.

§21　碱金属双线

（1）碱金属谱线的精细结构：定性考虑

在第二章我们介绍过，碱金属的原子光谱有四个主要谱线系（以锂为例）：

主线系，相应于 nP $\longrightarrow$ 2S 跃迁；

锐线系，相应于 nS $\longrightarrow$ 2P 跃迁；

漫线系，相应于 nD $\longrightarrow$ 2P 跃迁；

基线系,相应于 $n\text{F} \longrightarrow 3\text{D}$ 跃迁.

各线系的谱线的频率(或波数)都可以表示为两项之差:一项为活动项,与跃迁的初态相对应,一项为固定项,与跃迁的末态相对应.

当我们用高分辨率光谱仪仔细观察时,发现这些谱系都有双线结构.例如,主线系和锐线系的双线结构如图 21.1 所示.主线系的双线间距(分裂的波数差)随波数的增加而减少,锐线系的双线间距则不随波数的增长而变化.

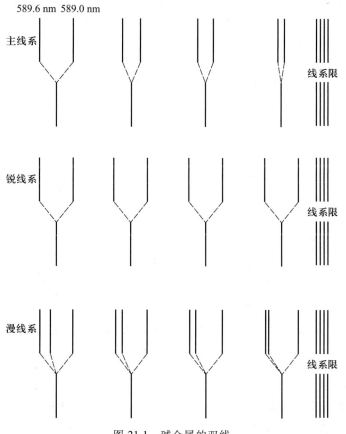

图 21.1　碱金属的双线

一条谱线分裂为两条,这表明,跃迁的初态和末态所相应的两条能级中至少有一条分裂成了两条.是哪一条分裂了呢?由于在谱系中(不论是主线系还是锐线系),末态都是相同的(固定项),初态都是不同的(活动项),因此,如果末态分裂了,那么各谱线的分裂间距一定不随谱线的改变而改变;如果初态分裂了,那么,由于不同的初态可能产生不同的分裂,从而使谱线的分裂随谱线的不同而不同.前者正是锐线系的情况,后者正是主线系的情况.主线系是从 $n\text{P} \longrightarrow 2\text{S}$ 的跃迁,锐线系是从 $n\text{S} \longrightarrow 2\text{P}$ 的跃迁;于是,我们有理由判断,分裂的是 P 能级而不是 S 能级.即 $l=1$ 的能级产生分裂,$l=0$ 的能级不分裂.

碱金属双线的实验,也是促使乌伦贝克和古兹密特提出电子自旋假设的根据之一.在认为电子除有轨道角动量 l 之外,还有自旋角动量 s,且认为 s 只有两个取向,那就必须导致:$l=1$ 的态将产生 $j=1\pm1/2=3/2$ 和 $1/2$ 两个状态:$^2\mathrm{P}_{3/2}$,$^2\mathrm{P}_{1/2}$;而 $l=0$ 的态仍旧对应一个状态 $j=1/2$:$^2\mathrm{S}_{1/2}$. 对于 $^2\mathrm{P}_{3/2}$ 和 $^2\mathrm{P}_{1/2}$ 这两个状态,它们相应的能量为什么有差异呢? 它们之间的分裂间距又是多大呢?

(2) 自旋–轨道相互作用:精细结构的定量考虑

至今为止,我们只考虑了原子中电子与核之间的静电相互作用;它确实是一项主要的相互作用,正是它决定了谱系的主要特征. 但是,作周期运动的电荷必定产生磁场,由此产生的磁相互作用引起了谱系的精细结构. 让我们来分析一下这样的相互作用.

我们说电子绕核运动,这是站在以原子核为静止坐标系上讲的. 如果在以电子为静止的坐标系上,我们将看到核电荷 Ze 绕电子运动,见图 21.2. 核电荷 Ze 产生的电流为

$$i = Zev = \frac{Zev}{2\pi r}$$

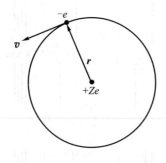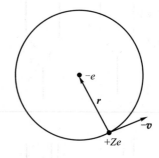

(a) 从核为静止的坐标系观察　　　(b) 从电子为静止的坐标系观察

图 21.2　类氢原子

为简单起见,我们考虑的是圆轨道;不过,容易证明,以下的结论对任意形状的轨道都正确. ν 是圆周运动频率,v 是线速度,r 是圆半径. 电流 i 在中心处(电子所在位置)产生的磁场大小为

$$B = \frac{1}{4\pi\varepsilon_0} \frac{2\pi i}{c^2 r} = \frac{1}{4\pi\varepsilon_0} \frac{Zev}{c^2 r^2}$$

或以矢量表示,

$$\boldsymbol{B} = \frac{1}{4\pi\varepsilon_0} \frac{Ze}{c^2 r^3}(-\boldsymbol{v}) \times \boldsymbol{r} = \frac{1}{4\pi\varepsilon_0} \frac{Ze}{E_0 r^3}\boldsymbol{l} \tag{21-1}$$

式中

$$\boldsymbol{l} = m_e \boldsymbol{r} \times \boldsymbol{v}$$

是电子的轨道角动量,

$$E_0 = m_e c^2$$

是电子的静能量.

由于电子具有与自旋相联系的磁矩(内禀磁矩)$\boldsymbol{\mu}_s$,它在磁场作用下将具有

势能

$$U = -\boldsymbol{\mu}_s \cdot \boldsymbol{B}$$

利用式 $\mu_s = -\sqrt{s(s+1)}\, g_s \mu_\mathrm{B}$; $|s| = \sqrt{s(s+1)}\, \hbar$;

$$\boldsymbol{\mu}_s = -g_s \frac{\mu_\mathrm{B}}{\hbar} \boldsymbol{s}$$

以及式(21-1),可得:

$$U = \frac{1}{4\pi\varepsilon_0} \frac{Z g_s \mu_\mathrm{B} e}{E_0 \hbar r^3} \boldsymbol{s} \cdot \boldsymbol{l} \qquad (21-2)$$

这是在电子为静止的坐标系中导得的表达式. 事实上,我们真正有兴趣的还是以核为静止的坐标系;两个坐标系看来是对称的,其实不然,在它们之间有个相对论时间差[*],依此修正后,差1/2,于是

$$U = \frac{1}{2} \frac{1}{4\pi\varepsilon_0} \frac{Z g_s \mu_\mathrm{B} e}{E_0 \hbar r^3} \boldsymbol{s} \cdot \boldsymbol{l} \qquad (21-3)$$

取 $g_s = 2$,并注意 $\mu_\mathrm{B} = \dfrac{e\hbar}{2m_\mathrm{e}}$, $E_0 = m_\mathrm{e} c^2$,则

$$U = \frac{1}{4\pi\varepsilon_0} \frac{Z e^2}{2 m_\mathrm{e}^2 c^2 r^3} \boldsymbol{s} \cdot \boldsymbol{l} \qquad (21-4)$$

注意,势能 U 只依赖于 s 与 l 的相对取向,并不依赖于 s 或 l 相对于空间某一方向的取向. 正因为 U 正比于 s 与 l 的组合, $s \cdot l$,它就被称为"自旋-轨道耦合"项. 它是由轨道运动产生的磁场与自旋磁矩相互作用产生的附加能量. 在进一步演算之前,我们可作一数量级估计:对于氢($Z=1$)的第二条能级, $r = 2^2 a_1$ (a_1 为玻尔第一半径), $|s| \approx |l| \approx \hbar$,

$$U = \frac{e^2}{4\pi\varepsilon_0} \frac{(\hbar c)^2}{2 E_0^2 (4a_1)^3} = \frac{(1.44 \ \mathrm{eV \cdot nm}) \times (197 \ \mathrm{eV \cdot nm})^2}{2 \times (0.511 \times 10^6 \ \mathrm{eV})^2 \times (4 \times 0.052\,9 \ \mathrm{nm})^3}$$

$$\approx 10^{-5} \ \mathrm{eV} \qquad (21-5)$$

正是实验上观察到的分裂数量级!

下面作较精确的计算. 在§16中已提到,要与实验值比较,要求平均值. 式(21-4)中 $s \cdot l$ 平均值的计算是方便的:

依 $$\boldsymbol{j} = \boldsymbol{s} + \boldsymbol{l}$$

$$\boldsymbol{j}^2 = \boldsymbol{s}^2 + \boldsymbol{l}^2 + 2\boldsymbol{s} \cdot \boldsymbol{l}$$

---

[*] 参阅:〔6〕R. M. Eisberg. Fundamentals of Modern Physics. New York:John Wiley & Sons Inc.,(1963) 140.式(21-3)中的 $\dfrac{1}{2}$ 因子是托马斯算出的,见〔7〕L. H. Thomas. Nature, 117(1926)514;Phil. Mag.,3(1927)1;只是在托马斯给出正确结果之后,泡利写信给玻尔,表示信服电子自旋的概念. 关于托马斯工作的简述,还可参见:〔8〕史斌星.量子物理.清华大学出版社(1982)511.

因而[*]

$$\overline{s \cdot l} = \frac{1}{2}(\overline{j^2 - s^2 - l^2})$$

$$= \frac{1}{2}[j(j+1) - s(s+1) - l(l+1)]\hbar^2$$

$$(21-6)$$

对于单电子 $j = l \pm \frac{1}{2}$ 双层能级,

$$\overline{s \cdot l} = \begin{cases} \dfrac{1}{2}l\hbar^2 & \text{当 } j = l + \dfrac{1}{2} \\ -\dfrac{1}{2}(l+1)\hbar^2 & \text{当 } j = l - \dfrac{1}{2} \end{cases} \quad (21-7)$$

再看式(21-3)中的 $1/r^3$,为了与实验比较,也应该求其平均值. 由第三章 §17 中讨论,可知对类氢原子情况,可以得到下面的平均值.

$$\overline{\left(\frac{1}{r^3}\right)} = \frac{Z^3}{n^3 l(l+1/2)(l+1)a_1^3} \quad (21-8)$$

假如我们利用玻尔原子理论,那么,$r = a_1 n^2 / Z$,

$$\overline{\left(\frac{1}{r^3}\right)} = \frac{Z^3}{n^6 a_1^3} \quad (21-9)$$

只有当 l 很大时,精确的结果式(21-8)才与式(21-9)一致.

把式(21-8)和(21-6)代入式(21-4),我们得到自旋-轨道耦合项[**]:

$$U = \frac{(\alpha Z)^4 E_0}{4n^3} \frac{\left[j(j+1) - l(l+1) - \dfrac{3}{4}\right]}{l\left(l+\dfrac{1}{2}\right)(l+1)}, \quad l \neq 0 \quad (21-10)$$

式中 $\alpha = \dfrac{e^2}{4\pi\varepsilon_0\hbar c} \approx \dfrac{1}{137}$ 为精细结构常数. (推导上式已利用了,玻尔第一半径 $(a_1 = \hbar/\alpha m_e c)$. 注意式(21-10)的表示已与单位制无关.

对于 $j = l \pm \dfrac{1}{2}$ 双能级之差值,我们可以利用式(21-7)或直接利用式

---

[*] 根据量子力学,$s \cdot l$ 应可看作矢量算符 $\hat{s} \cdot \hat{l}$. 取 $\psi_{l,s,j}$ 为 l^2,s^2 和 j^2 的共同本征函数,它们的本征值相应是 $l(l+1)\hbar^2$,$s(s+1)\hbar^2$ 和 $j(j+1)\hbar^2$. 于是有

$$\overline{s \cdot l} = \iint \psi_{l,s,j}^* \hat{s} \cdot \hat{j} \, \psi_{l,s,j} \mathrm{d}\tau$$

$$= \frac{1}{2} \iint \psi_{l,s,j}^* (\hat{j}^2 - \hat{s}^2 - \hat{l}^2) \psi_{l,s,j} \mathrm{d}\tau$$

即得式(21-6).

此推导可参见〔9〕R. Cowan, The theory of atomic structure and spectra, p84. University of California Press, 1981.

[**] 式(21-10)中 l 不能为零,否则,从数学观点看,式子的分母和分子均为零,结果不定;从物理观点看,$l=0$ 必然导致 $l \cdot s$ 为零.

(21-10),得到(对类氢原子)

$$U = \frac{(\alpha Z)^4 E_0}{2n^3 (2l+1)(l+1)} \qquad j = l + \frac{1}{2}, l \neq 0 \atop U = -\frac{(\alpha Z)^4 E_0}{2n^3 l(2l+1)}; \qquad j = l - \frac{1}{2}, l \neq 0 \right\} \qquad (21-11)$$

两者差值:

$$\Delta U = \frac{(\alpha Z)^4}{2n^3 l(l+1)} E_0 \qquad\qquad (21-12)$$

或写成:

$$\Delta U = \frac{Z^4}{n^3 l(l+1)} \times 7.25 \times 10^{-4} \text{ eV} \qquad (21-12')$$

$$\Delta \widetilde{\nu} = \frac{Z^4}{n^3 l(l+1)} \times 5.84 \text{ cm}^{-1}$$

在单电子原子的能谱中,起主要作用的静电相互作用给出了能谱的粗结构,能量的数量级为 $\alpha^2 E_0 \left(E_0 \alpha^2/2 = \frac{m_e c^2}{2} \alpha^2 \approx 13.6 \text{ eV} \right)$,而现在,自旋–轨道相互作用,给出的能量差引起精细结构,它的数量级为 $\alpha^4 E_0$,是粗结构的 α^2 倍.这也是称 α 为精细结构常数的原因.自旋–轨道相互作用是最大的相对论效应,它是精细结构的主要承担者.

对于氢原子 2P 态的分裂,按式(21-12)可以算出

$$\Delta U = \frac{0.511 \times 10^6}{2 \times 2^3 \times 1 \times 2 \times (137)^4} \text{ eV} = 4.53 \times 10^{-5} \text{ eV} \qquad (21-13)$$

或者,0.365 cm^{-1};或者,1.097×10^4 MHz.这是精确的结果,与实验相一致.从此看出,式(21-5)给出的粗糙估计也基本正确.数量级估计常常比较方便,但对物理思想的检验却是十分重要的.

式(21-12)还告诉我们,双线分裂间距随 Z 增大而急剧增加,但随主量子数 n 的增加而减少,也随轨道角动量量子数的增加而减少.这些结果都与实验事实相符.例如,氢的 2P 能级的分裂,已由式(21-13)算出,相当细微,需高分辨率谱仪才能观察到.但是,对于钠原子,著名黄色双线的 $\Delta U = 2.1 \times 10^{-3}$ eV,相应的两条谱线的波长差达 0.6 nm,很容易被观察到,见图 21.3.

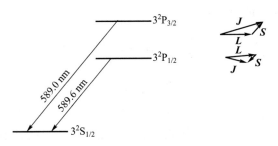

图 21.3 钠的黄色 D 线

不过,要计算钠的 3P 能级的分裂却不很容易,尽管只考虑最外层的单电子,但式(21-10)不能直接用.因为钠的原子核外有 10 个电子屏蔽着,以使最后一个单电子感受到的 Ze 并非核的电荷,而是有效电荷 $Z_{有效}e$;在式(21-12)中需用 $Z_{有效}$ 代替 Z.利用式(21-12),按照实验测量值 $\Delta U = 2.1 \times 10^{-3}$ eV,可以算出($n = 3, l = 1$)

$$Z_{有效} = 3.5$$

钠的某些能级的分裂,见图 21.4.

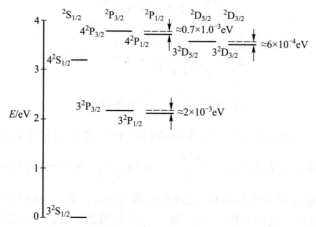

图 21.4 钠的某些能级的分裂(大小不按比例)

最后,也可指出,对原子的自旋角动量,轨道角动量和总角动量有贡献的电子数目不止一个时,则理论上可以证明自旋-轨道相互作用引起的附加能量 U 也正比于 $\boldsymbol{S} \cdot \boldsymbol{L}$,但单电子公式(21-10)不能用了.这里不详细讨论了.

(3) 补注:原子内部磁场的估计

我们从

$$U = -\boldsymbol{\mu}_s \cdot \boldsymbol{B} = -\mu_{sz}B$$

出发(取 $\boldsymbol{B}$ 方向沿 z 轴),利用式(20-4)得(以单电子为例)

$$U = \pm \mu_B B$$

由此引起了能量差

$$\Delta U = 2\mu_B B$$

但是,这个能量差又可表示为

$$\Delta E = \Delta U = \frac{hc\Delta\lambda}{\lambda^2} \tag{21-14}$$

于是

$$B = \frac{hc\Delta\lambda}{2\lambda^2\mu_B}$$

对于钠的 589 nm,$\Delta\lambda = 0.6$ nm,依此可估计作用在电子上的磁场:

$$B = \frac{1.24 \text{ nm} \cdot \text{keV} \times 0.6 \text{ nm}}{2 \times (589 \text{ nm})^2 \times 0.578\,8 \times 10^{-4} \text{ eV} \cdot \text{T}^{-1}} = 18.5 \text{ T}$$

可见,在原子内部存在着很强的磁场.

　　顺便指出,在能级图上(例如图 21.4),纵坐标是能量.因此,说两个能级差很小(例如 $3^2D_{3/2}$ 与 $3^2D_{5/2}$),是指两者能量差很小,但不能说"波长差很小",说到 $\Delta\lambda$,就必须与两条能级以外的另一条能级相联系.例如,说钠的黄色双线相差 0.6 nm,那是指能级 $3^2P_{3/2}$ 与 $3^2P_{1/2}$ 分别相对于 $3^2S_{1/2}$ 跃迁波长之差(见图 21.3).如果在 $3^2P_{3/2}$ 与 $3^2P_{1/2}$ 两能级之间发生跃迁,那么,产生的辐射波长将是 5.8×10^5 nm!读者应从式(21-14)理解 ΔE、$\Delta\lambda$ 与 λ 之间的关系及概念上的差异.

§22　塞 曼 效 应

（1）　正常塞曼效应

　　1896 年,塞曼(Peter Zeeman)发现,当把光源放在磁场内时,光源发出的光谱线变宽了.再仔细观察后才发现,每一条谱线分裂成几条谱线,而不是任何谱线的变宽.

　　谱线分裂,表明能量差的变化.要了解谱线在磁场中的分裂现象,就要考察一下光源与磁场如何发生相互作用.

　　具有磁矩为 $\boldsymbol{\mu}$ 的体系,在外磁场 $\boldsymbol{B}$ 中具有的势能为

$$U = -\boldsymbol{\mu} \cdot \boldsymbol{B} = -\mu_z B \tag{22-1}$$

这里取 $\boldsymbol{B}$ 的方向沿 z 轴.原子的磁矩主要来自电子的贡献,依式(20-5),

$$\mu_z = -mg\mu_B$$

式中 μ_z 即是 $\boldsymbol{\mu}_J$ 在 z 方向投影 $\mu_{J,z}$,m 是角动量 J 在 z 方向投影的量子数 m_J,g 为 g_J.为简便起见,我们都省略了足标符号 J,代入式(22-1),即得:

$$U = mg\mu_B B \tag{22-2}$$

　　让我们考虑一个原子的两个能级 E_2 和 $E_1(E_2>E_1)$ 之间的光谱跃迁,在无外磁场时,这个跃迁的能量为

$$h\nu = E_2 - E_1$$

在外加磁场 $\boldsymbol{B}$ 时,依照式(22-2),两能级的能量分别为

$$E'_2 = E_2 + m_2g_2\mu_B B$$

$$E'_1 = E_1 + m_1g_1\mu_B B \tag{22-3}$$

显然,每一能级都分裂了:每一能级分裂为 m 个(即 $2J+1$ 个)能级.但是,观察到的是其差值,即

$$h\nu' = E'_2 - E'_1 = (E_2 - E_1) + (m_2g_2 - m_1g_1)\mu_B B$$

或者，

$$h\nu' = h\nu + (m_2 g_2 - m_1 g_1)\mu_B B \tag{22-4}$$

当体系的自旋为零时，$g_2 = g_1 = 1$，则

$$h\nu' = h\nu + (m_2 - m_1)\mu_B B \tag{22-5}$$

依照电偶极跃迁的选择规则*：

$$\Delta m = m_2 - m_1 = 0, \ \pm 1 \tag{22-6}$$

我们只能有三个 $h\nu'$ 的数值，即只有三条谱线：

$$h\nu' = h\nu + \begin{pmatrix} \mu_B B \\ 0 \\ -\mu_B B \end{pmatrix} \tag{22-7}$$

这表明，一条谱线 $(h\nu)$ 在外磁场作用下一分为三，彼此间间隔相等，且间隔值为 $\mu_B B$；这个结果与实际观察到的某些光谱现象完全符合，因此被人们称为**正常塞曼效应**. 例如镉原子的 643.847 nm 谱线在外磁场中正是这样分裂的，见图 22.1. 对镉原子的磁矩有贡献的是两个电子，它们的自旋取向相反，因此总自旋 $S=0$（$2S+1=1$，是独态），故能产生正常塞曼效应；事实上，只有电子数目为偶数并形成独态的原子，才能有正常的塞曼效应.

从图 22.1 可知，镉的 643.847 nm 谱线是 $^1D_2 \longrightarrow {}^1P_1$ 跃迁的结果. 这里共有九个跃迁，但只有三种能量差值，所以出现三条分支谱线，每一条包含三种跃迁.

中间那条谱线仍在原谱线位置，左右二条同中间一条的能量差为 $\dfrac{e\hbar B}{2m_e}$，即

$$h\nu' = h\nu_0 + \begin{pmatrix} \dfrac{e\hbar}{2m_e}B \\ 0 \\ -\dfrac{e\hbar}{2m_e}B \end{pmatrix} \tag{22-8}$$

或用频率表示为

$$\nu' = \nu_0 + \begin{pmatrix} \dfrac{e}{4\pi m_e}B \\ 0 \\ -\dfrac{e}{4\pi m_e}B \end{pmatrix} \tag{22-9}$$

---

* 选择规则的证明见第三章. 由于跃迁的结果是放出光子，电偶极跃迁是发射光子的总角动量量子数 $L=1$ 的跃迁，而纵向极化（指光子自旋方向总是沿传播方向）的光子的内禀（自旋）角动量为一个 $\hbar$，因此 Δm 的数值不可能超过 1.

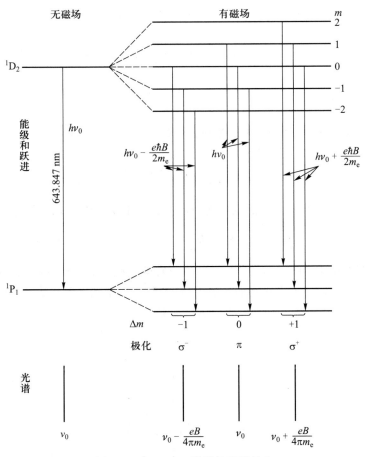

图 22.1 $^1D_2 \to {}^1P_1$ 谱线的塞曼效应

由此可知,这个附加的频率$\dfrac{eB}{4\pi m_e}$仅仅是由外加的电磁场引起的.从式(22-9),

我们凭直觉可以发现这里可能没有量子效应.确实这个公式不必用量子理论就

可导出来*.洛伦兹就是用经典的观点算出了正常的塞曼效应,正是由于这个

原因,故又把$\dfrac{eB}{4\pi m_e}$称为**洛伦兹单位**.可见,在正常塞曼效应下,三条谱线间的频

率间隔大小正好是一个洛伦兹单位.在这个单位下,谱线分裂的频率间隔是 1.

这个单位表示的物理意义是,在没有自旋的情况下,一个经典的原子体系的

拉莫尔频率.回顾在 §18 中曾给出经典表示的

$$\boldsymbol{\mu} = -\gamma \boldsymbol{L}$$

$$\frac{\mathrm{d}\boldsymbol{\mu}}{\mathrm{d}t} = \boldsymbol{\omega} \times \boldsymbol{\mu}$$

---

* 用经典理论能够导出正常的塞曼效应,但只能算出三个频率,而要真正解释实验仍要用到量子化
条件,因为经典导出的频率是连续的.作为思考题,请同学用经典办法导出式(22-9).

$$\boldsymbol{\omega} = \gamma B = \frac{e}{2m_e}B$$

这里 ω_L 是拉莫尔进动的角速度,又称圆频率,故拉莫尔频率是(请读者验证)

$$\nu_L = \frac{\omega_L}{2\pi} = \frac{e}{4\pi m_e}B(\text{T}) = 14B(\text{T}) \text{ GHz} \tag{22-10}$$

其中 $B(\text{T})$ 表示磁场 B 要取 T 为单位,G 表示 10^9.

$$\frac{\delta \nu_L}{\delta B} = \frac{e}{4\pi m_e} = 14 \text{ GHz/T} \tag{22-11}$$

由此表明,外加一个特斯拉的磁场而引起的分裂是 14×10^9 Hz.

从塞曼效应可以导出电子的比荷 $\dfrac{e}{m_e}$ 的数值. 例如:若已知一波长 $\lambda = 600$ nm 的谱线,在磁场 $B = 1.2$ T 的作用下,产生正常的塞曼分裂,分裂的波长差为 $\Delta\lambda = 0.020\ 13$ nm. 那么,由于正常的塞曼效应,分裂的能量间隔是相等的,即

$$\Delta E = \mu_B B \tag{22-12}$$

而 $E = \dfrac{hc}{\lambda}$,则有

$$|\Delta E| = \frac{hc}{\lambda^2}\Delta\lambda \tag{22-13}$$

故已知 B、λ 及 $\Delta\lambda$ 便可算出 μ_B. 而 μ_B 的表达式为

$$\mu_B = \frac{e\hbar}{2m_e}$$

因此当 $\hbar$ 已知时就可以算出 $\dfrac{e}{m_e}$ 的比值. 这样算出的 $\dfrac{e}{m_e}$ 值正好就是汤姆孙实验 (1897 年)所测得的数值(十分重要的结果!)这便说明,我们导得正常塞曼效应时所作的有些假设是正确的.(请读者回答,哪些假设.)

(2) 塞曼谱线的偏振特性

在图 22.1 上也标明了三条谱线的极化(偏振)特性,它更清楚地说明于图 22.2. 为了了解塞曼效应中谱线的偏振与 Δm 值的关系,以及不同方向观察的结果,我们先复习一下电磁学中偏振及角动量方向的定义(图 22.3).

对于沿 z 方向传播的电磁波,它的电场矢量必定在 xy 平面(横波特性),并可分解为 E_x 和 E_y:

$$E_x = A\cos \omega t, \quad E_y = B\cos(\omega t - \alpha)$$

当 $\alpha = 0$ 时,电矢量就在某一方向作周期变化,此即线偏振;当 $\alpha = \pi/2, A = B$ 时,合成的电矢量的大小为常数,方向则作周期性变化,矢量箭头绕圆周运动,此即圆偏振. 先让我们来定义右旋偏振和左旋偏振,假如沿着 z 轴对准光传播方向观察,见到的电矢量作顺时针转动时,称为右旋(圆)偏振(图 22.3a);假如见到的电

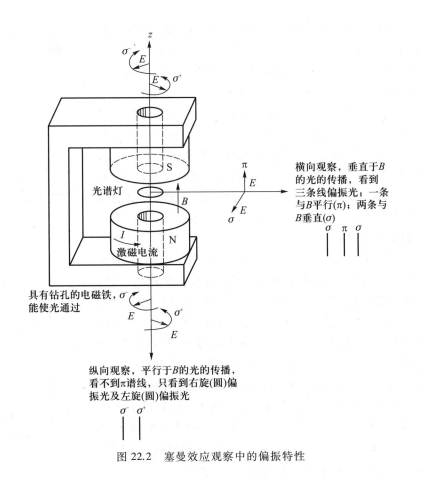

图 22.2　塞曼效应观察中的偏振特性

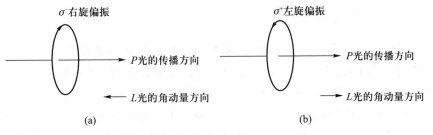

图 22.3　偏振及角动量方向的定义

矢量作逆时针转动,则称为左旋(圆)偏振(图 22.3b). 圆偏振光具有角动量的实验事实,是由贝思(R. A. Beth)在 1936 年观察到的,而且光的角动量方向和电矢量旋转方向组成右手螺旋定则. 因此,由上讨论,可知对右旋偏振,角动量方向与传播方向相反(图 22.3a),对左旋偏振,两者相同(图 22.3b)*.

现在再来看塞曼效应. 对于 $\Delta m = m_2 - m_1 = 1$,原子在磁场方向 z 的角动量减少1 个 $\hbar$;把原子和发出的光子作为一个整体,角动量必须守恒,因此,所发光子必定在磁场方向具有 $\hbar$ 角动量. 因此,当面对磁场方向观察时,由于磁场方向

---

* 注意,各书对光的偏振、角动量方向,"右""左"定义,尚无统一规范.

即光传播方向,所以 L 与光传播方向 P 一致,即图 22.3(b)情况. 由图可知,我们将观察到 σ^+ 偏振. 对于 $\Delta m = m_2 - m_1 = -1$,原子在磁场方向的角动量增加 1 个 $\hbar$,同理,所发光子必定在与磁场相反的方向上具有 $\hbar$ 角动量,因此,面对磁场方向观察时,L 与光传播方向 P 相反,于是,从图 22.3(a)我们将观察到 σ^- 偏振. 在图 22.4 中给出了面对磁场方向观察到的 $\sigma^{\pm}$ 的情况. 对于这两条谱线,电矢量在 xy 平面,因此,在与磁场 B 垂直的方向(例如 x 方向)观察时,只能见到 E_y 分量(记住电磁波的横波特性:沿 x 方向传播的光波,电矢量不会在 x 方向). 于是我们观察到二条与 B 垂直的线偏振光 σ(图 22.2).

观察

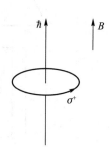

对于 $\Delta m = m_2 - m_1 = 0$ 的情况,原子在磁场方向的角动量不变,但光子具有固有角动量 $\hbar$;原子发射光子时,为了保持角动量守恒,所发射的光子的角动量一定垂直于磁场,以使沿磁场方向的分量为零. 那时,与光子相应的电矢量必在 yz 平面(取光子的角动量方向为 x),可以有 E_y 和 E_z 分量. 但是,实际上凡是角动量方向在 xy 平面上的所有光子都满足 $\Delta m = 0$ 的条件,因此,平均的效果将使 E_y 分量为零. 于是,在沿磁场方向 z 既观察不到 E_y 分量,也不会有 E_z 分量(横波特性),因此,就见不到与 $\Delta m = 0$ 相应的 π 谱线. 在与磁场方向相垂直的方向 x 观察,只能见到 E_z 分量,即观察到与磁场 B 平行的线偏振 π(图 22.2).

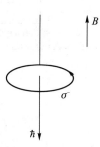

图 22.4 面对磁场观察到的 $\sigma^{\pm}$ 谱线

(3) 反常塞曼效应

在 1896 年塞曼发现光谱线在磁场中发生三分裂的现象之后,很快由当时已很有名望的洛伦兹(H. A. Lorentz)给出了理论解释,并在后来被称之为正常的塞曼效应. 但在 1897 年 12 月,普雷斯顿(T. Preston)报告说,在很多实验事例中,分裂的数目可以不是三个,间隔也不尽相同(图 22.5). 在以后近三十年内,虽经许多人的尝试,但一直未能得到合理的解释[*],从而被称为**反常塞曼效应**.

反常塞曼效应是乌伦贝克-古兹密特提出电子自旋假设的又一重要根据. 利用自旋假设,反常塞曼效应这一难题被迎刃而解. 从此也有力地证明了这一假设的实在性.

现在让我们来分析钠主线系双线的塞曼分裂. 钠是单电子体系,对原子磁矩产生主要贡献的是单个电子;著名的黄色双线是 $^2P_{1/2,3/2} \rightarrow {}^2S_{1/2}$ 之间跃迁的

---

[*] 在 1920 年,索末菲把反常塞曼效应列为"原子物理中悬而未决的问题"之一. 泡利曾回忆:"一位同事见我在哥本哈根美丽的街道上毫无目的地来回闲荡,就好意地问我:看样子您很不高兴啊? 我当时不耐烦地回答:当一个人在思考反常塞曼效应时,他怎么会显得高兴呢!"可见问题之艰难.

无磁场
加磁场
期待的分裂
无磁场
加磁场

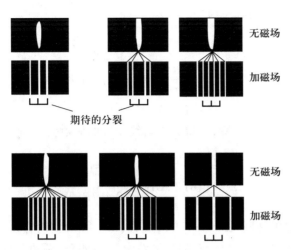

图 22.5　塞曼效应的实验结果

结果，有关的原子态及相应的 g 因子和 mg 的数值已在 §20 中算出，并列于表 20.1的前三行，也可参见图 22.6.那时，分裂谱线相应的能量将由式(22-4)确定，即

$$h\nu' = h\nu + (m_2g_2 - m_1g_1)\mu_B B$$

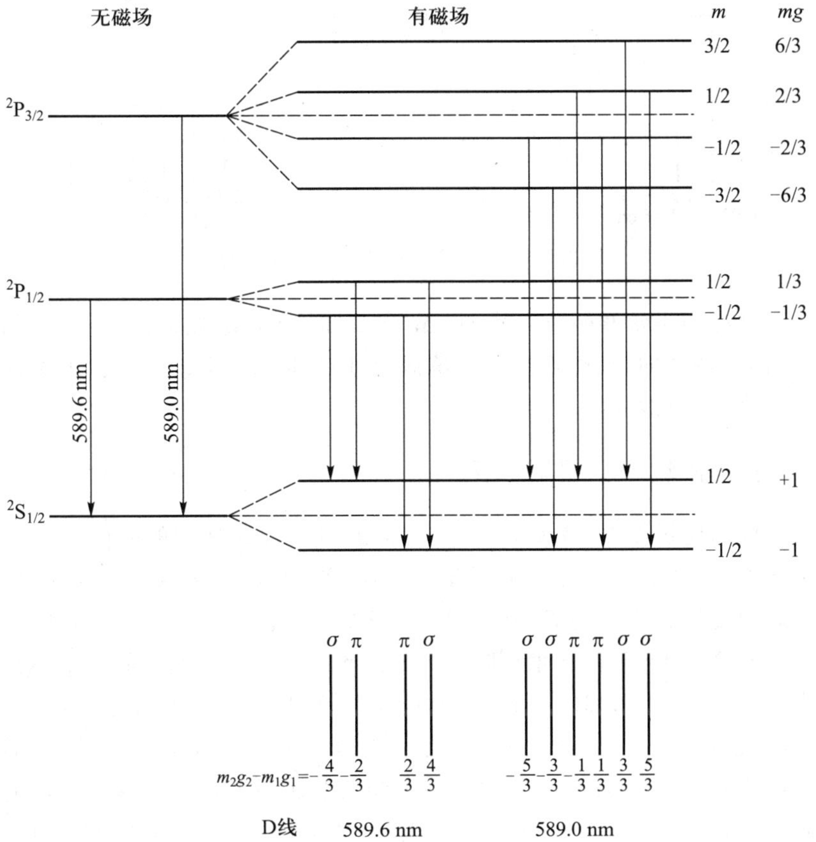

无磁场
有磁场
m
mg
3/2
6/3
1/2
2/3
−1/2
−2/3
−3/2
−6/3
$^2P_{3/2}$
$^2P_{1/2}$
1/2
1/3
−1/2
−1/3
589.6 nm
589.0 nm
$^2S_{1/2}$
1/2
+1
−1/2
−1
σ π π σ
σ σ π π σ σ
$m_2g_2-m_1g_1=-\frac{4}{3}\ -\frac{2}{3}\ \ \frac{2}{3}\ \frac{4}{3}\ \ -\frac{5}{3}\ -\frac{3}{3}\ -\frac{1}{3}\ \frac{1}{3}\ \frac{3}{3}\ \frac{5}{3}$
D线
589.6 nm
589.0 nm

图 22.6　钠 D 线的塞曼效应

或者,分裂谱线相应的频率为

$$\nu' = \nu + (m_2 g_2 - m_1 g_1)\mathscr{L} \tag{22-14}$$

式中

$$\mathscr{L} = \frac{eB}{4\pi m_e} = 14B(\mathrm{T})\ \mathrm{GHz}$$

称为**洛伦兹单位**,即拉莫尔频率 ν_L[式(22-10)].

式(22-14)两边被 c 除,可得分裂谱线相应的波数为

$$\sigma' = \sigma + (m_2 g_2 - m_1 g_1)\widetilde{\mathscr{L}} \tag{22-15}$$

式中

$$\widetilde{\mathscr{L}} = \frac{\mathscr{L}}{c} = \frac{14B(\mathrm{T})\,\mathrm{GHz}}{c} = 0.467B(\mathrm{T})\ \mathrm{cm}^{-1}$$

依照跃迁选择规则($\Delta m = \pm 1, 0$),及式(22-14),我们容易算出(请读者自己计算):钠 D 线中的 589.6 nm 那条谱线分裂为四条,两边相邻两谱线之频率差为 $2/3\mathscr{L}$,而中间两条差 $4/3\mathscr{L}$;589.0 nm 那条谱线分裂为六条,相邻两谱线之频率差都为 $2/3\mathscr{L}$. 分裂后原谱线位置上都不再出现谱线. 当磁场为 3 T 时,谱线分裂大小见图 22.7. 即使在这样大的磁场下,外磁场引起的谱线仍比 D_1 和 D_2 线的间距(电子自旋-轨道相互作用)要小得多.

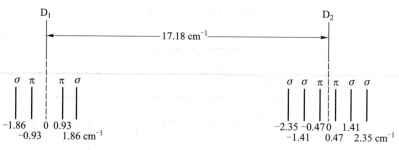

图 22.7 磁场为 3 T 时钠 D 线的塞曼分裂

偏振情况与正常塞曼效应类同. $\Delta m = \pm 1$ 时给出 σ 偏振,$\Delta m = 0$ 时给出 π 偏振. 在沿磁场方向,只能观察到 σ 偏振,呈圆偏振. 在垂直磁场方向,能观察到 σ 及 π 偏振,都呈线偏振.

*(4) 补注一:格罗春图

在一般的能级图上(例如图 22.6),画出满足选择规则的塞曼支能级间的跃迁不甚方便. 现介绍德国人格罗春(Grotrain)设计的办法,称为**格罗春图**.

以总角动量 $j = 5/2$ 的 E_2 能级到 $j = 3/2$ 的 E_1 能级之间的跃迁为例. 对应于 $j = 5/2$,共有 $2j + 1 = 6$ 个 m 值(即 6 个支能级);我们把它们等间隔地标记在上能级水平线上,见图 22.8(a). 同样,对应于 $j = 3/2$,共有 4 个 m 值,等间距地标记在下能级的水平线上. 两条水平线上的相同 m 值一一对应,以垂直线相连,表示 $\Delta m = 0$ 的跃迁(π 偏振). 类似地,左下倾斜线表示 $\Delta m = 1$ 的跃迁(σ^+ 偏振),右下倾斜线表示 $\Delta m = -1$ 的跃迁(σ^- 偏振). 凡是与这三条线(图 22.8b)不平行的跃迁,都是禁戒的.

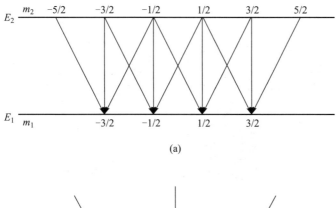

(a)

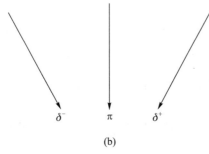

(b)

图 22.8　格罗春图

在格罗春图上,我们还可把 mg 的数值与 m 数值一一对应地标上,按三种连线逐一求出 $m_2g_2-m_1g_1$,然后方便地算出塞曼谱线.

*（5）补注二：帕邢-巴克(Paschen–Back)效应

在解释反常塞曼效应时,我们利用了式(22-4)或式(22-2),这里隐含着弱场的假设(为什么?). 即,外加磁场 $\boldsymbol{B}$ 的强度不足以破坏自旋-轨道耦合时,才会出现反常塞曼效应;那时自旋、轨道矢量分别绕合成的 $\boldsymbol{J}$ 作快进动,而 $\boldsymbol{J}$ 绕外磁场作慢进动(图 22.9a)只有在这样的情况下,式(22-4)才有意义. 在强磁场时(图 22.9b),自旋、轨道角动量分别绕外场旋进,它们不再合成 $\boldsymbol{J}$,那时式(22-4)不再有效,实验上确实不再观察到反常塞曼效应,而出现了"帕邢-巴克效应". 以上是定性的说法,下面我们将定量地回答:磁场强到什么程度,图 22.9(a)将被(b)所代替? 那时取代式(22-4)的表达式应是什么样的?

角动量 $\boldsymbol{J}$ 绕外磁场 $\boldsymbol{B}$ 的旋进频率,可由拉莫尔频率估算,在式(22-10)中已给出. 而自旋、轨道角动量绕 $\boldsymbol{J}$ 的旋进频率,则取决于自旋-轨道相互作用能;可以从式(21-12)估算,有时也可从式(21-14)估算. 例如,对于钠的 D 双线,$\Delta\lambda = 0.6$ nm,从式(21-14)即可算出,$\Delta\nu = 500$ GHz. 与式(22-15)相比,当外场(在一般情况下)不大于几个 T 时,显然,$\Delta\nu$ 远大于 ν_{L},"弱场"近似成立,图 22.9(a)是正确的. 那时,在实验中观察到反常塞曼效应,见图 22.8.

对于某些 $\Delta\nu$,外场 $\boldsymbol{B}$ 强到 ν_{L} 大于 $\Delta\nu$,或与 $\Delta\nu$ 同数量级时,图 22.9(a)将

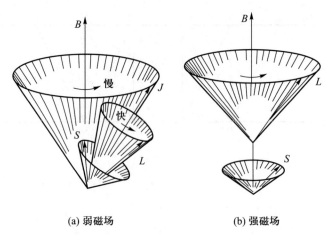

(a) 弱磁场   (b) 强磁场

图 22.9　自旋−轨道耦合的矢量模型

被(b)取代,那时,与式(22−1)相应的式子将是 *

$$U = -\boldsymbol{\mu} \cdot \boldsymbol{B} = \frac{e}{2m_e}(g_s \boldsymbol{S} + g_L \boldsymbol{L}) \cdot \boldsymbol{B} \qquad (22-16)$$

或者

$$U = \frac{eB}{2m_e}(2S_z + L_z) = \frac{e\hbar B}{2m_e}(2m_s + m_L) \qquad (22-17)$$

这就是强磁场下的势能表达式,由它引起的结果称为**帕邢−巴克效应**.从选择规则:

$$\Delta m_s = 0;\ \Delta m_l = 0,\ \pm 1 \qquad (22-18)$$

我们不难发现,跃迁 ΔU 的效果将趋于正常塞曼效应.为了说明帕邢−巴克效应,我们比较单电子的 3P 和 3S 态的分裂跃迁在弱场的情况(反常塞曼效应,图 22.10)和在强场的情况(帕邢−巴克效应,图 22.11)**.

对应于 3S 态,$m_s = \pm 1/2$,$m_l = 0$,因此,式(22−17)给出双分裂,对于 3P 态,$m_s = \pm 1/2$,$m_l = 0,\pm 1$,式(22−17)照理应给出 2×3 个分裂,但 $m_s = \frac{1}{2}$,$m_l = -1$ 与 $m_s = -\frac{1}{2}$,$m_l = 1$ 对应的 U 值相同,这一简并仍未解除,故实际上只给出五条分裂.依照选择规则[式(22−18)],它们之间发生六条跃迁,但是只对应三个能差值 ΔU,因此只能观察到三条谱线,其中一条与不加磁场时相重.故在强磁场下,反常塞曼效应被帕邢−巴克效应所取代,并趋于正常塞曼效应.

图 22.11 中三条 $m_l \neq 0$ 的能级,由于自旋−轨道耦合而引起了能量位移,它

---

* 注意,$\boldsymbol{\mu} = -\dfrac{e}{2m_e}(g_s \boldsymbol{S} + g_L \boldsymbol{L})$ 是电子磁矩的精确表达式;而 $\boldsymbol{\mu} = -\dfrac{e}{2m_e}g_J \boldsymbol{J}$ 则是在弱场条件下的平均磁矩.为理解这一点,请读者参阅 § 20 及图 20.1.

** 取自[10]K. W. Ford. Classical & Modern Physics. J. Wiley & Sons Inc.3(1972).

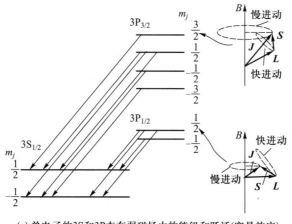

(a) 单电子的3S和3P态在弱磁场中的能级和跃迁(塞曼效应)

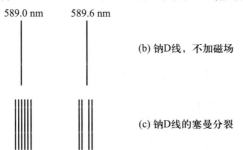

589.0 nm   589.6 nm

(b) 钠D线，不加磁场

(c) 钠D线的塞曼分裂

图 22.10

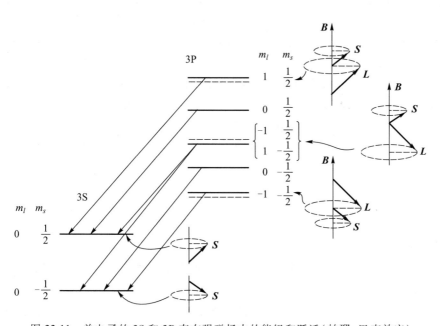

图 22.11 单电子的 3S 和 3P 态在强磁场中的能级和跃迁(帕邢-巴克效应)

的大小(与正、负)是决定于乘积 $m_s m_l$. 当 $m_s m_l > 0$,则它们由原来的位置(虚线)
分别往上移动(S 与 L 近似平行时);当 $m_s m_l < 0$,则往下移动(S 与 L 近似反平

行时),参见式(21-11). 显然,在考虑了自旋-轨道耦合之后,原来三条谱线中的两条将引起分裂;在实验中,如采用高分辨率谱仪,将观察到五条谱线. 3P 的双层结构在强磁场下完全消失[*].

不过,我们有必要指出:磁场 B 的所谓"强"与"弱",完全是相对的. 在图 22.7 中已表明,$B=3$ T 时,钠双线的塞曼分裂仍远小于双线的间距,那时的磁场就是弱磁场. 但同样大小的磁场,在另外的情况下,却可以是强磁场;例如,对锂原子主线系的第一条谱线,由于自旋-轨道耦合引起的精细结构裂距为 0.333 cm^{-1}(双线的波长为 670.785 nm 及 670.800 nm),而 $B=3$ T 引起的裂距为 $\widetilde{\mathscr{L}} \approx 1.4$ cm^{-1},远大于双线间距,那时的磁场就是强磁场,将观察到帕邢-巴克效应.

在弱磁场情况下,表征电子状态的量子数是 n, l, j, m_j,而在强磁场时则为 n, l, m_l, m_s(见图 22.10 和 22.11). 它们是表征电子运动状态的常用方法. 正如我们在 §13 中指出的,在乌仑贝克-古兹米特提出电子自旋假设的前夕,泡利在分析实验结果的基础上就曾建议,除了 n, l, m_l 三个量子数外,要完整描述电子,还需要第四个量子数,它只能取两个数值. 但是,只是在狄拉克建立相对论量子力学之后,对应于四维空间,用四个量子数描述电子的状态才有了理论根据.

[*] (6) 补注三:斯塔克(Stark)效应[**]

在 1899 年,继发现塞曼效应后不久,有人就企图研究电场对钠 D 线光谱的影响,但没有成功. 直到 1913 年,斯塔克(J. Stark)用氢原子的巴耳末系线作为研究对象时,才发现了外电场对原子光谱的影响,对此,人们将原子能级在外加电场中的移位和分裂称为斯塔克效应. 原来,只有对于氢原子(包括类氢离子),外电场才显示出较大的"线性斯塔克效应",而对于其他原子,只表现出极小的"非线性斯塔克效应".

类同塞曼效应,谱线分裂必然表明原子能级在电场中发生了变化. 具有电偶极矩 D 的体系,在外电场 $\mathscr{E}$ 中具有的势能为(参见式 4A-2)

$$U = -D \cdot \mathscr{E} = -\mathscr{E}D_z \qquad (22-19)$$

这里,取 $\mathscr{E}$ 的方向沿 z 轴. 原子的电偶极矩主要表现为电子相对于核的平均分布,即

$$D = -e \sum_i \bar{r}_i = -e\bar{r}$$

$$D_z = -e\bar{z} \qquad (22-20)$$

这里,$\bar{r}_i$ 为第 i 个电子相对原子核的平均位置矢量,$\bar{r}$ 为总的平均合成矢量,$\bar{z}$ 是 $\bar{r}$ 在 z 轴的投影. 于是,

$$U = e\mathscr{E}\bar{z} \qquad (22-21)$$

---

[*] 请读者参照图 22.11、式(22-17)、(21-11),画一张"钠双线的帕邢-巴克效应能级跃迁图",并定量标出谱线间距(类似于图 22.1).

[**] 感谢翁台蒙协助写作补注三、四两段,这里包含着他与邹亚明同学等人的科研成果.

由此可见,理解斯塔克效应的关键在于估算静电场中电子的平均分布 $\bar{z}$. 详细的计算要靠量子力学,这里我们只作定性分析. 下面,我们先以氢原子为例,简单介绍强外电场的斯塔克效应,然后过渡到弱外电场,引出线性斯塔克效应是类氢离子特有的结论. 最后,简述来自其他原子的非线性斯塔克效应.

在强磁场中,我们曾经用量子数 n,l,m_l 和 m_s 描写氢原子的运动状态,那么在强电场中情况将怎样呢? n 表征氢原子的粗结构能量,只要外电场强度远小于原子内的库仑场,它就不会明显地改变 n 表征的能量,此时,可近似地认为 n 是有确定意义的(即 n 是好量子数). 另外,由于外电场是在 z 方向,它不会改变电子角动量在 z 轴的投影,所以 m_l 和 m_s 也是有意义的. 然而,轨道角动量 l 却不能再用来描写电子的真实运动了,因为 l 反映了电子绕核的轨道运动,在一个确定的 l 轨道中运动的电子,其相对于核的平均分布 $\bar{z}$ 只能为零. 根据式(22-21),原子能级要在外电场中分裂,必须 $\bar{z}$ 不为零,电子的运动必然在不确定的 l 轨道中. 为此,需要寻找一种新的状态,电子在此状态中没有确定的 l 值(即含几个不同的 l),但应该有确定的电子平均分布. 1926 年,薛定谔(E. Schrödinger)等人找到了这样的状态,它用另一套量子数 $n_1,n_2,|m_l|$ 替代原来的 n,l,m_l. 新引入的 n_1 和 n_2 与主量子数 n 的关系为

$$n = n_1 + n_2 + |m_l| + 1$$

式中 $|m_l|$ 可取 $0,1,\cdots,(n-1)$;对给定的一个 $|m_l|$,n_1 和 n_2 取值范围为 $0,1,\cdots,n-|m_l|-1$. 量子数 n_1 和 n_2 的物理意义显示在其差值上:

$$n_F = n_1 - n_2$$

当 $n_F \geqslant 0$ 时,电子平均分布在 z 的上半平面($\bar{z} \geqslant 0$);$n_F \leqslant 0$ 时,$\bar{z} \leqslant 0$. 它反映了氢原子中电子的平均分布. n_F 的数值也是量子化的,其取值范围为

$$n_F: n-1, n-2, \cdots, 0, \cdots, -(n-2), -(n-1) \qquad (22-22)$$

只要外电场的作用大得足以忽略精细结构,又远远小于原子内的库仑作用,那么用 $n_1,n_2,|m_l|$ 表征的状态就很好地描述了电子的真实运动. 外电场造成的能量分裂可以很精确地写成:

$$\Delta E = 6.402 \times 10^{-5} \frac{\mathscr{E} n n_F}{Z} \qquad (22-23)$$

其中 Z 为类氢离子的核电荷数;能量分裂 ΔE 以 cm^{-1} 为单位;电场 $\mathscr{E}$ 以 $\text{V} \cdot \text{cm}^{-1}$ 为单位.

用 $n_1,n_2,|m_l|$ 表示的新状态是用 n,l,m_l 表示的老状态关于不同 l 的线性叠加,即,在新的状态中 l 是不确定的.

例如,根据式(22-23),氢原子 $n=3$ 和 $n=2$ 的能级可以分别地裂成五条和三条(图 22.12a),对应的量子数 $n_1,n_2,|m_l|$ 示于右方,括号中的各种 l 表示构成此状态的轨道角量子数. 当 $\mathscr{E}=10^5$ V/cm 时,斯塔克裂距 ΔE 为 19.2 cm^{-1}($n=3$)和 12.8 cm^{-1}($n=2$),远大于原子精细结构裂距(分别为 0.162 cm^{-1} 和 0.456 cm^{-1}). 图 22.12b 给出氢的 H_α 线的斯塔克分裂谱,数字标号表示谱线偏

离无外场 H_α 线的大小,单位是 6.402 4 cm^{-1}. 谱线高度为理论值. 图 22.12(c)为实验测量谱.

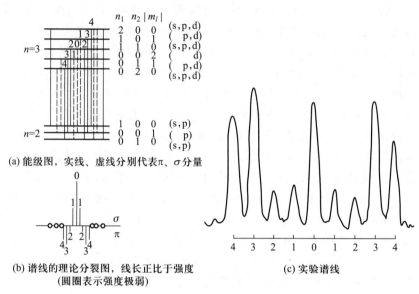

(a) 能级图,实线、虚线分别代表 π、σ 分量

(b) 谱线的理论分裂图,线长正比于强度
(圆圈表示强度极弱)

(c) 实验谱线

图 22.12　氢原子 H_α 线的斯塔克效应

在弱电场情况下,电场的作用远小于原子内的精细结构,因此,能级的结构大致与精细结构相当. 近似地说,除量子数 n,m 外,量子数 j 也是好量子数,只有量子数 l 是不确定的. 在一个以 j 表征的精细结构能级中,l 只能取双值:$l_1 = j + \dfrac{1}{2}$ 和 $l_2 = j - 1\dfrac{1}{2}$. 因此,l 的叠加方式只有两种,即相加和相减. 在外加弱电场作用下,能级的斯塔克分裂与强场情况一样,也是与外电场 $\mathscr{E}$ 成正比,即呈线性关系. 斯塔克分裂的大小要比精细结构小得多.

依照式(22-21),我们可知,电子相对于核的平均电荷分布 $\bar{z}$ 本身必须与外电场无关,否则不会得到线性关系. 这意味着,在这种情况下的原子电偶极矩不是靠外电场诱发出来的,它是电子作 l 不确定运动时所固有的,外电场 $\mathscr{E}$ 只是使它表现出来了,正像在塞曼效应中,磁场 B 使原子的角动量分量 m 显示出来一样. 究其本质,无非是因为对于类氢离子,量子数 l 是与能量无关的(l 简并),具有确定能量的电子可以运动在不确定的 l 轨道中. 因此,线性斯塔克效应是类氢离子所特有的.

对于其他原子,由于轨道量子数 l 表征着能量,即,一定能量的能级对应着一定的 l 轨道. 在这种能级中,电子的平均分布 $\bar{z}$ 一定为零,所以在外加电场后一定不会出现线性斯塔克效应,而只能产生非线性斯塔克效应. 换言之,原子中的电子平均分布 $\bar{z}$ 是靠外电场直接诱发出来的.

图 22.13 给出了在 2.5×10^5 V/cm 外电场中钠 D 线的斯塔克分裂. 在如此强的外电场中,分裂值还不到十分之一 cm^{-1},远小于氢原子 H_α 线的分裂值. 这就是为什么在 1899 年研究钠 D 线时一无所获,直到 1913 年才发现了

斯塔克效应.

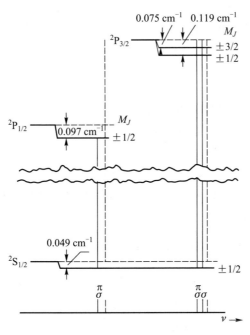

图 22.13　钠 D 线的四极斯塔克效应
（虚线代表零电场时的能级与跃迁）

*（7）补注四：运动电场

传统的原子物理告诉我们：原子在磁场中产生塞曼效应，在电场中产生斯塔克效应. 现在我们要指出：当原子（或离子）作高速运动时，它在磁场中将会产生斯塔克效应.

带有电荷 q 的粒子，在静磁场 $\boldsymbol{B}$ 中以速度 $\boldsymbol{v}$ 运动时，将受到洛伦兹力的作用，可表示为

$$\boldsymbol{F} = q\boldsymbol{v} \times \boldsymbol{B} \qquad (22-24)$$

在粒子坐标系中观察，相当于静止的带电粒子经受着上述 $\boldsymbol{F}$ 力的作用. 但是，只有电场 $\mathscr{E}$ 才能使静止的电荷 q 受力，即

$$F = q\mathscr{E} \qquad (22-25)$$

换言之，在粒子的运动坐标系中，电荷 q 经受着一个电场 $\mathscr{E}$ 的作用. 这个电场称为运动电场，它是由粒子的运动引起的. 由上两式即可得到

$$\mathscr{E} = \boldsymbol{v} \times \boldsymbol{B} \qquad (22-26)$$

不管 q 是正还是负，粒子感受到的电场都一样. 由此不难想象，由正电荷和负电荷组成的离子或中性原子，当它们以速度 $\boldsymbol{v}$ 在磁场 $\boldsymbol{B}$ 中高速运动时，也感受着上述运动电场 $\mathscr{E}$. 所不同的是，对于中性原子，由于整体电荷的代数和为零，因此整体不受力，在实验室坐标系中，其整体运动状态不变；对于离子，除了内部受到运动电场 $\mathscr{E}$ 的作用外，其整体还受到洛伦兹力的作用，因此整体运动状态时刻在变化.

根据以上分析,可以知道,在磁场中高速运动的原子(或离子)除了受到磁场 $\boldsymbol{B}$ 的作用外,还必定受到运动电场 $\mathscr{E}$ 的作用. 假定粒子的速度 $\boldsymbol{v}$ 与磁场 $\boldsymbol{B}$ 相互垂直,B 的单位为高斯($1\ \mathrm{G} = 10^{-4}\ \mathrm{T}$),$\mathscr{E}$ 的单位为 V/cm,那么式(22-27)可表示为

$$\mathscr{E} = 300\,\frac{v}{c}B \qquad\qquad (22\text{-}27)$$

由此可见,当 $v/c \geqslant 1/300$ 时,在数值上 $\mathscr{E}$ 就可以大于 B 了.

让我们来估计一下电场和磁场分别对原子的影响. 塞曼效应造成的能级裂距可由式(22-12)估算:

$$\Delta E_Z = \mu_B B = 4.67 \times 10^{-5} B$$

上式中 B 的单位为 G,ΔE_Z 单位是 cm^{-1}. 线性斯塔克效应造成的能级裂距则由式(22-23)确定:

$$\Delta E_S = 6.40 \times 10^{-5}\,\frac{\mathscr{E} n n_F}{Z}$$

上式中 $\mathscr{E}$ 的单位为 V/cm,ΔE_S 的单位也为 cm^{-1}. 于是可得:

$$\frac{\Delta E_S}{\Delta E_Z} = 1.37\,\frac{n n_F}{Z}\left(\frac{\mathscr{E}}{B}\right) \qquad\qquad (22\text{-}28)$$

显然,上式中 B 的单位为 G;$\mathscr{E}$ 的单位为 V/cm. 如果 $\mathscr{E}$ 和 B 在数值上相等,那么,由它们各自造成的斯塔克分裂和塞曼分裂在大小比例上取决于 nn_F/Z. 对氢原子而言($Z=1$),斯塔克效应一定大于塞曼效应;对于低 Z 类氢离子,两种效应对很低 n 能级来说差不多;只有对高剥离类氢离子,塞曼效应才比斯塔克效应大. 此外,对于高 n 能级来说,斯塔克效应总是主要的,因为 n 越大,原子(或离子)的电偶矩也大.

由此可知,只要 $v/c \geqslant 1/300$,那么对于类氢离子的高 n 能级,以及大多数低 Z 类氢离子的低 n 能级,运动电场的斯塔克效应是主要的.

当运动速度很高时,我们必须用相对论关系:

$$\mathscr{E} = \beta\gamma 300 B \qquad\qquad (22\text{-}29)$$

其中

$$\beta \equiv \frac{v}{c}; \qquad \gamma = \frac{1}{\sqrt{1-\left(\dfrac{v}{c}\right)^2}}$$

$$\frac{v}{c} = \sqrt{1-\left(\frac{E_0}{E_k+E_0}\right)^2}$$

式中静能量 $E_0 = m_0 c^2$. 例如,对于 1 MeV 的 He^+ 束,可以利用式(22-29)求出:

$$\mathscr{E} = 6.95 B$$

当 $B = 7\,000\ \mathrm{G}\,(0.7\ \mathrm{T})$ 时,$\mathscr{E} = 48\,650\ \mathrm{V/cm}$,此时,根据式(22-28)可以知道,$\mathrm{He}^+$ 离子的塞曼效应远小于斯塔克效应(例,$\mathrm{He}^+\ n=3$,$\Delta E_S/\Delta E_Z = 14.4$).

图 22.14 给出了 1 MeV 的 He^+ 束在 7 000 G 磁场中,$n=3$ 能级的理论分裂(左),以及 $B=0$,$\mathscr{E} = 48\,650\ \mathrm{V/cm}$ 时的纯斯塔克分裂. 由此可见,此时起主要

作用的是运动电场.

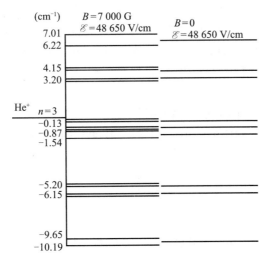

图 22.14　He^+ $n=3$ 能级在互相垂直的 7 000 G 磁场和

48 650 V/cm 电场中的分裂(左);以及 $B=0$,

$\mathscr{E} = 48\ 650$ V/cm 电场中的纯斯塔克分裂(右).

虽然氢阳极射线在通过磁场时的斯塔克效应,在 1916 年就被发现了,但直到 20 世纪 60 年代,运动电场才被人们广泛地用来研究高 Z 类氢离子的兰姆位移(见下节)以及束箔碰撞机制等方面.

（8）　结语

至此,我们已经列举了三个重要实验,施特恩-格拉赫实验、碱金属双线、塞曼效应,无可辩驳地证明了电子自旋假设的正确.

电子的自旋,其实一点也没有"自旋"的含义,我们最好称呼它为"内禀角动量";它完全是微观粒子内部的属性,与运动状态毫无关系,它的性质与角动量有些类似,但不能用任何经典语言加以描述,它在经典物理中找不到对应物.

在相对论量子力学建立之后,电子自旋不再是假设,而成了理论的产物.狄拉克理论给出电子的 g_s 因子数值为 2,正好与乌伦贝克-古兹密特的假设相符. 似乎已不再存在什么问题了. 在狄拉克理论出现后的近二十年间,也确实使人感到满意. 但到了 1947 年,问题发生了,库什(P. Kusch)和弗利(H. M. Foley)用当时的新技术——微波方法,仔细地测量了电子的 g_s 因子,发现它与 2 有一点点偏差(实验的精度达到十万分之五)[*]:$g_s = 2.002\ 29 \pm 0.000\ 08 = 2.002\ 29(8) = 2(1+0.001\ 15(4))$ 这就是电子的反常磁矩的发现. 库什-弗利的实验结果很快

---

[*]　原著:〔11〕P. Kusch & H. M. Foley. Phys. Rev.,72(1947)1256;74(1948)250.回忆性文章:〔12〕P. Kusch. Physics Today,19(Feb.,1966)23.关于实验测量的通俗描述,参见:〔13〕P. Ekstrom & D. Wineland. Scientific American. Volume243(1980)104.

就由施温格(J. Schwinger)给以出色的理论解释:电子不是孤立的,电子本身带电产生的电磁场对电子本身也有作用,这种作用称为自能. 对自能的理论计算是靠量子电动力学完成的,而狄拉克的理论是无能为力的. 施温格得到的理论精度比库什-弗利的实验精度还要高. 从此,理论和实验物理学家一直在展开竞争,电子的 g_s 因子的精度不断提高;每提高一步,理论的概念深化了,实验技术改进了. 胜利者,是物理学!

目前电子 g_s 因子的最新实验数据是 *

$$g_s = 2.002\ 319\ 304\ 361\ 82\ \pm 0.000\ 000\ 000\ 000\ 52$$

若定义

$$a = \frac{|g_s| - 2}{2}$$

则

$$a_{\mathrm{exp}} = 0.001\ 159\ 652\ 180\ 91(26)$$

而理论估算值为

$$a_{\mathrm{th}} = 0.001\ 159\ 652\ 302(112)$$

实验误差之小好像是把全世界人口数一遍只差一个人;这样的精确度在自然科学中是空前的.

可是,"我们已经对自旋有了最终的描述了吗?"杨振宁教授回答:"我不这样认为". 他还进一步问道:"提出自旋的假设已有 50 多年了,我们已具备了足够的知识来回答'自旋是一种结构呢? 还是存在着几类电子呢?'这样的问题吗?"[15]

至今为止,我们只发现一类电子,直到 10^{-16} cm 还没有发现它存在任何的结构!

*§23 氢原子能谱研究进展

(1) 玻尔、索末菲、海森伯、狄拉克和兰姆

虽传说,氢早在 16 世纪初就由冯霍恩海姆(von Hohenheim)在化学反应中产生过,但真正的发现则归于卡文迪许(Henry Cavendish),他在 1776 年把氢纯化,并测量了它的密度. 1783 年 8 月 23 日,在氢发现后的七年,也是在发明气球后的三个月,人们即把充氢气球升上了天,引起公众的广泛注意.

夫琅禾费(Joseph Fraunhofer)在 1817 年用棱镜测量了太阳光谱,最强的有八条线,其中含氢的 H_α 和 H_β. 但第一个确定氢光谱、并作出较精确测量的,是

---

* [14] 这里 g_s 取正值,与前面(20-8)式一致.

[15] 杨振宁. 自然杂志,6(1983)247. C.N. Yang & T.T. Chou. J. Phys. Soc. Jpn. 55(1986)Suppl.p. 53—57.

埃格斯特朗,他是在 1853 年作出的. 1885 年,巴耳末对已测得的氢光谱线波长作了经验归纳,并能精确地预告未被测到的谱线(误差一般只有 0.1 nm 左右).但无法被人理解. 同年,尼尔斯·玻尔诞生.

氢原子的结构如何? 它与光谱有什么关系? 在 1904 年以前,金斯(J. H. Jeans)估计,氢原子中有 700 个电子. 有人甚至说,"可以有无穷多个电子". 从光谱规律寻找原子结构,被某些人比喻为"凭铃声猜出铃的形状".

1906 年,汤姆孙正确估算出氢原子中只有一个电子.

1911 年,卢瑟福建立了正确的原子结构模型.

1913 年,玻尔用圆轨道(一维)的量子化条件,在只考虑电子与核的静电相互作用的情况下,给出了氢原子的能级图(图 23.1),解释了氢光谱的巴耳末线系. 实验证实了玻尔理论给出的光谱项,即

$$T = -\frac{E}{hc} = \frac{R}{n^2} \tag{23-1}$$

里德伯常量的玻尔理论值与实验符合得很好.

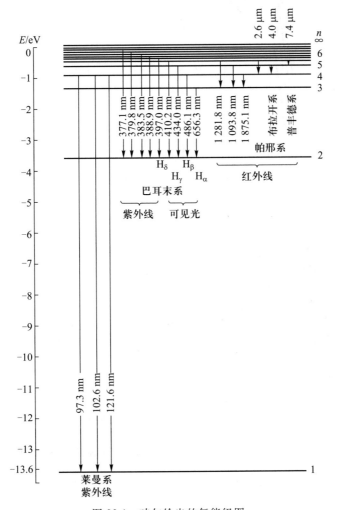

图 23.1　玻尔给出的氢能级图

1916 年, 索末菲在玻尔理论的基础上, 考虑椭圆轨道(二维)及电子运动的相对论效应, 算出光谱项为

$$T = \frac{R}{n^2} + \frac{R\alpha^2}{n^4}\left(\frac{n}{k} - \frac{3}{4}\right) \tag{23-2}$$

这样, 能级就由两个量子数(n, k)决定, 见图 23.2. 分裂的能级差值也可算出, 与精密的实验符合得很好.

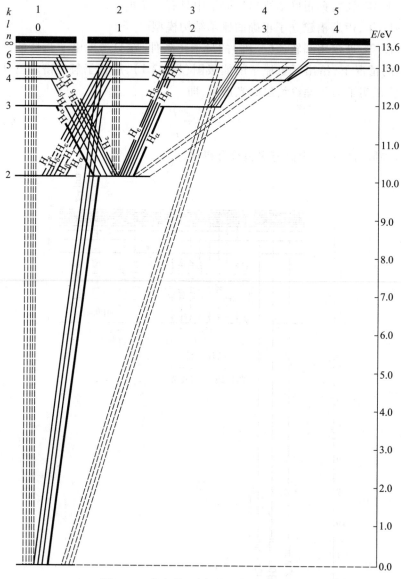

图 23.2　索末菲-玻尔给出的氢能级图

1926 年, 海森伯(W. Heisenberg)用量子力学严格导出光谱项为

$$T = \frac{R}{n^2} + \frac{R\alpha^2}{n^4}\left(\frac{n}{l + \frac{1}{2}} - \frac{3}{4}\right) = \frac{R}{n^2} + \Delta T_r \tag{23-3}$$

式中以 $l(0,1,2,\cdots,n-1)$ 取代了 $k(1,2,\cdots,n)$. 这时谱线的分裂如图 23.3 所示,理论与实验反而不符合了,问题出在哪里呢?

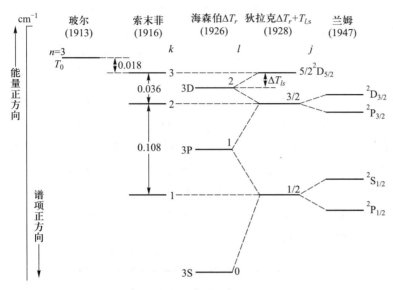

图 23.3　氢原子 $n=3$ 能级的演变(不按比例)

1928 年,狄拉克的相对论量子力学自然地计入了电子的自旋,并依此算出自旋与轨道相互作用引起的附加项:

$$\Delta T_{l,s} = \begin{cases} -\dfrac{R\alpha^2}{n^3 2\left(l+\dfrac{1}{2}\right)(l+1)}, & j=l+\dfrac{1}{2} \\[4mm] +\dfrac{R\alpha^2}{n^3 2l\left(l+\dfrac{1}{2}\right)}, & j=l-\dfrac{1}{2} \end{cases} \tag{23-4}$$

此即式(21-11),只是按式(23-1)把能量换成了光谱项. 如果把海森伯给出的 ΔT_r 与 $\Delta T_{l,s}$ 加起来,那就可以得到

$$\Delta T_r + \Delta T_{l,s} = \frac{R\alpha^2}{n^3}\left(\frac{1}{j+\dfrac{1}{2}} - \frac{3}{4n}\right)$$

这样,光谱项就可以表示为

$$T = \frac{R}{n^2} + \frac{R\alpha^2}{n^4}\left(\frac{n}{j+\dfrac{1}{2}} - \frac{3}{4}\right) \tag{23-5}$$

这就是玻尔给出的一项加上狄拉克的 $(\Delta T_r + \Delta T_{l,s})$ 这一项. 由图 23.3 可知,这样得到的结果与索末菲的一样,即与实验相符得很好,但此时的物理含义与索末菲的完全不同,它包含着电子的自旋与轨道的耦合. 在索末菲的理论中,两个正确的谱项 ΔT_r 与 $\Delta T_{l,s}$ 都未被考虑,但它们相加以后其中有些项正好相互抵消,致使索末菲的结果能与实验有良好的符合. 基于索末菲引入精细结构常数的重要意义,

索末菲的理论并未被人扔入垃圾箱里;有人称他的理论是物理学中最值得庆贺的失败.

狄拉克的理论表明,能级只决定于主量子数 n 和总角动量量子数 j. 从图 23.3 可知, $n=3$, $j=1/2$ 的两个状态 $^2P_{1/2}$ 和 $^2S_{1/2}$ 是简并的, $j=3/2$ 的两个状态 $^2D_{3/2}$ 和 $^2P_{3/2}$ 也是简并的. 同样,对于 $n=2$, $j=1/2$ 的两个能级 $2^2S_{1/2}$ 和 $2^2P_{1/2}$ 在能量上没有任何差别.

但是,1947 年,兰姆(W. E. Lamb)和他的学生雷瑟福(R. C. Retherford)宣布了他们精密的实验结果[16]:他们观察到氢原子的 $2^2S_{1/2}$ 和 $2^2P_{1/2}$ 能级并不重合,而有一个大小为 1 057.8 MHz(4.37 μeV)的裂距,见图 23.4(a);这就是著名的兰姆移位*. 考虑了这一因素之后,氢的光谱线就发生了进一步分裂,以 H_α 线为例,就包含着七条谱线[17],见图 23.4(b). 兰姆移位的大小约是 $(n=2)$ 精细结构(自旋-轨道相互作用引起的)分裂的 1/10;对于 $j \neq 1/2$ 的能级的兰姆移位,则几乎小到完全可以忽略.

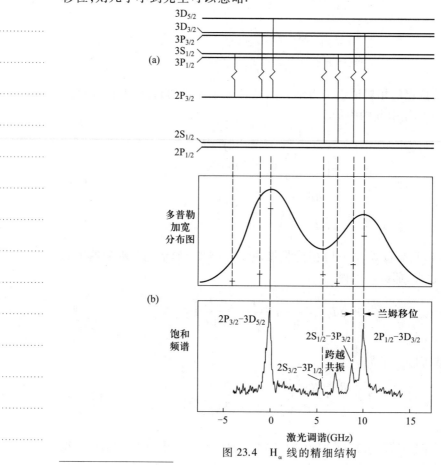

图 23.4　H_α 线的精细结构

[16]　W.E. Lamb & R.C. Retherford. Phys. Rev.,72(1947)241.

*　移位与主量子数 n^3 成反比;至今只对 H 和 He+ 少数几个 $n \neq 2$ 的事例测定了这一移位(参见[18]). 因此,一般说来,兰姆移位都是指 $n=2$ 的情况.

[17]　T.W. Hänsch et al.. Nature,235(1972)56.

狄拉克与海森伯(1933 年)

兰姆-雷瑟福关于兰姆移位的发现,与同时宣布的库什-弗利关于反常电子磁矩的发现一样,暴露了狄拉克相对论量子力学的不足. 正是这两个重要发现,导致了量子电动力学的蓬勃发展.

不过,无论是理论还是实验,兰姆移位的精度均不及反常电子磁矩. 虽然自兰姆移位发现以来的三十余年中,实验和理论有较好的符合*,但是,最近的实验结果已显示出与理论的偏差**,偏差的原因究竟是实验上的问题,还是理论上的缺陷,尚待进一步研究.

(2) 兰姆移位

早在 1932—1934 年间,我国物理学家谢玉铭在美国加州理工学院与胡斯登(W. V. Houston)合作,研究"氢原子光谱 H_α 线的精细结构[21]. 同时作此研究的还有两个小组:斯贝亭(F. M. Spedding)等人;吉布斯(R. C. Gibbs)等人. 他们希望通过实验精确地定出精细结构常数. 在 1933 年 7 月至 1934 年 2 月间,三个小组先后宣布,测量值与理论值有百分之几的差别. 但只有胡斯登与

---

* 参考评论性文章:[18]H. W. Kugel & D. E. Murnick. Reports on Progress in Physics,40(1977)297;这篇文章不仅罗列了氢原子 $n=2$ 的能级的兰姆移位的一系列实验值和理论结果,而且还评述了类氢离子的兰姆移位的实验和理论. 较新的理论计算,可参见:[19]W. R. Johnson and G. Soff. Atomic & Nucl. Data Tab. 33(1985)405.

** 在[20]S. R. Lundeen & F. M. Pipkin. Phys. Rev. Lett.,46(1981)232 一文中给出的实验结果(氢原子,$n=2$)为:1 057.845(9) MHz. 而两种理论结果分别为:1 057.930(10);1 057.884(13) MHz,相差分别为:0.085(13);0.039(16) MHz,都大于实验误差.

[21] W. V. Houston and Y. M. Hsieh. Phys. Rev. 45(1934)263.

谢玉铭的文章明确指出:差别原因之一可能是计算中忽略了原子和辐射场之间的相互作用(即自具能). 这一解释,现在看来是完全正确的(虽然当时未能算出). 真可算是一个"惊人的提议"*. 可见,他们实际上在 1934 年已发现了 1947 年才肯定的"兰姆移位". 他们的解释也正是后来 1947—1948 年关于重整化理论的主要发展方向.

在他们发表文章后两年,吉布斯等人指出,差别原因是 $2S_{1/2}$ 能级向上有一个小的位移,但未指出移位原因是忽略了自具能. 遗憾的是,斯贝亭等人否定了自己原来的结果,产生了混乱的辩论,加上当时分析方法的繁复,不能引起科学界的广泛注意.

图 23.5 为兰姆-雷瑟福用的实验装置示意图. 炉子可使氢分子解离,当炉温为 2 500 K 时,64% 的氢分子被解离. 能量大于 10.2 eV 的电子轰击器,使氢原子从基态跃迁到 2S + 2P 态. 2P 态很快消失(寿命为 1.595×10^{-9} s),剩下的只是处于亚稳态 $2S_{1/2}$(寿命为 $\frac{1}{7}$ s)和处于基态的氢原子.

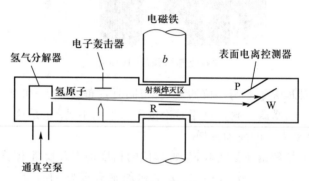

图 23.5　兰姆-雷瑟福的实验示意图

当处于 $2S_{1/2}$ 态的氢原子打到 W 板上时,由于钨的逸出功小于 10.2 eV,因此可以打出电子,从而使 PW 板间接收到电流讯号. 处于基态的氢原子不能给出电流.

由于 $2P_{1/2}$ 和 $2P_{3/2}$ 相差 0.365 cm^{-1},或 10 970 MHz[精细结构 ΔE,见式(21-13)],如果 $2S_{1/2}$ 与 $2P_{1/2}$ 重合(狄拉克理论的结果),那么,当腔 R 内的射频频率调到 10 970 MHz 时,即发生共振,$2S_{1/2}$ 态均跃迁到 $2P_{3/2}$,从而使 WP 间电流值出现低谷. 然而,兰姆-雷瑟福测到 9 970 MHz,少 1 000 MHz,所以 $2S_{1/2}$ 高于 $2P_{1/2}$ 1 000 MHz(兰姆移位 S 的精确值:1 057.77 MHz). 兰姆-雷瑟福测量的是 $\Delta E - S$;S 称为兰姆移位,$\Delta E - S$ 常被称为"伴同兰姆移位"(Co-Lamb shift).

这里需要指出,一般在做实验时,射频值 RF 是固定的,调共振用的是磁场

* 参见 Crease 与 Mann 的评价(绪论引文〔14〕);也参见:〔22〕　D. Kleppner. Experiments With Atomic Hydrogen, in "Atomic Physics & Astrophysics", edi. by M. Chrétien and E. Lipworth, Cordon & Breach Sci. Pub. 1971.〔23〕　杨振宁等人的文章,物理 16(1987)146,184,185.

b(图 23.5;见下详述).

　　兰姆-雷瑟福用了这样的办法测定了第一、二号元素($Z=1,2$)的兰姆位移. 用此法测类氢锂($Z=3$),则是在二十几年后才由列文沙(M. Leventhal)完成的[24]. 在此实验中,射频$RF=35.8$ GHz,而兰姆移位$S=62.765$ GHz,离共振约差 27 GHz. 如何补偿? 用塞曼效应,如图 23.6 所示,塞曼裂距($e\beta$ 间)为$\frac{4}{3}\mathscr{L}$ (见图 22.6),按式(22-15),

$$\frac{4}{3}\mathscr{L}=\frac{4}{3}\times 14B\ (T)\ \text{GHz}$$

当磁场(图 23.5 中的 b)强度为 $B=1.5$ T 时,$\frac{4}{3}\mathscr{L}=27$ GHz,引起共振.

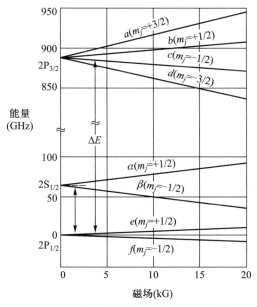

图 23.6　$^{6}\text{Li}^{2+}n=2$ 态的塞曼能级(取自列文沙 1975 年的文章[24]).

　　由于塞曼裂距$\frac{4}{3}\mathscr{L}$与原子序数 Z 无关,而兰姆移位 S 与 Z^4 成正比,因此,当 Z 增大时,必须用极强的磁场才能补偿,以致难以办到.

　　事实上,最早测 $Z=3$ 兰姆移位的是范章云等人在 1967 年完成的,利用纵向电场 15 kV/cm,斯塔克猝灭使 $S_{1/2}\rightarrow P_{1/2}$. 不过,这一方法在 Z 再高时又遇到了高电场的困难,为克服此困难,莫尼克(D. E. Murnick)等人首次巧妙地使用有效的运动电场,见 §22(7). 例如,$Z=6$,用加速器产生 25 MeV $^{12}\text{C}^{5+}$,加 3 kG 磁场,相应的电场为 60 kV/cm. 到 1976 年,测 Ar^{17+} 的兰姆移位时,已用到 900 kV/cm 的运动电场[18].

　　兰姆移位的测量,到 $Z=18$(Ar)后停滞了好多年,不见有大的进展,但在

[24]　M. Leventhal. Phys. Rev. A11(1975)427.

1985—1986年又有了重大发展:戈德与孟革(H. Gould, G. Munger)在东京召开的第 10 次原子物理国际会议上(1986)报道了铀 90$^+$ 的兰姆移位的测量结果.[25]

为什么人们对高 Z 类氢原子感兴趣?正像天文学家研究巨大质量的星体引起一系列新现象、在强质量时探索万有引力偏差一样,原子物理学家也在探索在强库仑相互作用下出现的新现象,研究在强库仑作用下物理规律与库仑律的偏差.加速器已成为研究高 Z 类氢原子的强有力的手段,基于加速器的原子物理已成为 20 世纪 80 年代最活跃的一个研究领域.*

(3) 双光子跃迁

在第三章以及本章,我们曾多次谈到选择规则.如在氢光谱中,莱曼系只允许从 $l=1$ 跃迁到 $l=0$;从 $l=0$ 到 0 的跃迁是禁戒的,例如,$2S_{1/2} \rightarrow 1S_{1/2}$(10.2 eV)是禁戒跃迁.不过,这只是对单光子而言.对双光子发射(见图 23.7),从角动量守恒考虑是允许的,只是概率较小而已(二级过程).

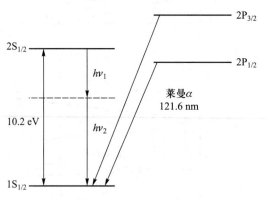

图 23.7　双光子跃迁

事实上,早在 1931 年迈耶(Maria Göppert Meyer)即预告自发发射双光子的可能性.1940 年泰勒(E. Teller)等人从理论上对氢原子 $2S_{1/2} \rightarrow 1S_{1/2}$ 跃迁作了描述.但在实验上,直到 1965 年才首次观察到 He$^+$ 的双光子衰变.对于氢原子,只是在 1975 年才观察到这一事例.1985 年,首次用连续波紫外辐射(243 nm)双光子激发 1S→2S 跃迁,且达到 5×10^{-9} 的高分辨率[26].在评述这一出色成果时,有人说:"即使对周期表内第一号元素的光谱研究,也远还没有结束".

双光子衰变的研究,是除精细结构、兰姆位移之外对氢原子研究的又一个重要的方面.(有兴趣的读者,参阅评述性文章[27]).

---

[25]　H. Gould and C. Munger. in "Atomic Physics 10", edi. by H. Narumi and I. Shimamura, Elsevier Sci. Pub. 1987 或者, Phys. Rev. Lett. 57(1986)2927.

*　关于基于加速器的原子物理的介绍可参见:陆福全,杨福家,物理学进展,14 卷 4 期(1994)345.

[26]　C. J. Foot et al. . Phys. Rev. Lett., 54(1985)1913.

[27]　A. J. Duncan,同[25],p. 121.

当只有 352 nm 的激发光源时,要激发莱曼 L_α 线(121.5 nm),有何办法? (关键词提示:600 MeV 氢,考虑相对论的多普勒效应)[28].

小 结

(1) 一个假设

电子的自旋. 这是本章引出的最重要的概念,它是崭新的概念,在经典物理中找不到对应物. 它是与粒子运动状态无关的、粒子的内禀特性.

(2) 三个实验

它们从不同角度证明了电子自旋的存在.

碱金属双线:在无外磁场情况下的谱线分裂;它是原子中电子的自旋与轨道运动相互作用的结果. 分裂间距由式(21-12)给出.

塞曼效应:在外加均匀磁场情况下的谱线分裂,尤其是反常塞曼效应,长达近三十年无法解释,直到电子自旋假设的提出. 谱线分裂间距由式(22-4)决定. 其中 g 因子由式(20-11)给出. 这些表达式都只在弱磁场情况下成立,当磁场强到塞曼分裂大小可以与自旋-轨道相互作用式(21-12)比拟时,塞曼效应被帕邢-巴克效应替代,那时谱线的分裂决定于式(22-17).

施特恩-格拉赫实验:在外加非均匀磁场情况下原子束的分裂;分裂间距由式(20-13)确定.

(3) 四个量子数

n, l, m_l, m_s 或 n, l, j, m_j. 不论哪一组,都完整地描述了原子中电子的运动状态.

(4) 氢原子光谱的五步进展

玻尔、索末菲、海森伯、狄拉克和兰姆.

附录4A 偶 极 矩

(1) 电偶极矩

图 4A.1 所示是一个在均匀外电场中的电偶极子,按照定义,电偶极矩为

$$D = qd$$

电偶极子在均匀外场中要受到力矩的作用,这个力矩为

$$\tau = d \times F = d \times (q\mathscr{E})$$

由此,我们得到一个关系式,即

---

[28] V. S. Letokhov and V. G. Minogin. Phys. Rev. Lett. 41(1978)775.

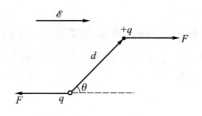

图 4A.1 电偶极子

$$\boldsymbol{\tau} = \boldsymbol{D} \times \boldsymbol{\mathscr{E}} \tag{4A-1}$$

根据力矩做功的概念,一个电偶极矩在均匀外电场中的势能为

$$U = \int_{\pi/2}^{\theta} \tau \mathrm{d}\theta = -D\mathscr{E}\cos\theta$$

显然,这里我们定义 $\theta = 90°$ 时为势能的零点,这样做的目的仅仅是为了方便. 将上式改写一下,便得到

$$U = -\boldsymbol{D} \cdot \boldsymbol{\mathscr{E}} \tag{4A-2}$$

事实上,我们可以把(4A-1)、(4A-2)这两个关系式作为电偶极矩 $\boldsymbol{D}$ 的定义. 对于很多难以测定 qd 的体系,这样的定义是极为方便的.

(2) 磁偶极矩

关于磁偶极子,最容易想象的是一块磁铁[如图 4A.2(a)所示],它在均匀外磁场中受到的一个力矩为

$$\boldsymbol{\tau} = \boldsymbol{\mu} \times \boldsymbol{B} \tag{4A-3}$$

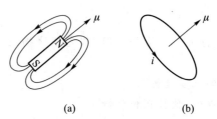

(a)   (b)

图 4A.2 磁偶极子

从磁铁联想到电流,如图 4A.2(b)所示是个小线圈,它们也受到一个力矩,即

$$\boldsymbol{\tau} = i\boldsymbol{S} \times \boldsymbol{B}$$

就从这个力矩,我们得到小线圈的磁矩为

$$\boldsymbol{\mu} = i\boldsymbol{S}$$

与电偶极矩的情形相像,磁偶极矩在均匀外磁场中的势能可写成如下形式:

$$U_B = -\boldsymbol{\mu} \cdot \boldsymbol{B} \tag{4A-4}$$

同样,(4A-3)、(4A-5)这两个关系式也可作为磁矩的定义.

任何一个力都可以写成势的负的梯度,即

$$\boldsymbol{F} = -\nabla U = -\left(\frac{\partial U}{\partial x}\boldsymbol{i} + \frac{\partial U}{\partial y}\boldsymbol{j} + \frac{\partial U}{\partial z}\boldsymbol{k}\right)$$

这样,一磁矩在 z 方向受到的力就可写成

$$F_z = -\frac{\partial U}{\partial z} = \mu_x \frac{\partial B_x}{\partial z} + \mu_y \frac{\partial B_y}{\partial z} + \mu_z \frac{\partial B_z}{\partial z}$$

由此可见,只有在非均匀的磁场中才有最终的合力.

（3） 力和力矩

我们知道,力是引起动量变化的原因,即

$$\boldsymbol{F} = \frac{\mathrm{d}}{\mathrm{d}t}(m\boldsymbol{v})$$

而力矩则会引起角动量的变化,即

$$\boldsymbol{\tau} = \boldsymbol{r} \times \frac{\mathrm{d}(m\boldsymbol{v})}{\mathrm{d}t} \qquad (4A-5)$$

因为

$$\boldsymbol{L} = \boldsymbol{r} \times \boldsymbol{p}$$

则有

$$\frac{\mathrm{d}\boldsymbol{L}}{\mathrm{d}t} = \frac{\mathrm{d}}{\mathrm{d}t}(\boldsymbol{r} \times m\boldsymbol{v}) = \frac{\mathrm{d}\boldsymbol{r}}{\mathrm{d}t} \times (m\boldsymbol{v}) + \boldsymbol{r} \times \frac{\mathrm{d}(m\boldsymbol{v})}{\mathrm{d}t}$$

由于 $\frac{\mathrm{d}\boldsymbol{r}}{\mathrm{d}t}$ 与 $\boldsymbol{v}$ 的方向一致,故上式右边的第一项为零,那样便有

$$\frac{\mathrm{d}\boldsymbol{L}}{\mathrm{d}t} = \boldsymbol{r} \times \frac{\mathrm{d}(m\boldsymbol{v})}{\mathrm{d}t}$$

将上式代入式(4A-5),即有:

$$\boldsymbol{\tau} = \frac{\mathrm{d}\boldsymbol{L}}{\mathrm{d}t} \qquad (4A-6)$$

它表明,力矩引起角动量随时间变化.

附录4B 磁 共 振[*]

（1） 物质的磁性

物质的磁性可分为三大类:抗磁性、顺磁性和铁磁性.

如果一个通电流的螺旋管在管内为真空时的磁感应强度为 $\boldsymbol{B}_0$,那么在管内放置具有抗磁性的物质(例如铋)后,磁感应强度 $\boldsymbol{B}$ 即变小了:$B/B_0 < 1$;对顺磁性物质(例如铂),则磁感应强度变大了,即 $B/B_0 > 1$;对铁磁性(例如铁),则 $B/B_0 \gg 1$.

抗磁体在磁场中将排斥磁感线[如图 4B.1(a)],不过,只有超导体才是完全的抗磁体,能显示图 4B.1(a)那样的完全排斥性.顺磁体在磁场中将吸引磁感线,使磁感线密集[如图 4B.1(b)].而铁磁体则将使磁感线密集程度大大加强.

什么是物质磁性的起因呢?

抗磁性来源于外加磁场对原子内整个电子壳层的电磁感应作用,由此诱导出来的磁矩

---

* 感谢林念芸教授对修改本附录提供的帮助.

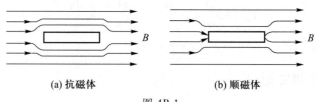

(a) 抗磁体   (b) 顺磁体

图 4B.1

方向与外加磁场相反,从而显示出抗磁性.体现出抗磁性的物质,其内部的磁矩必然是相互抵消的,不仅电子的自旋要两两成对,相应的自旋磁矩相互抵消,而且电子的轨道运动相应的磁矩也必须两两抵消,例如像图 4B.2(a)那样.对这样的体系,外加磁场 **B** 将引起什么样的变化呢?根据楞次(H. F. E. Lenz)定律,外加磁场将引起电流,而诱导电流产生的磁场将与原来的磁场方向相反.这样,对图 4B.2 左面那个轨道电子,诱导作用将使它转速变慢,从而 μ 变小,而对右面那个轨道电子,诱导作用将使它转速变快,从而使原来与 **B** 反向的磁矩变大.这样,本来相互抵消的两个磁矩,现在不再抵消,在与外加磁场方向相反的方向产生了一个净磁矩 $\mu''-\mu'$.这就是抗磁性的由来;它是诱导产生的磁矩,不是物质本身所固有的磁矩.

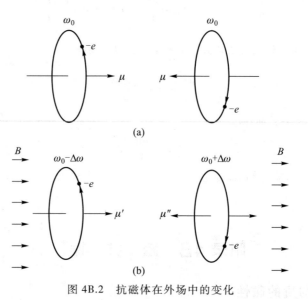

图 4B.2　抗磁体在外场中的变化

顺磁性与此相反,其先决条件是物质中必须存在固有磁矩.当外加磁场时,这些固有磁矩有沿磁场方向排列的趋向,故产生顺磁性.固有磁矩是什么呢?

固有磁矩即原子的总磁矩,它包括电子轨道磁矩、电子自旋磁矩和核磁矩三部分.核磁矩比电子磁矩小三个量级,对顺磁性的贡献可以忽略.如果电子轨道磁矩是固有磁矩的主要贡献者,那么,依照楞次定律,所有物质都应是抗磁体.对顺磁性起主要贡献的是电子的自旋磁矩,或称内禀(不变的)磁矩,它的数值不随电子运动状态而变,也不随外加磁场而变;它在经典物理中没有对应物,纯是量子物理所特有.外加磁场只能影响它的方向,从而对顺磁性作出贡献.

显然,只有当物质中存在未成对的电子,以致其自旋不两两抵消时,物质才能呈现顺磁性.当然,此时抗磁性仍存在,但微弱的抗磁性被强烈的顺磁性掩盖了.

铁磁性的先决条件也是物质中必须存在固有磁矩,但是,在顺磁性物质中,这些固磁矩大体是孤立的,以致在无外加磁场时,由于晶体的热骚动而处于完全混乱的排列.而在铁磁性物质中,情况就很不相同:固有磁矩之间有强烈的交换耦合,以致在无外加磁场时,在铁磁体的许多微小区域内,固有磁矩成有序排列,即产生了所谓**磁畴结构**.不过,各个磁畴的磁矩方向一般各不相同,因此,整体并不显示宏观磁化.但当外加磁场时,磁畴的磁矩方向有沿外加磁场方向排列的强烈趋势,使材料强烈磁化.

总之,抗磁性是普遍存在的,它的起因是楞次定律;顺磁性在经典物理中是不可理解的,它的起因是电子的自旋磁矩;铁磁性的起因则是磁畴结构.

（2）电子顺磁共振

当把具有未成对电子的物质置于外磁场 B 中时,就会发生因电子自旋磁矩与外磁场相互作用而产生的塞曼分裂,裂距 $\Delta E = g\mu_B B$(在电子顺磁共振谱学中,常以 $\Delta E = g\beta H$ 表示之).如果在垂直于外磁场方向再加上一频率为 ν 的电磁波,当电磁波的能量与塞曼能级间距相匹配时,即 $h\nu = g\mu_B B$ 时,就会发生物质从电磁波吸收能量的共振现象,称之**电子顺磁共振**(EPR),由于顺磁性的起因是电子的自旋,故又称为**电子自旋共振**(ESR).上式常称为实现EPR所应满足的共振条件.

电子顺磁共振与塞曼效应都基于电子磁矩与外加磁场相互作用而产生的塞曼能级分裂.但塞曼效应对应于价电子在电子能级间的跃迁,塞曼能级分裂仅使跃迁频率有微小移动;而电子顺磁共振则对应于未成对电子在基态塞曼能级本身之间的跃迁,见图4B.3.此外,电子顺磁共振仅对应于由电子自旋磁矩引起的塞曼能级分裂,而塞曼效应则没有这种限制.这是因为塞曼效应研究的是光源,是处于热激发中的自由原子或自由离子;电子的磁矩一般取决于电子自旋磁矩和轨道磁矩的合成.但是,两种磁矩的相对贡献则与顺磁物质的结构密切相关.大量的EPR实验表明,自由基的自旋贡献占99%以上,所以它的 g 因子十分接近自由电子的 g 因子(g_e),而多数过渡金属离子及其化合物的 g 值就远离 g_e,原因就是它的轨道贡献也很大.因此,g 值大小可以反映出局部磁场的特性,并成为能提供分子结构信息的一个重要参数.

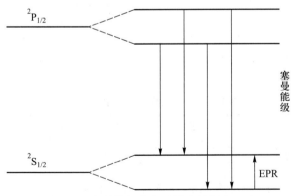

图 4B.3　塞曼能级和电子顺磁共振(EPR)

电子顺磁共振现象是在1944年由苏联学者柴伏依斯基(И. К. Завойский)首先发现的.从此很快形成了电子顺磁共振技术,它作为检测未成对电子的唯一直接的方法,引起了各方面的重视.直到现在,它仍是一门在不断发展的学科.这是因为,具有未成对电子的自由基和过渡金属离子等顺磁中心,均是在化学反应过程或材料性能中起重要作用的活性成分,用电子顺磁共振技术研究顺磁中心的结构和演变,对阐明反应机理或弄清材料性能与结构的关系具有很大意义.电子顺磁共振技术能用于研究:光合作用、致癌机理、催化原理、辐射效应、聚合过程、化学交换现象和反应中间产物,这些问题都是当代科学技术中的重大课题.

例如,从关系式 $h\nu = g\mu_B B$,我们可以在共振时测量出 g 因子.假如我们研究的是过渡金属离子,那么它的 d 电子壳层填满程度就会在 g 因子数值上得到反映,因此,g 的数值有助于判断离子价态.而离子价态对材料的性能往往有重要的影响,例如,氧化铬催化剂,五价铬离子对乙烯聚合反应有活性,而三价铬离子就没有这种活性.

在电子顺磁共振中,测量的不仅是 g 因子,而且还有共振谱线的宽度、线型、精细结构等等,它们都能给出有关样品的各种信息.

在电子顺磁共振技术刚出现时,研究的主要对象是自由基(含有未成对电子的化合物,称之为自由基),后来就扩展了.即使在样品中本来不存在未成对电子,也可采用人工的方法形成未成对电子,吸附、电解、热解、高能辐照、氧化-还原等都是产生顺磁中心的常见方法.特别是从 1965 年麦克康奈尔(H. McConell)等人提出自旋标记技术以来,人们可以用外来的"顺磁探头"接到被标记物质的分子上或扩散到被标记物质的内部,从而更加开阔了电子顺磁共振的应用范围.

(3) 核磁共振

在第七章我们将要知道,不仅电子有自旋,而且原子核也有自旋.如果塞曼能级分裂是由于核自旋磁矩与外磁场相互作用而产生的,与这种核塞曼能级间的跃迁相对应的磁共振现象叫**核磁共振**(NMR).与电子顺磁共振类似,核磁共振的条件是 $h\nu = g_I \mu_N B$;不过,这里的 g_I 是核的朗德因子,μ_N 是核磁子(§35).由于 μ_N 比电子的玻尔磁子 μ_B 约小三个量级,核塞曼能级间的间隔就比电子塞曼能级的间隔要小三个量级:对于电子,

$$\frac{\nu}{B} = 14 \, g \, \text{GHz/T}$$

对于核,

$$\frac{\nu}{B} = 7.6 \, g_I \, \text{MHz/T}$$

对于氢核,即质子,$g_I = 5.585\,694\,7$,我们可以求得与不同磁场对应的频率数值,见表 4B.1.表中 1.4 T 是 20 世纪 50 年代使用的磁场,2.1 T 与 2.3 T 是 20 世纪 60 年代的,8.5 T 与 14 T 则是 20 世纪 70 年代与 80 年代用超导磁场达到的.与 1.4 T 相应的 $\nu = 60$ MHz,相当于波长为 $\lambda \approx 5$ m;而电子顺磁共振,$B = 1$ T,$g \approx 1$ 时,$\nu = 14$ GHz,相应波长为 $\lambda = 2$ cm.一个是米波,一个是厘米波.

表 4B.1 核磁共振频率与外加磁场的关系

B/T	1.4	2.1	2.3	8.5	14
ν/MHz	59.6	89.4	97.9	362	600

核磁共振有着广泛的应用,特别是对液态有机化合物或能溶于某种溶剂的化合物.有机化合物多以碳、氢、氧三元素为主要成分.在碳、氧元素中,丰度大的同位素是 ^{12}C 和 ^{16}O,它们都是偶偶核,核自旋为零,对核磁共振没有贡献(§35).而 ^{13}C 只占 1.11%,^{17}O 只占 0.038%,但 ^{1}H 的丰度却高达 99.984 4%,因而氢的核磁共振最为显著.此外,^{19}F 和 ^{31}P 的丰度均为 100%,它们的核磁共振也已在生物化学与氟化学中得到了广泛的应用.最近十多年,随着仪器的发展,碳(^{13}C)谱的应用也日益增多,它对不含氢的化合物(例如,CCl_4,CS_2)具有特殊的意义.

假如当外加磁场 $B_{\text{外}}$ 时发生核磁共振,实际作用在原子核上的磁场却不是 $B_{\text{外}}$,而是

$B_{\text{外}} - \sigma B_{\text{外}} = (1-\sigma) B_{\text{外}}$. 这是因为核受到核外电子的屏蔽作用, σ 是屏蔽系数, $\sigma B_{\text{外}}$ 就是在 $B_{\text{外}}$ 磁场中核外电子产生的感应磁场, 即核外电子被诱导产生的、正比于 $B_{\text{外}}$ 但方向相反的抗磁场. 同一种核在不同的化学环境中, σ 可能不同; 例如, 乙基苯($C_6H_5CH_2CH_3$)是由 C_6H_5-、CH_2-CH_3 三个集团组成的, 每个集团都含 H, 但不同集团中 H 核所处的化学环境不同, 因而屏蔽情况也不同. 如果对于标准氢核引起的核磁共振的外磁场为 $B_{\text{外标}}$, 则对其他处于不同环境中的氢, 引起共振的外磁场 $B_{\text{外}}$ 将与 $B_{\text{外标}}$ 有一偏离, 定义:

$$\delta = \frac{B_{\text{外标}} - B_{\text{外}}}{B_{\text{外标}}} \times 10^6 \ \text{ppm}$$

δ 称为**化学位移**, 它反映了核外电子屏蔽的差异, 即化学环境的差异. 它的单位是 ppm(parts per million), 即百万分之几. 例如, 对乙基苯在 100 MHz 时的高分辨核磁共振谱如图 4B.4 所示. 乙基苯中—CH_3 上的三个质子、—CH_2—上的二个质子, C_6H_5—上的五个质子, 分别在分子中处于不同地位, 即环境不同. 因此, 它们在不同磁场强度下发生共振吸收, 即它们有着不同的化学位移 δ. δ 数值成了不同化学集团的"指纹"; 例如, 对一未知化学成分的物质, 如测得 $\delta = 1.22$ ppm 的谱线, 即表示在该物质中存在甲基 CH_3—. 现已建立了各种化学集团对应的核磁共振的标准谱线图, 供分析时对照使用. 图 4B.4 中—CH_2—(次甲基)和 CH_3—对应的谱线中的小峰, 是由不同化学集团间核自旋相互耦合引起的能级分裂造成的. 图中 TMS 代表四甲基硅(CH_3)$_4$Si, 它是常用的标准样品, 只有一个峰.

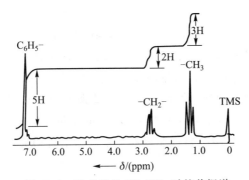

图 4B.4　乙基苯在 100 MHz 时的共振谱

从以上可见, 对于有机化合物, 核磁共振具有独特的优点. 若用电子顺磁共振技术, 则必须把有机化合物转化成自由基以后才能加以研究. 同时, 电子顺磁共振只能考察与未成对电子相关的几个原子范围内的分子结构, 因此, 在有机化合物的定性分析方面, 它远不如核磁共振优越. 但另一方面, 核磁共振技术的应用范围比较局限, 而电子顺磁共振的应用几乎遍及一切材料, 只要能在材料中形成顺磁中心就能加以研究.

核磁共振技术不仅在物理、化学、材料科学等方面有广泛应用, 在近代医学技术中也得到了重要应用. 在医学方面, *利用磁共振成像技术可以诊断软组织(各种脏器)的病变, 获得非常清晰的图像, 相比 X 射线更具优点. 其基本原理就是利用核磁共振技术测量人体组织中的氢核密度, 由于正常组织和病变组织中氢核密度有明显差别, 于是就可诊断脏器病变情况.

---

* 美国伊利诺斯大学的劳特伯(P. Lauterbur)和英国诺丁汉大学的物理学家曼斯菲尔德(P. Mansfield)因将核磁共振用于医学成像领域的突破性成果而获 2003 年度诺贝尔生理学或医学奖. 可查阅 www.nobelprize.org 中的介绍. 其应用实例, 可参序言中所引、由作者与 Hamilton 教授在 1996 年发表的著作, 以及文汇报, 2007 年 5 月 24 日, p10.

在现代分析仪器中,有相当一部分是利用被物质吸收或辐射的不同波段的电磁波对应于物质内部不同类型能级间的量子跃迁这一特性,探测物质内部结构的信息. 图 4B.5 显示出各种能级跃迁所对应的电磁波范围及波谱学分类.

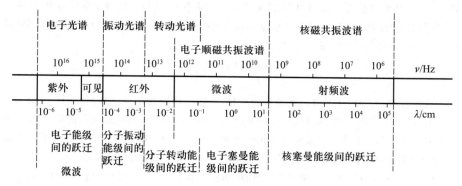

图 4B.5 各种能级跃迁及相应的波谱学的范围

参 考 文 献

[1] 薛鸿庆. 电子顺磁共振. 自然杂志,4(1981)932.

[2] 王金山. 核磁共振新技术简介. 物理,9(1980)62.

[3] 王金凤. 核磁共振在固体物理中的应用. 物理,9(1980)71.

[4] 史斌星. 量子物理. 北京:清华大学出版社,(1982)341.

[5] A.E. James et al.. J. Am. Medical Association(JAMA),247(1982)1331;
上文阐述了核磁共振近年来在医学方面取得的突破性的成果.

习 题

4-1 一束电子进入 1.2 T 的均匀磁场时,试问电子自旋平行于和反平行于磁场的电子的能量差为多大?

4-2 试计算原子处于 $^2D_{3/2}$ 状态的磁矩 $\boldsymbol{\mu}$ 及投影 μ_z 的可能值.

4-3 试证实:原子在 $^6G_{3/2}$ 状态的磁矩等于零,并根据原子矢量模型对这一事实作出解释.

4-4 在施特恩-格拉赫实验中,处于基态的窄的银原子束通过极不均匀的横向磁场,并射到屏上,磁极的纵向范围 $d = 10$ cm,磁极中心到屏的距离 $D = 25$ cm. 如果银原子的速率为 400 m/s,线束在屏上的分裂间距为 2.0 mm,试问磁场强度的梯度值应为多大?银原子的基态为 $^2S_{1/2}$,质量为 107.87 u.

4-5 在施特恩-格拉赫实验中(图 19.1),不均匀横向磁场梯度为 $\dfrac{\partial B_z}{\partial z} = 5.0$ T/cm,磁极的纵向范围 $d = 10$ cm,磁极中心到屏的距离 $D = 30$ cm,使用的原子束是处于基态 $^4F_{3/2}$ 的钒原子,原子的动能 $E_k = 50$ meV. 试求屏上线束边缘成分之间的距离.

4-6 在施特恩-格拉赫实验中,原子态的氢从温度为 400 K 的炉中射出,在屏上接受到两条氢束线,间距为 0.60 cm. 若把氢原子换成氯原子(基态为 $^2P_{3/2}$),其他实验条件不变,那么,在屏上可以接受到几条氯束线? 其相邻两束的间距为多少?

4-7 试问波数差为 29.6 cm^{-1} 的莱曼系主线双重线,属于何种类氢离子?

4-8 试估计作用在氢原子 2P 态电子上的磁场强度.

4-9 试用经典物理方法导出正常塞曼效应.

4-10 锌原子光谱中的一条谱线($^3S_1 \rightarrow {}^3P_0$)在 B 为 1.00 T 的磁场中发生塞曼分裂,试问:从垂直于磁场方向观察,原谱线分裂为几条? 相邻两谱线的波数差等于多少? 是否属于正常塞曼效应? 并请画出相应的能级跃迁图.

4-11 试计算在 B 为 2.5 T 的磁场中,钠原子的 D 双线所引起的塞曼分裂.

4-12 钾原子的价电子从第一激发态向基态跃迁时,产生两条精细结构谱线,其波长分别为 766.4 nm 和 769.9 nm,现将该原子置于磁场 B 中(设为弱场),使与此两精细结构谱线有关的能级进一步分裂.

(1) 试计算能级分裂大小,并绘出分裂后的能级图.

(2) 如欲使分裂后的最高能级与最低能级间的差距 ΔE_2 等于原能级差 ΔE_1 的 1.5 倍,所加磁场 B 应为多大?

4-13 假如原子所处的外磁场 B 大于该原子的内磁场,那么,原子的 $L \cdot S$ 耦合将解脱,总轨道角动量 L 和总自旋角动量 S 将分别独立地绕 B 旋进.

(1) 写出此时原子总磁矩 μ 的表示式;

(2) 写出原子在此磁场 B 中的取向能 ΔE 的表示式;

(3) 如置于 B 磁场中的原子是钠,试计算其第一激发态和基态的能级分裂,绘出分裂后的能级图,并标出选择定则($\Delta m_s = 0, \Delta m_l = 0, \pm 1$)所允许的跃迁.

4-14 在 $B = 4$ T 的外磁场中,忽略自旋-轨道相互作用,试求氢原子的 2P→1S 跃迁($\lambda = 121$ nm)所产生的谱线的波长.

第四章问题　　　参考文献——第四章

第五章　多电子原子：泡利原理

我们必须期望第十一个电子（钠）跑到第三个轨道上去.

——玻尔（1921）

　　　　*　　　　*　　　　*

你从光谱得出的结论一点也没有道理啊！！

——泡利（1921）

　　在前面几章中,我们讨论了单电子原子、类氢离子和具有一个价电子的原子的光谱,以及由此推得的这些原子的典型能谱,并说明了出现能级精细结构的原因.

　　本章将着重讨论具有两个电子（或两个价电子）的原子（§24,§25）,给出对多电子运动规律起主要作用的泡利（W.Pauli）原理（§26）.从泡利原理出发,可以说明核外电子组态的周期性,从而使化学元素周期性的概念物理化（§27）.

　　泡利原理是本章的中心内容,它在近代物理学中占有十分重要的地位.

§24　氦的光谱和能级

　　本章要讨论的是多电子原子,这里我们先探讨两个电子的原子——氦原子的情况.氦的光谱,如同碱金属光谱一样,存在一系列谱线系.但是,氦有两套谱线系,即有两个主线系,两个第一辅线系,两个第二辅线系等.这两套谱线的结构有显著的差别,其中一套谱线都是单线,另一套谱线却有复杂的结构.如同前几章那样,我们通过对光谱的分析研究,可以得到相应原子的能级图.图24.1就是从氦光谱分析推得的氦原子的能级图.不难看出,这个能级图具有如下四个特点:

　　（1）有两套结构.左边一套是单层的,右边一套大多数是三层.这两套能级之间没有相互跃迁*,它们各自内部的跃迁便产生了两套相互独立的光谱.因而早先曾以为有两种氦,那具有复杂结构的氦称为**正氦**,而产生单线光谱的则称为**仲氦**.现已证实只有一种氦,只是能级结构分为两套罢了.

---

*　　图24.1中有一条波长 $\lambda = 59.16$ nm 的跃迁起初以为是三重态 2^3P_1 和单一态 1^1S_0 之间的跃迁,后来已被确认为是杂质氖引起的谱线.

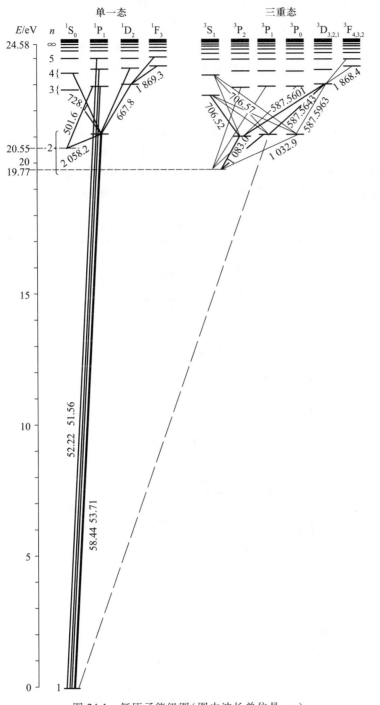

图 24.1　氦原子能级图(图中波长单位是 nm)

（2）存在着几个亚稳态*. 例如,图 24.1 中 2^1S_0 和 2^3S_1 分别都是亚稳态.

---

* 在原子的能谱中,除最低的一个能级状态称为基态外,其余均属激发态,处于激发态的原子很快便
会自发退激,但有些激发态能使原子留住较长一段时间,这样的激发态便称为亚稳态.

这表明某种选择规则限制了这些态以自发辐射的形式发生衰变.

（3）氦的基态 1^1S_0 与第一激发态 2^3S_1 之间能量相差很大（相对氢原子而言），有 19.77 eV；电离能也是所有元素中最大的，有 24.58 eV.

（4）在三层结构那套能级中没有来自 1s,1s 的能级.

以上是氦能谱的四个特点，下面将可逐步看到，这四个特点分别包含着四个物理概念.

此外，在图 24.1 所示的氦能谱中，除基态中两个电子都处于最低的 1s 态外，所有能级都是由一个电子处于 1s 态，另一个电子被激发到 2s、2p、3s、3p、3d 等态形成的. 参见图 24.2. 当然，这并不意味着两个电子都处于激发态是不可能的，但这里没有，因为它将需要更大的能量，观察亦较困难（见图 24.3）.

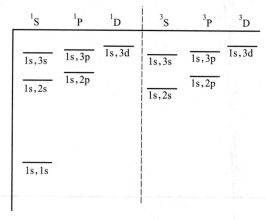

图 24.2　氦能级的标记

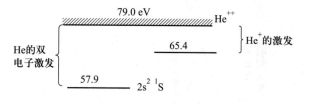

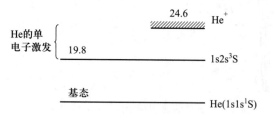

图 24.3　氦的单双电子激发态（不按比例）

图 24.1、图 24.2 还表明：凡电子组态相同的，三重态的能级总低于单一态中相应的能级. 其原因在 §26 中再述.

§25 两个电子的耦合

（1） 电子的组态

什么叫电子组态？这里以氢原子为例来说明这个问题. 氢原子中有一个电子,当氢原子处于基态时,这个电子在 $n=1$、$l=0$ 的状态,即可用 1s 来描写这个状态. 我们就称这 1s 是氢原子中一个电子的组态,它导致氢原子的基态是 $^2S_{1/2}$.

再看氦原子,它有两个电子. 当两个电子都在 1s 态时,这时的电子组态就记为 1s1s 或 $1s^2$.图 25.1 表示原子中电子可以处的状态. 氢原子中电子组态 1s 导致氢原子的基态是 $^2S_{1/2}$,那么,氦原子中电子组态 1s1s 导致什么样的原子态呢？为了回答这个问题,我们看下面几段.

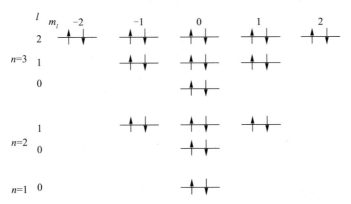

图 25.1　对应于不同 n 和 l 可能的状态

（2） L–S 和 j–j 耦合

氦原子中两个电子各有其轨道运动和自旋运动. 由前几章的讨论已知,这四种运动都会引起电磁相互作用. 代表这四种运动的量子数可以写成 l_1、s_1、l_2、s_2.四个量子数的组合只有六种,因此,这四种运动之间可以有六种相互作用,它们分别标记如下：$G_1(s_1s_2)$、$G_2(l_1l_2)$、$G_3(l_1s_1)$、$G_4(l_2s_2)$、$G_5(l_1s_2)$、$G_6(l_2s_1)$,这里 G_1 代表两个电子的自旋的相互作用,G_3 代表一个电子的轨道运动和它自己的自旋间的相互作用,G_5 是一个电子的轨道运动和另一个电子的自旋的相互作用,其余类推. 这六种相互作用强弱是不同的,而且在不同原子中情况也不一样. 从物理上来考虑,一般说来,G_5 和 G_6 这两个相互作用是较弱的,故可以忽略,而主要考虑其余四种相互作用. 这里不妨讨论两种极端的情形. 一种是 G_1 和 G_2 占优势,即两个电子自旋之间作用很强,两个电子的轨道运动之间作用也很强,那么两个自旋运动就要合成一个总的自旋运动,即 $s_1+s_2=S$,同样两个轨道角动量也要合成一个轨道总角动量,即 $l_1+l_2=L$,然后轨道总角动量再和自旋总角动量合成总角动量,即 $S+L=J$. 由于最后是 S 和 L 合成 J,故称此种耦合

过程为 L-S 耦合. 另一种是 G_3 和 G_4 占优势, 也就是电子的自旋同自己的轨道运动的相互作用比其余几种要强, 这时电子的自旋角动量和轨道角动量要先合成各自的总角动量, 即 $l_1+s_1=j_1$ 和 $l_2+s_2=j_2$, 然后两个电子的总角动量又合成原子的总角动量, 即 $j_1+j_2=J$, 这种耦合方式就被称为 j-j 耦合.

对于多电子情况, 若各电子的自旋、轨道角动量分别记为 $s_1,s_2,s_3,\cdots;l_1,l_2,l_3,\cdots$. 那么, 如在 §20 中已提及的, L-S 耦合可以记为

$$(s_1 s_2 s_3 \cdots)(l_1 l_2 l_3 \cdots) = (S,L) = J \tag{25-1}$$

而 j-j 耦合可以记为

$$(s_1 l_1)(s_2 l_2)(s_3 l_3)\cdots = (j_1 j_2 j_3 \cdots) = J \tag{25-2}$$

必须指出, L-S 耦合恰恰表示每个电子自身的自旋与轨道运动之间的相互作用比较弱, 这时, 主要的耦合作用发生在不同电子之间; 而 j-j 耦合则表示每个电子自身的自旋与轨道耦合作用比较强, 不同电子之间的耦合作用比较弱.

（3）两个角动量耦合的一般法则

L_1 和 L_2 分别表示是以 l_1 和 l_2 为量子数的角动量, 它们的数值分别是

$$\left.\begin{aligned} L_1 &= \sqrt{l_1(l_1+1)}\,\hbar \\ L_2 &= \sqrt{l_2(l_2+1)}\,\hbar \end{aligned}\right\} \tag{25-3}$$

把这两个角动量加起来, 即为

$$L_1 + L_2 = L$$

显然, L 也是角动量, 因此它的数值也应该满足

$$L = \sqrt{l(l+1)}\,\hbar \tag{25-4}$$

而 l 只能有下列数值:

$$l = l_1 + l_2, l_1 + l_2 - 1, \cdots, |l_1 - l_2| \tag{25-5}$$

这是从 l_1+l_2 到 $|l_1-l_2|$ 之间各邻近值相差 1 的一些数值. 如果是 $l_1>l_2$, 共有 $2l_2+1$ 个数值. 这样, 对于两个电子, 便有好几个可能的轨道总角动量. 为什么 l 的取值是这样的呢? 下面举个简单的例子来加以说明.

例如, 设有两个电子, 它们的轨道角动量量子数分别为 $l_1=1$ 和 $l_2=1$. 它们各自在 z 方向的投影分别是 $m_{l_1}=1,0,-1$ 和 $m_{l_2}=1,0,-1$. 因角动量相加只要将它们的投影值相加即可, 故称 m_{l_1} 的三个取值依次同 m_{l_2} 的三个数值相加, 结果如图 25.2 所示. 从图 25.2 我们即可明白 l 的取值确是按式 (25-5) 的规律进行的.

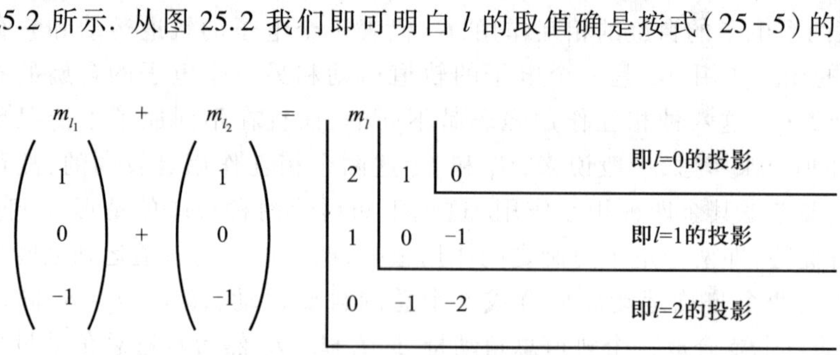

图 25.2　角动量耦合

（4）选择规则

在第三、四章中曾讨论到,单电子原子在发生电偶极辐射时的跃迁只能发生在有一定关系的状态之间,即要满足一定的选择规则.在附录3B已对跃迁的选择规则给出了简单的说明,并给出了具体的选择规则(3B−6)和(3B−9).在具有两个或两个以上电子的原子中,状态的电偶极辐射跃迁也具有选择性.首先按照耦合的类型有两套不同的选择规则:

L−S 耦合 $\Delta S = 0$

$\Delta L = 0, \pm 1$

$\Delta J = 0, \pm 1 (J = 0 \to J' = 0$ 除外$)$

j−j 耦合 $\Delta j = 0, \pm 1$

$\Delta J = 0, \pm 1 (J = 0 \to J' = 0$ 除外$)$

在这些选择规则中,$\Delta J = 0, \pm 1 (0 \longrightarrow 0$ 除外$)$这一条是由$|J_f - 1| \leqslant J_i \leqslant 1 + J_f$得到的,由 j−j 耦合亦可容易得到 $\Delta j = 0, \pm 1$.

另外,对上述两种耦合情况,都必须再加上一条普遍的选择规则,即要求初态与末态的宇称必须相反.在前面单电子跃迁的选择规则中要求初态与末态的$\Delta l = \pm 1$,这也满足了初、末态宇称相反的要求(l 与奇、偶宇称关系见 §17(1)中讨论).对于在原子跃迁中,有几个电子变动时,这一普遍规则就是要求在初态中这几个电子的 l 量子数相加与末态中它们的 l 量子数相加所得到的数值奇偶相反即可.

这种选择规则完全决定了氦原子的能谱.正是由于 L−S 耦合中 $\Delta S = 0$ 这条规则,决定了氦的两套能级之间不可能发生相互跃迁.然而 $\Delta S = 0$ 这一条规则并不是对所有原子都适用的,从图 25.3 所示的汞原子能谱中便可看到这一点.

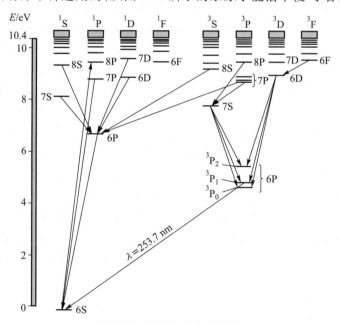

图 25.3　汞原子能谱示意图

其中由三重态能级向单一态能级发生跃迁的有好几个,这种现象的出现是由于L-S耦合在此不完全适合. 实验中发现图25.3中$^3P_1 \rightarrow {}^1S_0$的波长$\lambda = 253.7$ nm这个跃迁是相当强的. 不过,我们需要顺便指出,实验上观察到谱线的强与弱,不仅取决于相应的跃迁概率的大小,而且还取决于处于发生跃迁的这个能级中的原子的数目. 事实上,与253.7 nm这个跃迁相应的跃迁概率,相对讲,还算是比较小的.

另外,对氦原子来说,尽管由于选择规则的限制,两套能级之间没有相互辐射跃迁,但氦原子之间可以通过相互碰撞来交换能量——这不必服从选择规则,故正常的氦气是"正氦"与"仲氦"的混合.

(5) 由电子组态到原子态

现在我们考察如何从电子组态合成原子态,先考虑 sp 组态,即一个电子处在$l = 0$态,另一个电子处在$l = 1$态. 这两个电子的耦合可以按L-S耦合,也可以按j-j耦合方式进行.

先讨论L-S耦合. 因$s_1 = s_2 = \dfrac{1}{2}$,$l_1 = 0$,$l_2 = 1$,由式(25-5)得知$S = 0, 1$,而$L = 1$. 如前规定,$L = 1$的原子态称作 P 态. 然后将L和S合成J. 由式(25-5)知,当$S = 0$时,$J = L = 1$,是单一态;当$S = 1$时,$J = 2, 1, 0$,是三重态. 这样就得到了四个原子态,用符号分别表示为:$^1P_1$,$^3P_2$,$^3P_1$,$^3P_0$. 原子态符号左上角的数码是重态数($2S+1$),右下角是J值.

再看j-j耦合. 由式(25-5)知,$j_1 = 1/2$;$j_2 = 3/2, 1/2$,这样再由j_1和j_2合成的$J = 2, 1, 1, 0$,或:$\left(\dfrac{1}{2}, \dfrac{3}{2}\right)_2$,$\left(\dfrac{1}{2}, \dfrac{3}{2}\right)_1$,$\left(\dfrac{1}{2}, \dfrac{1}{2}\right)_1$,$\left(\dfrac{1}{2}, \dfrac{1}{2}\right)_0$.

由上述可知,两种耦合结果得到的J相同. 但须注意:原子态符号$^1P_1$等只适用于L-S耦合,而对j-j耦合则不能用,因在j-j耦合中没有S和L的数值.

上面由几何上说明了不同的耦合方式所决定的状态数目是一样的,即原子态的数目完全由电子的组态所决定.

以上讨论的是 sp 组态合成原子态的情况. 同样,对于 ss 组态,容易发现,合成的状态为$^1S_0$,$^3S_1$;前者对应于两电子的自旋反平行,后者对应于自旋平行. 类似地,还可以算出 pp 组态合成的状态为:$^1S_0$,$^1P_1$,$^1D_2$;$^3S_1$,$^3P_{2,1,0}$,$^3D_{3,2,1}$.

从这些例子,我们发现,对于两个电子的组态,合成后的状态总是分为两大类:一类为三重态,对应于自旋平行;一类为单一态(独态),对应于自旋反平行. 这就是为什么我们在氦光谱中观察到两套结构的原因.

不过,在氦光谱中,我们没有发现与 1s1s 组态对应的$^3S_1$状态;氦的基态是$^1S_0$态. 类似地,对于具有相同n量子数的两个 p 电子(npnp 组态),相应的原子态中从来没有发现^1P,^3S,^3D 这些状态;观察到的只是^1S,^1D,^3P. 为什么呢?

回忆一下,从电子组态合成各种状态时,我们唯一的依据只是角动量耦合的几何特性. 要回答哪些状态在实际中出现,哪些不出现,必须要寻找物理的原因. 这就是泡利不相容原理.

§26 泡利不相容原理

（1） 历史回顾[1-3]

玻尔在提出氢原子的量子理论之后,就致力于元素周期表的解释,他按照周期性的经验规律及光谱性质,已意识到:当原子处于基态时,不是所有的电子都能处于最内层的轨道. 他特别讨论了氦原子最内层轨道的"填满"问题,并且认为与氦原子光谱中存在两套互无联系的光谱的奇怪现象有本质的联系. 至于为什么在每一轨道上只能放有限数目的电子的问题,玻尔只是猜测:"只有当电子相互和睦时,才可能接受具有相同量子数的电子",否则,就"厌恶接受".

泡利是一个伟大的评论家和严肃的人,他并不喜欢这种牵强的解释. 早在1921 年,他年仅 21 岁,当读到玻尔在《结构原则》一文中所写的"我们必须期望第 11 个电子(钠)跑到第三个轨道上去"时,泡利写下了有两个惊叹号的批注:"你从光谱得出的结论一点也没有道理啊!!"他已意识到,在这些规律性的背后隐藏着一个重要的原理.

过了四年,泡利在仔细地分析了原子光谱和强磁场内的塞曼效应之后,明确地建立了他的不相容原理,使玻尔对元素周期系的解释有了牢固的基础. 十五年之后,在 1940 年,泡利又证明了不相容原理对自旋为半整数的粒子不是附加的新原理,而是相对论性波动方程结构的必然结果.

（2） 不相容原理的叙述

泡利提出不相容原理[4]是在量子力学产生之前,也是在电子自旋假设提出之前. 他发现,在原子中要完全确定一个电子的能态,需要四个量子数,并提出不相容原理:在原子中,每一个确定的电子能态上,最多只能容纳一个电子. 原来已经知道的三个量子数(n,l,m)只与电子绕原子核的运动有关,第四个量子数表示电子本身还有某种新的性质,泡利当时就预告:它只可取双值,且不能被经典物理所描述.

在乌伦贝克-古兹密特提出电子自旋假设后,泡利的第四个量子数就是电子自旋量子数 m_s,它可以取 $\pm 1/2$ 两个值. 于是,泡利的不相容原理就叙述为:**在一个原子中不可能有两个或两个以上的电子具有完全相同的四个量子数$(n,l,$**

---

〔1〕 W. Pauli. Nobel Lecture(Dec. 13,1946),Nobel Lectures Physics 1942—1962,Elsevier(1964)43.

〔2〕 W. Pauli,Science,103(1946)213.

〔3〕 V. Weisskopf. Phys. Today,23(Aug. 1970)17.

〔4〕 W. Pauli. Zeit. Physik,31(1925)765.泡利的不相容原理与乌伦贝克-古兹密特的电子自旋假设,海森伯的矩阵力学(量子力学的一种形式),是 1925 年的三大发现.

m_l, m_s). 换言之, **即, 原子中的每一个状态只能容纳一个电子.** 泡利不相容原理是微观粒子运动的基本规律之一. 这一原理可以在经典物理中找到某种相似的比喻. 例如, 两个小球不能同时占据同一个空间——此即牛顿的 "物质的不可穿透性". 应用泡利不相容原理, 就可以解释原子内部的电子分布状况和元素周期律.

后来发现, 这一原理可以更普遍地表述为: 在费米子(即自旋为 $\frac{1}{2}h$ 的奇数倍的微观粒子, 如电子、质子、中子等)组成的系统中, 不能有两个或更多的粒子处于完全相同的状态. 对于泡利不相容原理所反映的这种严格的排斥性的物理本质是什么? 这至今还是物理学界未完全揭开的一个谜.

(3) 应用举例

1. 氦原子的基态

从 §24 和 §25 我们可以知道, 依照 L-S 耦合规则, 氦的基态应该有 ${}^1S_0$ 和 ${}^3S_1$ 这两个态, 但在图 24.1 所示的氦原子能谱中只有 ${}^1S_0$ 态而并无 ${}^3S_1$ 态. 这是因为, 在 n, l, m_l 都相同时(两个 1s 电子, n, l 分别为 1, 0, m_l 必为 0), 两个电子的 m_s 必定不能相同, 从而不能出现三重态 ${}^3S_1$.

在图 24.1 或图 24.2, 我们已经看到, 三重态的能级总比相应的单一态能级要低, 例如 1s2s ${}^3S$ 低于 1s2s ${}^1S$, 即两电子倾向于自旋平行. [这也是所谓洪特定则的含义之一, 见 §27(4)]. 现在我们对 n, l 相同的电子(称为**同科电子**), 用泡利原理解释: 为什么电子 "喜爱" 平行. 对于同科电子, n, l 相同, 电子取平行自旋时, m_s 相同, 那时, 按泡利原理, m_l 必须不同, 即空间取向不同, 这正是电子所 "喜爱" 的: 因为电子相互排斥, 空间距离大时势能低, 体系稳定. 对于非同科电子, 同样由于泡利原理使三重态($S=1$)的两个电子不能靠拢, 造成相互间排斥小, 使体系变得稳定. 对这点的解释, 读者可参见附录 5A. 在此附录中, 我们利用波函数的对称性, 对此作了定性说明.

氦原子比氢原子多了一个核外电子, 从而多了一个电子的轨道角动量和电子的自旋以及相应的磁矩, 由此会产生多种磁的相互作用. 但我们要指出, 对氦原子的动力学性质起主要作用的是电的相互作用, 氦与氢的差异主要来自氦原子中电子间的静电相互作用, 而这一相互作用的大小又受泡利原理的控制. 因此我们说, 氦光谱的(氦原子动力学性质的体现)主要决定因素是泡利不相容原理. 对此, 我们简要说明如下:

在第四章中我们已经估计过, 磁的相互作用大小约为 10^{-3} eV 数量级(例如钠的 D 线分裂为 0.6 nm, 相当于 2×10^{-3} eV). 而两电子的静电相互作用

$$\frac{1}{4\pi\varepsilon_0} \frac{e^2}{|\boldsymbol{r}_1 - \boldsymbol{r}_2|} \approx \frac{1.44 \text{ nm} \cdot \text{eV}}{0.05 \text{ nm}} \approx 28 \text{ eV}$$

比磁相互作用大得多. 虽然电力本身与电子的自旋无关, 但两电子的自旋平行与否却通过泡利原理影响了两电子的空间分布, 从而影响了电的相互作用(见

附录5A）.

2. 原子的大小

在第一章中曾给出一张表,这张表反映出原子的大小几乎都一样,而这一点用经典物理和旧量子论都不能给以解释,现在用泡利原理则可以圆满地解释了.

按照玻尔的观点,原子的大小应该如图 26.1 所示,因随着原子序数 Z 的增大,核外电子受到原子核正电荷 $+Ze$ 的吸引力增大,则电子离核的距离减小;又每个核外电子都要占据能量最低的轨道,从而受到的吸引力相等. 因而,随着 Z 增大,原子的半径越来越小. 按照泡利原理,虽然第一层的轨道半径是小了,但电子不能都在同一轨道,因而排列的轨道层次增加,故最终使原子的大小随 Z 而变化的变更甚微.

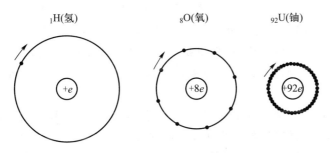

₁H(氢)   ₈O(氧)   ₉₂U(铀)

图 26.1   不存在泡利原理时的玻尔轨道

3. 金属中的电子

金属有一个特征:在加热的过程中,原子核与核外电子得到的能量不是均匀分摊的,而几乎全由原子核得去,增强了原子的热运动. 为什么金属中的电子几乎不能从加热中得到能量呢? 按照泡利原理,原子中电子排列如图 26.2 所示,要使底层的电子得到能量而激发是十分困难的,因为它附近的能态都已被占满,因此除非吸收很大能量否则就不接受能量. 我们知道,加热一万摄氏度才刚相当于给电子约一个电子伏的能量,而金属中晶格骨架能够经受的热运动的能量远远小于这个量级. 以铝为例,当加温到几百摄氏度其晶格骨架就断裂了. 宏观表现在:铝被熔化了. 这就是说,金属中晶格骨架能够经受的最大热能不能使底层电子电离,从而金属中的电子几乎不能从加热中得到能量,即使能够得到能量,那也只能是最外层的几个电子.

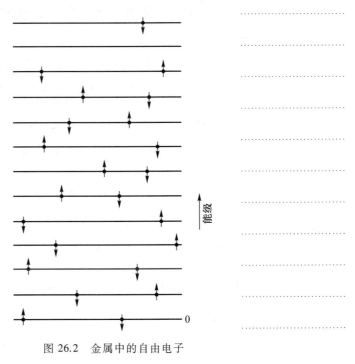

能级

图 26.2   金属中的自由电子

4. 原子核内独立核子运动

在第一章中曾提到原子核以极高密度的形式存在. 按理,在如此高密度的原子核中,核子之间是非常拥挤不堪的,但实验却证实,核子在其中可以自由往来. 这种现象似乎也是不可理解的. 然而,用泡利原理便不难作出解释. 因按照泡利原理,由于基态附近的一些状态均已被占满,核子之间不能由相互碰撞而改变状态. 即没有相互碰撞(非弹性散射),核子便表现为相当自由地运动.

5. 核子内的有色夸克

在高能物理中,有些粒子被认为是由三个相同夸克*组成的. 设这三个夸克都为基态,且现在认为夸克是自旋为 $\frac{1}{2}\hbar$ 的费米子,则当两个夸克的自旋方向确定之后,第三个夸克的自旋方向如何取呢? 不是向上便是向下——不是与前一个夸克相同,便是和另一个夸克相同,这不违反了泡利原理吗? 看来在这个问题上似乎濒临危机,但危机终未发生. 因人们在引进夸克的时候,又以蓝、绿、红三种颜色作为描写夸克量子状态的量子数,这样泡利原理便同样得到了满足.

以上举了五个例子,从物理学中的不同层次阐述了泡利不相容原理的客观性和重要性. 可以想象,要是没有泡利原理,那么一切原子的基态都是相似的,原子中的电子将全部集中在最低能量的量子态上,一切原子在本质上都显示出相同性质,这将形成最枯燥无味的世界——而这又是不堪设想的. 今日自然界所呈现的多样性,很大程度上是归根于这个不相容原理的.

(4) 补注:同科电子合成的状态

n 和 l 二量子数相同的电子称为**同科电子**. 由于泡利不相容原理的影响,使同科电子形成的原子态比非同科电子形成的原子态要少得多. 这是因为对于同科电子,许多本来可能有的角动量状态由于泡利不相容原理而被去除了,从而使同科电子产生的状态数目大大减少. 例如两个 p 电子,如果 n 不同,按照 $L-S$ 耦合法则,会形成 ^1S、^1P、^1D、^3S、^3P、^3D 这几种原子态;而如果是同科的,则形成的原子态是 ^1S、^1D 和 ^3P,即比两个非同科的 p 电子形成的原子态少得多. 为什么这样说? 我们来分析一下.

两个 p 电子,又有相同的 n,则电子的组态为 np^2.依照泡利原理,两组量子数 (n,l,m_l,m_s) 与 (n,l,m_l',m_s') 不能全同,即 m_l 与 m_l' 不同,或 m_s 与 m_s' 不同,或两者都不同. m_l 和 m_l' 分别可取 $+1,0,-1$,而 m_s 和 m_s' 分别可取 $+\frac{1}{2}$(简记为+),$-\frac{1}{2}$(简记为-). m_l 与 m_l' 都为 +1 时,合成的 M_L 为 +2,那时 m_s 与 m_s' 不

---

* 在高能物理中,夸克(又称层子)被看作是构成一切重子(如质子、中子、π 介子)的亚粒子,有关内容将在附录Ⅱ中再作讨论.

能相同,因此只能有一种情况:$(1,+)(1,-)$;这就是表 26.1 第一行给出的. 请注意,两个电子中,"甲电子 $m_l=1$, $m_s=+\dfrac{1}{2}$,乙电子 $m_l=1$, $m_s=-\dfrac{1}{2}$" 与"甲电子 $m_l=1$, $m_s=-\dfrac{1}{2}$,乙电子 $m_l=1$, $m_s=+\dfrac{1}{2}$" 是完全等同的. 在经典物理中,两个粒子总可以区分为甲、乙;在量子物理中,是办不到的,电子是全同的,不能加以"标记". 这是经典物理与量子物理的原则区别之一.

类似地,我们可以得到表 26.1 的其他各项.

表 26.1 对 $n\mathrm{p}^2$ 组态,可能的 m_l 和 m_s 数值

M_L ＼ M_S	-1	0	$+1$
$+2$		$(1,+)(1,-)$	
$+1$	$(1,-)(0,-)$	$(1,+)(0,-)$ $(1,-)(0,+)$	$(1,+)(0,+)$
0	$(1,-)(-1,-)$	$(1,+)(-1,-)$ $(0,+)(0,-)$ $(1,-)(-1,+)$	$(1,+)(-1,+)$
-1	$(0,-)(-1,-)$	$(0,+)(-1,-)$ $(0,-)(-1,+)$	$(0,+)(-1,+)$
-2		$(-1,+)(-1,-)$	

假如把表 26.1 图画在 M_S—M_L 平面上,即得图 26.3(a). 图中每一方块相应于不同的 M_S—M_L 数值,例如中心处的那个方块即代表 $M_L=M_S=0$. 方块中的数字代表状态数. 我们可以把图 26.3(a)拆成三张图[即图 26.3(b)、(c)、(d)],使每个方块只对应一个状态,而总的状态数不变(仍为 15,即是表 26.1 中的状态总数). 这样,显而易见,图 26.3(b)、(c)、(d)分别代表三种态项(又称谱项):$L=2$, $S=0$, $^1\mathrm{D}$;$L=1$, $S=1$, $^3\mathrm{P}$;$L=0$, $S=0$, $^1\mathrm{S}$. 这就是 $n\mathrm{p}^2$ 组态能够组成的、服从泡利原理的三个态项. 这样的分析方法,称为**斯莱特方法**(J. C. Slater 首先提出)[5]. 图 26.4 则对应于 $n\mathrm{p}^3$ 组态,由此可得到 $^4\mathrm{S}$、$^2\mathrm{P}$、$^2\mathrm{D}$ 三种态项(请读者自行得到图 26.4). 类似地,可给出其他同科电子合成的态项,见表 26.2. 表内 p 与 p^5 给出相同的态项,d^2 与 d^8 也给出相同的态项,……,其理由,我们在下面 §27 中再加以阐明. 为了比较,我们在表 26.3 列出部分的非同科电子给出的态项.

---

[5] M. Alonso & E. J. Finn. Fundamental University Physics. Addison-Wesley Pub. Co. ,3(1978)170.

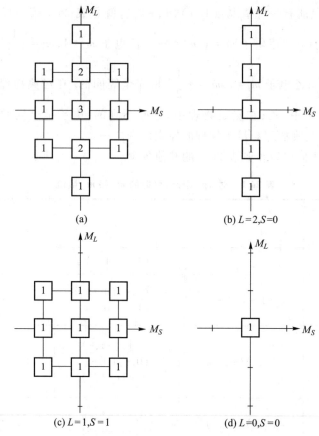

(a)

(b) $L=2, S=0$

(c) $L=1, S=1$

(d) $L=0, S=0$

图 26.3　确定同科电子($n\mathrm{p}^2$ 组态)的态项的图解法

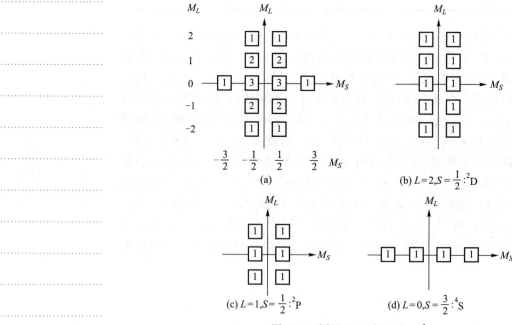

(a)

(b) $L=2, S=\dfrac{1}{2}:{}^2\mathrm{D}$

(c) $L=1, S=\dfrac{1}{2}:{}^2\mathrm{P}$

(d) $L=0, S=\dfrac{3}{2}:{}^4\mathrm{S}$

图 26.4　同图 26.3,但对应 $n\mathrm{p}^3$

表 26.2　同科电子的态项

电子组态	态项	电子组态	态项
s	^2S	d, d⁹	^2D
s²	^1S	d², d⁸	$^1S, ^1D, ^1G, ^3P, ^3F$
p, p⁵	^2P	d³, d⁷	$^2P, ^2D, ^2F, ^2G, ^2H, ^4P, ^4F$
p², p⁴	$^1S, ^1D, ^3P$	d⁴, d⁶	$^1S, ^1D, ^1F, ^1G, ^1I, ^3P,$ $^3D, ^3F, ^3G, ^3H, ^5D$
p³	$^4S, ^2P, ^2D$	d⁵	$^2S, ^2P, ^2D, ^2F, ^2G, ^2H,$ $^2I, ^4P, ^4F, ^4D, ^4G, ^6S$

表 26.3　非同科电子的态项

电子组态	态项
ss	$^1S, ^3S$
sp	$^1P, ^3P$
sd	$^1D, ^3D$
pp	$^1S, ^1P, ^1D, ^3S, ^3P, ^3D$
pd	$^1P, ^1D, ^1F, ^3P, ^3D, ^3F$
dd	$^1S, ^1P, ^1D, ^1F, ^1G, ^3S, ^3P, ^3D, ^3F, ^3G$

§27　元素周期表

（1）元素性质的周期性

1869 年,门捷列夫(Д. И. Менделеев)首先提出元素周期表.当时,周期表是按原子量的次序排列起来的,虽然比较粗糙,但仍能反映元素性质的周期变化特性.那时共知道 62 个元素,按其性质的周期性排列时,并不连续,而是出现了一些空位.在周期性的前后特征的指导下,于 1874—1875 年发现了钪(Sc),它处于钙和钛之间;又发现了锗(Ge)和镓(Ga),它们填补了锌与砷之间的两个空位.虽然元素周期表不断完善,并取得了不少成果,但五十余年来不能对元素性质的周期性作出一个满意的解释.

第一个对周期表给予物理解释的是玻尔,他在 1916 年至 1918 年期间,把元素按电子组态的周期性排列成表,类似于表 27.1.当时对未发现的第 72 号元素,按以前的周期表,人们认为它应属稀土元素,但按照玻尔的排列方法,它应该类似于锆.1922 年,在哥本哈根大学的玻尔创立的研究所里,确实从锆矿中找到了这一新元素,并定名为铪($_{72}$Hf,hafnium,哥本哈根的拉丁拼法).这里,玻尔依靠的是"直觉".只是在 1925 年泡利提出不相容原理之后,才比较深刻地理解到,元素的周期性是电子组态的周期性的反映,而电子组态的周期性则联系于

表27.1 按电子组态排列的元素周期表

周期＼族	1a	2a	3b	4b	5b	6b	7b	8			1b	2b	3a	4a	5a	6a	7a	0
1	$_1$H $1s^1$																	$_2$He $1s^2$
2	$_3$Li $2s^1$	$_4$Be $2s^2$											$_5$B $2s^2 2p^1$	$_6$C $2s^2 2p^2$	$_7$N $2s^2 2p^3$	$_8$O $2s^2 2p^4$	$_9$F $2s^2 2p^5$	$_{10}$Ne $2s^2 2p^6$
3	$_{11}$Na $3s^1$	$_{12}$Mg $3s^2$											$_{13}$Al $3s^2 3p^1$	$_{14}$Si $3s^2 3p^2$	$_{15}$P $3s^2 3p^3$	$_{16}$S $3s^2 3p^4$	$_{17}$Cl $3s^2 3p^5$	$_{18}$Ar $3s^2 3p^6$
4	$_{19}$K $4s^1$	$_{20}$Ca $4s^2$	$_{21}$Sc $3d^1 4s^2$	$_{22}$Ti $3d^2 4s^2$	$_{23}$V $3d^3 4s^2$	$_{24}$Cr $3d^5 4s^1$	$_{25}$Mn $3d^5 4s^2$	$_{26}$Fe $3d^6 4s^2$	$_{27}$Co $3d^7 4s^2$	$_{28}$Ni $3d^8 4s^2$	$_{29}$Cu $3d^{10} 4s^1$	$_{30}$Zn $3d^{10} 4s^2$	$_{31}$Ga $4s^2 4p^1$	$_{32}$Ge $4s^2 4p^2$	$_{33}$As $4s^2 4p^3$	$_{34}$Se $4s^2 4p^4$	$_{35}$Br $4s^2 4p^5$	$_{36}$Kr $4s^2 4p^6$
5	$_{37}$Rb $5s^1$	$_{38}$Sr $5s^2$	$_{39}$Y $4d^1 5s^2$	$_{40}$Zr $4d^2 5s^2$	$_{41}$Nb $4d^4 5s^1$	$_{42}$Mo $4d^5 5s^1$	$_{43}$Tc $4d^5 5s^2$	$_{44}$Ru $4d^7 5s^1$	$_{45}$Rh $4d^8 5s^1$	$_{46}$Pd $4d^{10}$	$_{47}$Ag $4d^{10} 5s^1$	$_{48}$Cd $4d^{10} 5s^2$	$_{49}$In $5s^2 5p^1$	$_{50}$Sn $5s^2 5p^2$	$_{51}$Sb $5s^2 5p^3$	$_{52}$Te $5s^2 5p^4$	$_{53}$I $5s^2 5p^5$	$_{54}$Xe $5s^2 5p^6$
6	$_{55}$Cs $6s^1$	$_{56}$Ba $6s^2$	$_{57}$La $_{71}$Lu	$_{72}$Hf $5d^2 6s^2$	$_{73}$Ta $5d^3 6s^2$	$_{74}$W $5d^4 6s^2$	$_{75}$Re $5d^5 6s^2$	$_{76}$Os $5d^6 6s^2$	$_{77}$Ir $5d^7 6s^2$	$_{78}$Pt $5d^9 6s^1$	$_{79}$Au $5d^{10} 6s$	$_{80}$Hg $5d^{10} 6s^2$	$_{81}$Tl $6s^2 6p^1$	$_{82}$Pb $6s^2 6p^2$	$_{83}$Bi $6s^2 6p^3$	$_{84}$Po $6s^2 6p^4$	$_{85}$At $6s^2 6p^5$	$_{86}$Rn $6s^2 6p^6$
7	$_{87}$Fr $7s^1$	$_{88}$Ra $7s^2$	$_{89}$Ac $_{103}$Lr	$_{104}$Rf														

特定轨道的可容性和能量最小原理. 这样,化学性质的周期性用原子结构的物理图像得到了说明,从而使化学概念"物理化",化学不再是一门和物理学互不相通的学科了.

图 27.1 给出电离能随原子序数 Z 的变化关系,它充分显示了元素的化学性质的周期变化特性(电离能的数值见表 27.2). 图中那些峰值所对应的 Z,在历史上称为**幻数**,这是由于早期人们对这种现象不理解的缘故. 在本节最后将讨论图中这种升降变化的原因.

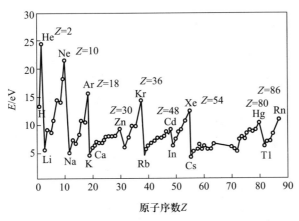

图 27.1 元素的电离能

表 27.2 原子的电子组态、原子基态及电离能 *

Z	符号	名称	基态组态	基态	电离能/eV
1	H	氢	1s	$^2S_{1/2}$	13.599
2	He	氦	$1s^2$	^1S	24.581
3	Li	锂	[He]2s	$^2S_{1/2}$	5.390
4	Be	铍	$2s^2$	$^1S_0$	9.320
5	B	硼	$2s^2 2p$	$^2P_{1/2}$	8.296
6	C	碳	$2s^2 2p^2$	$^3P_0$	11.256
7	N	氮	$2s^2 2p^3$	$^4S_{3/2}$	14.545
8	O	氧	$2s^2 2p^4$	$^3P_2$	13.614
9	F	氟	$2s^2 2p^5$	$^2P_{3/2}$	17.418
10	Ne	氖	$2s^2 2p^6$	$^1S_0$	21.559
11	Na	钠	[Ne]3s	^2S	5.138
12	Mg	镁	$3s^2$	^1S	7.644
13	Al	铝	$3s^2 3p$	$^2P_{1/2}$	5.984

---

* 取自:[6]史斌星. 量子物理. 清华大学出版社(1982)220.

Z	符号	名称	基态组态	基态	电离能/eV
14	Si	硅	$3s^2 3p^2$	$^3P_0$	8.149
15	P	磷	$3s^2 3p^3$	^4S	10.484
16	S	硫	$3s^2 3p^4$	$^3P_2$	10.357
17	Cl	氯	$3s^2 3p^5$	$^2P_{3/2}$	13.01
18	Ar	氩	$3s^2 3p^6$	^1S	15.755
19	K	钾	$[Ar]4s$	^2S	4.339
20	Ca	钙	$4s^2$	^1S	6.111
21	Sc	钪	$3d4s^2$	$^2D_{3/2}$	6.538
22	Ti	钛	$3d^2 4s^2$	$^3F_2$	6.818
23	V	钒	$3d^3 4s^2$	$^4F_{3/2}$	6.743
24	Cr	铬	$3d^5 4s$	^7S	6.764
25	Mn	锰	$3d^5 4s^2$	^6S	7.432
26	Fe	铁	$3d^6 4s^2$	$^5D_4$	7.868
27	Co	钴	$3d^7 4s^2$	$^4F_{9/2}$	7.862
28	Ni	镍	$3d^8 4s^2$	$^3F_4$	7.633
29	Cu	铜	$3d^{10} 4s$	^2S	7.724
30	Zn	锌	$3d^{10} 4s^2$	^1S	9.391
31	Ga	镓	$3d^{10} 4s^2 4p$	$^2P_{1/2}$	6.00
32	Ge	锗	$3d^{10} 4s^2 4p^2$	$^3P_0$	7.88
33	As	砷	$3d^{10} 4s^2 4p^3$	^4S	9.81
34	Se	硒	$3d^{10} 4s^2 4p^4$	$^3P_2$	9.75
35	Br	溴	$3p^{10} 4s^2 4p^5$	$^2P_{3/2}$	11.84
36	Kr	氪	$3d^{10} 4s^2 4p^6$	^1S	13.996
37	Rb	铷	$[Kr]5s$	^2S	4.176
38	Sr	锶	$5s^2$	^1S	5.692
39	Y	钇	$4d5s^2$	$^2D_{3/2}$	6.377
40	Zr	锆	$4d^2 5s^2$	$^3F_2$	6.835
41	Nb	铌	$4d^4 5s$	$^6D_{1/2}$	6.881
42	Mo	钼	$4d^5 5s$	^7S	7.10
43	Tc	锝	$4d^5 5s^2$	^6S	7.228
44	Rn	钌	$4d^7 5s$	$^5F_5$	7.365
45	Rh	铑	$4d^8 5s$	$^4F_{9/2}$	7.461

Z	符号	名称	基态组态	基态	电离能/eV
46	Pd	钯	$4d^{10}$	^1S	8.334
47	Ag	银	$4d^{10}5s$	^2S	7.574
48	Cd	镉	$4d^{10}5s^2$	^1S	8.991
49	In	铟	$4d^{10}5s^25p$	$^2P_{1/2}$	5.785
50	Sn	锡	$4d^{10}5s^25p^2$	$^3P_0$	7.342
51	Sb	锑	$4d^{10}5s^25p^3$	^4S	8.639
52	Te	碲	$4d^{10}5s^25p^4$	$^3P_2$	9.01
53	I	碘	$4d^{10}5s^25p^5$	$^2P_{3/2}$	10.454
54	Xe	氙	$4d^{10}5s^25p^6$	^1S	12.127
55	Cs	铯	$[Xe]6s$	^2S	3.893
56	Ba	钡	$6s^2$	^1S	5.210
57	La	镧	$5d6s^2$	$^2D_{3/2}$	5.61
58	Ce	铈	$4f5d6s^2$	$^3H_4$	6.54
59	Pr	镨	$4f^36s^2$	$^4I_{9/2}$	5.48
60	Nd	钕	$4f^46s^2$	$^5I_4$	5.51
61	Pm	钷	$4f^56s^2$	$^6H_{5/2}$	5.55
62	Sm	钐	$4f^6s^2$	$^7F_0$	5.63
63	Eu	铕	$4f^76s^2$	^8S	5.67
64	Gd	钆	$4f^75d6s^2$	$^9D_2$	6.16
65	Tb	铽	$4f^96s^2$	$^6H_{15/2}$	6.74
66	Dy	镝	$4f^{10}6s^2$	$^5I_3$	6.82
67	Ho	钬	$4f^{11}6s^2$	$^4I_{15/2}$	6.02
68	Er	铒	$4f^{12}6s^2$	$^3H_6$	6.10
69	Tm	铥	$4f^{13}6s^2$	$^2F_{7/2}$	6.18
70	Yb	镱	$4f^{14}6s^2$	^1S	6.22
71	Lu	镥	$4f^{14}5d6s^2$	$^2D_{3/2}$	6.15
72	Hf	铪	$4f^{14}5d^26s^2$	$^3F_2$	7.0
73	Ta	钽	$4f^{14}5d^36s^2$	$^4F_{3/2}$	7.88
74	W	钨	$4f^{14}5d^46s^2$	$^5D_0$	7.98
75	Re	铼	$4f^{14}5d^56s^2$	^6S	7.87
76	Os	锇	$4f^{14}5d^66s^2$	$^5D_4$	8.7
77	Ir	铱	$4f^{14}5d^76s^2$	$^4F_{9/2}$	9.2

Z	符号	名称	基态组态	基态	电离能/eV
78	Pt	铂	$4f^{14}5d^96s^1$	$^3D_3$	8.88
79	Au	金	$[Xe,4f^{14}5d^{10}]6s$	^2S	9.223
80	Hg	汞	$6s^2$	^1S	10.434
81	Tl	铊	$6s^26p$	$^2P_{1/2}$	6.106
82	Pb	铅	$6s^26p^2$	$^3P_0$	7.415
83	Bi	铋	$6s^26p^3$	^4S	7.287
84	Po	钋	$6s^26p^4$	$^3P_2$	8.43
85	At	砹	$6s^26p^5$	$^2P_{3/2}$	9.5
86	Rn	氡	$6s^26p^6$	^1S	10.745
87	Fr	钫	$[Rn]7s$	^2S	4.0
88	Ra	镭	$7s^2$	^1S	5.277
89	Ac	锕	$6d7s^2$	$^2D_{3/2}$	6.9
90	Th	钍	$6d^27s^2$	$^3F_2$	6.1
91	Pa	镤	$5f^26d7s^2$	$^4K_{11/2}$	5.7
92	U	铀	$5f^36d7s^2$	$^5L_6$	6.08
93	Np	镎	$5f^46d7s^2$	$^6L_{11/2}$	5.8
94	Pu	钚	$5f^67s^2$	$^7F_0$	5.8
95	Am	镅	$5f^77s^2$	^8S	6.05
96	Cm	锔	$5f^76d7s^2$	$^9D_2$	
97	Bk	锫	$5f^97s^2$	$^6H_{15/2}$	
98	Cf	锎	$5f^{10}7s^2$	$^5I_8$	
99	Es	锿	$5f^{11}7s^2$	$^4I_{15/2}$	
100	Fm	镄	$5f^{12}7s^2$	$^3H_6$	
101	Md	钔	$5f^{13}7s^2$	$^2F_{7/2}$	
102	No	锘	$5f^{14}7s^2$	$^1S_0$	
103	Lr	铹	$6d5f^{14}7s^2$	$^2D_{5/2}$	

（2） 壳层中电子的数目

在多电子原子中,决定电子所处状态的准则有两条,一是泡利不相容原理;一是能量最小原理,即体系能量最低时,体系最稳定.周期表就是按照这样两条准则排列的. 我们先来考察一下,由第一条准则如何决定壳层中电子的数目,然后[见下面(3)],再看第二条准则如何决定壳层的次序.

我们已经知道，原子中一个电子的状态，是由 n、l、m_l、m_s 四个量子数确定的，这四个量子数确定了，则这个电子的状态也就确定了. 为了便于研究电子在原子中的结构，通常我们按照主量子数 n 和角量子数 l 把电子的可能的状态分成壳层. 因电子的能量（或能级）主要决定于主量子数 n，故对于能量相同的一些电子可以视为分布于同一个壳层上. 因此，随着 n 数值的不同，我们可以把电子分为许多**壳层**，具有相同的 n 值的电子称为同一壳层的电子. 我们将相应于 $n = 1, 2, 3, 4, \cdots$ 的壳层，分别称为 K 壳层，L 壳层，M 壳层，N 壳层，$\cdots$，等. 在同一壳层中，可以有 $0, 1, 2, \cdots, (n-1)$ 个角量子数 l；于是，每一个壳层就分成了若干**支壳层**，并分别用符号 s，p，d，f，g，h 等来代表 $l = 0, 1, 2, 3, 4, 5$ 等次壳层.

泡利不相容原理告诉我们，不能有两个电子具有完全相同的四个量子数. 由此可见，原子中的电子必须分布在不同的状态. 上面已给出了关于原子中的壳层和次壳层的定义和命名，现在就根据泡利原理来推算每一个壳层和次壳层中可容纳的最多电子数目.

先讨论每一个次壳层中可以容纳的最多电子数. 因次壳层主要决定于量子数 l，对一个 l，可以有 $2l+1$ 个 m_l 值；对每一个 m_l，又可以有两个 m_s，即 $m_s = +\dfrac{1}{2}$ 和 $-\dfrac{1}{2}$. 由此可知，对每一个 l，可以有 $2(2l+1)$ 个不同的状态，此即表示每一个次壳层中可以容纳的最多电子数是

$$N_l = 2(2l + 1) \tag{27-1}$$

于是，我们有：

角动量，l	0	1	2	3	4
符号	s	p	d	f	g
状态数，$2(2l+1)$	2	6	10	14	18

参见图 27.2. 以上讨论可知，在 p 态上，填满可以有 6 个电子. 由于填满时，这 6 个电子的角动量之和为零，即对总角动量没有贡献. 这说明 p 态上 1 个电子和 5 个电子对角动量的贡献是一样的，即对同科电子 p 与 p^5 有相同的态项（见表 26.2）. 同样可说明，p^2 与 p^4，d^2 与 $d^8 \cdots$ 有相同态项的原因.

再看每一个壳层可以容纳的最多电子数. 因壳层是以 n 的数值来划分的，当 n 一定，l 可以有 n 个取值，即 $l = 0, 1, 2, \cdots, (n-1)$. 因此，对每一个 n 来说，可以有的状态数，亦即可以容纳的最多电子数是

$$N_n = \sum_{l=0}^{n-1} 2(2l + 1) = 2n^2 \tag{27-2}$$

这就给出了图 27.2 中最后一行数字.

至此，我们讲了电子壳层的划分及各壳层中可能存在的电子数目. 但是，电子依照什么样的次序填入壳层呢？

	K	L		M			N			
n	1	2		3			4			
l	0 s	0 s	1 p	0 s	1 p	2 d	0 s	1 p	2 d	3 f
m_l	0	0	-1 0 1	0	-1 0 1	-2 -1 0 1 2	0	-1 0 1	-2 -1 0 1 2	-3 -2 -1 0 1 2 3
m_s	↑↓	↑↓	↑↓ ↑↓ ↑↓	↑↓	↑↓ ↑↓ ↑↓	↑↓ ↑↓ ↑↓ ↑↓ ↑↓	↑↓	↑↓ ↑↓ ↑↓	↑↓ ↑↓ ↑↓ ↑↓ ↑↓	↑↓ ↑↓ ↑↓ ↑↓ ↑↓ ↑↓ ↑↓
	K	L_1	L_2	M_1	M_2	M_3	N_1	N_2	N_3	N_4
状态数	2	2	6	2	6	10	2	6	10	14
		8		18			32			

图 27.2　一个电子的可能状态

（3）　电子组态的能量——壳层的次序

　　前面已经讲过,决定壳层次序的是能量最小原理. 按照玻尔的原子理论,能量随着主量子数 n 的增大而增大,则电子应按 n 由小到大的次序依次填入. 确实,在我们较粗略地考虑问题时可以这么讲,但细致追究的话则未必如此. 实际的情况见表 27.2,或者,简明地显示于图 27.3. 为什么 3d 能级比 4s 高了,以致使电子先填充 4s 能级了呢?我们来考察图 27.4,这里给出的是,当电子壳层确定时,原子中电子的结合能与原子序数 Z 的关系曲线. 图中的曲线来自实验结

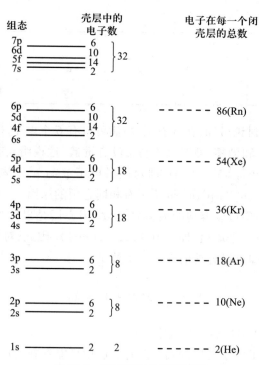

图 27.3　原子能级的填充顺序

果,当然,用量子力学也可以算出来. 图中用的能量单位是 Ry(1 Ry = 13.6 eV),
即里德伯单位. 由此可以看出,从电子壳层 1s 到 3p,所示情况都与表 27.2 或图
27.3 给出的结果相符. 但再往下(即 3d 以后的壳层)电子究竟先填入 3d 还是先
填入 4s 则不一定. 这是由于 4s 比 3d 的 n 大,致使轨道远了,故在一些区域中,
4s 壳层的能量低于 3d 壳层的能量,故电子先填入 4s.

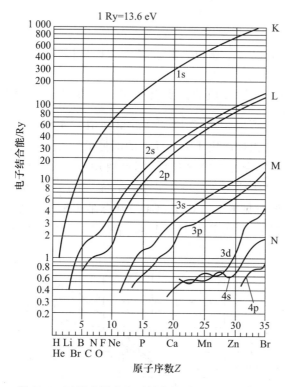

图 27.4　不同壳层中电子结合能随原子序数的变化

从表 27.2 所给出的各原子的基态组态,可以看出 Li,Na,K,Cu,Ag,Au 等
原子中,最外层都只有一个电子,其他电子恰好填满里面各层(或次壳层). 由于
满壳的电子的总角动量为零,因此仅最外层一个电子对角动量有贡献,类似于
H 原子,它们的基态原子态都是 $^2S_{1/2}$. 因此,在施特恩-格拉赫实验中得到相同
实验结果.

现在我们来讨论等电子体系光谱的比较. 具体就来考虑钾原子和具有同钾
原子相等电子数的离子的光谱情况. 这些离子是 Ca^+,Sc^{2+},Ti^{3+},V^{4+},Cr^{5+},Mn^{6+}.
这些都是具有十九个电子的体系,结构相似,都有一个由原子核和十八个电子
构成的原子实,并有一个单电子在这样的原子实的场中运动着;所不同的是这
些体系的核电荷数 Z 不同.

对这些等电子的原子体系,其光谱项都可以表示为[见(6-12)式]

$$T = \frac{RZ^{*2}}{n^2}$$

　　　　　　　　　　　　　　　　　　　　　　(27-3)

式中 Z^* 是有效电荷数,它已经把轨道贯穿和原子实极化等效应都包含在内,Z^* 的数值对中性原子在 1 和 Z 之间;对一次电离的离子,Z^* 在 2 和 Z 之间;对二次电离的离子,在 3 和 Z 之间;余类推. 因等电子离子的 Z 是不同的,故 Z^* 可表达为 $Z-\sigma$,其中 σ 为屏蔽参数. 则式(27-3)可改写为

$$\sqrt{\frac{T}{R}} = \frac{1}{n}(Z - \sigma) \tag{27-4}$$

由上式可知,若以 $\sqrt{\dfrac{T}{R}}$ 作为纵坐标,Z 作为横坐标,把上述等电子原子体系的数据作图,则具有相同 n 值的诸点会落在一条直线上,直线的斜率为 $\dfrac{1}{n}$,如图 27.5 所示. 从图中可以看到,壳层 3^2D 的谱项值与 4^2S 的究竟谁大是有区域之别. 电子填充的次序决定于哪个壳层的能量最低,但根据现有的知识,我们还无法确定究竟哪个壳层的能量最低,因这要用到量子力学才能在理论上给出,故现在只要求对这种关系有一个定性的了解. 由于能量与光谱项 T 有关系:$E=-hCT$,所以由图可见 K I 和 Ca II(Ca^{+1})基态是 4^2S,即最外层一个电子在 4s 能级. Sc III,Ti IV 等离子的基态是 3^2D,即最外层一个电子在 3d 能级. 这与表 27.2 所列完全一致.

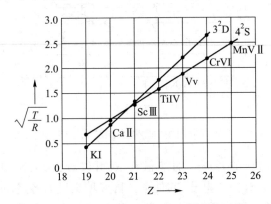

图 27.5 等电子体系 K I 等的莫塞莱图解

为了便于记忆,我们把电子填入壳层次序的经验规律总结于图 27.6(极个别情况例外). 填充的原则是,$n+l$ 相同时,先填 n 小的;$n+l$ 不相同时,若 n 相同,则先填 l 小的,若 n 不同,则先填 n 大的壳层. 图中方块中 $a,b,c,\cdots$ 是标记,数字 $1,2,\cdots$ 代表 $n+l$ 数值. 我们从 a 出发作一考察. 填完 a 后,面对 b、c,两者 $n+l$ 不同,n 相同,故先填 l 小的,即填 b 层. b 完了之后,对于 c、d,两者 $n+l$ 相同,故先填 n 小的,即填 c 层. 面对 d、e、f,$n+l$ 不同,n 相同,先填 l 小的,即填 d. 类似,填 e. 填完 e 之后,对于 f、g,$n+l$ 不同,n 不同,故先填 n 大的,即填 g. 然后,面对 f、h、k,$n+l$ 都相同,先填 n 小的,故填 f;再填 h. 对 k、i,$n+l$ 不同,n 也不同,故先填 n 大的,即填 k. 其余类推.

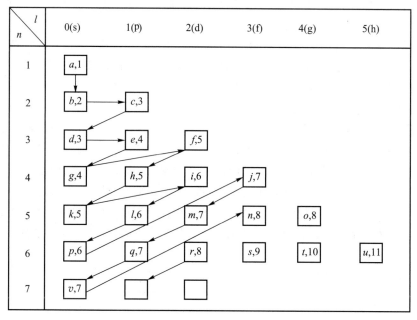

n \ l	0(s)	1(p)	2(d)	3(f)	4(g)	5(h)
1	a,1					
2	b,2	c,3				
3	d,3	e,4	f,5			
4	g,4	h,5	i,6	j,7		
5	k,5	l,6	m,7	n,8	o,8	
6	p,6	q,7	r,8	s,9	t,10	u,11
7	v,7					

图 27.6 电子填入壳层的次序

（4）原子基态

至此,我们已知道电子如何填充壳层,即,对于某一特定的原子,我们可以按照它的原子序数 Z(核外电子数)来确定它的电子组态.

有了电子组态,怎么知道原子的基态呢? 即,表 27.2 中"基态"一项所列出的相应的原子态是怎么来的呢?

从§25 我们已经知道,从电子组态有可能合成多少状态;再依照泡利原理,我们可以选出物理上允许的原子态. 例如,sp 组态可以产生 $^1P_1$,$^3P_{2,1,0}$ 四个状态;而 np^2(或者 np^4)组态可以产生 $^1S_0$,$^1D_2$,$^3P_{2,1,0}$ 五个状态. 现在的问题是,这些状态的能量次序怎么样,哪一个能量最低(基态)?

要严格地回答不同状态的能量数值,必须依靠量子力学计算. 但是,我们可以利用两个定则,洪特定则和朗德间隔定则,比较方便地回答不同原子态的次序及在三重态中每对相邻能级之间的间隔大小.

洪特定则[*] 1925 年,洪特(F. Hund)提出了一个关于原子态能量次序的经验规则:对于一个给定的电子组态形成的一组原子态,当某原子态具有的 S 最大时,它处的能级位置最低;对同一个 S,又以 L 值大的为最低. 对洪特定则的物理解释,也请读者参见附录 5A.

1927 年,洪特又提出附加规则,它只对同科电子才成立:关于同一 l 值而 J 值不同的诸能级的次序,当同科电子数小于或等于闭壳层占有数的一半时,具有最小 J 值(即 $|L-S|$)的能级处在最低,这称为**正常次序**;当同科电子数大于

---

[*] 参阅:〔7〕N. Karayianis. Physical Basis for Hund's Rule. Am. J. Phys. 32.(1964)216;33(1965)201.

闭壳层占有数的一半时,则具有最大 J 值(即 $L+S$)的能级为最低,这称为**倒转次序**.

朗德间隔定则 关于能级间隔,朗德(A. Landè)给出了一个定则:**在三重态中,一对相邻的能级之间的间隔与两个 J 值中较大的那个值成正比.**

我们现在举例来说明洪特定则和朗德间隔定则. 仍以两个电子的 sp 组态为例;即一个电子处于 s 态,另一个电子处于 p 态. 事实上,已知 C、Si、Ge、Sn、Pb 等元素(碳族元素)的第一激发态就是相应于这样的状态. 按 L-S 耦合,上面已算出过,共有四个原子态:${}^{1}P_1$、${}^{3}P_2$、${}^{3}P_1$、${}^{3}P_0$.按洪特定则,${}^{1}P$ 态应高于 ${}^{3}P$ 态;${}^{3}P$ 相应的三个状态服从正常次序,它们的两个间隔(能量差)之比,按朗德间隔定则,应为 $2:1$.对于 C、Si 的实际结果,情况确实是如此,见图 27.7,这说明它们遵守 L-S 耦合;对于其他元素,诸如 Ge、Sn、Pb,情况就大不相同了,这说明它们不再遵守 L-S 耦合. 只有对 L-S 耦合方式,才有洪特定则和朗德间隔定则.

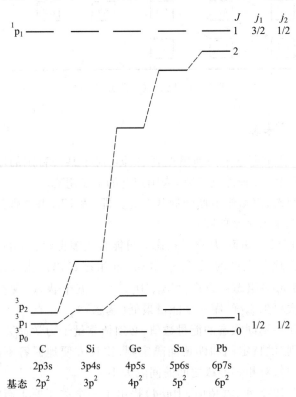

图 27.7　碳族元素能级比较

(能级间距不按比例;把各元素四能级中最高和最低能级画在同一水平上,以便于比较).

取自:〔8〕G. Herzberg. Atomic Spectra & Atomic Structure. Dover,New York(1944)176.

那么,j-j 耦合方式给出的能级次序是怎么样的呢? 在图 27.7 中显示的 Pb 的激发态的能级次序是 j-j 耦合的典型结果,Sn 也还算接近,而 Ge 则处于 L-S 和 j-j 这两种耦合之间. 由于对几乎所有的原子基态,对大部分轻元素的激发态,L-S 耦合都成立. 而纯 j-j 耦合则是少见的,只有对一些重元素的激发态,激发的电子远离其他电子,电子间的耦合很弱,从而发生 j-j 耦合. 因此,我们对 j-

j 耦合方式给出的能级次序问题,就不作介绍了,留到高等原子物理中去回答.

对于碳族元素的基态,由于它们最外层的两个电子都是 p^2 组态,按照表 26.2,可以合成 $^1\mathrm{S}$、$^1\mathrm{D}$、$^3\mathrm{P}$. 依洪特定则,三个状态中以 $^3\mathrm{P}$ 为最低. $^3\mathrm{P}$ 态包括 $^3\mathrm{P}_2$、$^3\mathrm{P}_1$、$^3\mathrm{P}_0$,由于它们这些元素在最外壳层中的同科电子数(两个)小于该层闭合时的占有数(六个)的一半,因此为正常次序,即 J 值最小的能级为最低. 所以,$^3\mathrm{P}_0$ 为基态;确实,C、Si、Ge、Sn、Pb 的基态都是 $^3\mathrm{P}_0$.

对于氧原子,它的外层四个电子的组态是 p^4,虽然 p^4 合成的原子态与 p^2 一样(见表 26.2),都是 $^1\mathrm{S}$、$^1\mathrm{D}$、$^3\mathrm{P}$,而且以 $^3\mathrm{P}$ 的能量为最低,但是,由于外层同科电子数(四个)已超过闭合时占有数(六个)的一半,因此 $^3\mathrm{P}$ 中的三条能级为倒转次序,即 J 值最大的能级处在最下面,故氧的基态为 $^3\mathrm{P}_2$. 参见表 27.2.

现在,我们说明朗德间隔定则的由来.

在前面讨论碱金属双线时已经知道,在无外磁场的情况下,能级的分裂纯粹是出于原子的内部原因,即是由轨道运动产生的磁场同由自旋产生的磁矩发生相互作用而引起的,下面我们对由这种原因引起的能级分裂的间隔大小作一个估算:某一能级引起的位移

$$\Delta E \sim \boldsymbol{\mu} \cdot \boldsymbol{B} \sim \hat{S}\hat{l}\cos(\boldsymbol{L},\boldsymbol{S}) \approx \hat{S}\hat{l}\frac{\hat{J}^2 - \hat{L}^2 - \hat{S}^2}{2\hat{L}\hat{S}}$$

$$\sim J(J+1) - L(L+1) - S(S+1)$$

因而,$J+1$ 标志的能级与 J 标志的能级各自引起的位移之差,即 $J+1$ 能级与 J 能级之间距,正比于:

$$[(J+1)(J+2) - L(L+1) - S(S+1)]$$
$$-[J(J+1) - L(L+1) - S(S+1)]$$
$$= (J+1)(J+2) - J(J+1)$$
$$= 2(J+1)$$

这就是朗德间隔定则.

这里必须再次重申:以上这两个定则都只对 $L\text{--}S$ 耦合适用. 严格地讲,$^1\mathrm{P}$ 和 $^3\mathrm{P}$ 等这种态项符号也只有在 $L\text{--}S$ 耦合中才能使用,因在 $j\text{--}j$ 耦合中不存在 L 和 S,但有时为了方便也有在 $j\text{--}j$ 耦合中使用这种符号的,条件是 J 相同,见图 27.7 中的示例.

(5) 电离能变化的解释

现在,我们来考察一下图 27.1. 由于 $_2$He 的两个电子在同一壳层中,相互间静电屏蔽作用小,每一个电子都受到原子核库仑吸力作用的有效电荷介于 $+e$ 和 $+2e$ 之间,其结合能很大,达 24.6 eV. 对 $_3$Li 来说,由于静电屏蔽作用,最外层的那个电子只受到原子实的有效电荷 $+e$ 的吸引力,且它是在第二壳层上,即离核较氢的情况为更远,故 $_3$Li 的外层电子的结合能很小,要比 $_2$He 中两个电子的结合能小得多. 而内层中两个电子的结合能比 $_2$He 中两个电子的更大,原因是它们受到原子核的有效电荷在 $+2e$ 和 $+3e$ 之间. 再看 $_4$Be,由于外层中最后一个电

子仍旧处于 2s 壳层,它受到的原子实作用的有效电荷为 $+2e$,因此结合能又比 $_3$Li 的那个电子大. $_5$B 与 $_4$Be 相比多了一个电子,但因 2s 壳层已满,这个电子只好单独填在 $n=2$ 和 $l=1$ 的 2p 次壳层上(参见图 27.3),由于核进一步又被 2s 电子屏蔽,因此其结合能又小了. 以后由于 $_6$C、$_7$N 同 $_5$B 的屏蔽作用一样,故都可用以上的方法解释,即外层电子的结合能依次增高. 但是 $_8$O 为什么又下降了呢?为了便于讨论,我们给出图 27.8.由式(27-1)可知,2p 次壳层上最多可容纳六个电子,尽管原子中能态相近的电子喜欢它们的自旋尽可能平行(洪特定则),但泡利原理告诉我们,这六个电子中至多只能有三个电子可具有同方向的自旋. 上述 $_7$N 中的三个 2p 层电子刚好符合这一点(图 27.8),这样,当 $_8$O 与 $_7$N 相比多出的那个电子成为 2p 次壳层的第四个电子填入时,其自旋方向就只能与前三个 2p 电子反平行,从而就要与前三个电子中的某一个相抵消,这就导致了 $_8$O 的原子基态为 $^3P_2$(表 27.2),相互平行的电子数目少了,表示电子的空间部分重叠增多,对于相斥的电子是不利的,从而降低了结合能.

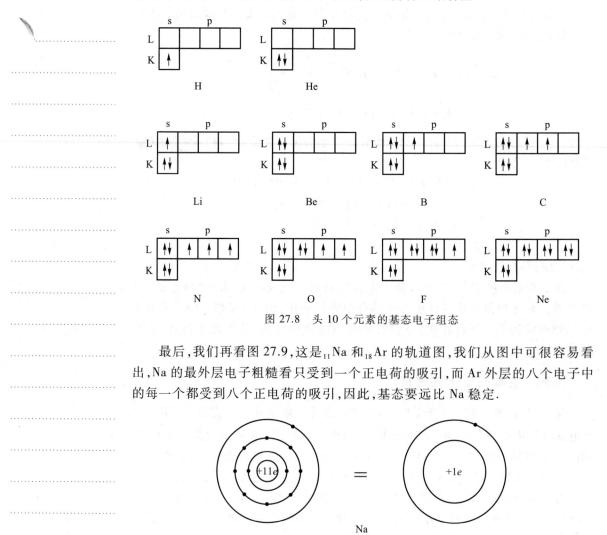

图 27.8　头 10 个元素的基态电子组态

最后,我们再看图 27.9,这是 $_{11}$Na 和 $_{18}$Ar 的轨道图,我们从图中可很容易看出,Na 的最外层电子粗糙看只受到一个正电荷的吸引,而 Ar 外层的八个电子中的每一个都受到八个正电荷的吸引,因此,基态要远比 Na 稳定.

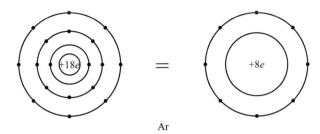

Ar

图 27.9　Na 和 Ar 的轨道图

小　　结

　　本章首先介绍了氦光谱的特点,并强调指出:控制这些特点的要素是泡利不相容原理.在未了解泡利原理以前,要解释氦光谱是不可能的.He 比 H 多了一个电子,由于磁场力的作用很弱,而电场力的作用与自旋无关,所以会引起如此大的变化之基本因素是泡利原理.

　　在第二章中曾以量子态的存在说明了原子的稳定性、同一性和再生性,本章则以泡利原理的存在说明了原子的多样性.由泡利原理给出,在原子中的电子,凡自旋相平行的状态,必然在空间分布不一样.

　　元素的周期性反映了电子组态的周期性,而电子组态的周期性则体现了泡利原理和能量最小原理,从而将元素的化学性在原子的领域中"物理化"了.

　　过去引用的各种力,如化学力、范德瓦耳斯力、附着力、周期性力、……,在有了量子理论和泡利原理后,都归为一种为人们所熟知的自然相互作用力:电子与原子核之间,电子与电子之间以及原子核与原子核之间的静电吸引力.

　　泡利原理是本章的重点,它和能量最小原理一起对元素周期表及氦光谱起着支配作用.

　　值得重申:原子物理学课程的目的之一是一步步看出经典物理在微观领域内的失效,看到量子物理诞生的必然性;原子物理学不是量子力学,不求严格地解一些问题,它的重点之一是定性地说明物理本质.

附录5A　波函数的对称性与泡利不相容原理

　　考虑两个全同粒子组成的体系,它的波函数由 $\psi(1,2)$ 表示.如果第一个粒子处于 a 态,第二个粒子处于 b 态,因为两个粒子是全同粒子,即没有方法把它们彼此相互区分的粒子,那么,粒子 1 处于 a 态、粒子 2 处于 b 态,与粒子 1 处于 b 态,粒子 2 处于 a 态,是完全等同的,即把交换算符 P_{12} 作用到 $\psi(1,2)$ 得到的波函数 $\psi(2,1)$

$$P_{12}\psi(1,2) = \psi(2,1) \qquad (5A-1)$$

与 $\psi(1,2)$ 描述的量子态完全一样,它们最多差一常数 λ:

$$P_{12}\psi(1,2) = \lambda\psi(1,2) \qquad (5A-2)$$

用 P_{12} 再运算一次：

$$P_{12}^2\psi(1,2) = \lambda P_{12}\psi(1,2) = \lambda^2\psi(1,2)$$

P_{12} 作用两次必回到原来状态, 因此, 显然 $P_{12}^2 = 1$, 则

$$\lambda^2 = 1$$

或者

$$\lambda = \pm 1 \qquad (5A-3)$$

于是, 按式(5A-1)、(5A-2), 我们有:

$$\psi(2,1) = \psi(1,2) \qquad (5A-4)$$

及

$$\psi(2,1) = -\psi(1,2) \qquad (5A-5)$$

我们把具有性质(5A-4)的波函数称为对称波函数; 把具有性质(5A-5)的波函数称为反对称波函数.

体系的波函数可以有两种形式:

$$\psi_1 = \psi_a(1)\psi_b(2) \qquad (5A-6)$$

$$\psi_{II} = \psi_b(1)\psi_a(2) \qquad (5A-7)$$

这两种形式出现的概率应该是等价的; 可以说, 体系有一半时间处在 ψ_1 状态, 另一半时间处在 ψ_{II} 状态. 因而, 体系总的波函数应该是 ψ_1 和 ψ_{II} 的线性叠加:

$$\psi_S(1,2) = \frac{1}{\sqrt{2}}[\psi_a(1)\psi_b(2) + \psi_a(2)\psi_b(1)] \qquad (5A-8)$$

$$\psi_A(1,2) = \frac{1}{\sqrt{2}}[\psi_a(1)\psi_b(2) - \psi_a(2)\psi_b(1)] \qquad (5A-9)$$

它们分别与式(5A-4)、(5A-5)对应, 脚标 S 表示对称, A 表示反对称, 常数 $\frac{1}{\sqrt{2}}$ 是归一化因子.

实验表明, 全同粒子体系的波函数的交换对称性与粒子自旋有确定关系: 凡是自旋为零或为 $\hbar$ 的整数倍的粒子(如 π 介子、光子……)所组成的全同粒子体系, 其波函数是对称的, 这类粒子被称为玻色子; 凡自旋为 $\hbar$ 的半奇数倍的粒子(如电子、质子、中子……)所组成的全同粒子, 其波函数是反对称的, 这类粒子被称为费米子.

对于对称波函数, 式(5A-8), 两个粒子可以同时处于相同状态, 即 $a=b$ 时, ψ_S 是存在的; 对于反对称波函数, 式(5A-9), 两个全同粒子不能同时处于相同状态, 即 $a=b$ 时, $\psi_A = 0$. 这就是泡利不相容原理: 不能有两个全同的费米子处于同一个单粒子态. 现在我们可以把泡利原理用另一句话来表达: **对于相同费米子组成的体系, 其波函数必须是反对称的.**

在把粒子的自旋因素考虑进去以后, 二粒子体系的波函数可写成

$$\psi = \phi(\boldsymbol{r}_1, \boldsymbol{r}_2, t)\chi(s_{z_1}, s_{z_2}) \qquad (5A-10)$$

式中 ϕ 为空间部分, χ 是自旋部分. 若体系的波函数 ψ 是反对称的, 则当 ϕ 为对称时, χ 便是反对称的; 而当 ϕ 是反对称时, χ 就是对称的.

现在讨论两个电子自旋的合成, 因电子的 $s_z = \pm\frac{1}{2}$, 故合成后总的自旋波函数可以有下

列几种形式:

$$\psi_{S,S} = \begin{cases} \chi_{1,1} = \alpha(1)\alpha(2) & (5A-11) \\ \chi_{1,0} = \dfrac{1}{\sqrt{2}}[\alpha(1)\beta(2) + \alpha(2)\beta(1)] & (5A-12) \\ \chi_{1,-1} = \beta(1)\beta(2); & (5A-13) \end{cases}$$

$$\psi_{S,A} = \chi_{0,0} = \frac{1}{\sqrt{2}}[\alpha(1)\beta(2) - \alpha(2)\beta(1)] \qquad (5A-14)$$

式中:α 表示自旋向上的状态 $\left(s_z = \dfrac{1}{2}\right)$;$\beta$ 表示自旋向下的状态 $\left(s_z = -\dfrac{1}{2}\right)$.

合成波函数的示意图见图 5A.1. 由图可知,式(5A-12)与(5A-14)给出的自旋 z 分量为

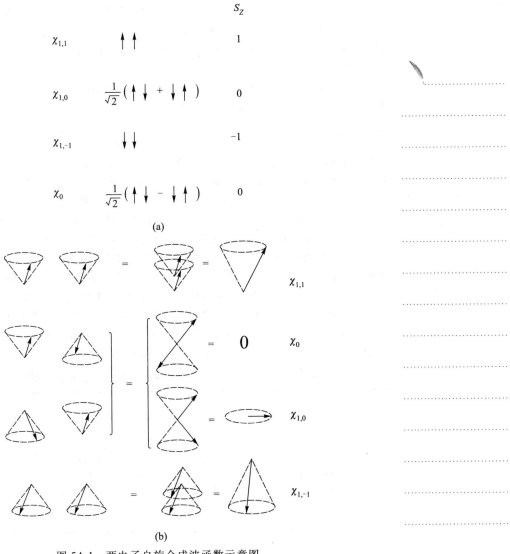

图 5A.1　两电子自旋合成波函数示意图

零.但由于交换对称性与 z 分量无关(与 z 取向无关),同一个自旋的不同 z 分量必须具有相同对称性,故式(5A-12)必与式(5A-11)和式(5A-13)一样,同属于 $S=1$,即式(5A-12)是 $S=1$ 的零分量,而式(5A-14)则属于 $S=0$ 的零分量.

应该明确的是,图5A.1(a)中用"↑"表示电子的自旋 z 分量,是很粗糙的,因 s 与 s_z 是不能平行的,故严格地讲,把图5A.1(a)再形象化些,应该如图5A.1(b)所示.

有了自旋波函数的知识后,总的反对称波函数就可写成

$$\psi = \{\phi_0(r_1)\phi_{nl}(r_2) - \phi_0(r_2)\phi_{nl}(r_1)\}\begin{pmatrix}\chi_{1,1}\\\chi_{1,0}\\\chi_{1,-1}\end{pmatrix} \quad (5A-15)$$

或

$$\psi = \{\phi_0(r_1)\phi_{nl}(r_2) + \phi_0(r_2)\phi_{nl}(r_1)\}\chi_{0,0} \quad (5A-16)$$

式中 ϕ 的脚标 0 表示一个粒子处于基态,脚标 nl 表示一个粒子处于某一激发态.从式(5A-15)和式(5A-16)中可以看出,若空间部分是反对称的,则自旋部分必须是对称的,反之亦然.

由式(5A-15)和式(5A-16)知,$S=1$ 即自旋对称,因而空间反对称,此时若 $r_1=r_2$,则 $\psi=0$,所以 r_1 不能等于 r_2,即意味着两粒子不能靠拢;$S=0$ 则空间对称,这时 r_1 可以趋近于 r_2,即意味着两个粒子可靠拢.但因静电能可以表示为 $\dfrac{e^2}{|r_1-r_2|}$,故当 r_1 与 r_2 趋近时,两电子间的静电排斥能将变得很大,亦即不稳定;而 r_1 不等于 r_2 时,两电子间静电排斥能就较小,此时能量就低,亦即较稳定.由上讨论可知,一电子处于基态,另一电子处于 nl 激发态时,在所相应的状态中,$S=1$ 时的体系能量最低,即最稳定.这就是在氦光谱中所观察到的现象.在这里,我们用泡利原理解释了洪特定则的第一部分.至于第二部分,则是容易理解的:电子处于高 L 态,相对于低 L 态而言,彼此分得更开,因此,L 增加,库仑排斥就减少.

以上关于空间波函数和自旋波函数交换对称性相反的性质,可以帮助两个同科电子 nl^2 的电子组态很容易地确定原子态.根据量子力学角动量耦合理论,两个同科电子体系的空间波函数 ϕ 的交换对称性正比于 $(-1)^{2l+L}$,而自旋波函数 χ 的交换对称性正比于 $(-1)^{2s+S}$.因此,当 L 为偶数时,空间波函数 ϕ 对称,则自旋波函数 χ 反对称,$S=0$;而当 L 为奇数时,ϕ 反对称,则 χ 对称,$S=1$;即 $L+S$ 必为偶数.按照这个规则,两个同科电子 p^2 组成的体系,$L=2,1,0$.由表5A.1可知,它只能有三个状态:^1D,^3P 和 ^1S.

表 5A.1 由两个同科电子(p^2)组成的体系之状态

	D	P	S
ϕ	对称	反对称	对称
χ	反对称	对称	反对称
S	0	1	0
	^1D	^3P	^1S

附录5B 高电荷态离子[*]

（1）基本形态和意义[**]

在以往的实验室条件下,人们用通常的物理和化学方法来电离原子,剥离的只是少量的价电子,所获得的都是低电荷态离子. 而在恒星和宇宙中,或者在核爆炸环境下和实验室高温等离子体中,原子中的电子可以被大量电离,不仅价电子,内部深层的电子也可以被剥离,使原子成为高电荷态离子.

在图5B.1上我们用原子序数Z和电荷态q作坐标构成一个二维空间. 电荷态按传统习惯用罗马字表示,例如用Ⅰ表示电荷态为0的中性原子;用Ⅱ表示电荷态为1的一价离子,依次类推. 于是用 U X C Ⅱ 来表示电荷态为91的铀的类氢离子U^{+91}(标在图右上角). 在Z-q二维空间中水平坐标轴线为一条中性原子线;而通过原点的45°斜线为类氢原子线,所有元素的类氢原子全部落在此线上. 将此斜线向上平移一个单位则为裸原子核线,所有元素原子的各种电荷态的正离子存在于45°裸核线与水平轴之间的空间中. 由图可看出,高电荷态离子比低电荷态离子占有大得多的空间,其中许多新的现象和新的规律正等待人们去发现和探索.

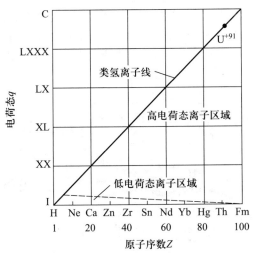

图5B.1 低电荷态离子和高电荷态离子
在Z-q空间所占的区域. 45°斜线为类氢离子线

随着实验手段的进步,人们在实验室中能够产生和研究的离子电荷态越来越高. 借助于对高电荷态离子的逐渐认识,人们对自然界及宇宙的认识也在不断加深. 一个典型例子是对于日冕温度的认识的改变. 过去一直认为它的温度与太阳表面温度相近,即6 000 ℃左右. 由于对 Fe 的高电荷态的研究,才使人们认识到日冕中的未知谱线并非由地球上不存在的元

---

[*] 本附录由陆福全教授协助编写.

[**] 本附录材料取自〔8〕邹亚明,物理. 32卷2期(2003)98;还可参见〔9〕陆福全,杨福家. 物理学进展,14卷4期(1994)345.

素所产生，而是 Fe 的 12 价正离子谱线，由此推断日冕的温度要比太阳表面温度高出三个数量级，即几百万摄氏度. 随着所涉及的离子电荷态越来越高，从量变到质变，它对物理学家提出了新的挑战，人们要问：高电荷态离子有哪些不同于低电荷态离子的基本特性，研究高电荷态离子会给现有的物理学基本理论带来什么样的变革以及高电荷态离子在宇宙中形成的过程等问题. 高电荷态离子相关的物理研究是一门新的学科，它对原子结构、核结构、相对论、量子电动力学、基本粒子理论的研究和检验；以及对天体，核聚变等各类等离子体的研究和诊断都有重要作用.

（2） 高电荷态离子的产生

在实验室中产生很高电荷态离子是十分困难的事情，一般有两种方法：一是用大型加速器产生的相对论性重离子轰击静止的固体薄靶（一般为碳膜或金属薄膜），由于重离子和晶格的剧烈碰撞，在穿过靶子后失去绝大部分电子而变成高电荷态离子，目前最高已能产生铀的裸核或者类氢类氦离子；另一种方法是用能量低得多的电子去轰击几乎静止的原子或低电荷态离子气体靶，将它们剥离到高电荷态，典型的就是电子束离子阱（EBIT）.

电子束离子阱的原理和结构如图 5B.2 所示. 电子束从电子枪中被引出后，由电子枪和漂移管之间数百 kV 的高电压加速而获得能量，在漂移管中与低电荷离子碰撞，使离子中的电子不断被剥离，电荷态就不断升高，变成高电荷态离子. 超导磁场用于压缩电子束，增强电子流密度，以加快电离速度和增加效率. 高电荷离子一旦形成就受到三重约束：数十微米的强流电子束产生的强磁场对离子的径向约束，超导磁场对离子的附加径向约束以及漂移管两端静电场对离子的轴向压缩. 这样高电荷离子就被限制在直径数十微米，长度数厘米的狭小空间中，故称为离子阱. * 通过观察窗可以对处在漂移管中央的高电荷态离子发射的紫外或 X 射线进行测量. 如今在 EBIT 装置上可以产生周期表中任意元素的任意高电荷态离子.

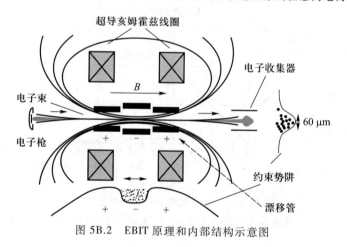

图 5B.2 　EBIT 原理和内部结构示意图

（3） 与高电荷态离子相关的物理研究

当提及少电子原子或离子时，除了氢、氦、锂、铍等轻的原子或离子，也可以是具有相同电子数，但核电荷不同的原子或离子组成的等电子系列. 例如类氢等电子系列：H, He^{1+}，$Li^{2+}, Be^{3+}, B^{4+}, C^{5+}, \cdots$；类氦等电子系列：$He, Li^{1+}, Be^{+2}, B^{3+}, C^{4+}, N^{5+}, \cdots$. 此外可以有类锂、类

---

* 目前我国已在复旦大学建成上海 EBIT，性能指标可参见〔8〕.

铍、类硼……等电子系列. 来自不同物理根源的效应沿着等电子系列体现出不同的贡献. 例如,对类氢离子,由于原子核与核外电子的库仑作用形成的束缚态原子能级,其不同主壳层间的能级间隔正比于核电荷 Z 的平方,而相同主壳层不同能级的间隔与 Z 成正比;由相对论效应引起的 ls 耦合能与 Z^4 成正比;量子电动力学(QED)效应引起的兰姆移位近似与 Z^4 成正比;原子核磁矩与核外电子相互作用引起的能级磁偶极超精细分裂与 Z^3 成正比(第八章). 以上各种效应都与核电荷密切相关. 表 5B.1 对氢等电子系列的两端给出定量的结果,物理量的差别达到好几个量级,由此可见这些物理量随核电荷变化之大.

表 5B.1

	H	U^{91+}
L_α 跃迁能量	10 eV	10^5 eV
L 壳层精细结构分裂	4.5×10^{-5} eV	4.6×10^3 eV
基态兰姆移位	3.5×10^{-5} eV	4.6×10^2 eV

表 5B.2 列出了在类氢等电子系列中容许跃迁概率、各类禁戒跃迁概率、超精细相互作用、量子电动力学效应、相对论效应及宇称不守恒效应(附录Ⅱ,§3)随核电荷数 Z 的变化趋势.

表 5B.2

容许跃迁(E1)($\Delta n = 0$)	Z	禁戒跃迁(E2)(精细结构之间)	Z^{16}
容许跃迁(E1)($\Delta n \neq 0$)	Z^4	禁戒跃迁(2E1)	Z^6
禁戒跃迁(M1)($\Delta n = 0$)	Z^3	禁戒跃迁(E1M1)	Z^6
禁戒跃迁(M1)($\Delta n \neq 0$)	Z^6	超精细分裂	Z^3
禁戒跃迁(M1)(精细结构之间)	Z^{12}	QED 效应	Z^4
禁戒跃迁(E2)($\Delta n = 0$)	Z	相对论效应 E_{so}	Z^4
禁戒跃迁(E2)($\Delta n \neq 0$)	Z^6	宇称不守恒效应	Z^5

从表 5B.2 看出,大多数禁戒跃迁概率随 Z 的增加比容许跃迁快得多,以至于在高电荷态情况下禁戒跃迁变成开放. 这些禁戒跃迁研究对相对论、基本粒子相互作用理论、核结构和原子结构理论都是至关重要的.

显示 QED 效应的兰姆移位(§23)在氢原子中得到很好的验证. 由于 QED 效应随 Z^4 增加,对高电荷态离子的能级结构影响很大,并且与 $(Z\alpha)$ 和 $(Z\alpha)^2$ 成正比的高次效应逐渐突出,所以现在对 QED 效应的全面研究已成为可能.

由于超精细能级分裂随核电荷 Z^3 增大,在较低 Z 原子或离子情况下,通常是通过容许跃迁的超精细分裂来研究的. 在重离子中,例如 $Z>50$ 的类氢离子,它们的基态超精细能级分裂足够大,以至于基态超精细能级之间的禁戒跃迁落到测量精度最高的可见光波段,从对它们的研究可以得到原子核的磁和电的分布. 这不仅对核物理学科很有意义,对精密研究和检验 QED 理论同样非常重要.

由于极重离子内壳层电子与原子核波函数的有限重叠,使内壳层电子(主要是 1s 电子)的分布情况对核衰变通道及概率产生影响. 在德国重离子研究中心 GSI 曾成功地观察到原本完全禁戒的 $^{163}_{66}$Dy 到 $^{163}_{67}$Ho 的 β 衰变. 因为 Dy 原子的这一核衰变的 Q 值不够,所以衰变不能发生. 裸 Dy 离子 β 衰变所产生的电子可以占据 Ho 的 1s 态,为衰变节约了 63 keV(Ho 的 K 壳层结合能),这样衰变就可以发生了. 所以,高电荷态离子又为研究核物理开辟了新的渠道.

此外在高温等离子体中发生的碰撞、激发、电离、辐射、离子与电子的重组等物理过程可以在 EBIT 中进行模拟,因此它对核聚变的研究也是至关重要的.

附录5C 分子结构和分子光谱*

分子是由两个或两个以上原子组成的,保持物质化学性质的最小组成部分,对分子结构和分子光谱的研究非常重要. 本附录将主要以双原子分子为例,简要介绍它们不同于原子结构与原子光谱的一些主要特点. 希望深入了解这方面内容的读者可进一步参阅参考文献〔10〕和〔11〕.

(1) 分子内部运动

分子结构比原子结构复杂得多,分子内部运动与分子结构密切相关. 在分子内部,除了电子相对核的运动以外,还有核之间的相对运动——振动和转动. 电子运动不只是与一个原子核有关,而是与两个原子核(对双原子分子),或多个原子核(对多原子分子)有关. 振动是指组成分子的原子核在其平衡位置附近作微小振动. 按量子力学,振动的能量与电子一样,也是量子化的. 转动是指分子作为整体的转动. 例如双原子分子可绕通过质心并垂直两个原子核连线的轴的转动,转动能级同样是量子化的.

严格讲,这三种运动之间相互有耦合. 实际可以近似地将这三种运动分别加以处理,这种近似称为玻恩-奥本海默近似. 其理由如下:由于电子运动比核的运动快得多,所以在考虑电子运动时可近似认为核是不动的,即电子运动与核的运动之间的耦合很弱,近似可忽略. 对分子振动和转动来说,核的振动要比转动快得多,即振动周期要比转动周期小得多. 因此,考虑分子振动时,可认为分子不转动. 于是,三种运动就可分别处理,分子能量可近似表示为这三种运动能量之和,即有

$$E_{分子} = E_{电子} + E_{振动} + E_{转动} \tag{5C-1}$$

比较三种运动的量子化能级的间隔,有下列不等式:

$$\Delta E_{电子} > \Delta E_{振动} > \Delta E_{转动} \tag{5C-2}$$

一般说,分子的电子能级间隔和原子中相仿. 三种能级间隔的大小大致为

$$\Delta E_{电子} : 1 \sim 10 \text{ eV}$$

$$\Delta E_{振动} : 10^{-2} \sim 10^{-1} \text{ eV}$$

$$\Delta E_{转动} : 10^{-4} \sim 10^{-2} \text{ eV} \tag{5C-3}$$

分子光谱就来自这三种运动的能级之间的跃迁(当然在符合跃迁选择规则条件下). 由于三种运动能级间隔是不同的,所以跃迁所发射的光谱在不同的区域. 其中转动谱在远红外和微波区,波长为 0.1 毫米到厘米数量级. 振动谱在近红外区,波长为 $10 \sim 10^2$ 微米量级. 在分子的电子能级之间发生的跃迁,所产生的光谱一般在可见光和紫外光区域.

---

* 本附录由王炎森教授协助编写.

〔10〕 徐克尊,陈宏芳,周子舫. 近代物理学(第五章). 高等教育出版社(1993).

〔11〕 王正行. 近代物理学(第 11 章). 北京大学出版社(1995).

实际的分子能级较复杂,图 5C.1 是双原子分子能级的示意图. 由图可见,在每一个电子态上有许多间隔较小的振动能级,而在每一个振动能级上又有许多间隔更小的转动能级的精细结构. 这就造成了分子光谱也有较复杂的结构. 由于远红外光谱仅仅来自于在某一振动能级上的转动能级之间的跃迁,所以又称纯转动光谱. 而分子的近红外光谱不只是来自一对振动能级之间的跃迁,而且包含大量的在不同振动能级上的那些转动能级之间所发生的跃迁. 所以是由一组很密集的光谱线所组成的光谱带,又称振—转光谱带. 当考虑电子能级之间的跃迁时,也将包含不同电子能级上的那些振动能级之间的跃迁. 因此,在可见和紫外光谱区也会产生许多光谱带,形成一个光谱带系. 可见,带状光谱是分子光谱的主要特点.

下面将着重介绍双原子分子的形成以及它们的电子能级,转动能级和振动能级的一些特点.

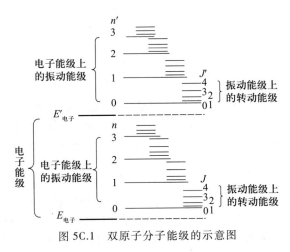

图 5C.1　双原子分子能级的示意图

（2）分子的形成和电子能级

原子通过相互作用结合成分子,化学上通常用化学键来表示这种相互作用. 化学键的本质是带电粒子之间的库仑作用,参与化学键形成的主要是原子中的价电子,内壳层电子几乎不参与. 价电子参与情况的不同就形成性质不同的化学键. 这里主要介绍常见的离子键和共价键,并以双原子分子为例.

A. 离子键

一个原子可以将一个或更多的电子转移到另一个原子上,于是形成正、负离子. 这一对正、负离子由于库仑引力结合在一起形成分子,这种分子键称为离子键. 碱金属元素和卤族元素的化合物分子中的化学键是典型的离子键. 如 NaCl 分子,其中钠原子的最外层一个 3s 电子易失去,而成为满壳的 Na^+ 离子(电离能是 5.1 eV). 而氯原子在 3p 轨道上只有 5 个电子,当一个电子从 Na 原子上转移到 Cl 原子上后,Cl 原子就成为满壳的 Cl^- 离子,并将放出结合能 3.8 eV. 也就是由 Na 和 Cl 两原子转变为 Na^+ 和 Cl^- 两离子需要提供 1.3 eV 的能量. 图 5C.2 是 Na^+ 和 Cl^- 两离子之间的势能 U 随相互距离 r 变化的曲线图. 由图可见,当正负离子由于库仑引力而相互接近到距离小于某个值 r'(约 1.0 nm)时,负的吸引势将低于 -1.3 eV. 此时,Na 原子和 Cl 原子组成的系统能量开始降低,当两离子进一步接近时,系统将有净能量释放. 在距离为 $r_0 = 0.236$ nm 时,体系能量最低,形成稳定的 NaCl 分子,r_0 为平衡距离. 当两离子距离小于 r_0 时,由于电子云的重叠变得重要了,从而斥力逐渐增加,且随距离缩小,上升越来越快. 在极小值处,系统能量比 Na^+ 和 Cl^- 两离子相距很远时的系统能量低了 4.9 eV,比相距很远的 Na 和 Cl 原子系统能量低了 3.6 eV.

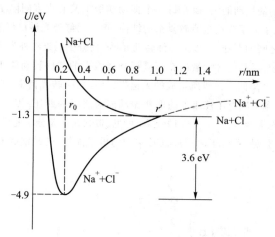

图 5C.2　NaCl 分子势能曲线图

由图可见,当 $r<r'$ 时离子系统稳定,$r>r'$ 时原子系统更稳定. 因此,NaCl 离子键分子总是离解为 Na 和 Cl 两个原子,解离能约为 3.6 eV. 由于这种离子键分子的正负电荷的中心不相重合,所以具有永久的电偶极矩,是一种极性分子. 除 NaCl 外,还有 LiF,KCl……都是典型的离子键分子.

B. 共价键

当两个原子共享电子而成键形成分子时,称共价键. 例如氢分子(H_2)的形成是当两个氢原子接近时,它们的电子都将受到来自两个质子的共同作用,即两个原子共享这两个电子. 量子力学计算和实验都表明这两个共享电子有更大的概率处在两核之间的空间,并使体系能量降低,形成稳定的氢分子. N_2,O_2,CO,HCl,H_2O,CH_4 等都是共键分子.

对双原子共价键分子,体系能量随两个原子间的距离变化具有类图 5C.2 那样的变化曲线. 例如 H_2 分子的平衡位置(即体系能量最低处)在两核间距 $r_0 = 0.074$ nm 处,它的解离能是 4.5 eV.

由同类原子所构成的共价键分子(如 H_2,O_2 等)中,电荷分布是对称的,于是正负电荷的中心重合,无固有的电偶极矩,因此是非极性分子. 显然由不同类原子构成的共价键分子,有固有电偶极矩,是极性分子.

在分子中,标志电子状态和能级的量子数已不能用原子中所用的量子数了,因为电子不再是在一个原子核的中心力场(见 §17)中运动了. 如对双原子分子讲,电子在两个核产生的电势场中运动. 此时,电子的角动量不再是守恒量,所以已不能用角动量量子数 l 来标志电子的状态. 但是,双原子分子具有轴对称电场,若以两个核的连线为 z 轴,则作用在电子上的力矩在 z 轴的分量必定为零,即角动量在 z 轴的分量 L_z 是守恒量. 所以仍可用量子数 m_l 来标志电子的状态,$L_z = m_l\hbar$,其中 $m_l = 0, \pm 1, \pm 2, \cdots\cdots$. m_l 的正负代表轴向轨道角动量在 z 轴上可能的两个方向. 对具有轴对称的双原子分子讲,m_l 值相同,而方向相反的两个状态具有相同的能量,所以只用量子数 $\lambda = |m_l|$ 来表示状态就可以了. 对不同 λ 值的电子态用不同符号表示如下:

$$\lambda \text{ 值}: \quad 0 \quad 1 \quad 2 \quad 3 \quad 4 \quad \cdots\cdots$$
$$\text{电子态}: \quad \sigma \quad \pi \quad \delta \quad \varphi \quad \gamma \quad \cdots\cdots \tag{5C-4}$$

分子的总的轴向轨道角动量用 $\Lambda\hbar$ 表示,它是分子中诸电子轴向轨道角动量的代数和的绝对值,即

$$\Lambda = \left| \sum_i (m_l)_i \right| \tag{5C-5}$$

例如:一个分子的两个外层电子为 π 电子时,$\lambda_1 = \lambda_2 = 1$,则有 $\Lambda = 0$ 或 $\Lambda = 2$ 两种可能. Λ 是分子电子态的重要量子数,对不同 Λ 的分子电子态常用下面符号表示:

$$\begin{array}{llllll} \Lambda\, 值: & 0 & 1 & 2 & 3 & 4 & \cdots\cdots \\ 分子态 & \Sigma & \Pi & \Delta & \Phi & \Gamma & \cdots\cdots \end{array} \tag{5C-6}$$

对于电子的自旋态,由于自旋不受电场影响,所以分子中诸电子的总自旋角动量是一个守恒量,所以仍可用总自旋角动量量子数 S 表示分子电子态.把诸电子的自旋在 z 轴的投影相加就得到总自旋角动量的轴向分量,量子数为 M_S,习惯上分子中 M_S 用符号 Σ (注意不要同代表 $\Lambda = 0$ 的分子态符号相混)表示,Σ 的数值为

$$S, S-1, \cdots, -S+1, -S \tag{5C-7}$$

共有 $2S+1$ 个值.

分子的轴向总角动量为 Λ 和 Σ 之和的绝对值,即

$$\Omega = |\Lambda + \Sigma| \tag{5C-8}$$

对特定 Λ 值,$\Lambda + \Sigma$ 可取如下 $2S+1$ 个值:

$$\Lambda+S, \Lambda+S-1, \cdots, \Lambda-S \tag{5C-9}$$

由上讨论可知,对双原子分子的电子态可由量子数 S、Λ 和 Ω 来标志.

分子的电子态之间辐射跃迁也必须满足一定的选择规则,对双原子分子电子态的偶极跃迁的选择规则为

$$\Delta\Lambda = 0, \pm 1$$
$$\Delta S = 0 \tag{5C-10}$$

(3) 转动能级

考虑双原子分子绕通过质心并垂直两个原子核连线的轴的转动,如图 5C.3 所示.若假设两个核的连接是刚性的(即核间距离 r_0 可看作常数),则体系的转动惯量 I 为常数.按经典力学,这种刚性转子的转动惯量 $I = m_\mu r_0^2$,其中 $m_\mu = m_1 m_2/(m_1+m_2)$ 为分子折合质量.转动运动的动能为 $E = L^2/2I$,其中 L 为转动角动量.在量子力学计算中,转动角动量 L 是量子化的,其值为

$$L^2 = J(J+1)\hbar^2, \quad J = 0, 1, 2, \cdots \tag{5C-11}$$

式中 J 为转动量子数,则可得量子化的转动能量为

$$E_{转动} = \frac{\hbar^2}{2I}J(J+1) \tag{5C-12}$$

相应的转动能级见图 5C.4.能级间隔随 J 的增加而加宽.

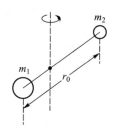

图 5C.3　双原子分子转动

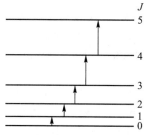

图 5C.4　转动能级

H_2 分子的 $\gamma_0 = 0.074$ nm,根据刚性转子模型,可得 H_2 分子的 $\hbar^2/2I \approx 0.0076$ eV. NaCl 分子的 $r_0 = 0.236$ nm,I 值为 H_2 分子的 282 倍,所以相应的 $\hbar^2/2I \approx 0.27 \times 10^{-4}$ eV. 应该指出,实际分子不是理想刚体,I 也不是严格的常数,尤其对较大的 J,由于核间距离拉长较大,必须对这种非刚性效应作修正,详细参见 [10,11].

对偶极辐射,转动能级间的跃迁满足的选择规则是

$$\Delta J = \pm 1 \qquad (5C-13)$$

即只能发生在相邻能级间,+1 是光发射跃迁,-1 是光吸收跃迁.

值得注意,只有极性分子(如 HCl,CO 气体等)才能通过对光的吸收或发射发生转动能级间的跃迁,因为极性分子有电偶极矩,可与电磁场发生相互作用. 而对非极性分子(同类原子构成的双原子分子),不能通过与电磁场相互作用产生转动能级间跃迁,获得转动光谱,只有通过其他非弹性碰撞激发过程,才能获得转动光谱. 显然,对下面振动能级间的跃迁同样如此.

(4) 振动能级

对双原子分子都有如图 5C.5 所示的势能曲线. r_0 为两核振动的平衡位置,在 r_0 附近,势能曲线近似为一抛物线(图中虚线),即分子振动可作简谐振动近似(见 §15,[例 4]). 当 r 偏离 r_0 时,核将受到弹性力 $F = -k(r-r_0)$,其中 k 为弹性常数. 按量子力学计算,分子振动能量也是量子化的,

$$E_{振动} = \left(n + \frac{1}{2}\right)\hbar\omega, \quad n = 0, 1, 2, \cdots$$

$$(5C-14)$$

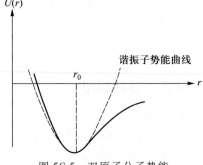

图 5C.5　双原子分子势能曲线的谐振近似

其中 n 为振动量子数,$\omega = \sqrt{k/m_\mu}$,m_μ 为两原子核的折合质量. 可见简振振动的能级是等间距的,都为 $\hbar\omega$,而且有一个零点能 $\frac{1}{2}\hbar\omega$. 例如 H_2 分子的 $\hbar\omega = 0.54$ eV,NaCl 分子的 $\hbar\omega = 0.063$ eV(见 [11] 中 11.5 节),由此可见这两种分子的振动能级间隔都要比相应的转动能级大得多.

振动能级辐射跃迁的选择规则为

$$\Delta n = \pm 1 \qquad (5C-15)$$

从图 5C.5 可见,当分子振动的振幅较大时,势能曲线就明显偏离抛物线,相互作用力明显偏离弹性力,振动能级也会偏离等间距,于是振动能量的表达式(5C-14)也应作适当修正(参见 [10] 中 §5.3).

由于室温时气体分子热运动动能 $kT \sim 0.026$ eV,所以分子热运动碰撞不能使分子的振动能级被激发,但足以激发分子的转动能级. 在热平衡态中,转动能级的热布居遵循玻耳兹曼分布律. 转动能级的激发,将伴随光子辐射,形成纯转动发射谱,处于远红外或微波区,是气体热辐射的一个重要组成部分.

由于 $\Delta E_{振动}$ 比 $\Delta E_{转动}$ 要大 1-2 个数量级,所以分子能级图不可能以纯振动能级出现,而是以图 5C.6 所示的振-转能级出现. 因此纯振动光谱是观察不到的,观察到的是振-转光谱带. 当然更一般的能级图是包括了电子能级、振动和转动能级正如图 5C.1 所示,观察到的光谱将是光谱带系.

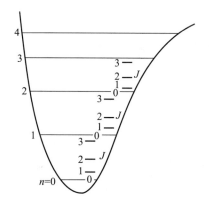

图 5C.6　振–转能级示意图

习　题

5-1　氦原子中电子的结合能为 24.6 eV,试问:欲使这个原子的两个电子逐一电离,外界必须提供多少能量?

5-2　计算 $^4D_{3/2}$ 态的 $\boldsymbol{L}\cdot\boldsymbol{S}$.

5-3　对于 $S=\dfrac{1}{2}$ 和 $L=2$,试计算 $\boldsymbol{L}\cdot\boldsymbol{S}$ 的可能值.

5-4　试求 $^3F_2$ 态的总角动量和轨道角动量之间的夹角.

5-5　在氢、氦、锂、铍、钠、镁、钾和钙中,哪些原子会出现正常塞曼效应?为什么?

5-6　假设两个等效的 d 电子具有强的自旋-轨道作用,从而导致 $j\text{-}j$ 耦合,试求它们总角动量的可能值.若它们发生 $L\text{-}S$ 耦合,则它们总角动量的可能值又如何?在两种情况下,可能的状态数目及相同 J 值出现的次数是否相同?

5-7　依 $L\text{-}S$ 耦合法则,下列电子组态可形成哪些原子态?其中哪个态的能量最低?
$$(1)\ np^4;\ (2)\ np^5;\ (3)\ (nd)(n'd).$$

5-8　铍原子基态的电子组态是 2s2s,若其中有一个电子被激发到 3p 态,按 $L\text{-}S$ 耦合可形成哪些原子态?写出有关的原子态的符号.从这些原子态向低能态跃迁时,可以产生几条光谱线?画出相应的能级跃迁图.若那个电子被激发到 2p 态,则可能产生的光谱线又为几条?

5-9　证明:一个支壳层全部填满的原子必定具有 $^1S_0$ 的基态.

5-10　依照 $L\text{-}S$ 耦合法则,$(nd)^2$ 组态可形成哪几种原子态?能量最低的是哪个态?并依此确定钛原子的基态.

5-11　一束基态的氢原子通过非均匀磁场后,在屏上可以接收到几条?在相同条件下,对硼原子,可接收到几条?为什么?

5-12　写出下列原子的基态的电子组态,并确定它们的基态:$_{15}P,_{16}S,_{17}Cl,_{18}Ar$.

第五章问题

参考文献——第五章

第六章 X 射 线

在观察的领域中,机遇只偏爱那种有准备的头脑.

——巴斯德

X 射线又名**伦琴射线**,是伦琴(W. K. Röntgen)在 1895 年发现的,当时他把这种未曾被人们了解的射线命名为 X 射线. 后来才证实,这种射线实际上是核外电子产生的短波电磁辐射,它在人们所了解的整个电磁辐射波段中的地位如图 28.2 所示. X 射线的波长范围一般在 0.001 nm 到 1 nm 或更长一点. 比 0.1 nm 短的 X 射线,常称**硬 X 射线**,比 0.1 nm 长的,称**软 X 射线**.

本章将首先介绍 X 射线的发现,以及用偏振、衍射显示 X 射线波动性的实验(§28),然后,介绍 X 射线的发射谱,阐明产生 X 射线的两种主要机制(§29). 接下,介绍康普顿散射,依此显示 X 射线的粒子性(§30),最后介绍 X 射线在物质中的吸收(§31). 在本书附录 I "离子束分析"一节内,将着重介绍一个应用课题:质子 X 荧光分析.

§28 X 射线的发现及其波动性

(1) X 射线的发现

1895 年 11 月 8 日,伦琴在暗室里做阴极射线管*中气体放电的实验时,为了避免紫外线与可见光的影响,特用黑色纸板把阴极射线管包了起来. 但伦琴却发现,在一段距离之外的荧光屏上[涂有铂氰酸钡,$BaPt(CN)_6$]竟会发生微弱的荧光. 经反复试验,他肯定激发这种荧光的东西来自阴极射线管,但绝不是阴极射线本身. 在接下的一个多月内,伦琴对这一神秘的射线作了种种研究. 他发现,它们以直线前进,不被反射或折射,不被磁场偏斜,在空中能前进约 2 m. 不久他又发现了这种射线的穿透性,它能对放在闭合盒子中的天平、鸟枪的轮廓照相;他还在这些照片上观察到他夫人的手指骨的轮廓(见图 28.1). 考虑到所发现射线的神秘性及它的本性的不确定性,他把它称为 X 射线.

伦琴在 1895 年年底宣读了第一篇报告《论新的射线》,并公布了他妻子的

---

* 阴极射线管,又称克鲁克斯管. 英国物理学者克鲁克斯(W. Crookes)曾在 1879 年以实验证明,阴极射线是带电粒子,为后来发现电子奠定了基础.

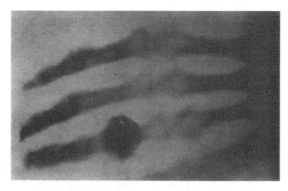
图 28.1　伦琴夫人的手骨 X 射线照片

手指骨的 X 射线相片. 伦琴的发现很快引起全世界的强烈反响, 许多国家的实验室重复这一实验; 单在 1896 年就发表近千篇关于 X 射线的研究、应用的文章. X 射线发现三个月以后, 维也纳的医院在外科治疗中便首次应用 X 射线来拍片.

　　虽然人们在实验室里操作阴极射线管已有 30 多年, 但发现 X 射线的却是伦琴. 有证据表明, X 射线早在 18 世纪就被人产生过. 克鲁克斯在 1879 年曾抱怨放在他的阴极射线管附近的照相底片出现了模糊阴影; 1890 年, 古德斯比德(A. W. Goodspeed) 和詹宁斯(W. W. Jennings) 在演示阴极射线管以后注意到照相底片特别地发黑. 但他们都是"当真理碰到鼻尖上的时候还是没有得到真理"的人. 伦琴发现 X 射线看似偶然, 但偶然中有其必然性. 正如普鲁士科学院在祝贺伦琴获得博士学位 50 周年的贺信中写道: "科学史表明, 在每一个发现中通常都在成就和机遇中间存在一种特殊的联系, 而许多不完全了解事实的人, 可能会倾向于把这一特殊事例大部分归功于机遇. 但是只要深入了解您独特的科学个性, 谁都会理解这一伟大发现应归功于您这位摆脱了任何偏见、将完美的实验艺术和极端严谨自觉的态度结合在一起的研究者." *

　　X 射线的发现, 开始了物理学的新时期; 它与接下两年宣布的放射性及电子的发现一起, 揭开了近代物理的序幕**. 伦琴不愧为第一个诺贝尔物理学奖的荣获者.

（2）X 射线管

　　产生 X 射线的 X 射线管的结构是多种多样的. 图 28.3 是一种常用的 X 射线管的示意图, 当年伦琴使用的装置与此相类似. 管内有两个电极, 电极 K 是阴极, A 是阳极. 管泡内压强为 10^{-6} mmHg $\sim 10^{-8}$ mmHg(1 mmHg = 1 Torr = 133.3 Pa), 因此, 由旁热式加热的阴极发射的电子在电场作用下就几乎无阻挡地飞向阳极. 电子打在阳极上就产生 X 射线. 阳极, 又称靶子, 可用钨、钼、铂等重金属

---

　* 引自本书绪论中所推荐的书刊[11], p38.
　** 伦琴的原文译载于: [1]W.C. Röntgen. Science, 3(1896)227; 3(1896)726. 关于 X 射线发现的历史, 可参阅: [2]戴念祖. 物理, 10(1981)52; 张瑞琨. 自然杂志, 4(1981)215.

频率ν	波长λ	光子能量$h\nu$		波谱
(Hz)	(m)	(eV)	(J)	

10^{22}
10^{-13}
γ射线
1 MeV─10^{6}
X射线
0.1 nm─10^{-10}
1 nm─10^{-9} ── 1 keV─10^{3}
紫外线
10^{15} ── 10 ── 10^{-18}
可见光
10^{14} ── 1μm─10^{-6} ── 1 eV─10^{0} ── 10^{-19}
10^{-1}
10^{-20}
红外线
1 THz─10^{12}
1 cm─10^{-2}
微波
1 GHz─10^{9}
1 m─10^{0} ── 10^{-6}
超高频　　　雷达
高频电视　　调频无线电广播
1 MHz─10^{6}
10^{2}
10^{-27}
1 km─10^{3}
无线电射频
1 kHz─10^{3}
10^{5} ── 10^{-11}
电力传输线

图 28.2　电磁波谱

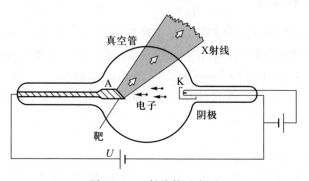

图 28.3　X 射线管示意图

制成,也可用铬、铁、铜等轻金属制成,这完全由 X 射线管的具体用途而定. 在阴极和阳极之间加上高电压,一般是几万伏到十几万伏,甚至更高,它使飞向阳极运动的电子加速. 调节此电压,可以改变轰击阳极的电子的能量. 1895 年,伦琴只用几千伏电压,因此电子的能量比较低,由此产生的是软 X 射线.

（3） X 射线的波动性

加速(或减速)的带电粒子能辐射出电磁波,这是经典电动力学可以给出的结果. 因此,当高速电子在靶上突然受阻而停止时,必将产生电磁波;于是,人们很容易想到 X 射线是电磁波的一种. 不过,伦琴当时发现了 X 射线后,既观察不到像普通光那样的折射,又测不到它的反射和衍射,伦琴就误认它与光无关. 直到 1906 年,英国物理学家巴克拉(C. G. Barkla)才显示了 X 射线的偏振,首次用实验证明了 X 射线的波动性. 但是,很多人并不相信这一结果;正如 18 世纪英国的著名学者杨氏(T. Young)所指出的,波动性的真正试金石是衍射效应. 到 1912 年,德国物理学家冯·劳厄(M. T. F. von Laue)提出设想,认为 X 射线是波长很短的电磁波,晶体中各原子有规则的排列可以使 X 射线发生衍射. 冯·劳厄的建议很快为弗里德里克(W. Friedrich)和尼平(P. Knipping)的实验所证实[3],从而有力地证明了 X 射线的波动性,并首次测量了 X 射线的波长.

下面我们就分别介绍巴克拉的工作和冯·劳厄建议的实验.

（4） X 射线的偏振

首先要明确,偏振这个概念只是对横波才存在. 横波,是指电磁振动方向与波的传播方向 k 相垂直的波. 若电矢量 E 恒定在一个方向,则称为**线偏振**(或称平面偏振). 若 E 随时间作周期性变化,如 E 在垂直于 k 的平面上作圆周运动,则称为**圆偏振**;如 E 是在垂直于 k 的平面上作椭圆运动,则称为**椭圆偏振**. 假如电矢量的方向是无规变化的,那么相应的波是不偏振的.

图 28.4 是一个产生偏振的双散射装置的示意图. 如图所示,对于本来不偏振的 X 射线,沿垂直于 xy 平面的 z 方向打在第一个散射体上,假如 X 射线是横波,那么,对第一个散射体来说,就无 z 方向的振动分量,散射体只能在 x,y 方向受迫振动,从而经过散射体发出的波也只是在 x,y 方向有振动. 因此,在 x 方向观察时,由于横波特性,在 x 方向传播的 X 射线只是在 y 方向有振动,即在 x 方向观察到偏振的 X 射线. 然后,又以这仅有 y 方向振动的 X 射线打向第二个散射体,从这个散射体发出的就是在 y 方向偏振的 X 射线,我们在 z 方向可以观察到强的 X 射线,而在 y 方向则一点也观察不到. 由此可见,在双散射体的装置中,第一个散射体扮演了"偏振的产生者"的角色,第二个散射体则是"偏振的体现者". 在物理学中,双散射技术是测量任何射线偏振特性的有效方法. 巴格拉当时就是用这样一个装置显示出 X 射线的偏振,从而第一次证实了 X 射线的横波特性.

〔3〕 W. Friedrich. P. Knipping and M. Laue. Ann. Physik,41(1913)971.

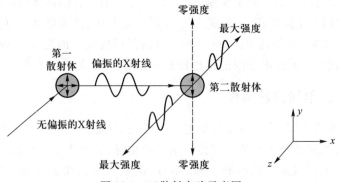

图 28.4　双散射实验示意图

（5）　X 射线的衍射

光波经过狭缝将产生衍射现象,为此,狭缝的大小必须与光波的波长同数量级或更小. 对于 X 射线,由于它的波长在 0.1 nm 的量级,要造出相应大小的狭缝以观察 X 射线的衍射,就相当困难. 冯·劳厄首先建议用晶体这个天然的光栅(狭缝组合)来研究 X 射线的衍射. 图 28.5 显示的是岩盐晶体中氯离子与钠离子的排列结构. 下面将会看到,晶格的间距正好与 X 射线的波长同数量级. 现在先讨论 X 射线打在这样的晶格上所产生的结果.

由图 28.6(a)可知,当入射 X 射线与晶面相交 θ 角时,假定晶面就是镜面(即布拉格面,入射角与出射角相等;下一段将证明,这一假定是不必要的),那么容易看出,图中两条射线 1 和 2 的程差是 $AC+CD$,即 $2d\sin\theta$. 当它为波长的整数倍时(假定入射 X 射线是单色的,只有一种波长),

$$2d\sin\theta = n\lambda,\quad n=1,2,\cdots \qquad (28-1)$$

在 θ 方向射出的 X 射线即得到衍射加强. 式(28-1)就是 X 射线在晶体中的衍射公式,称为**布拉格(Bragg)公式**. 在上述假定下,d 是晶格之间距离,也是相邻两布拉格面之间的距离. λ 是入射 X 射线的波长,θ 是入射角(注意此入

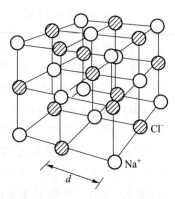

图 28.5　岩盐晶体中钠离子和氯离子的排列

射角是入射 X 射线与布拉面之间的夹角)和反射角. 当一束 X 射线射入晶体时,其反射线要能产生衍射加强,必须满足布拉格公式(28-1). 从此式可知,波长 λ 必须比 $2d$ 小,而且,对于 λ 和 d 这两个量,只要已知其一,便可知其二.

在实验中,一般先取一已知 d 的标准晶体来测量 X 射线的波长 λ,然后用这个 λ 就可测定未知晶体的晶格常量 d. 对于氯化钠晶体(图 28.5),我们可以从阿氏常数算出晶格常量:一克氯化钠中有的分子数是 $6\times10^{23}/58.5$ 个,氯化钠的密度是 2.163 g/cm^3,由此可知,1 cm^3 的氯化钠中有的分子数是 $6\times10^{23}\times2.163/58.5$ 个,但是,每一个氯化钠分子由两个原子组成,故共有 $2\times6\times10^{23}\times2.163/58.5$ 个原子. 假定两原子间距为 d,则 1 cm 线段上有 $1/d$ 个原子,1 cm^3 体

积内有$\left(\dfrac{1}{d}\right)^3$个,因此,

$$\left(\frac{1}{d}\right)^3 = 2 \times \frac{6 \times 10^{23}}{58.5} \times 2.163$$

依此可算得氯化钠晶体的晶格间距 $d = 0.282$ nm. 有了已知 d 的标准晶体,就可从衍射实验定出入射 X 射线的波长 λ;反之,假如从衍射实验中测定了 d,那么从上面那类立方晶体的计算中,可求出阿伏伽德罗常量 N_A. 这是实验测定阿氏常量的方法之一.

这里有必要提请读者注意,在考察图 28.5 这个晶格图时,不要误认为只有如图 28.6(a)所示的那一组晶面. 事实上,晶格中的原子可以构成很多组方向不同的平行面,如图 28.6(b)所示. 对于这些不同的平行面来说,d 是不相同的,而

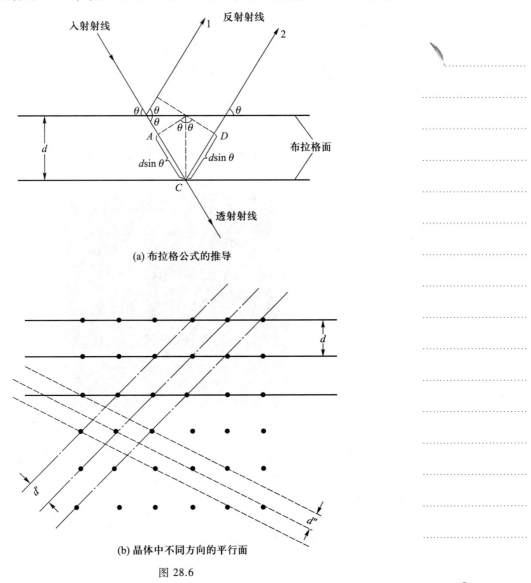

(a) 布拉格公式的推导

(b) 晶体中不同方向的平行面

图 28.6

且从图中可以清楚地看出,在不同的平行面上,原子数的密度也不一样,故测得的反射线的强度就有差异.

现在我们来介绍一下 X 射线在晶体中衍射的实验结果. 先介绍劳厄相片法.

1912 年弗里德里克和厄平在劳厄建议下,利用 X 光管产生的连续波长的 X 射线对单晶做了衍射实验. 实验的示意图见图 28.7. 对蓝宝石单晶的实验结果,见图 28.8. 图中每一亮点,称之为劳厄斑点,对应于一组晶面. 斑点的位置反映了对应晶面的方向.

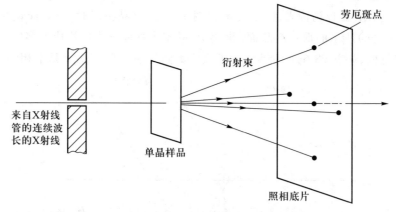

图 28.7 劳厄相片法的实验示意图

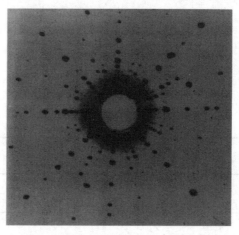

图 28.8 蓝宝石(Al_2O_3)单晶的劳厄照相(承上海冶金所许顺生教授惠赠)

布拉格公式对劳厄的结果作了正确的解释. 对于单晶,满足布拉格公式并不是很容易的,但是,幸运的是,劳厄等人采用了具有连续波长的 X 射线,因而在 1912 年首次显示了晶体结构的美丽图案.

布拉格不仅提出了 X 射线的反射公式,而且发明了晶体反射式 X 射线谱仪,并用于一系列的晶体的结构分析. 他们的工作证实了,在氯化钠晶体中并没有 NaCl 分子,而仅以 Na^+ 和 Cl^- 的离子形式存在.

比劳厄照相法更常用的是多晶粉末法,它是德拜和谢勒首先发明的[4]. 图 28.9 是实验示意图,图 28.10 是用氧化锆粉末得到的衍射照片. 它的好处是不必用单晶,只要用多晶粉末,或金属薄片. 样品的制备大为简化. 它一般利用单色 X 射线,此时,相片上每一同心圆对应一组晶面;不同的圆环代表不同的晶面阵,环的强弱反映了晶面上原子的密度大小,参见图 28.6(b). 在已知波长 λ 时,利用布拉格公式,只要测定圆环所对应的角度,就可算出相应晶面(即布拉格面)的间距 d. 在已知 d 的情况下,可以定出 X 射线的波长. 由于分析比较方便,德拜-谢勒方法在工业上得到了极为广泛的应用.

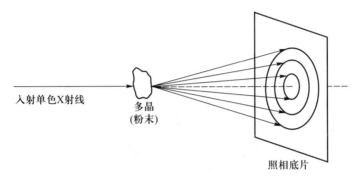

图 28.9 多晶粉末法实验示意图

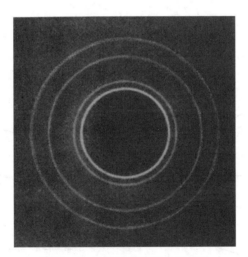

图 28.10 X 射线在多晶上的衍射

*（6） 布拉格公式的进一步推导[5]

下面我们准备给出一个比较简单的、在二维情况下的布拉格公式的推导. 先看图 28.11(a),图中 θ 和 θ' 分别为入射角和出射角,它们都是任意的,而并不像图 28.6(a)中那样要求两者相等. 两射线分别在 A、B 两点反射后的路程差为

〔4〕 P. J. W. Debye and J.A. Scherrer. Z. Physik, 17(1916)277;18(1917)29;19(1918)481.
〔5〕 L.R.B. Elton & D. F. Jackson. Am. J. Phys., 34(1966)1036.

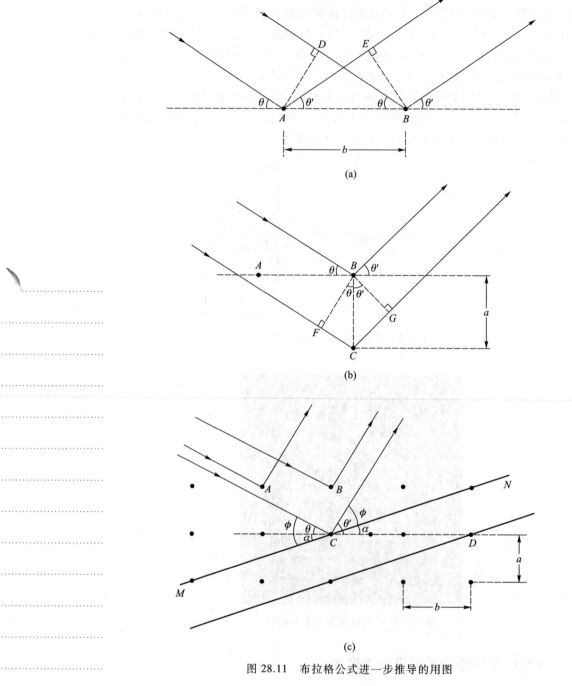

(a)

(b)

(c)

图 28.11　布拉格公式进一步推导的用图

$$\overline{BD} - \overline{AE} = b\cos\theta - b\cos\theta'$$

b 为 A 与 B 之间的距离. 当它等于波长的整数倍时, 即

$$b(\cos\theta - \cos\theta') = k\lambda \tag{28-2}$$

时, 就得到衍射加强. 下面再考察入射线在两个平行平面上反射的情形, 如图 28.11(b)所示, 两射线这时的路程差为

$$FC + CG = a\sin\theta + a\sin\theta'$$

同样,当它们为波长的整数倍时,即

$$a(\sin\theta + \sin\theta') = l\lambda \qquad (28-3)$$

时,就得到衍射加强.式(28-2)和(28-3)中的 k 和 l 都是正整数,λ 是入射波的波长.当式(28-2)和(28-3)都满足时,在 θ' 方向就必然得到衍射加强.

现在再看图 28.11(c).如图所示,通过 C 点取一个平面 MN,它与原来的平面交角 α,选取 α 使得在这个新的平面 MN 上,入射角等于出射角,都是 ϕ,即选取的 α 应满足

$$\theta + \alpha = \theta' - \alpha = \phi \qquad (28-4)$$

这样,所选的 MN 平面就是镜面.把式(28-4)代入式(28-2),便有

$$b[\cos(\phi - \alpha) - \cos(\phi + \alpha)] = k\lambda$$

或者,

$$2b\sin\phi\sin\alpha = k\lambda \qquad (28-5)$$

同样,将式(28-4)代入式(28-3),可得

$$2a\sin\phi\cos\alpha = l\lambda \qquad (28-6)$$

要使所有反射都得到衍射加强,则需同时满足式(28-5)和式(28-6).把两式相除,得

$$\tan\alpha = \frac{ka}{lb} \qquad (28-7)$$

此式告诉我们,与晶面相交 α 角的平面 MN 不仅是个镜面(入射与出射角均为 ϕ),而且恰好是个晶面[有规则地通过各点阵原子的面,即布拉格面,见图 28.6(a)].这是因为,式(28-7)的分子、分母分别是 a、b 的整倍数,因此 MN 平面必定是通过很多点阵原子的晶面.

假定 n 是整数 k、l 的最大公因子,并令

$$k = nk_1, l = nl_1 \qquad (28-8)$$

则由式(28-5)、(28-6)和(28-8)可证明:

$$\frac{b}{k_1}\sin\alpha = \frac{a}{l_1}\cos\alpha = \left(\frac{l_1^2}{a^2} + \frac{k_1^2}{b^2}\right)^{-1/2} \equiv d \qquad (28-9)$$

而且,d 就是平面 MN 与相邻平面的间距*,即两相邻布拉格面的间距.于是,式(28-5)与式(28-6)均化为

$$2d\sin\phi = n\lambda \qquad (28-10)$$

这样,我们证明了:只要在任意方向 θ' 测到衍射增强,那么 θ' 一定对应一个布拉格面,即它不但是一个晶面,而且是一个镜面,它的取向由式(28-7)决定,对于这个面,布拉格定律[式(28-10)]成立.

---

* 请读者证明.提示:假如图 28.11(c)中的 $\overline{CD} = l_1 b$,$\overline{DN} = k_1 a$,那么,因 l_1 和 k_1 之间已无公约数,CN 之间就不能再有晶格点.因此,MN 面上每一晶格点所占面积就是 $(\overline{CN})d$,它应该等于 ab.

§29　X 射线产生的机制

（1）　X 射线的发射谱

利用图 28.3 所示装置,我们可以得到 X 射线. 再利用晶体衍射的布拉格公式,即可测得 X 射线的波长;按照记录 X 射线照相片上的黑度,可以量得 X 射线的强度. 于是,我们可以得到 X 射线的发射谱——X 射线的波长与强度的关系图. 典型的装置示意图如图 29.1 所示. 从本质上讲,测量装置与第二章介绍的光谱仪是一样的,它总是包括三个部分:一是射线发生器(X 射线管,相当于光源);一是分光计(在此是晶体,相当于光栅,或棱镜);一是记录仪(在此与光谱仪一样,都可用照相片,只是对波长灵敏范围不同)*.

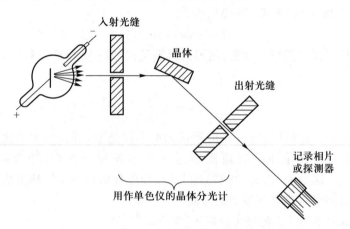

图 29.1　测量 X 射线发射谱的装置示意图

典型的测量结果见图 29.2(a)和(b),从图中可以看出,X 射线谱是由两部分构成的,一是波长连续变化的部分,称为**连续谱**,它的最小波长只与外加电压有关;另一部分是具有分立波长的谱线,这部分线状谱线要么不出现,一旦出现,它们的峰所对应的波长位置完全决定于靶材料本身,故这部分谱线称为**特征谱**,又称**标识谱**. 特征谱重叠在连续谱之上,如同山丘上的宝塔.

（2）　连续谱——韧致辐射

对于连续谱的由来,并不难理解. 经典电动力学告诉我们,带电粒子在加速(或减速)时必伴随着辐射;而当带电粒子与原子(原子核)相碰撞,发生骤然减速时,由此伴随产生的辐射称之为韧致辐射,又称为刹车辐射.

---

* 现代的记录仪是多种多样的. 半导体探测器更是最新型工具之一,它同时起了分光计和记录仪的作用. 参见:〔6〕任炽刚等. 质子 X 荧光分析和质子显微镜. 原子能出版社(1981)28.

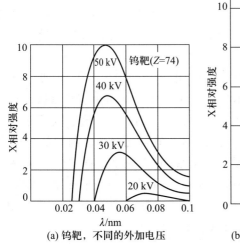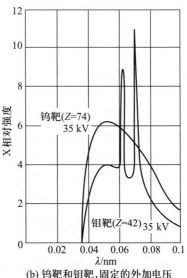

(a) 钨靶,不同的外加电压   (b) 钨靶和钼靶,固定的外加电压

图 29.2   X 射线发射谱

由于在带电粒子到达靶子时,在靶核的库仑场的作用下带电粒子的速度是连续变化的,因此辐射的 X 射线就具有连续谱的性质.

轫致辐射的强度反比于入射带电粒子质量的平方,因此,对质子等重带电粒子,轫致辐射比起电子产生的几乎可以忽略.轫致辐射的强度正比于靶核电荷的平方,由于医学、工业上使用的 X 射线往往主要依靠连续谱的那一部分,因此,在 X 射线管内用得最多的阳极靶是钨靶.因为它的原子序数大,能输出高强度的 X 射线,而且,钨的熔点高,导热性好,并易于加工.

实验测到的连续谱的面积确实随靶核的原子序数增大而增大,但连续谱的形状却与靶子材料毫无关系.它存在一个最小波长 $\lambda_{最小}$(或最高频率 $\nu_{最大}$),其数值只依赖于外加电压 V,而与原子序数 Z 无关,见图 29.2(a)和(b).这一事实却不是经典物理所能解释的.

连续谱的最小波长 $\lambda_{最小}$ 与外加电压 V 的关系,首先是由杜安(W. Duane)和亨特(P. Hunt)从分析大量实验结果所得到的:

$$\lambda_{最小} = \frac{1.24}{V(\text{kV})} \text{ nm} \tag{29-1}$$

式中 V 是以 kV 为单位的外加电压的大小.由此得到的波长 $\lambda_{最小}$ 的单位是 nm.

要解释式(29-1)的物理含义,必须要利用光的量子说.如果一个电子在电场中得到的动能 $E_k = 1e \cdot V$,当它到达靶子时,它全部能量就转成辐射能,那么,由此发射的光子可能有的最大能量显然是

$$E_k = 1e \cdot V = h\nu_{最大} = \frac{hc}{\lambda_{最小}} \tag{29-2}$$

代入常量值后,便得到

$$\lambda_{最小} = \frac{hc}{1e \cdot V} = \frac{1.24}{V(\mathrm{kV})} \text{ nm} \qquad (29\text{-}3)$$

与上述关系式(29-1)完全一致. 这样,一个原来是纯经验的关系式,不能为经典理论所说明(经典电磁学认为,任何短的波长均可发射),却被量子论很好地解释了. $\lambda_{最小}$ 称为**量子极限**,它的存在是量子论正确性的又一证明.

式(29-3)是很有用的. 例如,当外加电压 $V = 50$ kV 时,立即可以估算出 $\lambda_{最小} \approx 0.025$ nm(见图 29.2 中所示). 由于 V 和 $\lambda_{最小}$ 均可由实验测量,因此,这个公式可用来作为精确测定普朗克常量 h 的一个方法[7]. 第一次用这样的方法测量 h 的是杜安和亨特(1915 年),测到的 h 值与光电效应测到的 h 值完全一致,从而进一步说明了普朗克常量的普适性;它在完全不同的光的频率范围内具有完全相同的数值. 另外,我们可以看到,这个公式与我们在第二章讨论光电效应时给出的公式是一样的(注意,金属电子的脱出功很小,仅是电子伏量级,在此可以忽略),故 X 射线的产生可视为光电效应之逆.

(3) 特征辐射(标识辐射)——电子内壳层的跃迁

图 29.2(b)所示的、在钼靶上打出的 X 射线谱,基本上可分为两部分:一是连续谱,在图中呈现为一个"山丘"模样,这是轫致辐射产生的 X 射线谱;一是叠在连续谱上的两个尖峰,如同高耸在"山丘"上的"塔",这就是特征辐射产生的 X 射线谱,两峰所对应的波长位置与外加电压无关. 各元素的特征 X 射线谱有相似的结构,但各元素的特征 X 射线的能量值(或波长值)各不相同. 正如指纹被作为人的特征一样,特征 X 射线也被用来作为元素的标识.

特征 X 射线谱是由巴克拉在 1906 年首先发现的. 他观察到,从任何给定元素中发出的特征谱包含有若干个系列,按辐射的硬度(贯穿能力)递减的次序可以标以 K、L、…等字母*. 后来又发现,在 K 系列中又含有 K_α、K_β、K_γ 等. L 系列中含有 L_α、L_β、L_γ、….

1913 年,莫塞莱(H. G. J. Moseley)在测量了从铝到金总共 38 种元素的光谱之后发现,如果把各元素的 X 射线的频率的平方根对原子序数 Z 作标绘,就会得到线性关系,如图 29.3 所示. 对于图上纵坐标各元素旁边的整数,原来并不知道它的意义,而是被莫塞莱发现了:"它就等于该元素在周期表中的那个位置的序数." 莫塞莱在文章中还说:

"如果我们不用这些整数来表征元素,或者如果在所选的次序方面或在给未知元素所留的空位的个数方面发生任何错误,那么这些规律将立即消失**,……"

"既然卢瑟福已经证明,原子的最重要组成是其中心的带正电荷的核,而布罗克(Van den Broek)又已提出,在所有情况下,该核所带的电荷是氢核所带电

---

〔7〕 J.A. Bearden et al. . Phys. Rev.,81(1951)70.

* 为什么不从 A、B 字母排起呢?因为巴克拉当时不能肯定是否还存在更硬的谱线系列;字母取在 A 与 Z 之间就算是"留有余地"了.

** 这句话有些夸张,事实上,图 29.3 上的 Ho 与 Dy 的次序是颠倒了.

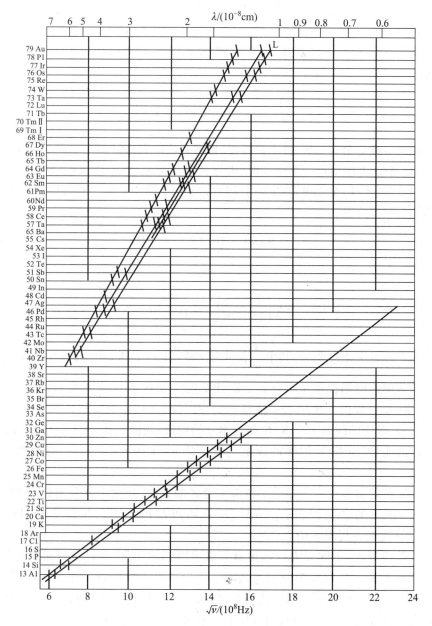

图 29.3　X 射线的莫塞莱标绘

荷的整数倍,这就有充分理由认为,这一决定着 X 射线光谱的整数就是核中电荷的单位数,…….."[8]

　　莫塞莱的发现,是理解元素周期律的一个重要里程碑,并可作为 X 射线光谱学的开始.

　　对于 K_{α} 线,莫塞莱得到了如下的经验公式:

---

　　[8]　H. G. J. Moseley. Phil. Mag.,26(1913)1024;27(1914)703.转引自:特里格. 二十世纪物理学的
　　　　重要实验. 科学出版社(1982).

$$\nu_{\mathrm{K}_\alpha} = 0.248 \times 10^{16}(Z - b)^2 \text{ Hz} \quad (b \approx 1) \qquad (29\text{-}4)$$

就在这一年,玻尔发表了三篇文章,提出了关于原子的量子学说. 莫塞莱一看到玻尔的论文,立刻发现他提出的经验公式(29-4)可以从玻尔的理论(对类氢离子)导出:

$$\nu_{\mathrm{K}_\alpha} = \frac{c}{\lambda} = RcZ^2\left(\frac{1}{1^2} - \frac{1}{2^2}\right) = \frac{3}{4}RcZ^2 \approx 0.246 \times 10^{16}Z^2 \text{ Hz} \qquad (29\text{-}5)$$

此式与经验公式(29-4)十分接近,但两者之间有$(Z-1)^2$与Z^2之差异. 这是因为,当$n=1$层出现一个空穴时,考虑到电子屏蔽效应,在$n=2$层中的电子感受到的是$(Z-1)$个正电荷的吸引,因此,当$n=2$层中的电子向内层跃迁时,发出的辐射频率应是

$$\nu_{\mathrm{K}_\alpha} = 0.246 \times 10^{16}(Z - 1)^2 \text{ Hz} \qquad (29\text{-}6)$$

或改写一下:

$$\Delta E_{\mathrm{K}_\alpha} = hRc(Z - 1)^2\left(\frac{1}{1^2} - \frac{1}{2^2}\right) \approx \frac{3}{4} \times 13.6 \times (Z - 1)^2 \text{ eV} \qquad (29\text{-}7)$$

此式的物理意义十分明确:其中$\frac{3}{4}$表示内层跃迁($n=2$到$n=1$);13.6 eV 是里德伯常量相应的能量;$(Z-1)^2$则表示跃迁的电子受到$Z-1$个正电荷的作用. 这样,对 K-X 射线的产生就有了清晰的物理图像,并依此可以解释熟知的事实:产生 K-X 射线的阈能大于 K-X 射线本身的能量;阈能是从$n=1$层移去一个电子所需的能量,而 K-X 射线的能量是电子从$n=1$到$n=2,3,\cdots$,各层的能量差值.

莫塞莱的实验第一次提供了精确测量Z的方法. 历史上就是用莫塞莱的公式定出了元素的Z,并纠正了$_{27}$Co 与$_{28}$Ni 在周期表上的次序,指出了$Z=43,61,75$ 这三个元素在周期表中的位置.

实验还发现,不同元素的标识谱不显示周期性变化,而且它与元素的化合状态基本无关 *,这都说明标识谱是原子中内层电子的跃迁产生的. 元素的周期性是外层电子组态周期性变化的反映,元素的化学性质主要取决于外层电子的状态,元素的化学组合也只与外层电子有关.

既然元素的标识谱只与元素的原子序数Z有关,它就可以作为元素的"指纹",依此可作为分析元素的工具. 不过,要想产生标识 X 射线,必须先产生空穴,这是由泡利原理所决定的产生标识辐射的先决条件. 例如,当一个原子的 K 层中有两个电子时,则永远也不可能在其中产生 K-X 射线;只有当 K 中的一个电子被拿掉,即 K 层中出现一个空穴时,才可能获得 K-X 射线. 空穴的存在是产生标识辐射的先决条件.

---

* 近年来的高分辨测量已充分表明,X 射线的能量与元素的化学状态有关. 但是,由此引起的差异要比 X 射线能量小好几个数量级,因此不影响我们这里的讨论.

产生空穴的方法可有各种各样(如用高能电子束、质子束、X 射线等都可作为轰击原子中内层电子的炮弹),而一旦空穴产生,接下去发生什么现象则与外界毫无关系,完全取决于元素本身的原子序数 Z.

以 X 射线为分析手段的各种方法,将依产生空穴的方法差异而分为:

(i)e-X,用电子束产生空穴,称为电子 X 荧光分析;

(ii)p-X,用质子束产生空穴,称为质子 X 荧光分析;

(iii)I-X,用离子束产生空穴,称为离子 X 荧光分析;

(iv)X-X,用 X 射线产生空穴,称为 X 荧光分析.

我们将在本书的附录 I 讨论质子 X 荧光分析.

(4) 特征辐射的标记方法

图 29.4 是产生 X 射线的能级示意图. 从图中可以看出,凡终态在 $n=1$ 壳层(K 层)的 X 射线,都称为 K-X 射线,凡终态在 $n=2$ 壳层(L 层)的 X 射线,都称为 L-X 射线,余类推[图 29.4(a)];然后,又以初态的不同而再分为 K_α,K_β,…. 除了主量子数 n,标记壳层的量子数还有轨道量子数 l,即主壳层中还有支壳层,考虑到这点,我们就有图 29.4(b),图中的跃迁,服从选择规则(见§25):$\Delta L=0,\pm1,\Delta J=0,\pm1$,以及 $\Delta l=\pm1$.依此得到的 X 射线的部分标记方法见表 29.1.

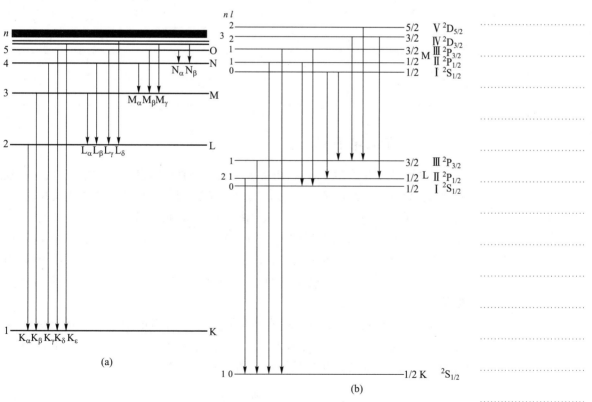

图 29.4 产生 X 射线的能级示意图

表 29.1 X 射线的标记方法

跃迁谱线名称 / 末态能级 / 初态能级	K	L_I	L_{II}	L_{III}
L_I				
L_{II}	$K_{\alpha2}$			
L_{III}	$K_{\alpha1}$			
M_I			L_η	L_1
M_{II}	$K_{\beta2}$	$L_{\beta4}$		
M_{III}	$K_{\beta1}$	$L_{\beta3}$		
M_{IV}			$L_{\beta1}$	$L_{\alpha2}$
M_V				$L_{\alpha1}$
N_I			$L_{\gamma5}$	$L_{\beta3}$
N_{II}	$K_{\gamma2}$	$L_{\gamma2}$		
N_{III}	$K_{\gamma1}$	$L_{\gamma3}$		
N_{IV}			$L_{\gamma1}$	$L'_{\beta2}$
N_V				$L_{\beta2}$
N_{VI}				
N_{VII}				

（5） 俄歇电子

在原子壳层中产生空穴后,产生 X 射线仅是释放能量的一种途径. 另一种途径,称为俄歇电子发射,是 1923 年由法国物理学家俄歇(P. Auger)首先发现的.

假如在 K 层中有了一个空穴[例如以光电相互作用产生这一空穴,见图 29.5(a)和(b)],当 L 层的一个电子跃迁到 K 层时,多余的能量可以释放 X 射线[图 29.5(c)],也可以不释放 X 射线,而把能量传递给另一层(例如 M 层)中的一个电子,这个电子就可以脱离原子[图 29.5(d)],并被称为**俄歇电子**.

设 K、L、M 层的电子结合能分别是 ϕ_K、ϕ_L、ϕ_M,当电子从 L 层跃迁到 K 层时,将释放能量 $\phi_K-\phi_L$;假如这部分能量给了 M 层中的一个电子,那么,$\phi_K-\phi_L-\phi_M$就是 M 层发出的俄歇电子的动能(图 29.5(d)):

$$E_{ae} = \phi_K - \phi_L - \phi_M \tag{29-8}$$

我们定义 K 层的荧光产额 ω_K:

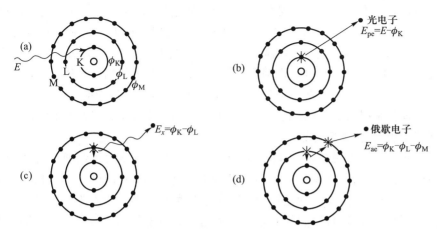

图 29.5 产生空穴[(a),(b)]后的两个过程[(c)或(d)]

$$\omega_{\mathrm{K}} = \frac{\mathrm{K - X \ 射线数}}{\mathrm{K \ 空穴数}} \qquad (29-9)$$

它表示原子中 K 层有了空穴后产生 K-X 射线的概率，$1-\omega_{\mathrm{K}}$ 就是产生俄歇电子的概率. 若 $\omega_{\mathrm{K}}=90\%$，则意味着：每 100 个具有 K 空穴的原子，有 90 个释放 K-X 射线，10 个释放俄歇电子. 类似地，我们可以定义 ω_{L} 等. 荧光产额 ω 的数值完全由元素的本性决定 *. 一般说来，对轻元素，发射俄歇电子的概率较大，对重元素，发射 X 射线的概率较大.

从式(29-8)可知，俄歇电子的动能完全决定于元素的本性，因此，对俄歇电子的测量也可用来作为分析元素的手段.

（6）电子跃迁诱发原子核激发

当原子壳层中有空穴时，接下发生的过程，如上所述，可以是发射特征 X 射线，也可以是发射俄歇电子. 有没有其他过程？

在 1973 年，日本大阪大学森田正人从理论上建议一种新的能量转移机制，并为实验所证实. 这就是，当电子填充空穴时把能量传递给原子核，使原子核跃迁到激发态.[9]

例如，铀原子从 $3\mathrm{d}_{3/2}$ 到 $2\mathrm{p}_{3/2}$ 态的跃迁，将释放能量 13.44 keV，可使原子核 $^{235}\mathrm{U}$ 从基态激发到 $3/2^+$ 态(13.1 keV)，但这种过程的概率很小，约为 10^{-9}，因此不影响前面的讨论.

又如，锇原子从 $3\mathrm{d}_{3/2}(\mathrm{M_{IV}})$ 到 $1\mathrm{s}_{1/2}(\mathrm{K})$ 跃迁时释放 71.840 keV，可使核 $^{189}\mathrm{Os}$ 从基态激发到 69.52 keV 激发态，概率约为 10^{-7}.

（7）同步辐射

同步辐射是近几年来受到人们极大注意的一种产生 X 射线的新的手段.

---

* 对各种元素的 $\omega_{\mathrm{K}}, \omega_{\mathrm{L}}, \omega_{\mathrm{M}}$ 数值，见本章引文[6]的附录三.

[9] M.Morita. Prog. of Theor. Phys. 49(1973)1574.

带电粒子在加速运动中必然产生辐射.加速运动,可以是直线型的,也可以是圆周型的.容易估计,带电粒子作直线加速运动时所产生的辐射是微不足道的[10].对于圆周运动,产生的辐射强度又与带电粒子的质量的四次方成反比,因此,一般说来,只有对电子作圆周加速运动时,它产生的辐射才值得加以考虑.当电子在同步回旋加速器(或其他圆型加速器)中作圆周运动时产生的辐射,我们统称**同步辐射**.对质子或其他重粒子所产生的同步辐射,一般都微不足道.只有当能量极高时,才需考虑.

同步辐射的发现是在 1947 年 4 月的一天,那天在美国纽约通用电气公司的研究实验室中,正在调试一台新设计的能量达 70 MeV 的电子同步回旋加速器,研究人员偶然发现了加速运动的电子能辐射出强烈的"弧光".实验表明这种弧光不是气体放电的结果,而是作加速运动的电子发出的,不同电子能量,发出不同的弧光.当时,同步辐射的发现引起了科学界的轰动.

在此还值得一提的是,在实验室发现同步辐射前不久,当时在英国曼彻斯特大学攻读博士学位的年轻的中国学者朱洪元在他的导师布莱克特(P. M. Blackett,曾因在核物理和宇宙线研究方面的贡献获 1948 年诺贝尔物理学奖)指导下,在有关大气簇射理论研究中指出:电子在地球磁场中运动时,会损失能量发出辐射,放出大量光子,但这些光子几乎都集中在沿电子运动的切线方向上.集中在很小角度里.能量越高,越是集中,有非常好的方向性,不会观察到大范围的广延大气簇射.1947 年,由朱洪元所撰写的论文《论高速带电粒子在磁场中的辐射》在《英国皇家学会会刊》上发表了.就在他的论文刊登之前,同步辐射在实验室中被发现了.朱洪元的论文被认为是同步辐射早期研究中一篇重要的基础文献.

同步辐射对高能物理来说,是一种损耗,阻碍加速粒子的能量提高、令科学家头痛.但对于其他领域,却是可以利用的一种新型 X 光源,因为它具有一系列令人注目的特性.在同步辐射被发现后约 20 年之久,科学家才逐步认识到它具有重要的应用价值.

同步辐射的第一个特点是功率大.

利用经典电动力学的一般规律[10],容易证明,能量为 E(以 GeV 为单位)的电子,作圆周运动时,若圆周的曲率半径为 R(以 m 为单位),电流为 I(以 A 为单位),则总的辐射功率 P(以 kW 为单位)为

$$P(\mathrm{kW}) = \frac{88.47 E^4 I}{R} \qquad (29-10)$$

或以引起电子绕圈的磁场 B(以 T 为单位)表达:

$$P(\mathrm{kW}) = 26.54 B E^4 I \qquad (29-11)$$

例如,$E = 1$ GeV,$B = 1$ T(相当于 $R = 3.33$ m),$I = 0.5$ A 时,$P = 13.3$ kW.

---

[10] J. D. Jackson. Classical Electrodynamics. J. Wiley & Sons Inc.,(1975)661.(中译本:经典电动力学. 朱培豫译. 人民教育出版社,(1980).)

而目前超大功率 X 光管的一般特性是,电子流 1 000 mA,高压 50 kV,电子束功率为 50 kW,但在靶上(转动的铜靶)只能产生 $P = 10$ W 的 X 射线. 它比上面算出的同步辐射的功率小了四个量级,而 1 GeV 的同步加速器是比较普通的. 目前在德国,已有 20 GeV 的同步加速器,$I = 20$ mA,$R = 192$ m,从式(29-10)可知,它的总功率将达 1 500 kW.

同步辐射的第二个特点是能谱宽.

图 29.6 是同步辐射的能谱随电子能量不同而呈现的不同分布的示意图. 它是一个连续谱,由此得到的 X 射线的波长连续可调,最短波长取决于电子的能量.

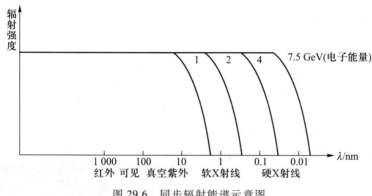

图 29.6　同步辐射能谱示意图

与此不同,X 光管发出的 X 射线的强度主要集中在靶材料所对应的特征辐射附近,比较单一. 例如,利用铜靶时,X 射线强度主要集中在 0.15 nm 附近.

同步辐射与 X 光管产生的 X 射线能谱比较,见图 29.8.

同步辐射的第三个特点是方向性好.

同步辐射的角分布依赖于电子的速度,当电子的速度接近光速时,同步辐射几乎全都集中在电子运动的切线方向(图 29.7). 例如,电子能量为 1 GeV 时,$\theta = 0.5$ mrad(毫弧度),准直性极好,可与激光媲美. 而 X 光管产生的 X 射线的角分布,则是各向同性的(图 29.8).

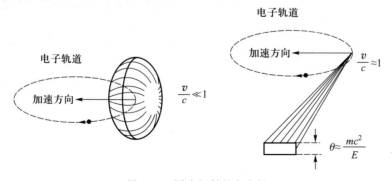

图 29.7　同步辐射的方向性

此外,同步辐射具有特定的时间结构(见图 29.8),可对许多现象作瞬时观察.而且,同步辐射是完全的平面偏振波,偏振面处于电子回旋轨道平面内.这些特性,都是普通 X 光管所没有的.

我国已在北京高能物理研究所和合肥中国科技大学建成了可供同步辐射研究用的同步加速器,并将于 2009 年底建成新一代的 3.5 GeV 上海同步辐射装置*.它的圆周长为 432 m,单簇电子电流大于 5 mA,可产生从可见光直至 40 keV 硬 X 射线.

同步辐射光源在原子分子物理、医学和生命科学、材料科学(参见图 29.9),

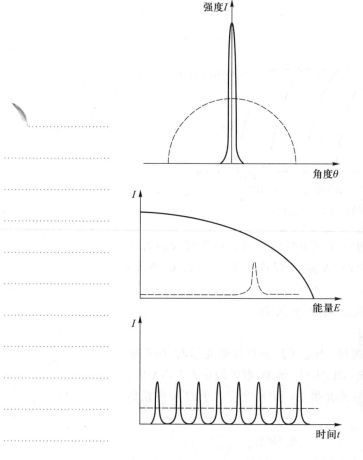

图 29.8 同步辐射与 X 射线管辐射特性比较
(同步辐射以——表示;X 射线管辐射以……表示)

图 29.9 用同步辐射摄得的铌酸钡钠
($Ba_2NaNb_5O_{15}$)单晶体的劳厄照相
[参见:S. S. Jiang(蒋树声),
M. Surowice & B.K. Tanner. J. Appl.
Cryst. 21(1988)145;感谢该文作者提供此照片.]

* 据徐洪杰在上海科协所作"关于上海同步辐射装置"的学术报告,2003 年.

信息产业以及生态和环境科学*等领域有着广阔的应用前景. 有关它的详细特性和应用,读者可参考文献〔13〕和专著〔14〕.

§30 康普顿散射

1923 年,美国物理学家康普顿(A.H. Compton)在研究 X 射线与物质散射的实验里,证明了 X 射线的粒子性. 在这个实验里,起作用的不仅有光子的能量,而且还有它的动量,因此,它继爱因斯坦用光量子说解释光电效应(只涉及光子的能量)之后,对光的量子说作了进一步的肯定. 它第一次从实验上证明了爱因斯坦在 1917 年提出的、关于光子具有动量的假设. 如果说,在 1905 年爱因斯坦提出光量子说后还有不少人怀疑的话,那么,在康普顿散射的实验得到光量子说的圆满解释之后,怀疑光量子说的人就是非常个别的了. 我国物理学家吴有训(1897—1977)在发现和研究康普顿效应中也作出了杰出的贡献[15].

（1） 经典考虑

康普顿散射的实验示意图如图 30.1 所示. 依照经典电磁理论,当电磁辐射通过物质时,被散射的辐射应与入射辐射具有相同的波长. 这是因为,入射的电磁辐射(例如 X 射线)使物质中原子的电子受到一个周期变化的作用力,迫使电子以入射波的频率振荡. 振荡着的电子必然要在四面八方发射出电磁波,其频率与振荡频率相同[图 30.2(a)]. 经典的电磁理论已为大量的宏观现象所证明,例如,蓝色的衣服在镜子里决不会看到是红色的.

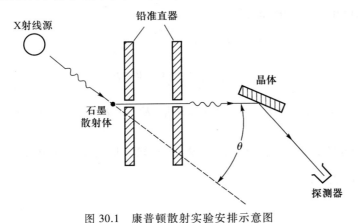

图 30.1 康普顿散射实验安排示意图

* 参见〔11〕沈皓,宓诤等,Nucl. Instr. & Meth. B189(2002)506.和〔12〕任庆广,沈皓等,J. of Rad. & Nucl. Chem. 272(2007)359.

〔13〕 H. Winick and A. Bienenstock. Ann. Rev. Nucl. Part. Sci. ,28(1978)33.

〔14〕 马礼敦,杨福家主编. 同步辐射应用概论. 复旦大学出版社(2001).

〔15〕 Y.H.Woo. Phys. Rev.,27(1926)119,管惟炎. 吴有训教授事略. 物理,11(1982)457.

但是，康普顿却在 X 射线与物质散射的实验里发现，在被散射的 X 射线中，除了与入射 X 射线具有相同波长的成分外，还有波长增长的部分出现. 增长的数量随散射角 θ 的不同而有所不同. 这是经典电磁理论无法理解的，而康普顿用量子说给予圆满的解释[16~18]，因而被称为**康普顿效应**.

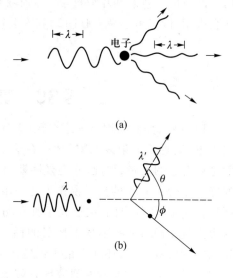

(a)

(b)

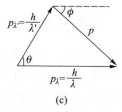

(c)

图 30.2 辐射与电子的散射

（2）量子解释

康普顿把观察到的现象理解为光子与自由电子碰撞的结果. 他首先假定：X 射线由光子组成，X 射线的波长 λ（或频率 ν）与光子的能量满足爱因斯坦在 1905 年提出的关系（$E_\lambda = h\nu$），而与光子的动量满足爱因斯坦在 1917 年提出的假定（$p_\lambda = h/\lambda$）.

当波长为 λ 的光子与原子中质量为 m_0 的、自由而静止 * 的电子碰撞，碰撞后，在与入射方向成 θ 角的方向测到波长为 λ' 的散射波；电子在碰撞中受到反冲，它以能量 E 在与入射波的方向成 φ 角的方向上射出［见图 30.2(b)］. 按体系的能量和动量守恒，即有：

$$\left.\begin{array}{c} h\nu + E_0 = h\nu' + E \\ p_\lambda^2 + p_{\lambda'}^2 - 2p_\lambda p_{\lambda'}\cos\theta = p^2 \end{array}\right\} \tag{30-1}$$

式中 E 和 p 分别是反冲电子的能量和动量，$E_0 = m_0 c^2$ 是电子的静能量，$p_\lambda = \dfrac{h}{\lambda}$ 及 $p_{\lambda'} = \dfrac{h}{\lambda'}$ 分别是光子碰撞前后的动量. 由于光子是以光速运动的粒子，故必须利用相对论的关系式：

---

〔16〕 A.H.Compton. Phys. Rev.,22(1923)409.

〔17〕 A.H.Compton. & S.K.Allison. X-rays in Theory and Experiment. D.Van Nostrand,Princeton,N.J.(1935).

〔18〕 A.H.Compton. The scattering of X-rays as Particles. Am. J. Phys. 29(1961)817.

* 所谓"自由"与"静止"都是相对的，这里是指电子在原子中的束缚能同入射 X 射线光子的能量相比可忽略而言；实际上，康普顿做实验时用的是以钼为靶材料的 X 光管，电压 50 kV. 利用钼的 K_α 线，波长 0.07 nm，相应的能量约 20 keV，远远超过所有元素的外层电子的束缚能.

$$m = \frac{m_0}{\sqrt{1 - v^2/c^2}}$$

$$E = mc^2$$

$$E^2 - p^2c^2 = E_0^2 \tag{30-2}$$

把它们代入式(30-1),整理后即可得到

$$\lambda' - \lambda = \Delta\lambda = \frac{h}{m_0 c}(1 - \cos\theta) \tag{30-3}$$

这就是著名的**康普顿散射公式**,它与实验符合得很好.

若将式(30-3)改写为

$$\frac{1}{h\nu'} - \frac{1}{h\nu} = \frac{1}{m_0 c^2}(1 - \cos\theta) \tag{30-4}$$

则可得到散射光子的能量表达式

$$h\nu' = \frac{h\nu}{1 + \gamma(1 - \cos\theta)}, \quad \gamma \equiv \frac{h\nu}{m_0 c^2} \tag{30-5}$$

即散射光子的能量是入射光子能量的函数.

将上式代入式(30-1),又可得到反冲电子的动能

$$E_k = h\nu - h\nu' = h\nu \frac{\gamma(1 - \cos\theta)}{1 + \gamma(1 - \cos\theta)} \tag{30-6}$$

由此可知,反冲电子能够得到的最大能量是(相应 $\theta = \pi$)

$$E_{k,\max} = h\nu \frac{2\gamma}{1 + 2\gamma} \tag{30-7a}$$

相应光子的最小能量是

$$(h\nu')_{\min} = \frac{h\nu}{1 + 2\gamma} \tag{30-7b}$$

以上给出的式(30-3)至(30-7)是康普顿散射的全套表达式,其中以式(30-3)为各式之冠,其余公式均可由它导出.

(3) 物理意义

1. 电子的康普顿波长

式(30-3)中的系数 $h/m_0 c$ 的量纲是长度,称为**电子的康普顿波长**,其物理含义是,入射光子的能量与电子的静能量相等时所相应的光子的波长,即

$$h\nu = m_0 c^2, \text{或者} \ h\frac{c}{\lambda} = m_0 c^2$$

则

$$\lambda = \frac{hc}{m_0 c^2} = \frac{1.240 \text{ nm} \cdot \text{keV}}{511.0 \text{ keV}} = 0.002\,426 \text{ nm} \tag{30-8}$$

这就是电子的康普顿波长.

由式(30-3)可知,电子的康普顿波长又可理解为:在 $\theta = 90°$ 时,入射波与散射波的波长之差.

除了定义 $\lambda_{ec} = h/m_0c$ 为电子的康普顿波长外,人们还定义:

$$\lambda_{ec} = \frac{\hbar}{m_0c} \tag{30-9}$$

为折合电子康普顿波长,它可以改写为

$$\lambda_{ec} = \frac{4\pi\varepsilon_0\hbar c}{e^2} \cdot \frac{e^2}{4\pi\varepsilon_0 m_0 c^2} = \frac{r_e}{\alpha} \approx 137 r_e \tag{30-10}$$

式中 r_e 为**经典电子半径**,它的定义为

$$m_0 c^2 = \frac{e^2}{4\pi\varepsilon_0 r_e} \tag{30-11}$$

即

$$r_e = \frac{e^2}{4\pi\varepsilon_0 m_0 c^2} \approx 2.8 \text{ fm} \tag{30-12}$$

式(30-10)告诉我们:**折合电子康普顿波长约为经典电子半径的 137 倍**[*].

2. $\Delta\lambda$ 只决定于 θ,而与 λ 无关

由式(30-3)可以看出,$\Delta\lambda$ 与入射波的波长 λ 无关,而只决定于散射角 θ 的大小,当 $\theta = 180°$ 时,

$$\Delta\lambda = 2\frac{h}{m_0c} = 0.004\ 9 \text{ nm}$$

这就是康普顿散射引起的最大位移,即入射波的波长能够增长的最大数值(见图30.3).

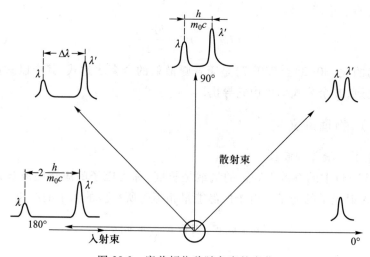

图 30.3 康普顿位移随角度的变化

---

[*] 读者还可以证明:氢原子的玻尔第一半径 $a_1 = \lambda_{ec}/\alpha = r_e/\alpha^2$,式中 α 为精细结构常数.

对实际测量来说,有意义的是相对比值 $\Delta\lambda/\lambda$. 既然 $\Delta\lambda$ 与 λ 无关,因此只有对 $\lambda\leqslant0.1$ nm 这样的 X 射线,才能使 $\Delta\lambda/\lambda$ 大到足以被观察的程度. 对于 $\lambda\approx500$ nm 那样的可见光,$\Delta\lambda$ 仍旧这么大,$\Delta\lambda/\lambda$ 就小得无法被量度. 这就是为什么只有在 X 射线散射实验中,我们才开始观察到了康普顿效应;在一般的宏观现象中,经典电磁理论与实验相符合得很好.

3. ΔE 与 λ 紧密相关

虽然以波长表示的康普顿位移与入射光的波长(或能量)无关,但是,以能量表示的康普顿位移 ΔE 却与入射光的波长(或能量)紧密相关.

为了说明这一点,我们给出在相同的测量条件下得到的两个实验结果:当入射光子的能量 $E = 10$ keV 时,在 $\theta = 90°$ 方向测到的散射光子的能量为 $E' = 9.8$ keV,相对变化为 $\Delta E/E \approx 2\%$;当入射光子的能量 $E = 10$ MeV 时,测到的 $E' = 0.49$ MeV,相对变化为 $\Delta E/E \approx 95\%$. 这清楚表明,ΔE 与入射光子的波长(或能量)紧密相关.

式(30-5)告诉我们,散射光子的能量随入射光子的能量增大而增大,但除了 $\theta = 0$ 以外,式(30-5)给了这种增长一个限制:例如,当 $\theta = 90°$ 时,不论入射光子的能量多少大,散射光子的能量不会大于 $m_0c^2(0.511$ MeV$)$.

4. 相干散射

当 $\theta = 0$ 时,显然,$\Delta\lambda = 0$;入射光波未被偏折,当然不引起波长的变化. 但是,$\Delta\lambda = 0$ 的事例不仅发生于 $\theta = 0$,而且在各个方向都能观察到(图 30.4 至 30.5). 即在康普顿散射中总是伴随着 $\Delta\lambda = 0$ 的散射,它称为**相干散射**,与此对

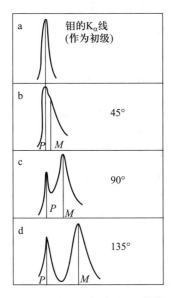

图 30.4 钼的 K_α 线(初级 X 射线)被石墨散射后在不同角度测到的散射 X 谱. P 是初级 X 射线波长 λ 的位置,M 是式(30-3)算出的 λ' 的位置. (本图引自康普顿的著作〔13〕)

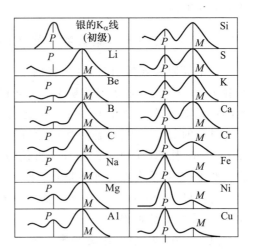

图 30.5 银的 K_α 线被各种元素散射的 X 能谱图,散射角 $\theta = 120°$〔引自文献〔14〕,这一重要实验结果是吴有训教授在 1926 年发表的.)

应,康普顿散射又称为**非相干散射**.相干散射由什么原因引起的呢？这是因为,当大量光子打向原子时,有些光子并未同原子中可被看作自由电子的外层电子发生散射,而是与内层束缚电子发生相互作用,由于束缚电子与原子结合得比较紧密,因此入射光子事实上是与原子这个整体发生散射.这时,在式(30-3)中就要用原子的质量 m_a 代替电子的质量 m_0,由于 $m_a \gg m_0$,因此 $\Delta\lambda \approx 0$.可见,相干散射是入射光子与原子中束缚电子相互作用的结果;因此,它一定随原子序数 Z 增大而增强,实验结果确是如此(图 30.5).相干散射在本质上是弹性散射.

相干散射与康普顿散射相伴存在,它可以被看作为一条标准谱线,为实验测定康普顿位移 $\Delta\lambda$ 带来了方便.

（4） 康普顿散射与基本常量

在康普顿散射公式(30-3)中,无论是普朗克常量 h,还是光速 c,都起着关键作用.假如 $h \to 0$,或者 $c \to \infty$,$\Delta\lambda$ 都将趋于零,即回到了经典物理.相应原理在此又得到了清晰的体现.

既然康普顿位移 $\Delta\lambda$ 与三个基本常量(h,c,m_0)有关,我们就可以从 $\Delta\lambda$ 的测量,依照两个已知的常量定出第三个常量.特别地,我们可依此测定普朗克常量 h——康普顿散射实验为独立测定 h 提供了一个方法.由此得到的 h 数值与其他方法一致,又一次证明了普朗克常量的普适性.

事实上,康普顿散射还为我们提供了测定光子能量 $h\nu$ 的一个很好的方法.因为对带电粒子的能量测量,一般可以达到较高的精度,因此,我们可从反冲电子能量的表达式(30-6)出发,在测量了反冲电子的能量之后,较精确地定出入射光子的能量.

＊（5） 附注一：康普顿轮廓(Compton Profile)[19]

在推导康普顿散射公式时,我们不仅假定电子是自由的,而且还假定电子是静止的.事实上,电子当然是不会静止的.在图 30.5 显示的散射 X 射线谱的轮廓随元素 Z 的变化,正反映了不同元素中的电子运动状态的不同.

早期的研究表明,康普顿散射轮廓直接反映了物质内部的电子动量分布.在 1929 年,杜蒙(Du Mond)依此用直接的实验方法证明了金属锂中的外层电子服从费米-狄拉克分布律而不是麦克斯韦-玻耳兹曼分布律,那是当时获得的最重要的成果.但是,由于当时没有强的 X 射线源,探测仪器的灵敏度也很低,因此,这类实验十分艰难.

但在 1965 年之后,用康普顿轮廓法探测电子动量分布的实验和理论工作又重新活跃起来.这是因为,一方面出现了强的 X 光源、高灵敏的 X 射线探测器,使实验精度大为提高,也出现了高效计算机,使复杂的理论计算有了可能;

---

〔19〕 陈成钧.物理,9(1980)350;卞祖和,吴铁军,唐孝威,杨保忠.中国科技大学学报,17(1987)528.

另一方面,量子化学、固体物理的发展,需要电子运动状态的实验数据,而康普顿轮廓法提供了探测电子动量分布的简便实验方法.

康普顿轮廓法测电子动量分布,具备一些其他方法所没有的特点.首先,它几乎只反映外层电子的运动状态,这正是量子化学和固体物理所关注的,而内层电子的干扰影响很小;其次,由于各电子的散射互不相关,因此有缺陷、杂质的样品与完美晶体的结果是一样的,从而使样品制备大为简化;再次,在一般情况下从轮廓线上可以直接得到很多定性的结论,简捷地了解分子和固体中电子的某些性质.

正因为如此,康普顿轮廓法在近年来得到了广泛注意和应用(参见文献〔16〕及其中的引文).

* (6) 附注二:逆康普顿效应

康普顿效应是指:高能光子与低能电子相碰撞时,光子把它一部分能量传递给电子,从而损失能量变为低能量光子,波长变长,频率变低.

如果与光子碰撞的电子是高能量的相对论性电子,那么,情况正好相反.此时高能电子将把它的一部分能量交给低能光子,光子获得能量,频率变高,波长变短.这种现象称为**逆康普顿效应**;由此产生的辐射(一般是在 X 射线区域)称为逆康普顿辐射.

显然,要产生逆康普顿辐射的先决条件是,既要有高能电子,又要有背景辐射(光子).在磁场中,高能电子可能产生同步辐射,而同步辐射本身就是背景辐射场,因此必然会导致逆康普顿效应的产生.这种辐射称为**同步-逆康普顿辐射**.

同步辐射和逆康普顿辐射是高能电子损失能量的两种机制.

康普顿散射明确无疑地揭示了 X 射线的粒子性,但这并不否定 X 射线的波动性. X 射线的波动性早已为偏振、衍射等实验事实所证明. 这样,X 射线与光波一样,显示了微粒和波动二象性.

§31 X 射线的吸收

由于 X 射线与物质相互作用,X 射线的强度就会因 X 射线通过物质而被减弱,这就是 X 射线吸收现象.本节先一般地讨论射线与物质的两类相互作用,然后讨论光子与物质的相互作用,第(3)段讨论本节的主题:X 射线与物质相互作用的结果引起 X 射线的吸收,第(4)段着重阐明 X 射线吸收中的一个重要的现象:吸收边缘,最后,我们介绍近年来十分活跃的一个课题:扩展 X 射线吸收的精细结构.

(1) 两类相互作用[20]

我们讨论一束准直的单能粒子束(或射线)通过一块平板介质,透射束的特

---

〔20〕 弗朗费尔德和亨利. 亚原子物理学. 原子能出版社(1981)22.

性当然依赖于束的本身性质及介质的性质.但不论束流或介质的性质如何,总会有两类极端的情况,即图 31.1 所示的两类相互作用.

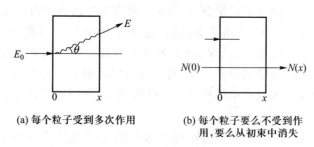

(a) 每个粒子受到多次作用　　(b) 每个粒子要么不受到作用,要么从初束中消失

图 31.1　两类相互作用

第一类相互作用,称为**多次小相互作用**[图 31.1(a)].重带电粒子(例如 α 粒子)通过物质时的相互作用,是这类相互作用的典型例子.粒子在物质中经历多次小相互作用,每次相互作用都引起粒子能量的损失及方向的偏转(一般是小角散射).最终的能量损失和方向偏转是各次的统计叠加.结果,进入吸收体之前是单能的、准直的粒子束,穿过吸收体后,粒子的能量降低,且不再是单能,而是有一个弥散[图 31.2(a)];在方向上,有一个角度扩展[图 31.2(b)].当吸收体小于一定厚度时,基本上所有的粒子都能透过.当吸收体厚到一定程度时,粒子的能量损失殆尽,粒子就无法透出物体,那时的厚度称之为带电粒子在该物质中的射程;实际上,还分平均射程(穿过吸收体的粒子数为原来一半时所相应的厚度 R_0)和外推射程 R_{ext},见图 31.2(c).

第二类相互作用,称之为**全或无相互作用**.典型的事例是光电效应.在这种相互作用中,粒子要么不经受相互作用,要么一次作用就从射线束中消失.对于不经受相互作用的粒子,它在穿透后仍保持单能性和准直性.

假如一束粒子强度为 I_0,通过厚度为 dx 的吸收体后,由于在吸收体内受到"毁灭性"的相互作用,强度必然减少,减少量 dI 显然正比于吸收体的厚度 dx,也正比于束流的强度 I,若把比例常量记为 μ,则(图 31.3)

$$- dI = \mu I(x) dx$$

积分后,

$$I = I_0 e^{-\mu x} \tag{31-1}$$

这就是朗伯-比尔(Lambert-Beer)定律.依此,透射的粒子强度按吸收体的厚度指数衰减;μ 称为**吸收系数**.显然,射程概念在这类相互作用中是没有意义的.但是,人们常取 $\mu x = 1$ 时的 x 称为**吸收长度**.吸收长度是吸收系数的倒数,它表示透射粒子数为入射粒子数的 $1/e$(即 37%)时所相应的吸收体的厚度.

假如取 x 的单位为 cm,则 μ 的单位为 cm^{-1};那时的 μ 称为**线性吸收系数**.

我们也可以把 μx 改写为 $\dfrac{\mu}{\rho} x \rho$,这里的 ρ 是吸收体的密度,而用 $x\rho$ 代表吸收体的

厚度,它常用的单位是mg/cm^2,并称为**质量厚度**,那时,$\dfrac{\mu}{\rho}$ 就称为**质量吸收系数**,

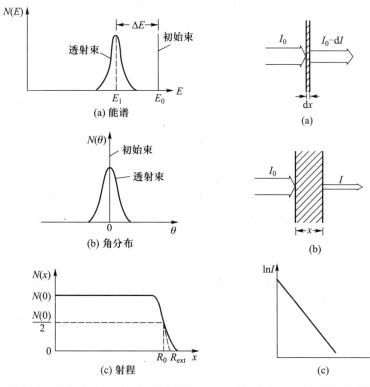

图 31.2　重带电粒子与物质相互作用　　图 31.3　全或无相互作用的特性

它相应的单位为 cm^2/mg. 从某种意义上说，μ/ρ 比 μ 更为基本，因为 μ/ρ 的数值不再依赖于吸收体的物理状态(气态、液态或固态)，它更能反映吸收体的本质，同时也给测量工作带来方便. 有时为了简单起见，我们就用符号 μ 代表质量吸收系数；读者只要细察其单位，就可容易地了解它的含义，究竟是线性吸收系数还是质量吸收系数.

（2）光子与物质相互作用

光子与物质的相互作用，主要包括[*]:光电效应——光子与束缚电子的相互作用；康普顿散射——光子与自由电子的散射；电子偶效应——当光子的能量大于电子的静质量的两倍时(即 1.02 MeV)，光子在原子核场附近能转化为一对正、负电子.

容易证明，对自由电子，无法产生光电效应；对自由光子，也不能产生电子偶效应. 否则，都会违反能量、动量守恒定律.

三种效应到底哪一种重要是随吸收体的不同而不同的，也随光子的能量不同而不同. 大致情况参见图 31.4. 只要知道光子能量以及吸收体原子的电荷数 Z，就能由图看出哪种效应为主. 显然，对于 X 射线，相应光子能量是小于几百

---

[*]　这里叙述的是主要的三种相互作用. 其他的相互作用在一般情况下是不重要的，但有时也会显出它们的影响，参见：〔21〕R. D. Evans. The Atomic Nucleus. McGraw-Hill Book Co. (1955)672.

keV(见图 28.2),所以主要的贡献只是光电效应和康普顿效应.

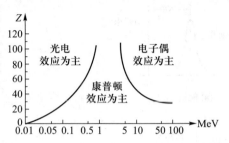

图 31.4　光子与物质三种主要相互作用的相对重要性

显而易见,光电效应和电子偶效应都是"全或无相互作用"的范例.那么,康普顿效应呢? 初看起来似乎属于"多次小相互作用",但仔细考察一下,发觉它基本上仍属"全或无相互作用". 这是因为,当光子能量不是很高时,散射光子主要不集中在前面,而测量装置的有效角度范围一般是有限的,不包括整个 4π 立体角,因此,散射的效果等于在束流中移去了入射粒子,故康普顿效应可被近似归属于第二类相互作用.

这样,光子与物质的相互作用基本上隶属于"全或无相互作用",它经过吸收体后的强度将按指数衰减:

$$I = I_0 e^{-\mu x} = I_0 e^{-\frac{\mu}{\rho} x \rho} \tag{31-2}$$

而吸收系数将包括三部分:

$$\mu = \mu_{光电} + \mu_{康} + \mu_{对偶} \tag{31-3}$$

同样,这里没有射程的概念,但可以定义吸收长度(又称**平均自由程**)x_0:

$$\mu x_0 = 1, \quad I/I_0 = e^{-1} \tag{31-4}$$

(3) X 射线的吸收

X 射线由低能光子组成(一般不会超过 150 keV),它在物质中的吸收规律当然遵照式(31-2). 显然,对于 X 射线,电子偶效应是不必考虑的. 但是,相干散射(又称**瑞利散射**)在某些情况下是重要的,因此,

$$\mu = \mu_{光电} + \mu_{康} + \mu_{相干} \tag{31-5}$$

对于碳、铝、铁、铅诸元素,质量吸收系数 μ/ρ 及其各分量随 X 射线能量的变化关系曲线见图 31.5. 为记号方便起见,图上的 μ 一律表示质量吸收系数.

从图上可以看出,在低能部分,主要贡献者是光电效应. 当入射 X 光子的能量逐渐增高到一定数值时(随吸收体不同而不同),光电效应的贡献就可忽略了,康普顿效应就成为主要了.

为了对具体数值有个概念,我们把铜的 K_{α_1}-X 射线经过碳时的吸收系数列于表 31.1 内.

假如吸收体是 j 种不同纯元素的均匀混合,那么该吸收体的质量吸收系数应是:

$$\mu = \sum_j w_j \mu_j \tag{31-6}$$

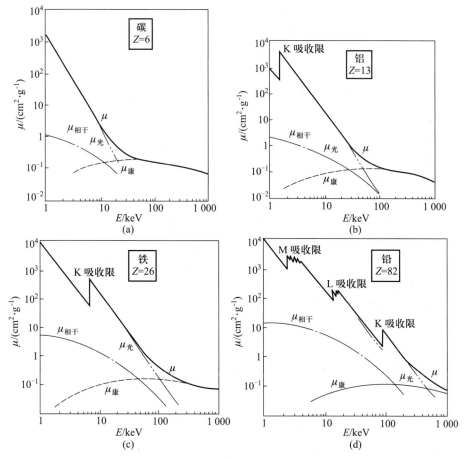

图 31.5　质量吸收系数与入射光子能量的关系

式中 μ_j 代表吸收体内第 j 元素的质量吸收系数,它在吸收体内的重量百分比为 w_j. $\sum\limits_j$ 表示对各元素求和,显然,

$$\sum_j w_j = 1 \tag{31-7}$$

表 31.1　**Cu 的 $K_{\alpha 1}$ -X 射线(8 046 eV)对碳的散射通过碳时的吸收系数**

	$\mu/(\text{cm}^2 \cdot \text{g}^{-1})$	占百分比/%
康普顿散射	0.133	2.9
相干散射	0.231	5.1
总的散射	0.364	8.0
光电吸收	4.15	92.0
总　　和	4.51	100.0

(4) 吸收限(又称吸收边缘)

我们对图 31.5 作一仔细的考察. 图中显示出的 μ 随 E 变化的总趋势是,随

着 X 光子的能量增加吸收系数跟着下降,这是因为 X 光子的能量越高(即其波长越短),它的贯穿能力就越强.但图中有三个大的突变,分别标以 K 吸收限、L 吸收限、M 吸收限;在 L 吸收限中,又含有三个小的起伏,可标以 L_I、L_{II}、L_{III},在 M 吸收限中,则含有五个小的起伏,可标以 M_I、M_{II}、M_{III}、M_{IV}、M_V.对照图 29.4(b),我们立刻可以明白吸收限存在的物理原因.

K 吸收限表示光子的能量足以使一个 1S 电子脱离原子,从而引起原子的共振吸收,使吸收系数有了突然增加;L_I 吸收限表示光子的能量足以使一个 2S 电子脱离原子,L_{II} 和 L_{III} 分别表示使 $2P_{1/2}$ 和 $2P_{3/2}$ 层上的电子脱离原子.同样,我们可以理解 M 吸收限.

对于铝、铁[图 31.5(b)、(c)],图上只显示 K 吸收限,因为 L 和 M 吸收限都低于 1 keV.类似地,在图 31.5(a)上,对碳元素,K 的吸收限也不出现.

吸收限的出现,再一次有力地证实了原子中电子壳层结构的实在性.

为了有个数值概念,我们对铅的 K、L 吸收限再作图 31.6.图中的数值表示吸收限的能量(keV),括号内的数值表示相应的波长(nm).

吸收限的存在为实际测量和应用带来了很大的好处.我们在此仅举几个例子.

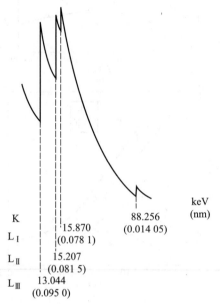

图 31.6　铅的 K、L 吸收限

[例1]　在§29(3)中我们曾指出.对于某特定的元素,产生 K-X 射线的阈能总大于该元素本身的 K-X 射线的能量.产生 K-X 射线的阈能,就是产生 K 空穴所需要的能量,也就是 K 吸收限所相应的能量.因此,在某特定元素的 μ-E 图上,K-X 射线的能量位置总在 K 吸收限的左边,一般都紧靠吸收限,因此相应的吸收系数比较小.根据这一原理,对于某元素产生的 X 射线,我们可用一块该元素制成的薄片(称为**过滤片**),让 X 射线容易地通过,而吸收掉其他杂散的射线.

图 31.7 表示用钼阳极制成的 X 光管所产生的 X 射线在通过 127 μm 厚的钼片后,透射率 I/I_0 对 X 射线能量 E 的曲线图.透射率 I/I_0 由式

$$I/I_0 = \exp[-\mu(E)\rho x]$$

决定,式中 $\mu(E)$ 是过滤片(钼片)的质量吸收系数,它是 X 射线能量的函数,ρ 是钼的密度,$x(=127\ \mu m)$ 是钼的厚度.由图可见,钼(阳极)产生的 K_α 和 K_β 线可以顺利地通过过滤片,而低能或能量比 K-X 射线略高的韧致辐射本底谱将受到很大阻挡.过滤片的"通带"(又称"窗")是很窄的.对于产生 X 射线的阈能在 6 keV～13 keV 的一些痕量元素,用经过钼过滤片的钼的 X 射线去激发,将是非常有效的;其他元素引起的干扰将非常之小.

[例2]　黄铜是铜和锌的混合物.当射线打在黄铜上,铜和锌原子都有可能产生特征 X 射线,由于铜和锌的特征 K_α 线的波长各为 0.153 9 nm 和 0.143 4 nm,相差极微.因此,当实验

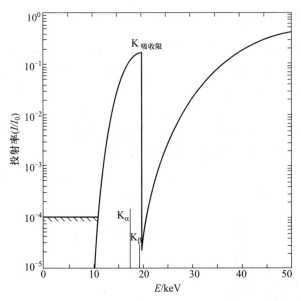

图 31.7　厚度为 127 μm 的钼过滤片的穿透率与 X 射线能量的关系.
K_α 和 K_β 是钼的标识 K-X 射线的能量. 水平斜线代表探测器的极限.

要求分析两者成分时,就必须设法选出铜和锌中的一条谱线. 下面我们将看到,适当选用过滤片就可达到这一目的. 图 31.8 表示镍的 K 吸收限,注意,这里我们采用波长作横坐标,而不像以前那样用能量. 如图所示,镍的吸收限为 0.148 9 nm,正好介于锌与铜这两条 K_α 线之间. 锌的 K_α 线对应于镍的质量吸收系数为 325 cm^2/g,而铜的 K_α 线对应的值为 48 cm^2/g. 这意味着,经过一镍层时,从锌中出射的 K_α-X 射线被吸收的可能性大大超过了对铜的 K_α-X 射线的吸收. 依此特点,在实验中可选用一块质量厚度为 8.33 mg/cm^2 的镍片(厚度为 9.4 μm;镍的密度为 8.9 g/cm^3)放在探测器前面. 这样,若原来从铜和锌射出的两种 K_α-X 射线的强度比为 1:1,在放了镍片后,两者强度之比就为 10:1 了(请读者计算)！来自锌的 K_α 线绝大部分被挡掉,测到的主要是铜的 K_α 线. 由此可知,利用物质对射线的吸收限,可以巧妙地解决谱线的分辨问题,从而给分析工作带来方便.

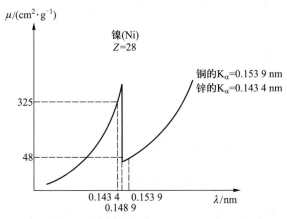

图 31.8　镍片对铜、锌的 K_α-X 射线的不同吸收

（5） 扩展 X 射线吸收精细结构(EXAFS)

从图 31.5 可以看出,在吸收限的高能一方,吸收系数随光子能量的增加而单调下降. 但是,假如我们用高分辨率谱仪作细致的观察,我们将发现,除了简单的单原子体系(例如氦气),在吸收限的高能一方,吸收系数随光子能量的增加一般呈周期性的变化;图 31.9 是铜的吸收系数随能量的变化曲线图,我们把图中 K 吸收限附近一块放大,即得到图 31.10. 这就是所谓"**扩展 X 射线吸收的精细结构**"(简称 EXAFS). 精细结构的扩展范围可达 1 keV.

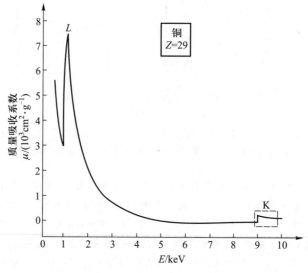

图 31.9 铜的 K、L 吸收限

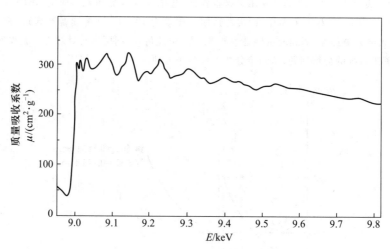

图 31.10 铜的 K 吸收限附近的精细结构

吸收系数在吸收限的高能一方呈现复杂结构的实验现象,早在 1930 年左右就已经被人们发现了,当时也有种种正确或不正确的解释. 但由于实验设备的低劣,这一现象并未受到广泛注意. 只是到了 20 世纪 70 年代初,特别是在出现了能谱宽、功率强的同步辐射源之后,EXAFS才重新受人注意.

EXAFS 是怎么产生的呢?

吸收限的出现表示入射光子的能量已大到足以打掉原子内层中的电子,出射的光电子的动能为 $E = h\nu - E_K$(假如电子从 K 层逸出,E_K 是 K 吸收限的数值,$h\nu$ 是入射光子的能量). 除了简单的单原子体系外,原子都不是孤立的,而是被其他原子所包围. 因此,被打出电子的德布罗意波(见第三章)就要被周围原子散射,形成向内的波,与原来向外的波干涉,结果发生增强或减弱,从而使吸收系数呈振荡现象.

EXAFS 既然是由邻近的原子的影响而形成的,它必然与原子的环境有关,于是,我们就可以利用 EXAFS 来研究原子的周围结构特征. 因此,EXAFS 在生物、化学、固体物理和表面物理等方面得到了广泛的应用. 同步辐射资源是利用 EXAFS 研究物质结构的理想资源. *

小 结

(1) 重要公式

1. 韧致辐射的最小波长(量子限):

$$\lambda_{最小} = \frac{hc}{E} = \frac{1.24}{E(\text{keV})} \text{ nm} \tag{1}$$

式中 E 是电子的初始能量,由加速电压决定.

2. K_α-X 射线能量的近似表达式:

$$E_{K_\alpha} = \frac{3}{4} \times 13.6 \times (Z-1)^2 \text{ eV} \tag{2}$$

式中 Z 是相应元素的原子序数.

3. X 射线在晶体中的衍射,布拉格公式:

$$n\lambda = 2d\sin\theta \tag{3}$$

4. 康普顿散射

$$\Delta\lambda = \frac{h}{m_e c}(1 - \cos\theta) \tag{4}$$

5. X 射线在介质中的吸收

$$I = I_0 e^{-\mu x} \tag{5}$$

(2) 重要概念

韧致辐射、特征 X 射线(标识谱)、同步辐射;

X 射线的偏振、衍射;

康普顿散射;

X 射线的吸收、吸收限.

---

* 对 EXAFS 有兴趣的读者可参阅文献〔14〕(第六章).

（3）一些物理量的实验测定

1. 利用公式（1）和（4），可得到两种独立测量普朗克常量 h 的实验方法；

2. 利用公式（3），可以测定晶格常量 d，并依此可算得阿伏伽德罗常量 N_A；

3. 利用公式（2），测定原子序数 Z；

4. 利用公式（3），测定电磁辐射的波长 λ；

5. 利用公式（5），测定介质对电磁辐射的吸收系数 μ.

（4）与研究 X 射线相关的诺贝尔奖

1901 年，伦琴因发现 X 射线而获得第一个诺贝尔物理学奖（诺贝尔奖从 1901 年起颁发）；

1914 年，劳厄因研究 X 射线在晶体中的衍射而获奖；

1915 年，布拉格父子因利用 X 射线研究晶体结构（布氏公式）而获奖；

1917 年，巴克拉因发现元素的特征 X 射线而获奖；

1924 年，西格巴恩（M.Siegbahn）因创立 X 射线谱学而获奖；

1927 年，康普顿因发现 X 射线被带电粒子散射而获奖；

1979 年，科马克（A.M.Cormark）和洪斯菲尔德（C.N.Hounsfield）因发明 X 射线层析图像技术（XCT）而获诺贝尔生理学或医学奖.

2002 年，贾可尼（R.Giaconi）因发现宇宙 X 射线源的研究而获奖.

习　题

6-1　某一 X 射线管发出的连续 X 光谱的最短波长为 0.012 4 nm，试问它的工作电压是多少？

6-2　莫塞莱的实验是历史上首次精确测量原子序数的方法. 如测得某元素的 K_α-X 射线的波长为 0.068 5 nm，试求出该元素的原子序数.

6-3　钕原子（$Z=60$）的 L 吸收限为 0.19 nm，试问从钕原子中电离一个 K 电子需做多少功？

6-4　证明：对大多数元素，$K_{\alpha 1}$ 射线的强度为 $K_{\alpha 2}$ 射线的两倍.

6-5　已知铅的 K 吸收限为 0.014 1 nm，K 线系各谱线的波长分别为：0.016 7 nm（K_α）；0.014 6 nm（K_β）；0.014 2 nm（K_γ），现请：

（1）根据这些数据绘出有关铅的 X 射线能级简图；

（2）计算激发 L 线系所需的最小能量与 L_α 线的波长.

6-6　一束波长为 0.54 nm 的单色光入射到一组晶面上，在与入射束偏离为 120° 的方向上产生一级衍射极大，试问该晶面的间距为多大？

6-7　在康普顿散射中，若入射光子的能量等于电子的静止能，试求散射光子的最小能量及电子的最大动量.

6-8　在康普顿散射中，若一个光子能传递给一个静止电子的最大能量为 10 keV，试求入射光子的能量.

6-9　若入射光子与质子发生康普顿散射，试求质子的康普顿波长. 如反冲质子获得的能量为 5.7 MeV，则入射光子的最小能量为多大？

6-10　康普顿散射产生的散射光子，再与原子发生相互作用，当散射角 $\theta > 60°$ 时，无论入射光子能量多么大，散射光子总不能再产生正负电子偶. 试证明之.

6-11 证明：光子与自由电子相碰，不可能发生光电效应.

6-12 证明：在真空中不可能发生"光子→电子对"过程.

6-13 已知铑（$Z = 45$）的电子组态为 $1s^2 2s^2 2p^6 3s^2 3p^6 3d^{10} 4s^2 4p^6 4d^8 5s^1$，现请：

（1）确定它的基态态项（谱项）符号；

（2）用它的 K_α-X 射线做康普顿散射实验，当光子的散射角为 $60°$ 时，求反冲电子的能量（已知 K_α 的屏蔽系数 $b \approx 0.9$）；

（3）在实验装置中用厚为 0.30 cm 的铅屏蔽该射线. 如果改用铝代替铅，为达到同样的屏蔽效果，需要用多少厚的铝？（$\mu_{Pb} = 52.5$ cm^{-1}；$\mu_{Al} = 0.765$ cm^{-1}）

6-14 已知铜和锌的 K_α-X 射线的波长分别为 $0.015\ 39$ nm 和 $0.014\ 34$ nm，镍的 K 吸收限为 $0.148\ 9$ nm，它对铜和锌的 K_α-X 射线的质量吸收系数分别为 48 cm^2/g 和 325 cm^2/g. 试问：为了使铜的 K_α 射线与锌的 K_α 射线的相对强度之比提高 10 倍，需要多厚的镍吸收片？

第六章问题　　　参考文献——第六章

第七章 原子核物理概论

利用原子能方法的发现,将开辟人类发展的新篇章.

——卢瑟福

自 1911 年卢瑟福提出原子的核式模型以来,原子就被分成两部分来处理:一是处于原子中心的原子核,一是绕核运动的电子. 核外电子的运动构成了原子物理学的主要内容,而原子核则成了另一门学科——原子核物理学的主要研究对象. 原子和原子核是物质结构的两个层次,或许是分得最开的两个层次.

本章将概括地介绍原子核物理学:包括它的研究对象(§32)、核的基态特性(§33 和 §35)、至今还相当神秘的核力(§34);也包括核模型(§36)、核的放射现象(§37~§40)、核反应(§41)和原子能(§42).

如果把 1932 年发现中子作为原子核物理的开始,那么,70 多年已过去了.可是,我们今天对原子核的了解还远没有达到 70 年前对原子的了解程度.

§32 原子核物理的对象

(1) 原子的中心:原子核

原子核的线度只有原子的万分之一,质量却占原子的99%以上. 因此,在原子内部,电子是运动的主要承担者. 原子核的存在,对原子性质起主要贡献的,除原子核的质量外,主要是它的电荷. 原子核的其他性质对原子的影响,则是相当微小的(见第八章);同样,我们将看到,核外电子的行为对原子核的性质也几乎毫无关系. 原子和原子核是物质结构中泾渭分明的两个层次,它不同于分子和原子间的关系,也不同于原子核和"基本"粒子之间的关系.

物质的性质可以主要归因于原子,或主要归因于原子核,但几乎不同时归于两者. 元素的化学、物理性质、光谱特性,基本上只与核外电子有关,而放射现象则归因于原子核.

与原子物理有关的现象在自然界相当普遍,在我们的日常生活中到处可见.相比之下,原子核的现象在自然界中相当罕见.

不过,从 20 世纪 40 年代中期开始,一直到现在,"原子核"几乎成了家喻户晓的名词. 下面让我们对原子核物理的发展史作一概括的回顾.

（2）历史回顾

1896年,贝可勒尔(A. H. Becquerel)发现了铀的放射现象.这是人类第一次在实验室里观察到原子核现象.1897年,居里夫妇(P.&M. Curie)发现放射性元素钋和镭.1899年发现 α 射线、β 射线,1900年发现 γ 射线.

1903年,卢瑟福证实了 α 射线是带正电荷的氦原子,β 射线是电子(图32.1).1911年进而提出原子的核式模型.1919年卢瑟福首次实现人工核反应,用 α 粒子从氮核打出质子.

1932年查德威克(J. Chadwick)发现中子.海森伯立刻提出原子核由质子和中子组成.1934年约里奥·居里夫妇(F. &I. Joliot-Curie)发现人工放射性,这是人工制备放射性元素的开始.

图 32.1　泡利与吴健雄(摄于1934年)
泡利:中微子假设的创始人;吴健雄:β 衰变实验的先驱.(承 E. Segre 教授惠赠)

1939年,哈恩(O. Hahn)和史特拉斯曼(F. Strassmann)在用中子轰击重元素铀的实验中,发现有中间质量的元素产生;接着,梅特纳(L. Meitner)和弗里什(O. Frisch)提出用铀原子核分裂成两半的产物解释哈恩-史特拉斯曼的实验结果,从而导致重核裂变的发现.同年,玻尔和惠勒提出了重原子核裂变的液滴模型理论.

1942年,在费米(E. Fermi)领导下,利用铀核裂变释放中子及能量的性质,发明热中子链式反应堆,可算是大规模利用原子能的开始.1945年在奥本海默(J. R. Oppenheimer)领导下,美国洛斯·阿拉莫斯(Los Alamos)实验室制成快中子链式反应爆炸装置——原子弹;1 kg 铀(^{235}U)在日本广岛上空分裂,导致近10万人死亡、10万人受伤.1952年在泰勒(E. Teller)领导下,实现轻元素的热核爆炸,试爆氢弹成功.1954年苏联建成第一个原子能发电站.

我国在1958年建成第一座重水型原子反应堆;在1964年成功试爆第一颗原子弹,1967年成功试爆氢弹.

（3） 原子核的组成

在发现中子之前,人们知道的"基本"粒子只有两种:电子和质子. 把丰彩多变的各类物质归纳为两个基本实体,真可算作物理学家梦寐以求的伟大成果. 可是,把原子核当作是质子和电子的组成体的想法,一开始就遇到了不可克服的困难.

例如,氦原子核的质量近似为质子的 4 倍,电荷为 +2. 假如它是由质子和电子所组成,那么,它必须包含 4 个质子和 2 个电子;质子作为质量的承担者,电子起了补偿电荷的作用. 氦核的大小约为 $d \approx 5$ fm,电子要是被束缚在核内,它相应的德布罗意波长不能大于 $2d \approx 10$ fm$\left(\dfrac{\lambda}{2} = d, \text{参见} \S 12\right)$,于是,相应的动量为 *

$$p = \frac{h}{\lambda} = \frac{hc}{\lambda c} \geqslant \frac{1\ 240 \text{ fm} \cdot \text{MeV}}{10 \text{ fm} \cdot c} = 124 \frac{\text{MeV}}{c}$$

它落在相对论范围还是非相对论范围? 暂时看不出. 先猜它属于非相对论范围,那么,电子的速度

$$v = \frac{p}{m} = \frac{pc^2}{mc^2} = \frac{124c \text{ MeV}}{0.511 \text{ MeV}} \approx 240c$$

是光速的 240 倍! 显然是猜错了. 因此,我们必须利用相对论方程:

$$E^2 = (pc)^2 + (mc^2)^2$$

现由于 $pc = 124$ MeV $\gg mc^2 = 0.511$ MeV,因此,

$$E \approx pc = 124 \text{ MeV}$$

可是,人们没有任何实验迹象能表明原子核内存在如此高能量的电子!

假如原子核由质子和电子所组成,那么,我们也无法解释核的自旋. 例如,氮核的质量约为质子的 14 倍,电荷为 7,依照质子-电子假说,氮核内必须有 14 个质子和 7 个电子,总的粒子数为 21,是奇数. 由于质子和电子的固有自旋都是 $(1/2)\hbar$,奇数个粒子合成的自旋必定是半整数,但氮的自旋的实验值却是整数 1.

在查德威克发现中子之后,海森伯很快就提出原子核由质子和中子所组成的假说. 上述困难就不再存在,而且有一系列的实验事实支持这一假说.

中子和质子的质量相差甚微,如果用原子质量为单位,那么,它们分别为

$$m_n = 1.008\ 664\ 915\ 97(43)\ u$$

$$m_p = 1.007\ 276\ 466\ 77(10)\ u$$

中子和质子除有微小质量差以及电荷的差异外,其余性质十分相似. 海森伯统称它们为核子,并把中子与质子看作核子的两个不同状态.

在提出原子核由中子和质子组成之后,任何一个原子核都可用符号 $_Z^A X_N$ 来表示. N 为核内中子数,Z 为质子数,$A = N + Z$,为核内的核子数,又称质量数;X

---

* 请读者再次注意我们数值估算的方法.

代表与 Z 相联系的元素符号. 例如, ${}^{4}_{2}\mathrm{He}_2$, ${}^{14}_{7}\mathrm{N}_7$, ${}^{16}_{8}\mathrm{O}_8$ …等等. 实际上, 只要简写为 ${}^{4}\mathrm{X}$, 它已足以代表一个特定的核素. 只要 X 相同, 元素在周期表中的位置就相同, 元素的化学性质就基本相同. 例如, ${}^{235}\mathrm{U}$ 和 ${}^{238}\mathrm{U}$, 都是铀元素, 两者只相差三个中子, 它们的化学性质及一般物理性质几乎完全相同; 但是, 它们是两个完全不同的核素, 它们的核性质完全不同: 前者是核武器的关键原料, 后者往往是核工厂的废料.

（4） 核素图

正像在原子物理学中把元素按原子序数 Z 排成元素周期表一样, 我们可以把核素排在一张所谓核素图上. 但是, 现在除了原子序数（即核内质子数）Z 外, 还必须计入对核性质起关键作用的中子数 N. 这样, 核素图就必须是含有 $N\text{-}Z$ 的两维图. 我们可以以 N 为横坐标、Z 为纵坐标, 也可以反过来, 然后让每一核素对号入座. 图 32.2 是核素图的示意图（缩小版）, 图 32.3 则是实验室内常用的核素挂图的一小部分. 图上每一点（或每一格）代表一个特定的核素.

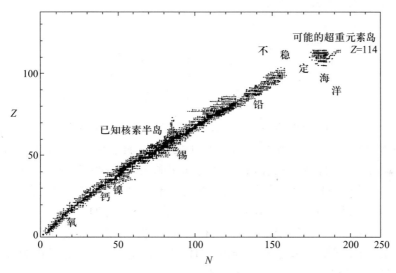

图 32.2　核素图（承 J. R. Nix 博士惠赠）

在现代的核素图上, 既包括了天然存在的 300 多个核素（其中 280 多个是稳定核素, 60 多个是寿命很长的放射性核素）, 也包括了自 1934 年以来人工制造的 1 600 多个放射性核素, 一共约 2 000 个核素——它们是原子核物理研究的对象.

考察核素图, 可以发现, 稳定核素几乎全落在一条光滑曲线上或紧靠曲线的两侧; 这个区域称为 **核素的稳定区**. 对于轻核, 这条曲线与直线 $N=Z$ 相重合, 当 N、Z 增大到一定数值之后, 稳定线逐渐向 $N > Z$ 的方向偏离. 位于稳定线上侧的属缺中子核区, 下侧的属丰中子核区. 中子数或质子数过多或偏少的核素都是不稳定的.

中子与质子组成原子核, 而且结合得这样紧密（记住: 核的密度的数量级为

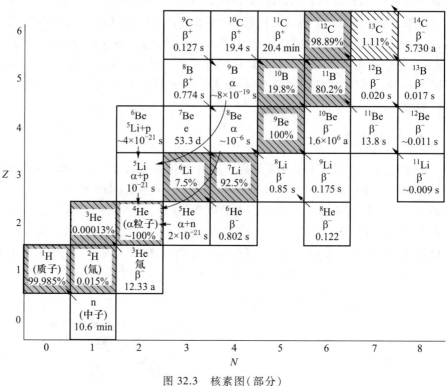

图 32.3　核素图(部分)

10^{14} g/cm^3! 在 §33 中将会讨论到.)这主要是靠了强大的核力(见 §34),它存在于中子与质子、质子与质子、中子与中子之间.在质子与质子之间的库仑排斥力起着破坏结合的作用.在轻核区,库仑作用影响不大;$N=Z$ 的核素比较稳定,主要原因是泡利原理.由于中子和质子都是费米子,每个能态就只能存在两个中子和两个质子,但不能同时放置四个中子(或质子).若有四个中子(或质子),那么其中两个必须处于高能态.因此,只有当 $N=Z$ 时,体系的能量最低.

可是,当质子数 Z 增大到一定数值时,情况就起了变化.这是因为,库仑相互作用是长程相互作用,它能作用于核内的所有质子,正比于 $A(A-1)$;而核力是短程力(§34),只作用于相邻的核子,正比于 A.随着 $Z(A)$ 的增加,库仑相互作用的影响增长得比核力快,为了要使原子核保持稳定,必须靠中子数的较大增长来抵消库仑力的破坏作用,因此,随着 $Z(A)$ 的增长,稳定核素的中子数比质子数越来越多.不过,当 Z 大到一定程度,稳定核素不复存在,再大到一定程度,连长寿命放射性核素也无法存在;稳定核素区、已知核素区慢慢就终止了.如果把不稳定核区比作不稳定的海洋,那么核素存在的区域就好像是个半岛;目前已经发现的约 2 000 个核素就在这个半岛上.在 1966 年左右,理论预告,在远离半岛的不稳定海洋中,在 $Z \approx 114$ 附近应该有一个超重元素稳定岛[1].三十年来,人们想尽办法要渡海登岛,虽然曾先后十五次宣布"成功了",但是,至

[1]　C. E. Bemis & J. R. Nix. Comments Nucl. Part. Phys. 7, (1977) 65.

今尚未真正登上去*. 不过,人们尚未绝望,在没有发现理论上的缺陷之前,各种尝试还在不断地进行. 现今的理论还预告,在现有的核素半岛上,允许存在的核素远不止2 000 个(图 32.4 中两曲折线范围内),而是至少应有 5 000 个(图 32.4 中两实线范围内;显然,由图可见,未发现的丰中子核素远多于丰质子核素.)确实,新的核素还在不断地被制造出来,远离稳定线的核素研究已成为原子核物理的一个重要分支. 在 1974 年左右,李政道教授更进一步预告说,在不稳定海洋的更遥远的地方存在着一个比岛大得多的"稳定洲",那里有成千上万个稳定核素. 未来的实验将考验这些理论的可靠性[2].

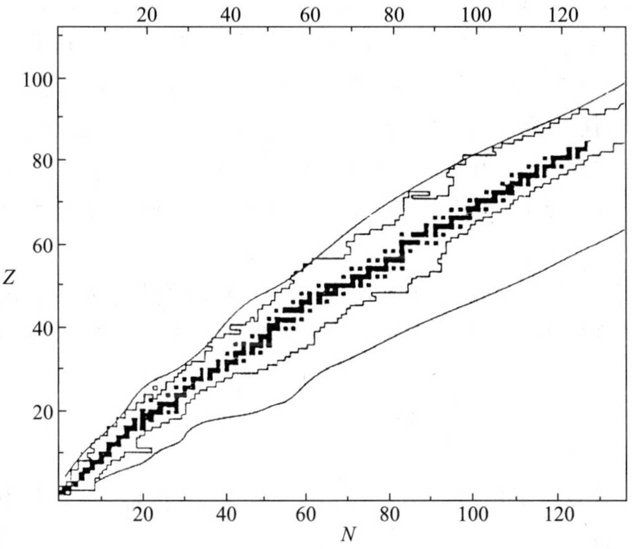

图 32.4　稳定核素(黑方块)、实验已发现的核素(在两条曲折线范围内)以及理论预告的核素(在两条实线范围内). 上面一条实线称为质子泄漏线、线上质子结合能为零;下面一条极限线为中子泄漏线,线上中子结合能为零.

§33　核的基态特性之一: 核质量

(1)"1+1≠2"

原子核既然是中子和质子所组成,那么,原子核的质量似乎应该等于核内中子和质子的质量之和. 实际情况却并非如此. 我们举一个最简单的例子: 氘核. 氘是氢的同位素,在海水中每一百万个氢原子中约有 150 个氘原子. 氘(^2H)由一个中子和一个质子所组成.

---

* 直到 2017 年,实验上已经发现的 $Z=113-118$ 的新元素全部是放射性的,而非稳定的(参见附录元素周期表).

〔2〕 杨福家. 自然杂志,1(1978)413;以及那里的引文.

中子质量 $\qquad m_n = 1.008\ 665\ u$

质子质量 $\qquad m_p = 1.007\ 276\ u$

两者之和 $\qquad m_n + m_p = 2.015\ 941\ u$

而氘的质量 $\qquad m_d = 2.013\ 553\ u$

可见它们并不相等. 它们的差值为

$$m_p + m_n - m_d = 0.002\ 388\ u = 2.225\ \text{MeV}/c^2$$

中子和质子组成氘核时，会释放一部分能量（$0.002\ 388\ uc^2 = 2.225\ \text{MeV}$），这就是氘的结合能. 它已为精确的实验测量所证明. 实验还证实了它的逆过程：当用能量为 2.225 MeV 的光子照射氘核时，氘核将一分为二，飞出质子和中子.

其实，一体系的质量比其组分的个别质量之和来得小，这算不得什么新鲜事. 分子的质量并不等于原子质量之和，原子的质量也不等于原子核的质量与电子质量之和；任何两个物体结合在一起，都会释放一部分能量. 只不过在一般情况下，释放的能量微乎其微，不加考虑罢了. 不过，我们将会看到，结合能的概念在原子核物理中要比原子、分子物理中重要得多，而在高能物理中更有其特别的意义.

例如，两个氢原子组成氢分子时，放出 4 eV 的能量，而一个氢原子的静质量相应的静能量约为 938.3 MeV + 0.511 MeV ≈ 1 000 MeV，两者比值约为

$$\frac{4\ \text{eV}}{1\ 000\ \text{MeV}} = 4 \times 10^{-9}$$

真是小得微不足道.

当一个电子与质子组成氢原子时，放出 13.6 eV 的能量，它与电子的静能量之比也只不过为

$$\frac{13.6\ \text{eV}}{511\ \text{keV}} \approx 3 \times 10^{-5}$$

但当一个中子和一个质子组成氘核时，相对比值将大到

$$\frac{2.225\ \text{MeV}}{938\ \text{MeV}} \approx 0.2\%$$

我们将要看到，在高能物理中（本书附录Ⅱ）这个比值将接近于 1，甚至超过 1，那时，物质结构的观念将发生深刻的变化.

（2）结合能

假如一原子核的质量为 m_A（质量数为 A），那么该原子核的结合能 E_B 就由下式决定：

$$m_A = Z m_p + N m_n - E_B/c^2$$

由于一般数据表中给出的都是原子的质量 M_A，而不是原子核的质量 m_A，我们改写成：

$$M_A = Z M_H + N m_n - \frac{E_B}{c^2}$$

其中 M_H 是氢原子质量；或者，

$$\frac{E_{\mathrm{B}}}{c^2} = ZM_{\mathrm{H}} + Nm_{\mathrm{n}} - M_A \qquad (33-1)$$

这就是原子核结合能的一般表达式. 这里我们忽略了电子的结合能.

原子核中每个核子对结合能的贡献, 一般用**平均结合能** E_{B}/A 来表示, 它又称为**比结合能**. 例如, 氘的比结合能为 $2.225/2 \approx 1.1$ MeV; 氦的比结合能为 $28.296/4 \approx 7$ MeV. 从实验测量原子的质量 (注意, 质量的测量是物理学中最精确的测量之一), 按式 (33-1) 就可得到各种核素的结合能. 图 33.1 是核素的比结合能对质量数作图, 简称核的结合能图. 它与核素图一起, 是原子核物理学中最重要的两张图.

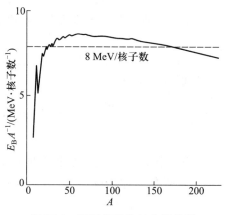

图 33.1 原子核平均结合能曲线

从图 33.1 可见, 比结合能曲线两头低、中间高, 换句话说, 中等质量的核素的 E_{B}/A 比轻核、重核都大. 比结合能曲线在开始时有些起伏, 逐渐光滑地达到极大值 (≈ 8 MeV), 然后又缓慢地变小.

当结合能小的核变成结合能大的核, 即当结合得比较松的核变到结合得紧的核, 就会释放出能量. 从图 33.1 可以看出, 有两个途径可以获得能量: 一是重核分裂, 一个重核分裂成两个中等质量的核; 一是轻核聚变, 详见 §42. 人们依靠重核裂变的原理制成了原子反应堆与原子弹, 依靠轻核聚变的原理制成了氢弹.

由此可见, 所谓原子能, 实际上主要是指原子核结合能发生变化时释放的能量.

（3） 半经验质量公式

核的结合能曲线是由实验结果标绘而成的. 至今我们还无法从第一性原理导出一个核质量公式, 或核的结合能公式, 以算出所有核素的质量 (或结合能) *.

---

* 核的质量与结合能是等价的, 依靠式 (33-1) 可从一个量算出另一个量. 因此, 核的质量和结合能两词经常可以被等价地使用.

1935 年，魏扎克（C. F. von Weizsäcker）根据液滴模型给出了一个半经验的核质量公式. 这是因为考虑到原子核的密度近似为常数（与 A 无关，下有说明）以及比结合能 ε 随 A 变化不大（除轻核区），近似也是常数（见图 33.1）的特征，这些特征都反映了原子核像一个液滴，为此，人们把原子核看作一个荷电液滴，来描述核的性质. 这种研究方法是一种近似的、唯象的模型法. 这里把核比作液滴，称为"液滴模型". 我们现在把公式中的三个主要项写在下面. 原子核的结合能：

$$E_B = E_{BV} - E_{BS} - E_{BC} \qquad (33-2)$$

式中第一项：体积能 E_{BV}，它是结合能中的主导项. 从结合能的经验规律（图 33.1）可知，除轻核外，比结合能 E_B/A 近似为一常数，即 E_B 与质量数 A 成正比. 但是，实验规律又告诉我们：原子核的半径近似与质量数的立方根成正比[*]：

$$R = r_0 A^{1/3} \qquad (33-3)$$

式中 r_0 为一经验常数，约为 1.20 fm. 因此，核的体积近似与质量数 A 成正比. 于是，可求得原子核的密度近似为如下常量：

$$\rho = \frac{Nm_n + Zm_p}{\frac{4}{3}\pi R^3} \approx \frac{Au}{\frac{4}{3}\pi r_0^3 A} \approx 2 \times 10^{14} \ \text{g/cm}^3$$

即 1 立方厘米的核物质的质量将达 2 亿吨！常数密度意味着原子核像水一样呈现不可压缩性，核的结合能近似与体积成正比. 结合能的主导项是体积能：

$$E_{BV} = a_V A \qquad (33-4)$$

式中 a_V 是一比例常量.

但是，核的体积不是无穷大，而是有表面存在. 表面上的核子与体内不同，它没有受到四周核子的包围，因此表面核子的结合能要弱一点. 就是说，在式（33-4）表达的结合能中应减去一部分，它正比于表面积；这就是式（33-2）中的第二项，称之表面能：

$$E_{BS} = a_S A^{2/3} \qquad (33-5)$$

这里的 a_S 是又一个比例常量. 式（33-2）中的第三项是库仑能项，这也是一个负项：因为在核内有 Z 个质子，它们之间存在库仑斥力，它是导致核不稳定的因素，是使结合能变小的项. 假设原子核是个球体，它所带的电荷是均匀分布的，那时，怎么计算库仑能呢？

我们可以设想，核的电荷（Ze）是从无限远处移来的，从核心开始按一个个同心球壳逐层集聚起来. 当建立 r 到 $r + dr$ 这一层时，所移电荷量为 $dq = 4\pi r^2 dr \cdot \rho$（$\rho$ 是电荷密度），而那时的内层电荷为 $\frac{4}{3}\pi r^3 \rho$，因此，把电荷量 dq 从无限远处（电势为零）移到这一层时必须做功：

$$dW = \frac{4}{3} \frac{\pi r^3 \rho \times 4\pi r^2 dr \rho}{4\pi\varepsilon_0 r}$$

---

[*] 关于原子核半径的进一步讨论，参阅：〔3〕曾谨言. 物理学报，24（1975）151. 〔4〕潘正瑛，王炎森，陈建新，杨福家. 原子核物理，6（1984）120；Chinese Physics 5（1985）669.

式中电荷密度 $\rho = \dfrac{Ze}{\dfrac{4}{3}\pi R^3}$. 这样，要构成一个半径为 R 的带电球体所需做的总

功,即库仑能,就是

$$E'_{BC} = \int_0^R dW = \int_0^R \frac{1}{4\pi\varepsilon_0}\frac{(4\pi)^2}{3}r^4\rho^2 dr = \frac{3}{5}\frac{1}{4\pi\varepsilon_0}\frac{(Ze)^2}{R}$$

得到这一结果时,我们假想原子核的电荷是连续集聚的. 但实际上,原子核内带电的单元是质子,而质子早已存在,不必再为集聚各个质子而做功;由于组成一个质子需要做的功为 $\dfrac{3}{5}\dfrac{1}{4\pi\varepsilon_0}\dfrac{e^2}{R}$,我们必须从 E'_{BC} 中减去 $\dfrac{3}{5}\dfrac{1}{4\pi\varepsilon_0}\dfrac{e^2}{R}Z$,才是我们要求的库仑能:

$$E_{BC} = \frac{3}{5}\frac{1}{4\pi\varepsilon_0}\left[\frac{(Ze)^2}{R} - \frac{e^2}{R}Z\right] = \frac{3}{5}\frac{1}{4\pi\varepsilon_0}Z(Z-1)\frac{e^2}{R} \qquad (33-6)$$

这个结论也可以从另一个角度的考虑得出. 一个质子可以和核内其余的 $(Z-1)$ 个质子相互作用,显然,共有 $\dfrac{1}{2}Z(Z-1)$ 对相互作用. 可以证明,在半径为 R 的核内每一对质子之间的库仑作用能量平均是 $\dfrac{6}{5}\dfrac{1}{4\pi\varepsilon_0}\dfrac{e^2}{R}$,于是总的库仑能为 $\dfrac{3}{5}\dfrac{1}{4\pi\varepsilon_0}Z(Z-1)\dfrac{e^2}{R}$.

把式(33-4)至(33-6)代入式(33-2)就得到结合能中三项总效果:

$$E_B = a_V A - a_S A^{2/3} - \frac{3}{5}\frac{1}{4\pi\varepsilon_0}Z(Z-1)\frac{e^2}{R} \qquad (33-7)$$

图 33.2 就显示了三项相加的情况. 我们可以调节常数 a_V 和 a_S,使得从式 (33-7)得到的结合能曲线与实验图尽量一致,结果我们发现,除了一些细节外,两者确实可以有大致相仿的变化趋势. 这就说明,我们把原子核看作液滴有一定合理之处.

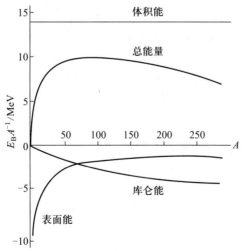

图 33.2 结合能的主要部分

接下要做的工作就是在此基础上的改进.事实上,魏扎克在 1935 年提出的半经验质量公式就比式(33-7)要复杂得多;在以后的三十多年中,已提出的半经验质量公式不下数十个*,到目前为止,最好的公式或许是尼克斯(R. Nix)等人提出的[7].判断半经验质量公式好坏的标准是,有明确的物理思想,用较少的可调参数,得到较好的计算结果,且能说明与核质量有关的一些核性质.在文献[7]中,尼克斯等人只用了五个可调参数,计算 1 323 个核素(其质量已被测量过的),得到的均方根偏差(RMS)为 0.835 MeV.所谓均方根偏差,是指

$$\text{RMS} = \sqrt{\sum_i (X_{\text{计}} - X_{\text{实}})_i^2 / n} \qquad (33\text{-}8)$$

式中 $X_{\text{实}}$ 为实验值,$X_{\text{计}}$ 为计算值;这里的 $\sum\limits_i$ 是指对每个核素的质量计算值与实验值的差值平方求和,从 1 到 n.

（4） 较完整的质量公式

比较完整的半经验质量公式,常称为**魏扎克公式**,可写为

$$E_{\text{B}} = a_{\text{V}} A - a_{\text{S}} A^{2/3} - a_{\text{C}} Z^2 A^{-1/3} - a_{\text{Sym}} (Z-N)^2 A^{-1} + E_{\text{BP}} + E_{\text{B壳}} \qquad (33\text{-}9)$$

前三项在上面几段已作过讨论,头两项的系数由实验确定,第三项的系数可以算出[式(33-6)],它们分别为

$$\left. \begin{array}{l} a_{\text{V}} = 15.8 \text{ MeV} \\ a_{\text{S}} = 18.3 \text{ MeV} \\ a_{\text{C}} = 0.72 \text{ MeV} \end{array} \right\} \qquad (33\text{-}10)$$

第四项代表对称能项,当核内质子数与中子数相等时,对称能等于零,否则,由于泡利不相容原理,当核内一种核子多于另一种核子时就要花费较多的能量.可见,此项来自量子效应.它的具体形式的由来,将在后面§36 中讨论,见式(36-15),其系数可以从式(36-16)算得,但不精确.从实验定出,比较可靠,与式(33-10)相吻合的 a_{Sym} 为

$$a_{\text{Sym}} = 23.2 \text{ MeV} \qquad (33\text{-}11)$$

第五项是对能项,因为质子和中子喜欢成对结合,成对时较稳定,这是一种量子效应.为此在结合能公式中要加一个对能项,它的具体形式为

$$E_{\text{BP}} = \begin{cases} a_{\text{P}} A^{-1/2} & \text{偶偶核} \\ 0 & \text{奇 } A \text{ 核} \\ -a_{\text{P}} A^{-1/2} & \text{奇奇核} \end{cases} \qquad (33\text{-}12)$$

$$a_{\text{P}} = 11.2 \text{ MeV}$$

它表明,偶偶核最稳定,奇奇核最不稳定;实际情况正是如此:自然界存在的 280 多种稳定核素中,偶偶核占 166 种,奇奇核只占 9 种.

---

* 其中较新的几个公式可参阅:[5]W. D. Myers. Droplet Model of Atomic Nuclei,Plenum. New York (1977);[6]曾谨言,程檀生,杨福家. 高能物理与核物理,4(1980)632;或者,Nuclear Physics A334 (1980)470.

[7] P. Möller & J. R. Nix. At. Data Nucl. Data Tables,26(1981)165.

式(33-9)的最后一项是壳效应引起的修正,我们就不讨论了(参见§36,或引文〔5〕—〔7〕).

§34 核 力

(1) 一般性质

在人们认识原子核之前,只知道在自然界有两种作用力,一是万有引力,一是电磁力.容易估计,万有引力在原子核内完全可以忽略,而电磁力对核内的质子只能起排斥作用.那么,是什么样的作用力使中子与质子如此紧密地结合在一起,形成密度高达 10^{14} g/cm^3 的原子核呢?我们面临一种新的作用力:核力.

从发现中子起,就对核力开始了各种探索.至今为止,一方面已积累了有关核力的大量知识,另一方面,核力仍是人们在探索的、悬而未决的基本问题.下面我们把现已了解的核力基本性质作一扼要介绍.

1. 短程力.核力是短程力,这是容易理解的,因为人们在发现原子核之前从来没有觉察到这种力,只有在原子核的线度内(几个飞米)才发生作用.从结合能的实验事实,进一步发现,核力的力程甚至比原子核的线度还要小;假如核力像库仑力那样能在核内作用于每一个核子,那么,核的结合能将正比于核子的成对数 $A(A-1)$,即正比于 A^2;而实验结果是,结合能正比于 A,即正比于核的体积.这与液体非常相像,例如,使两升水沸腾所要求的能量约为一升水的两倍.核力实际上与液体中分子间的作用力相类似,只作用于相邻的核子.核力力程 $\leqslant 10^{-14}$ m,在此距离外可认为是零.

2. 饱和性.核力不仅具有短程性,而且具有饱和性.所谓饱和性是指上面提到的核的结合能近似与核子数 A 成正比,即比结合能 E_B/A 的值近似为常量,不随 A 增加而增加,达到了饱和值.可以说,核力的饱和性必然要求核力有短程性.短程性和饱和性是核力最重要的二个特性.

3. 强相互作用.核力是强相互作用,这在认识核力一开始就易于理解.质子间的库仑斥力反比于距离平方,在核内质子之间的距离很短,但质子竟然不顾库仑斥力相紧密结合,这就充分说明新的作用力,核力的强大.事实表明,核力约比库仑力大一百倍.

4. 核力与电荷无关.海森伯早就假设(1932 年):质子与质子之间的核力 F_{pp} 与中子与中子之间的 F_{nn},以及质子与中子之间的 F_{np} 都相等:

$$F_{pp} = F_{nn} = F_{np}$$

单是 $F_{pp} = F_{nn}$,称为核力的**电荷对称性**,再与 F_{np} 相等,就称为**核力与电荷无关**.它在 1937 年为实验初步证明,后来又在 1946—1955 年期间为更精确的实验所证明:$F_{pp} = F_{nn}$ 可靠性在 99% 以上;$F_{pp} = F_{nn} = F_{np}$ 可信度大于 98%.

5. 核力在极短程内存在斥力.核子不能无限靠近,它们之间除引力外还一定存在斥力. 从质子-质子散射实验,可推算质子与质子之间的相互作用势大致如图 34.1(a)所示. 从质子被中子散射实验,可得图 34.1(b). 我们不能用中子与中子散射实验研究 V_{nn},因为我们无法制备纯中子靶,但各种间接的实验都证明,V_{nn} 类似于图 34.1(b). 从这些实验研究中我们获得的核力知识大致是:当两核子之间的距离为 0.8 fm ~ 2.0 fm 时,核力表现为吸引力;在小于 0.8 fm 时为斥力;在大于 10 fm 时核力完全消失. 对于 $r > 2.0$ fm 的核力,人们已认识得非常清楚;在 0.8 fm ~ 2.0 fm 之间,只有一定的认识;在 $r < 0.8$ fm 范围,人们对核力认识得还很差.

6. 核力与自旋有关. 也就是说,两核子之间的核力是与它们的自旋的相对取向有关. 自然界中存在的氘核($_1^2\text{H}_1$)的自旋为 1,说明质子和中子自旋平行时(只有平行时,总自旋才能为 1)才有较强的核力,可以把质子和中子结合在一起形成氘核. 另外,从中子与质子(n-p)的散射实验中,也发现了,中子和质子自旋平行时和自旋相反时,散射截面十分不同. 可见核力是与自旋有关.

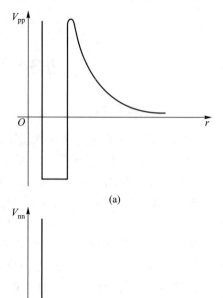

图 34.1　核子作用势

| 思考题 |

1. 从核密度近似为常量这一事实来说明核力的短程性.

2. 试证明:从核力的电荷对称性($F_{pp} = F_{nn}$)就可以论证轻核中 $Z = N$ 的必然性.

(2) 核力的介子理论

假如我们问一群中小学生:两个带电粒子之间如何发生作用? 他们会毫不犹豫地回答:同性电相斥,异性电相吸. 虽然两个带电体并不直接接触,但它们之间存在着相互作用;人们对此一般并不感奇怪. 但绝大多数人对"气功"的表演却惊讶万分,因为他们不相信超距作用. 认真想一想,对电磁相互作用也应该产生疑问;确实,现代的观点并不认为电磁相互作用是超距的,而是带电粒子之间交换"虚光子"而产生的交换力. 举两个电子相互作用为例. 一个电子从左到右,一个电子从右到左,见图 34.2;注意,图上横轴代表距离 x,纵轴代表时间 t. 左边一个电子在 A 点改变运动方向、同时放出一个虚光子 γ(类似于轫致辐射);右边一个电子在 B 点吸收这个虚光子,又放出一个电子(类似于光电效应).总的效果是:甲电子从左飞来,乙电子从右飞来,相互作用后相互反向离去.必须注意,我们只是为了解释方便才定了 A 点和 B 点,实际上,甲电子一路上各点都是 A 点,乙电子相应地经过了一系列的 B 点.带电粒子之间持续不断地在交换虚光子.什么叫虚光子?我们将在下面再解释.

1935 年,日本物理学家汤川秀树(H. Yukawa)把核力和电磁力类比,提出核力的**介子理论**.他认为核力也是一种**交换力**,核子间通过交换某种媒介粒子而发生相互作用;他还根据核力的力程估算媒介粒子的质量.估算方法大致如下.

一个核子释放的虚粒子在经过 Δx 距离后被另一核子吸收(见图 34.3),其间存在的时间间隔(虚粒子生存时间)为 Δt. 即使虚粒子以光速前进,它走过的距离 Δx 也不会超过 $c\Delta t$. 由不确定关系可以从 Δt 定出在这段时间内最大的能量转移:

$$\Delta E = \frac{\hbar}{\Delta t} = \frac{\hbar}{\Delta x/c} = \frac{\hbar c}{\Delta x}$$

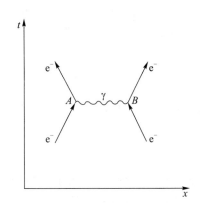

图 34.2 两个电子的相互作用

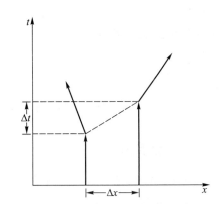

图 34.3 核子间的相互作用

假如这些能量全部转为虚粒子的静能,那么虚粒子的质量 m 必定满足

$$\Delta E = \frac{\hbar c}{\Delta x} = mc^2; \qquad m = \frac{\hbar}{\Delta x c}$$

这部分能量可算是"无中生有",能量在此不守恒.因此,我们在实验中无法观察到媒介粒子的释放,这就是"虚"词的由来.但是,不确定关系允许在 Δt 时间内存在不守恒量 ΔE.

假如我们考虑电磁相互作用,那么,已知力程为无限大,相应的媒介粒子的质量必为零.光子正好合乎这一要求;光子是电磁相互作用的传播者.

现在考虑核力,$\Delta x \approx 2.0$ fm,可以算出媒介粒子的质量

$$mc^2 = \frac{\hbar c}{\Delta x} \approx \frac{197 \text{ fm} \cdot \text{MeV}}{2.0 \text{ fm}} \approx 100 \text{ MeV}$$

约为电子静止质量的 200 倍.它介于质子质量和电子质量之间,故被命名为介子.当汤川秀树提出他的介子理论时,人们并未发现过这种粒子,于是实验物理学家开始寻找介子.在 1936—1937 年期间,找到了 μ 子,其质量为电子的 207

倍,正好满足质量要求.但很快发现,它与核子作用极弱,不参与强相互作用.它不可能是汤川所预告的介子.直到 1947 年,才真正找到了参与强相互作用的 π 介子,它分为 π^+,π^-,π^0,它们的质量分别为:m_π^+ 或 m_π^- 都是电子的质量的 273.3 倍,m_π^0 则是 $264m_e$.

π^+,π^- 和 π^0 的作用如图 34.4 所示.

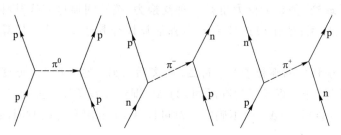

图 34.4　π 介子作为核力的传播子

顺便指出,图 34.2—图 34.4 是在时-空平面内表示相互作用的一种方法,统称**费曼图**.在量子电动力学中,用费曼图对相互作用作理论计算,十分方便.虚粒子的理论已在很多实验里得到检验,取得了很大的成功.

§35　核的基态特性之二:核矩

（1）核自旋

早在 1924 年,乌仑贝克与古兹米特提出电子自旋之前,泡利为了解释原子光谱的超精细结构,就提出了原子核作为一个整体必须有自旋的假设.

但是,只有在 1932 年查德威克发现中子之后,人们才理解核自旋的起源.实验发现,中子和质子都是费米子,具有的固有角动量（自旋）与电子一样,都是 $\frac{1}{2}\hbar$.既然原子核是中子和质子所组成,它的自旋就应该是中子和质子的轨道角动量和自旋之和.

实验发现:所有的偶偶核（中子和质子数都是偶数的原子核）的自旋都是零;所有的奇偶核（中子和质子数中有一个是奇数的原子核）的自旋都是 $\hbar$ 的半整数倍;所有的奇奇核（中子和质子数都是奇数的原子核）的自旋都是 $\hbar$ 的整数倍.这里的"原子核的自旋",都是指原子核基态的自旋.对于激发态,情况当然不一样,例如,偶偶核的激发态的自旋就不一定为零.为什么有这样的实验规律?我们将在下一节(§36)中解释.

（2）核子磁矩

我们先回忆一下在第四章学过的内容.那里曾给出电子的磁矩:

$$\boldsymbol{\mu}_e = -\frac{e\hbar}{2m_e}(g_{e,l}\boldsymbol{l} + g_{e,s}\boldsymbol{s}) \tag{35-1}$$

为了方便,我们已把 $\hbar$ 从角动量中划出,即式(35-1)中的轨道角动量 $\boldsymbol{l}$ 和自旋角动量 $\boldsymbol{s}$ 值的大小分别为

$$|\boldsymbol{l}| = \sqrt{l(l+1)}; \quad |\boldsymbol{s}| = \sqrt{s(s+1)} \tag{35-2}$$

对于电子,我们有 $g_{e,l} = 1$;并在假定 $g_{e,s} = 2$ 之后得到了与实验相符合的一系列的结果. 这里用下标 e 表示是电子的 g 因子. 我们还指出过,对于电子,由于它的自旋是 $\frac{1}{2}\hbar$,在电子为点电荷的假定下,可以从狄拉克方程导得 $g_{e,s} = 2$. 虽然现代的电子论对 $g_{e,s}$ 有微小的修正,但下面磁矩的表示式,我们可以认为它是相当精确:

$$\boldsymbol{\mu}_e = -\frac{e\hbar}{2m_e}(\boldsymbol{l} + 2\boldsymbol{s}) = -(\boldsymbol{l} + 2\boldsymbol{s})\mu_B \tag{35-3}$$

式中

$$\mu_B \equiv \frac{e\hbar}{2m_e} = 0.578\,8 \times 10^{-4} \text{ eV/T} \tag{35-4}$$

称为**玻尔磁子**.

在 20 世纪 30 年代,人们只认识到,质子与电子一样是自旋为 $(1/2)\hbar$ 的费米子,都是点电荷,不同的只是电荷的符号及质量的大小. 因此,当施特恩快要结束对质子磁矩的测量时,向一些理论学家询问:"您们预告质子磁矩的数值是多少?"当时的理论学家,包括著名的玻恩在内,对描写质子磁矩大小的 g 因子,都一致地回答: $g_{p,s} = 2$,因为这是狄拉克理论所要求的,即

$$\boldsymbol{\mu}_p = \frac{e\hbar}{2m_p}(\boldsymbol{l} + g_{p,s}\boldsymbol{s}) \tag{35-5}$$

$g_{p,s} = 2$;而

$$\mu_N = \frac{e\hbar}{2m_p} = 3.152 \times 10^{-8} \text{ eV/T} \tag{35-6}$$

称为**核的玻尔磁子**,或简称**核磁子**;由于质子质量 m_p 比电子约大 1 836 倍,核磁子就比电子的玻尔磁子小 1 836 倍,即小三个数量级. 除此之外,式(35-5)与式(35-3)就只差一个负号.

可是,在施特恩提出问题后的两个月,他给出的实验结果竟是:

$$g_{p,s} = 5.6 \tag{35-7}$$

现代较精确的数值是 5.586(见本书附表 I). 与理论值相差很大,真使人吃惊!

那么中子呢? 显然,因为中子不带电,原有的理论就不仅给出 $g_{n,l} = 0$,而且给出 $g_{n,s} = 0$. 但是,实验结果却是

$$\left.\begin{aligned}\boldsymbol{\mu}_n &= \frac{e\hbar}{2m_n}g_{n,s}\boldsymbol{s},\\g_{n,s} &= -3.82\end{aligned}\right\} \tag{35-8}$$

中子不带电,与轨道角动量相联系的磁矩为零,这十分自然. 但是,与自旋角动

量相联系的磁矩却不为零,这表明,虽然中子整体不带电,但它内部存在电荷分布.中子自旋磁矩的符号与电子一致,因此,它与电子一样,自旋指向与磁矩相反.

不论是质子的磁矩,还是中子的磁矩,都清楚表明,它们不是点粒子;相反,它们肯定是有内部结构的粒子.任何关于质子和中子结构的正确理论,都应能回答它们的磁矩实验测量结果.

这里要请读者注意,在原子核物理的核数据表中所给出的质子、中子以及原子核的磁矩大小,都是以磁矩在 z 方向的投影的最大值来表征它们的磁矩大小.因为质子和中子的磁矩在 z 方向的投影为 $\pm 1/2$,所以由式(35-7)和(35-8),可得质子和中子的磁矩值为

$$\mu_p = 2.79 \, \mu_N$$

$$\mu_n = -1.91 \, \mu_N$$

或者,利用附表给出的精确的结果

$$\mu_p = 2.792\ 85 \, \mu_N \tag{35-9}$$

$$\mu_n = -1.913\ 04 \, \mu_N$$

(3) 核磁矩

在知道了中子和质子的磁矩数值之后,我们就要询问原子核的磁矩大小.先看最简单的例子:氘核.

假定氘核的基态是 S 态,即轨道角动量为零,于是,氘核的磁矩就为质子和中子的磁矩之和,即 $0.879\ 81 \, \mu_N$;但是,氘核磁矩的实验值为 $0.857\ 483 \, \mu_N$,两者并不相等.这说明,除了核子的自旋磁矩外,我们还要考虑轨道磁矩;实验表明:氘核的基态并不完全是 S 态,还包含大约 4% 的 D 态.所以,要正确计算原子核的磁矩数值,就必须对核内核子运动状态有个合理的描述.这是核模型应该回答的问题.下面给出来自核自旋的核磁矩的表示式.

类似于原子磁矩的表示式,核磁矩和核自旋角动量 I 成正比:

$$\boldsymbol{\mu}_I = g_I \mu_N \boldsymbol{I} \tag{35-10}$$

其中 g_I 为原子核的 g 因子,不同核有不同的 g 因子;μ_N 为核磁子.由于角动量的空间量子化,$\boldsymbol{I}$ 在空间有不同取向,总共可有 $2I+1$ 个取向,即 $\boldsymbol{\mu}_I$ 在 z 方向的投影为

$$\mu_{I,z} = g_I \mu_N m_I \tag{35-11}$$

$m_I = -I, -(I-1), \cdots (I-1), I$. 定义核磁矩大小(即核数据表中值)为 m_I 取 I 时的 $\mu_{I,z}$ 值,即为 $g_I \mu_N I$.

显然,在磁场中,核自旋磁矩与磁场相互作用所产生的附加能量为(取 $\boldsymbol{B}$ 方向为 z 轴):

$$U = -\boldsymbol{\mu}_I \cdot \boldsymbol{B}$$

$$= -g_I \mu_N B m_I \tag{35-12}$$

因为 m_I 有 $2I+1$ 个值,所以有 $2I+1$ 个不同的附加能量.于是就发生塞曼能级分裂,一条核能级在磁场中就分裂为 $2I+1$ 条.相邻两条分裂能级间的能量差为

$$\Delta U = g_I \mu_N B \qquad (35-13)$$

上述对核自旋磁矩与磁场的相互作用的讨论是附录 4B（磁共振）和 §43（磁偶极超精细相互作用）两部分内容的基础.

（4） 电四极矩

我们知道,在离一个点电荷 e 为 r 处,电势为

$$\varphi = \frac{1}{4\pi\varepsilon_0}\frac{e}{r}$$

对于一个电荷密度为 ρ 的带电体,它在体外比核线度大得多的 r 处可以产生一项类似的贡献:

$$\varphi = \frac{1}{4\pi\varepsilon_0}\frac{1}{r}\int\rho\,dV \qquad (35-14)$$

式中 $\int\rho\,dV$ 为对体积积分,代表体系的总电荷.

对于一对相隔为 d 的正负电荷,由于它的总电荷为零,在远处它不会产生式（35-14）那样的贡献,但它有电偶极矩 ed;或者,对一组点电荷 ε_i 组成的体系,电偶极矩在 z 方向的投影为 $\Sigma\varepsilon_i z_i$. 对于任意一个带电体,它的电偶极矩在 r 处贡献的电势为

$$\varphi = \frac{1}{4\pi\varepsilon_0}\frac{1}{r^2}\int\rho z\,dV \qquad (35-15)$$

但是,对图 35.1 那样的体系,由于总电荷、电偶极矩均为零,它既无式（35-14）那样的贡献,也无式（35-15）的贡献. 不过,它有电四极矩:来自 $\Sigma\varepsilon_i z_i^2$, z 轴如图所示. 一般情况下,电四极矩在 r 处产生的势为

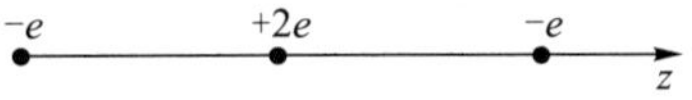

图 35.1　电四极矩的例子

$$\varphi = \frac{1}{4\pi\varepsilon_0}\frac{1}{r^3}\int\frac{1}{2}\rho(3z^2 - r^2)\,dV \qquad (35-16)$$

对于任意的带电体系,它在 r 处产生的电势一般表达式为

$$\varphi = \frac{1}{4\pi\varepsilon_0}\left[\frac{1}{r}\int\rho\,dV + \frac{1}{r^2}\int\rho z\,dV + \frac{1}{r^3}\int\frac{1}{2}\rho(3z^2 - r^2)\,dV + \cdots\right] \qquad (35-17)$$

理论与实验都证明,原子核的电偶极矩恒等于零. 它的电四极矩的定义为*:

$$Q = \frac{1}{e}\int\rho(3z^2 - r^2)\,dV \qquad (35-18)$$

Q 的单位是靶（b）,1 b = 10^{-24} cm².

假如原子核是一个均匀带电的旋转椭球,对称轴的半轴为 c,另外两个半轴相等,为 a,那么,可以证明

$$Q = \frac{2}{5}Z(c^2 - a^2) \qquad (35-19)$$

---

* 在某些旧教材中,有的作者定义 eQ 为核的电四极矩.

显然,球形核的电四极矩为零;长椭球的核,$Q>0$;扁椭球的核,$Q<0$,见图 35.2. 原子核的电四极矩是核偏离球形的量度.一些核素的核矩数值见表 35.1.

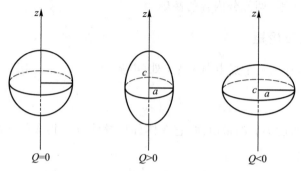

图 35.2　原子核的形状与电四极矩的关系

表 35.1　一些核素的核矩实验值

核　素	自　旋($\hbar$)	磁　矩(μ_N)	电四极矩(b)
n	1/2	−1.913 1	0
^{1}H	1/2	2.792 7	0
^{2}H	1	0.857 4	0.002 82
^{3}H	1/2	2.978 9	0
^{3}He	1/2	−2.127 5	0
^{4}He	0	0	0
^{7}Li	3/2	3.256 3	−0.045
^{12}C	0	0	0
^{13}C	1/2	0.702 4	0
^{176}Lu	7	3.180 0	8.000
^{235}U	7/2	−0.35	4.1
^{238}U	0	0	0
^{241}Pu	5/2	−0.730	5.600

从表中可见,氘核的电四极矩不为零:
$$Q_d = 0.002\ 82\ \text{b} = 0.282\ \text{fm}^2$$
这又一次证明了我们的结论:氘核的基态不完全是 S 态;S 态一定球对称,Q 必为零. 从表中还看出,$I=0,1/2$ 时,Q 必定为零. 这可由量子力学严格证明.

（5）超精细相互作用

在研究原子光谱的初始阶段,我们只把原子核看成有一定质量的点电荷 Ze,依此得到原子光谱的粗结构(第二章);在考虑了电子的自旋作用后,得到了光谱的精细结构(第四章);当计及本节谈到的原子核的自旋、磁矩和电四极矩的贡献时,将得到光谱的超精细结构,对此,我们将在下一章作详细的讨论.

* §36 核 模 型

研究原子核,与研究其他层次一样,除要回答原子核是由什么组成的以外,还要回答原子核的组成体在核内是如何运动的. 这个问题很难,至今没有完全解决.

在原子中,相互作用力是库仑力,它的性质十分清楚. 而且,电子是运动的主要承担者,它与原子核之间的相互作用对运动起了决定性的影响. 这样,问题就比较容易解决.

相比之下,在原子核中,主要相互作用是核力,它的性质还很不清楚. 即使我们对核力已彻底了解,我们仍碰到了一个棘手的多体问题:核内的核子数很多,不可能像两体问题那样求解;核子数又不是很多,不能采取统计的方法. 而且,核内的核子平等相处,没有一个中心,无法采用有效的近似方法. 因此,到目前为止,我们无法从第一性原理出发来解决核内核子的运动问题. 我们只能提出各种原子核结构模型,对核内运动情况作近似的、唯象的描述. 某个模型往往只能反映某一方面的特性.

自1932年以来,人们已提出了许许多多核结构模型. 在§33中介绍核质量的半经验公式时,把原子核看作一个带电的液滴,就是所谓"液滴模型". 与此决然相反的是费米气体模型,它虽然很粗糙,但却包含着某种合理的因素,因此我们准备先对此作一简介. 然后,我们将概述两个著名的核模型,一是核的壳层模型,一是核的集体模型. 前者由迈耶(M. G. Mayer)和简森(J. H. D. Jensen)在1949年提出,于1963年获诺贝尔物理学奖;后者由奥格·玻尔(Aage Bohr)和莫特尔逊(Ben Mottelson)在1952年提出,并于1975年获诺贝尔物理学奖.

(1) 费米气体模型

费米气体模型是最原始的独立粒子模型. 它把核子看作几乎没有相互作用的气体分子,由于核子是费米子,原子核就可视为费米气体. 这样,对核内核子运动起约束作用的主要因素只是泡利不相容原理.

但由于中子和质子还有电荷的差异,因此它们的核势阱的形状和深度都不相同,如图 36.1 所示. 图中 E'_B 是实验测定的结合能;E_c 代表库仑能,由式(33-6)给出. 质子阱的底就比中子阱高出 E_c. 而且,在阱的上面质子势阱多出一个库仑势垒. 外来质子要穿过这个势垒就得有较高的能量,或者靠"隧道效应",即使能量略低,也有一定的穿透概率.

势阱内有一定的分立能级,当原子核处于基态时,核子都处于它们可能处的最低能态. 每个能级上可以有两个中子(或质子),一个自旋向上,一个自旋向下. 基态时核子可以处的最高能级的位置称为**费米能级** E_F($E_{F,n}$ 及 $E_{F,p}$). 下面我们讨论如何给出 E_F 的表达式.

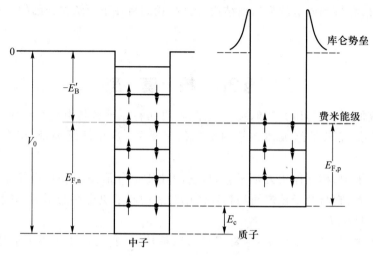

图 36.1　中子和质子的核方阱

在§15曾给出过粒子在势阱中的能量表达式(15-29)：

$$E_n = \frac{n^2 h^2}{8md^2}, \quad n = 1, 2, 3, \cdots$$

式中 m 为粒子的质量，d 为势阱的宽度. 假如我们把它推广到三维,考虑一个体积为 d^3 的正方体势阱,则

$$E_{n_1 n_2 n_3} = \frac{h^2}{8md^2}(n_1^2 + n_2^2 + n_3^2) \tag{36-1}$$

$$n_1 = 1, 2, 3, \cdots$$
$$n_2 = 1, 2, 3, \cdots$$
$$n_3 = 1, 2, 3, \cdots$$

它与一维情况相比,能量简并度大为提高. 对于基态,$(n_1, n_2, n_3) = (1, 1, 1)$,即只有一个基态. 但是第一激发态却有三个,$(2,1,1)$,$(1,2,1)$,$(1,1,2)$,它们都有相同的能量. 随着能量的增加,简并度也随之增高;例如,$(1,2,6)$,$(1,6,2)$,$(2,6,1)$,$(2,1,6)$,$(6,1,2)$,$(6,2,1)$,$(3,4,4)$,$(4,3,4)$,$(4,4,3)$都具有相同的能量.

为了求得费米能量 E_F,就要知道在 E_F 能级以及比 E_F 低的能级上一共有多少状态. 或者,有多少组 (n_1, n_2, n_3) 满足

$$n_1^2 + n_2^2 + n_3^2 \leqslant \frac{8mE_F d^2}{h^2} \tag{36-2}$$

假如我们定义

$$\mathscr{R}^2 \equiv \frac{8mE_F d^2}{h^2} \tag{36-3}$$

则式(36-2)变成

$$n_1^2 + n_2^2 + n_3^2 \leqslant \mathscr{R}^2 \tag{36-4}$$

若把 n_1, n_2, n_3 取作直角坐标的三个轴,那么 $\mathscr{R}$ 就是相应的球坐标的半径. 能量

相同的状态都在半径为 $\mathscr{R}$ 的球面上,每一组 (n_1, n_2, n_3) 相应于一个晶格点. 能量越高,球面越大,面上所含晶格点也越多,于是简并度越高. 要回答有多少组 (n_1, n_2, n_3) 满足式(36-2),等于要回答:以半径为 $\mathscr{R}$ 的球面内有多少晶格点. 由于 n_1, n_2, n_3 都是从 1 开始的整数,每一晶格单元立方体的体积就是单位体积. 因此,晶格点的数目就是体积的大小. 考虑到 n_1, n_2, n_3 都是正数,能态数就应该等于以 $\mathscr{R}$ 为半径的球体积的 1/8,即

$$\frac{1}{8}\frac{4\pi}{3}\mathscr{R}^3 = \frac{\pi}{6}\left(\frac{8mE_{\mathrm{F}}d^2}{h^2}\right)^{3/2} \tag{36-5}$$

现在先考虑中子,每个能态上可以有两个中子,因此,在体积 d^3 内由泡利原理允许的中子数为

$$N = \frac{\pi}{3}\left(\frac{8m_{\mathrm{n}}E_{\mathrm{F,n}}d^2}{h^2}\right)^{3/2} \tag{36-6}$$

由于核的体积可以表示为

$$d^3 = \frac{4\pi}{3}R_0^3 = \frac{4\pi}{3}r_0^3 A \tag{36-7}$$

整理后,我们可以得到中子的最大动能,即费米能量,为

$$E_{\mathrm{F,n}} = \frac{\hbar^2}{2m_{\mathrm{n}}r_0^2}\left(\frac{9\pi N}{4A}\right)^{2/3} \tag{36-8}$$

同理可得质子的最大动能为

$$E_{\mathrm{F,p}} = \frac{\hbar^2}{2m_{\mathrm{p}}r_0^2}\left(\frac{9\pi Z}{4A}\right)^{2/3} \tag{36-9}$$

式中 r_0 是核半径常数(1.20 fm).

相应地,可以写出中子和质子的最大动量:

$$\left.\begin{array}{l}p_{\mathrm{n}} = \dfrac{\hbar}{r_0}\left(\dfrac{9\pi N}{4A}\right)^{1/3} \\[4mm] p_{\mathrm{z}} = \dfrac{\hbar}{r_0}\left(\dfrac{9\pi Z}{4A}\right)^{1/3}\end{array}\right\} \tag{36-10}$$

上面,我们已经利用了能量与动量之间的非相对论关系:

$$E_{\mathrm{F}} = \frac{p_{\mathrm{F}}^2}{2m} \tag{36-11}$$

依此,我们还可以算出每个核子的平均动能:

$$\langle E\rangle = \frac{\displaystyle\int_0^{p_{\mathrm{F}}}E\mathrm{d}^3p}{\displaystyle\int_0^{p_{\mathrm{F}}}\mathrm{d}^3p} = \frac{3}{5}\left(\frac{p_{\mathrm{F}}^2}{2m}\right) \tag{36-12}$$

以及原子核的总平均动能:

$$\langle E(Z,N)\rangle = N\langle E_{\mathrm{N}}\rangle + Z\langle E_{\mathrm{z}}\rangle = \frac{3}{10m}(Np_{\mathrm{n}}^2 + Zp_{\mathrm{z}}^2)$$

$$= \frac{3}{10m}\frac{\hbar^2}{r_0^2}\left(\frac{9\pi}{4}\right)^{2/3}\left(\frac{N^{5/3}+Z^{5/3}}{A^{2/3}}\right) \tag{36-13}$$

这里我们近似地把质子和中子的质量都记为 m，并假定中子和质子的势阱宽度相等；当然，还在一开始就曾假定中子和质子相互独立地运动．从式(36-13)可以得到我们在§32中提到过的结论：当 $Z=N$ 时，$\langle E(Z,N)\rangle$ 取最小值．为了研究在最小值附近 $\langle E(Z,N)\rangle$ 的行为，我们取 $Z-N=\delta$，且令 $Z+N=A$ 为定值，则

$$N = \frac{1}{2}A\left(1-\frac{\delta}{A}\right), \quad Z = \frac{1}{2}A\left(1+\frac{\delta}{A}\right)$$

假定 $\delta/A \ll 1$，并利用二项式展开式

$$(1+x)^n = 1 + nx + \frac{n(n-1)}{2}x^2 + \cdots$$

我们可以得到在 $N=Z$ 附近式(36-13)的表达式：

$$\langle E(Z,N)\rangle = \frac{3}{10m}\frac{\hbar^2}{r_0^2}\left(\frac{9\pi}{8}\right)^{2/3}\left\{A + \frac{5}{9}\frac{(Z-N)^2}{A} + \cdots\right\} \quad (36-14)$$

第一项正比于 A，就是对体积能的贡献．第二项可以写为

$$a_{Sym}\frac{(Z-N)^2}{A} \quad (36-15)$$

式中

$$a_{Sym} = \frac{1}{6}\left(\frac{9\pi}{8}\right)^{2/3}\frac{\hbar^2}{mr_0^2} \quad (36-16)$$

式(36-15)正是我们在§33中用到过的．从式(36-14)可以清楚看出，对于 A 相同的原子核，当 $Z=N$ 时原子核的能量最小，即那时的原子核是最稳定的．

| 思考题 |

利用式(36-16)计算对称能项系数 a_{Sym}，并和实验值(§33，文献[6])比较．请思考，为什么算出的系数值与实验值相差很大？

参阅：

[8] B. L. Cohen. Am. J. Phys,38(1970)766；

[9]弗朗费尔德与亨利著．亚原子物理学．原子能出版社(1981)．

（2） 核的壳层模型

原子的壳层结构是解释元素周期性的基础．周期表中每一惰性气体的出现，意味着某一特定壳层的闭合．原子序数 Z 等于 2,10,18,36,54… 时，元素最稳定；这些本来使人感到迷惑的数(称之为幻数)，从壳层结构中得到了圆满的解释．

在 1930 年后，有关原子核的实验事实不断地显示，自然界存在一系列幻数核，即当质子数 Z 或中子数 N 等于下列数之一时：

$$2,8,20,28,50,82,126$$

原子核特别稳定．虽然核的幻数不同于原子，但是，稳定性却是共同的．有人就自然地想到了壳层结构．但这种想法很快遭到否定，为什么呢？

原因之一是缺乏物理基础. 在原子中所以存在壳层结构,是因为在原子中存在一个相对固定的中心体——原子核,所有的电子都在以它为中心的势场中相当独立地运动. 依此出发,求解薛定谔方程,在考虑到泡利原理之后我们就很快得到了原子的壳层结构,从而使元素周期性得到了解释(第五章). 但是,这样的物理思想在原子核内却缺少根据:核内的核子一律平等,非常"民主",而且在核子间存在强相互作用,怎么能"独立地"运动呢?

当时人们不相信壳层结构的第二个原因是,初试失败. 有人假定核内的核子在某些势阱中运动(方阱势,谐振子势等),并求解薛定谔方程,但结果却得不到与实验相符的幻数,见图 36.2. 图的左端和右端分别代表三维谐振子势和无限深方阱势得到的能级图(图中将基态能量取作能量零点)*,这两个势代表两个极端,实际的情况应介于其间. 对左右两套能级求平均,就得到图的中间一套能级. 由图可见,不论势阱形状如何,预期的幻数最多出现了三个.

不赞成核壳层模型的另一个原因是,当时在观念上与壳层模型截然相反的"液滴模型"取得了极大的成功. 它不仅解释了核结合能与核子数 A 成正比的实验事实,而且在 1936 年被尼·玻尔成功地用于核反应截面计算,在 1939 年又由尼·玻尔与惠勒出色地解释了核裂变现象,为原子能的利用奠定了一定的理论基础.

然而,支持幻数核存在的实验事实不断地在增加,例如:

1. 偶数 $Z(Z>32)$ 的稳定核素中,同位素丰度一般都不大可能超过 50%. 但有三个明显例外:$^{88}Sr_{50}$ 的丰度(占 Sr 总量)为 82.56%;$^{138}Ba_{82}$ 的丰度为 71.66%;$^{140}Ce_{82}$ 为 88.48%. 足见,具有中子数为 50 或 82 的原子核特别稳定.

2. $_{50}Sn(Z=50)$ 有十个同位素,比任何元素皆多.

3. 幻数核的结合能特别大,而比幻数多一个核子的核的结合能则特别小.

4. 中子数为 50,82,126 的原子核俘获中子的概率比邻近核素要小得多.

5. 在 Pb 的同位素中,以 $^{208}Pb_{126}$ 的第一激发态的能量为最大,见图 36.3.

大量的实验事实迫使人们对核的壳层模型重新作认真地考虑. 在 1949 年,迈耶和简森终于用壳层模型成功地解释了幻数,决定性的一步是在势阱中加入了自旋-轨道耦合项**,这是算出 50、82 和 126 三个幻数的关键. 正是自旋-轨道耦合项引起了能级的分裂,如图 36.4 所示. 原来以 l 表征的能级都一分为二

---

* 所用的三维谐振子势为

$$V(r) = \begin{cases} -V_0[1-(r/R)^2] \\ 0 \end{cases}$$

无限深球方阱势为

$$V(r) = \begin{cases} -V_0, & r \leqslant R \\ 0, & r > R \end{cases}$$

具体求解可参见第三章所引量子力学参考资料〔12〕.

** 自旋-轨道耦合引起能级分裂的大小和次序,以及它的直接实验验证等详细论述,参见:〔10〕M. G. Mayer & J. H. D. Jensen. Elementary Theory of Nuclear Shell Structure. Wiley,New York(1955). 这本书对核的壳层模型作了最清晰的叙述.

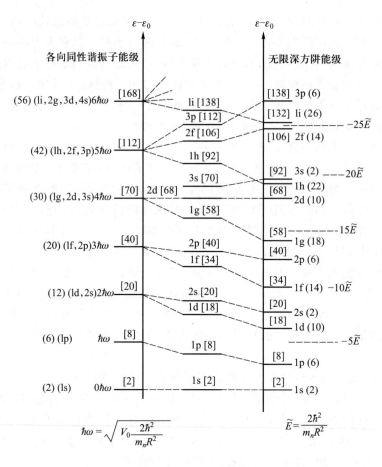

图 36.2　谐振势阱及方阱——不出现全部幻数

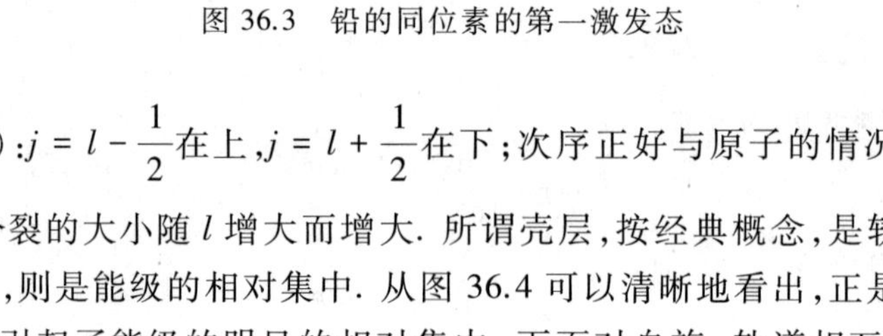

$$2.61\ \text{MeV}$$

	0.96	0.90	0.80		0.80	0.81	
							MeV
							0
N	120	122	124	126	128	130	
A	202	204	206	208	210	212	

图 36.3　铅的同位素的第一激发态

$(l=0$ 除外$)$:$j=l-\dfrac{1}{2}$ 在上,$j=l+\dfrac{1}{2}$ 在下;次序正好与原子的情况相反(参见第四章).分裂的大小随 l 增大而增大.所谓壳层,按经典概念,是轨道,但按量子力学概念,则是能级的相对集中.从图 36.4 可以清晰地看出,正是自旋–轨道耦合的结果引起了能级的明显的相对集中.下面对自旋–轨道相互作用引起的能级分裂作一些定量讨论.

类似于原子物理中核外电子所受的自旋–轨道相互作用[见(21-4)式],这里每个核子所受到的自旋–轨道相互作用势也可写成 $U=C\boldsymbol{s}\cdot\boldsymbol{l}$ 形式,其中 C 是常

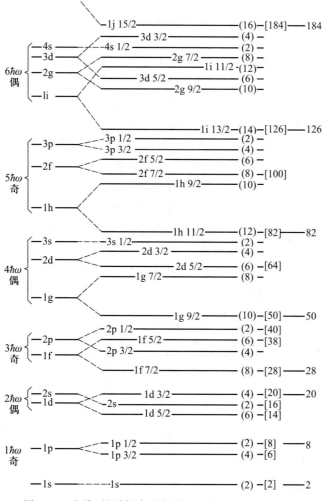

图 36.4　自旋-轨道耦合引起能级的分裂——幻数出现

数可由实验来定. 类似于(21-6)式,我们可得到来自自旋-轨道相互作用的附加能量为

$$\Delta E_j = C \boldsymbol{l} \cdot \boldsymbol{s} = C \cdot \frac{1}{2}[j(j+1) - l(l+1) - 3/4]$$

$$= \begin{cases} C\,l/2 & \text{对 } j = l + 1/2 \\ -C(l+1)/2 & \text{对 } j = l - 1/2 \end{cases} \qquad (36-17)$$

式中常数 C 由单粒子能级的实验值可定得,近似为

$$C = -24A^{-2/3} \text{ MeV} \qquad (36-18)$$

这里 C 为负值,所以 $j = l - 1/2$ 的能级在 $j = l + 1/2$ 能级之上,与实验结果一致. 由 ΔE_j 表达式,可得两分裂能级的间隔为

$$\Delta E = \Delta E_{j-1/2} - \Delta E_{j+1/2} = -\frac{(2l+1)C}{2} \qquad (36-19)$$

可见,l 越大,能级分裂越厉害. 这里还必须指出的是,核内核子受到的自旋-轨

道相互作用势相当强,不是微扰势,它引起的能级分裂相当大(见图 36-4),但原子中的电子受到的自旋-轨道耦合势是一个微扰势,仅使原子能级产生精细结构.

不过,计算得到图 36.4 的根据仍是核子在势阱中相对独立地运动. 是什么理由使得核子在核内能自由地运动呢? 在迈耶尔、简森提出成功的壳层模型之后,善于为实验事实找到理论解释的理论家很快就寻到了答案:任何一个核子在其他核子形成的平均势场(称之自洽场)中运动,由于泡利不相容原理,相邻的能级均已被占满,核子一般不能进行能导致状态改变的碰撞,因此,核子在核内相当自由地运动,始终保持在一个特定的能态上.

核的壳层模型可以相当好地解释大多数原子核的基态自旋和宇称. 对于闭壳层外有一个核子(或内有一个空穴)的情况,由于闭壳层内的核子对角动量的贡献为零(如同原子情况一样,见第五章),原子核基态自旋和宇称就完全由闭壳层外的这个核子(或空穴)决定. 例如,^{13}C 和 ^{13}N 均在闭壳层($p_{3/2}$)外有一个核子,这个额外的核子处在 $p_{1/2}$ 层(见图 36.4),因此,其角动量必定是 1/2(以 $\hbar$ 为单位,下同);由于宇称由 $(-1)^l$ 确定,现在 $l=1$(p 态),故宇称为负. 与实验完全符合. 另一些例子见表 36.1.

表 36.1 一些核素的基态自旋和宇称

核 素	壳层模型预告	实 验 结 果
$^{17}_{8}O_9$	$d_{5/2}$	$5/2^+$
$^{17}_{9}F_8$	$d_{5/2}$	$5/2^+$
$^{39}_{19}K_{20}$	$d_{3/2}^{-1}$	$3/2^+$
$^{209}_{82}Pb_{127}$	$g_{9/2}$	$9/2^+$
$^{209}_{83}Bi_{126}$	$h_{9/2}$	$9/2^-$

然而,当闭壳层外有两个核子(或内有两个空穴)时,按第五章讲过的角动量耦合法则,合成的角动量就有很多可能值. 例如,若在 $1g_{7/2}$ 壳层上有两个中子,它们合成的角动量值就可以为 $0,1,2,\cdots,7$;考虑到泡利原理后,允许的数值只是 $0,2,4,6$. 但在原子核内,情况还要简单. 因为实验发现,只有当中子或质子两两成对(自旋相反)时,能量最低*,即 $J=0$. 因此,不仅闭壳层内核子对角动量没有贡献,而且偶数的中子或质子对角动量也没有贡献. 偶偶核的基态自旋一定为零,宇称为正;实验结果无一例外.

对于奇偶核,例如 $^{93}_{41}Nb_{52}$,处于闭壳层(50)外的两个中子虽然都在 $1g_{7/2}$ 态,但合成的 J 只取零值,对总的角动量没有贡献. 整个核的自旋取决于第 41 个质子,它处于 $1g_{9/2}$ 能态,因此我们预告 ^{93}Nb 具有的自旋和宇称为 $9/2^+$,实验结果正

---

* 在超导体中,电子都两两成对,称之为库珀对. 处于基态的原子核好比超导体,中子和质子都趋于成对状态. 核子间的相互作用不仅产生了一个平均自洽场(单粒子势),而且还有短程剩余相互作用,产生对力. 对超导体感兴趣的读者,可参阅一篇通俗文章:〔11〕杨福家,孙鑫. 自然杂志,1(1978)47.

是如此.

奇奇核的自旋则完全取决于最后一个奇中子和奇质子之间耦合. 由于中子和质子的自旋都是 1/2,而轨道角动量总是整数,因此耦合结果必定是整数. 天然存在的奇奇核只有九个,其中四个是稳定核素,基态自旋都是 1 或 3;五个是长寿命的不稳定核素,基态自旋分别为 2,4,5,6,7. 人工制备的奇奇核的自旋也都是整数,无一例外.

核的壳层模型对核的基态磁矩也作了一定的预告,数值范围大致正确[11]. 但是,它对电四极矩的预告与实验值相差很大,见表 36.2. 类似地,对核能级之间的跃迁速率的计算往往也大大低于实验值. 这些不足导致了核的集体模型的诞生.

表 36.2   一些核素的基态电四极矩计算值和实验值

核　　素	特　　征	J	$Q_{实}(\text{fm}^2)$	$Q_{壳}(\text{fm}^2)$	$Q_{实}/Q_{壳}$
$^{17}_{8}\text{O}_9$	双幻+1 中子	5/2	−2.6	−0.1	20
$^{39}_{19}\text{K}_{20}$	双幻+1 质子空穴	3/2	5.5	5	1
$^{175}_{71}\text{Lu}_{104}$	两壳层之间	7/2	560	−25	−20
$^{209}_{83}\text{Bi}_{126}$	双幻+1 质子	9/2	−35	−30	1

（3） 集体模型

从表 36.2 可知,除在双幻数核外加一个质子(或空穴)的情况外,壳层模型算得的电四极矩比实验值往往小几十倍. 如何才能解释大的电四极矩呢?

在 §35 中我们曾介绍过电四极矩的概念,并强调指出:一个带电体系的电四极矩是该体系电荷分布偏离球形的量度. 原子核具有大的电四极矩,正表明它的形状与球形偏离较大. 雷恩沃特(J. Rainwater)＊ 在 1950 年正确地指出:具有大的电四极矩的核素,其核不会是球形的,而是被价核子永久地变形了. 因原子核内大部分核子都在核心,核心也就占有大部分电荷,因此,即使一个小的形变也将产生一个相当大的四极矩. 例如,对 ^{17}O 核素,只要假定它是一个椭球体,其两短轴相等且与长轴差 7%,就可算出与实验相符的电四极矩的数值.

核形变的存在不仅对电四极矩产生决定性影响,而且还会导致核的新运动形式,从而在核能谱图上得到清晰的反映. 例如,按照量子力学观点,球形核是无转动可言的,而形变核则存在集体转动＊＊. 为什么?

对球形核,任何过球心的轴都是对称轴,球体相对于对称轴转过任一角度 φ 不会使波函数 ψ 发生任何变化,即

$$\frac{\partial \psi}{\partial \varphi} = 0$$

＊ 雷恩沃特与奥格·玻尔、莫特尔逊共享 1975 年诺贝尔奖.

＊＊ 在分子运动中,量子化的集体转动早在 1912 年就在实验中显示出来了. 而原子,则是不存在量子化集体转动的体系.

若取此轴为 z 轴,则从式(16-14)可知,沿 z 轴的角动量分量必定为零:

$$\hat{L}_z = -i\hbar \frac{\partial}{\partial \varphi} = 0$$

因此不存在集体转动.

假如原子核是一个具有永久形变的对称椭球,如图36.5所示. z 轴是对称轴,如同上面的分析,绕 z 轴的转动在量子力学中是一个没有意义的概念,即不存在集体转动.但是绕 x 或 y 轴则呈现出集体转动.为简单起见,假定形变核的内禀角动量为零(偶偶核).考虑它绕 x 轴的转动,如果原子核的转动角动量为 $\boldsymbol{R}$,则转动能

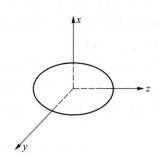

图 36.5　具有对称椭球形状的原子核

$$E_{\text{转}} = \frac{R^2}{2\mathscr{I}} \tag{36-20}$$

式中 $\mathscr{I}$ 为绕 x 轴的转动惯量.转到量子力学,我们可以写出薛定谔方程

$$\frac{\hat{R}^2}{2\mathscr{I}} \psi = E\psi \tag{36-21}$$

算符 $\hat{R}^2$ 由式(16-15)给出,它的本征值与本征函数则从下式确定:

$$\hat{R}^2 Y_{I,M} = I(I+1)\hbar^2 Y_{I,M} \tag{36-22}$$
$$I = 0, 1, 2, \cdots$$

由于无自旋核(偶偶核)相对于 xy 平面反射不变,而 I 为奇数的球谐函数 $Y_{I,M}$ 的宇称为奇,在反射下变号,故不能作为本征函数.允许的 I 值只是偶数,故从式(36.21)可以求出

$$E_I = \frac{\hbar^2}{2\mathscr{I}} I(I+1), \quad I = 0, 2, 4, \cdots \tag{36-23}$$

它正是奥格·玻尔与莫特尔逊在1953年提出的著名的核转动能谱公式,它得到一系列实验数据的支持,图36.6就是当时玻尔与莫特尔逊引用的一个简例[12].

核[180]Hf的第一激发态的实验数据(93 keV)被用来确定参数* $\hbar^2/2\mathscr{I}$,然后用此参数及式(36-23)计算 $4^+, 6^+, 8^+$ 等相应能级的能量,见图36.6右端括号内的数值.计算值与实验值相符尚好,但仍有明显的偏差.这些偏差已被后来的理论所改进.图36.7是近年来研究成果的一个示例.

集体运动不仅出现在形变核,而且还存在于球形核.事实上,瑞利在1877年就研究过带电液体的振动;尼·玻尔在1936年也指出,由相互吸引力聚在一

〔12〕　原著:A. Bohr & B. Mottelson. Phys. Rev. ,90(1953)717;或参阅:Rev. Mod. Phys. ,48,No. 3 (1976).那里载有玻尔、莫特尔逊与雷恩沃特领诺贝尔奖时的演讲.

* 请读者计算 $\mathscr{I}$ 数值,并在假定原子核为刚体的情况下再计算转动惯量 $\mathscr{I}_{\text{刚}}$.把两者作一比较,并思考其中含义.

起的粒子系统能进行集体振动. 在 1953 年前后, 奥格·玻尔与莫特尔逊除研究形变核的集体转动外, 还详尽地研究了球形核与形变核的集体振动. 图 36.8 是简单的理论所预告的偶偶核的振动能谱, 图 36.9 则是一个简单的实例. 它清晰地显示了双光子的三重态; 实验上, 这种例子并不多见, 至于三光子或多光子的能态, 则几乎从未观察到. 直到 1987 年才在 ^{118}Cd 核素中, 不仅观察到双光子的三重态, 而且首次发现了三光子的五重态[13].

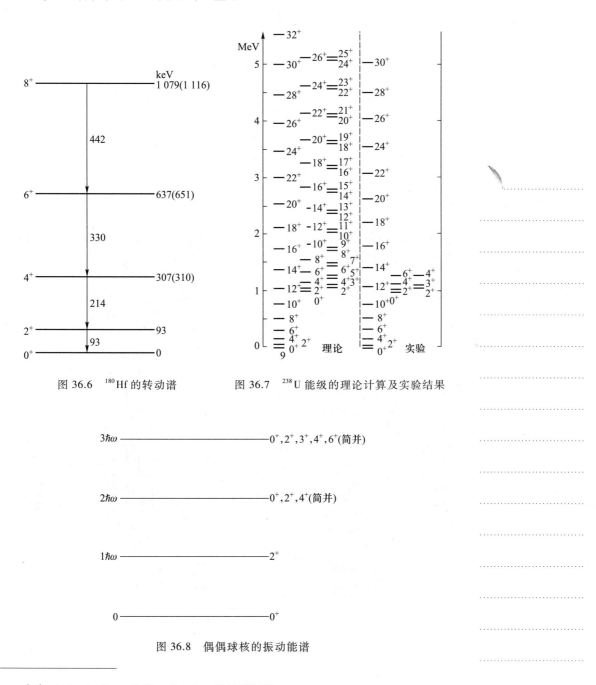

图 36.6　^{180}Hf 的转动谱　　图 36.7　^{238}U 能级的理论计算及实验结果

图 36.8　偶偶球核的振动能谱

〔13〕　A. Aprahamian et al. Phys. Rev. Lett. 59(1987)535.

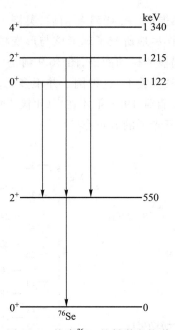

图 36.9　核素 ^{76}Se 的低激发能谱

在图 36.10 中我们给出一个比较完整的核能级图. 在错综复杂的能谱线中,居然能显示出这样美丽的规律性,这不能不令人感到惊叹!

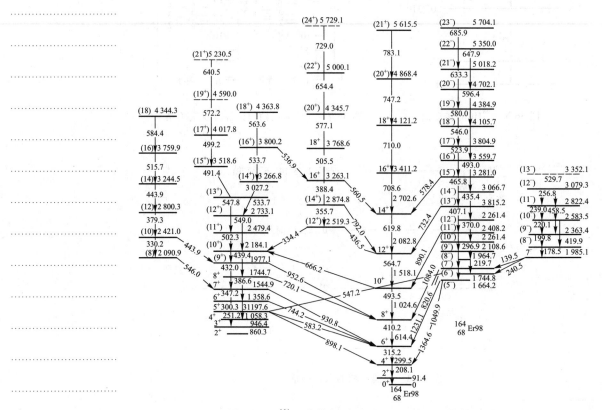

图 36.10　^{164}Er 的能级图(承 J. H. Hamilton 教授惠赠)

§37 放射性衰变的基本规律

在人们发现的两千多种核素中,绝大多数都是不稳定的,它们会自发地蜕变,变为另一种核素,同时放出各种射线.这样的现象称为**放射性衰变**.

1896 年 3 月贝可勒尔首先发现了铀的放射现象,这是人类认识原子核的开始.但是他却把研究工作仅限于铀,没能进一步拓宽.此时,正在法国留学的居里夫人毅然选择了放射性研究作为她的博士论文.于 1898 年,居里夫妇先后发现了放射性钋、钍和镭.这些新的放射性元素的发现使放射性研究有了新的突破,轰动了整个科学界.1903 年贝可勒尔与居里夫妇共享了诺贝尔物理学奖.放射现象一方面为我们提供了原子核内部运动的许多重要的讯息,另一方面它又在工、农、医很多领域展现了广泛的实际应用.

迄今为止,人们已发现的放射性衰变模式有:

1. α 衰变:放出带两个正电荷的氦核(§38).

2. β^- 衰变:放出电子,同时放出反中微子;

 β^+ 衰变:放出正电子,同时放出中微子;

 电子俘获(EC):原子核俘获一个核外电子;

 β^-、β^+、EC 统称 β 衰变(§39).

3. γ 衰变(γ 跃迁):放出波长很短的(往往小于 0.01 nm)的电磁辐射;

 内转换(IC):原子核把激发能直接交给核外电子,使电子离开原子;γ 衰变与内转换属同一类型(§40).

4. 自发裂变(SF):原子核自发分裂为两个或几个质量相近的原子核;对此,我们将在 §42 讨论裂变时一起讨论.

5. 几种罕见的衰变模式:

 p 放射性:放出质子(§38);

 ^{14}C 放射性:放出 ^{14}C 核(§38);

 β 延迟 p 发射:β 衰变后放出质子(§39);

 β 延迟 n 发射:β 衰变后放出中子(§39);

 双 β^- 衰变:同时放出两个电子和两个反中微子(§39).

本节我们着重讨论放射性衰变的一些基本规律:

(1)指数衰变律

原子核是一个量子体系,核衰变是原子核自发产生的变化,是一个量子跃迁的过程.核衰变服从量子力学的统计规律.对于任何一个放射性核素,它发生衰变的精确时刻是不能预告的,但对足够多的放射性核素的集合,作为一个整体,它的衰变规律则是十分确定的.

在 dt 时间内发生的核衰变数目为 $-dN$,它必定正比于当时存在的原子核数目 N,也显然正比于时间 dt,于是,

$$-dN = \lambda N dt \qquad (37-1)$$

λ 是比例常数;dN 代表 N 的减少量,是负值,所以在它前面需加负号. 设 $t = 0$ 时原子核的数目为 N_0,则把式(37-1)积分后可得

$$N = N_0 e^{-\lambda t} \qquad (37-2)$$

这就是放射性衰变服从的指数规律.

把式(37-1)改写一下:

$$\lambda = \frac{-dN/dt}{N}$$

分子代表单位时间内发生衰变的原子核数,分母代表当时的原子核总数,因此,λ 就代表一个原子核在单位时间内发生衰变的概率. λ 被称为**衰变常量**. 任何一个放射性核素在什么时候衰变,是不可预告的,但是,它却有一个完全确定的衰变常量;它在任一时刻的衰变概率是完全可以预告的.

利用衰变规律,可以估计地球的年龄. 我们可以假定在地球形成时,地球上的 ^{238}U 和 ^{235}U 的含量近乎相等. 但目前在天然铀中 ^{238}U($T_{1/2} \approx 4.5 \times 10^9$ a)占 99.3%,而 ^{235}U($T_{1/2} \approx 0.70 \times 10^9$ a)仅占 0.72%. 于是可得

$$\frac{N_{235}}{N_{238}} = \frac{N_0 e^{-\lambda_{235}t}}{N_0 e^{-\lambda_{238}t}} = e^{(\lambda_{238}-\lambda_{235})t}$$

$$= \exp\left[0.693\left(\frac{1}{4.5 \times 10^9} - \frac{1}{0.7 \times 10^9}\right)t\right] = e^{-0.836t}$$

$$= 0.007\,2$$

$$t = 5.9 \times 10^9 \text{ a}$$

（2） 半衰期

放射性核素衰变其原有核数一半所需时间,称为**半衰期**,用 $T_{1/2}$ 表示. 即当 $t = T_{1/2}$ 时,$N = N_0/2$,于是从式(37-2)可得

$$\frac{N_0}{2} = N_0 e^{-\lambda T_{1/2}}$$

$$T_{1/2} = \frac{\ln 2}{\lambda} = \frac{0.693}{\lambda} \qquad (37-3)$$

$T_{1/2}$ 与 λ 一样,是放射性核素的特征常数. λ 越大,$T_{1/2}$ 越小.

例如,^{13}N 的半衰期为 9.961 min,这就表示,经过约 10 min,^{13}N 原子核就减少一半;但再过 10 min,并未全部衰变完,而是又减少了一半,即剩下原来的四分之一. 见图 37.1.

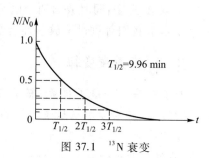

图 37.1　^{13}N 衰变

（3） 平均寿命

人的寿命有长有短,因此任何地区、任何国家均有平均寿命的概念. 同样,对某种确定的放射性核素,其中有些核素早变,有些晚变,寿命不一样,我们也可计算它们的平均寿命.

若在 $t=t_0$ 时放射性核素的数目为 N_0,当 $t=t$ 时就减为 $N=N_0e^{-\lambda t}$. 因此,在 $t \to t+dt$ 这段很短时间内,发生衰变的原子核数为

$$-dN = \lambda N dt$$

这些核的寿命为 t,它们的总寿命为

$$\lambda N t dt$$

由于有的原子核在 $t \approx 0$ 时就衰变掉,有的要到 $t \to \infty$ 时才衰变掉,因此,所有核素的总寿命为

$$\int_0^\infty \lambda N t dt$$

于是,任一核素的平均寿命为

$$\tau = \frac{\int_0^\infty \lambda N t dt}{N_0} = \frac{1}{\lambda} = \frac{T_{1/2}}{\ln 2} = 1.44 T_{1/2} \tag{37-4}$$

因此,平均寿命为衰变常数的倒数;它比半衰期长一点,是 $T_{1/2}$ 的 1.44 倍.

把式(37-4)代入式(37-2),即得

$$N = N_0 e^{-1} \approx 37\% N_0$$

可见放射性核素的平均寿命表示:经过这段时间(τ)以后,剩下的核素数目约为原来的 37%.

（4） λ 是放射性核素的特征量

衰变常数 λ、半衰期 $T_{1/2}$ 和平均寿命 τ,由式(37-4)相互联系,它们都可以作为放射性核素的特征量. 每一个放射性核素都有它特有的 λ,没有两个核的 λ 是一样的,因此,λ(或 $T_{1/2}$,或 τ)是放射性核素的"手印". 我们可以根据测量的 λ 判断它属于那种核素.

例如,为了分析单晶硅中是否含有痕量碳,我们只要用质子轰击硅. 若硅中有 ^{12}C,那么它吸收一个质子后就变成 ^{13}N,它是 β^+ 放射性核素. 但是,天然硅中含有 4.7% 的 ^{29}Si,它吸收一个质子后变成了 ^{30}P,同样是 β^+ 放射性核素. 不过,^{13}N 和 ^{30}P 的半衰期不同,前者为 9.96 min,后者为 2.5 min,因此很容易从半衰期的测量区分出 ^{13}N,从而定出碳的含量(对此有兴趣的读者,请参阅本书附录 I).

大量实验表明[14],衰变常数 λ 几乎与外界条件没有任何关系. 当外界环境温度从 24 K 到 1 500 K,压力从 0 atm 到 2 000 atm,磁场从 0 到 8.3 T 变化时,λ 无显著变化. 只是在某些特殊情况下才能觉察到 λ 的变化.例如,放射性核

---

〔14〕 G. T. Emerg. Ann. Rev. Nucl. Sci. ,22(1972)165.

素^{7}Be,以电子俘获的模式衰变,它的衰变常数就与核外电子的状态略有关系:处于金属态的^{7}Be,其 λ 比处于化合态的^{7}BeO 的 λ 大 0.13%;把^{7}BeO 加压到 270 kbar(1 atm ≈ 1.013 bar),使其体积减小 10%,测得的 λ 就增大 0.6%. 在太阳内的^{7}Be 的半衰期可比地球上的增加 30% 以上,在太阳中^{7}Be 半衰期约 70 d,而在地球上测得的是约 53 d.

（5） 放射性活度（Activity）

我们定义放射性物质在单位时间内发生衰变的原子核数 $-\mathrm{d}N/\mathrm{d}t$ 为该物质的放射性活度,用 A 标记,显然,

$$A \equiv -\frac{\mathrm{d}N}{\mathrm{d}t} = \lambda N_0 \mathrm{e}^{-\lambda t} = A_0 \mathrm{e}^{-\lambda t} \tag{37-5}$$

也服从指数规律. 决定放射性强弱的量,正是 A,而不是 λ,也不是 N;$A = \lambda N$,是 λ 和 N 的乘积. 例如,在天然钾中有 0.012%^{40}K,它是放射性核素,几乎普遍存在于我们周围的玻璃窗、玻璃杯,甚至我们戴的眼镜中,就是说,^{40}K 的原子核数 N 不算少. 但是,它的半衰期为 1.3×10^9 a,相应的 λ 十分微小,即它的衰变概率非常小,它的放射性活度就很小 *. 它的存在对我们的健康并无不利影响.

历史上放射性活度的单位是居里,因居里夫人而得名.

$$1 \text{ 居里(Ci)} = 3.7 \times 10^{10} \text{次核衰变/s};$$

较小的单位有:

$$1 \text{ 毫居(mCi)} = 3.7 \times 10^7 \text{次核衰变/s};$$

$$1 \text{ 微居(μCi)} = 3.7 \times 10^4 \text{次核衰变/s}.$$

容易算出,1 g ^{226}Ra 的放射性活度就近似为 1 Ci;实际上,1 Ci 的早期定义就是,1 g ^{226}Ra 在 1 s 内的放射性衰变数.

按我国的法定计量单位规定,放射性活度的单位应是贝可,

$$1 \text{ 贝可(Bq)} = 1 \text{ 次核衰变/s}$$

所以,

$$1 \text{ Ci} = 3.7 \times 10^{10} \text{ Bq}$$

考虑到某种核素的放射源不可能全部是该种核素,还有其他物质混在一起. 为了反映放射性物质的纯度,人们引入比活度(Specific activity),它定义为样品放射性活度除以该样品的总质量

$$a = A/m \tag{37-6}$$

a 越大,此放射性物质纯度越高. 例如 1 g 纯的^{60}Co 的放射性活度约 1 200 Ci,目前所生产的^{60}Co 源的比活度可达 700 Ci/g.

顺便指出,放射性活度与放射性对物质产生的效应既有联系,但又有区别. 居里、贝可是放射性活度的单位,是由放射性物质本身决定的;而我们在报刊上见到的伦琴、拉德则是放射性物质产生的射线对其他物质的效应大小的单位,它不仅取决于放射性物质本身的强弱,还取决于放出射线的特性,以及接收射

---

* 请读者计算 1 g 天然钾的放射性活度.

线的材料的性质.

$$1 \text{ 伦琴}(R) = \text{使 1 kg 空气中产生 } 2.58 \times 10^{-4} \text{ C 的电荷量的辐射量}$$
$$1 \text{ 拉德}(rad) = 1 \text{ g 受照射物质吸收 100 erg 的辐射能量}$$
$$1 \text{ 戈瑞}(Gr) = 1 \text{ kg 受照射物质吸收 1 J 的辐射能量}$$

（6）长半衰期的测定

半衰期是放射性核素的手印,测定半衰期是辨认放射性核素的一个重要方法. 那么,怎么测量半衰期呢?

一个简单的方法显然是,先测出某一时刻的放射性活度,然后再测量放射性活度减为原来一半时所经过的时间,这段时间就是该放射物的半衰期.

但是,对于半衰期特别长的放射性,这个方法就不行,例如,^{238}U 的半衰期为 4.5×10^9 a,要等它衰变到一半是等不得的. 对于半衰期特别短的放射性,这个方法也不行. 不过,我们这里只限于讨论长半衰期的测定.

对于铀那样的物质,我们可以测量它的放射性活度 A,算出产生 A 的核素的数目 N,然后从 $A = \lambda N$ 求出 λ. 例如,取 1 mg ^{238}U,可容易测得它的放射性活度为[*]:

$$A = 740 \text{ 个 } \alpha \text{ 粒子/min}$$

于是,

$$\lambda = \frac{A}{N} = \frac{740 \text{ 个}/60 \text{ s}}{\dfrac{6.022 \times 10^{23}}{238} \times 10^{-3}} = 4.87 \times 10^{-18} \text{ s}^{-1}$$

因而,

$$T_{1/2} = \frac{0.693}{\lambda} = 4.5 \times 10^9 \text{ a}$$

半衰期越长,放射性活度就越小,为了保证足够的计数(统计误差与计数平方根成反比;每分钟 900 个计数引起的统计误差约为 3%;10^4 计数就减为 1%),必须增大 N! 近年来有理论预告:质子并不稳定,它的半衰期约为 10^{30} a! 不少实验室正在测量质子的衰变[**]. 请读者估计:假如我们以水为质子的原料,为了测量质子是否衰变,我们必须有多少吨水?

（7）简单的级联衰变

许多放射性核素并非一次衰变就达到稳定,而是由于它们子核仍有放射性而接二连三地衰变,直到稳定核素而终止,这就是级联衰变. 自然界存在的四个级联衰变链,图示于图 37.2 至图 37.5.

这里我们考虑简单的级联衰变:

$$A \longrightarrow B \longrightarrow C$$

即两代衰变. 我们已经知道,A 的衰变服从指数规律,那么 B 呢? 它一方面在不

---

[*] 由于 ^{238}U 每次衰变放出 1 个 α 粒子,因此可算出:1 g ^{238}U 相当于放射性活度为 0.33 μCi. 这是一个很有用的常数.

[**] 参阅:〔15〕郑哲珠. 物理,11(1982)209;张肇西. 物理,12(1983)62.

断地衰变为 C,另一方面却又不断地从 A 处获得补充,因此,它的核数在单位时间内的变化就是

$$\frac{dN_B}{dt} = \lambda_A N_A - \lambda_B N_B \qquad (37-7)$$

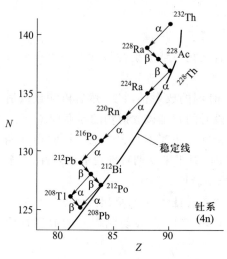

图 37.2　天然衰变链之一:钍系

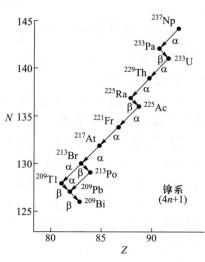

图 37.3　天然衰变链之二:镎系

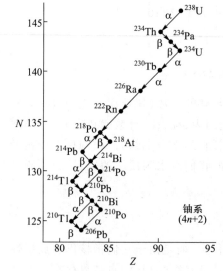

图 37.4　天然衰变链之三:铀系

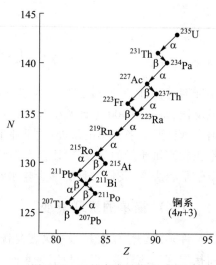

图 37.5　天然衰变链之四:锕系

而 A 的核数 N_A 由下式给出:

$$N_A = N_{A0} e^{-\lambda_A t}$$

式中 N_{A0} 为 $t=0$ 时 A 核的数目. 方程(37-7)的解为

$$N_B = N_{A0} \frac{\lambda_A}{\lambda_B - \lambda_A} (e^{-\lambda_A t} - e^{-\lambda_B t}) \qquad (37-8)$$

由此可见,子体 B 的变化规律不仅与它本身的衰变常数 λ_B 有关,而且还与母体

A 的衰变常数有关. 衰变规律(37-8)不同于简单的指数律.

这里我们考虑一个特例: $\lambda_A \ll \lambda_B$, 即子核的寿命远小于母核的寿命. 从式 (37-8), 当 $t \gg \dfrac{1}{\lambda_B}$ 时, 我们有:

$$N_B \approx N_{A0} \frac{\lambda_A}{\lambda_B - \lambda_A} e^{-\lambda_A t} \qquad (37\text{-}9)$$

即, 那时子核将按照母核的衰变规律衰变. 这一结论很重要, 例如, 它启示我们保存短寿命核素的一个方法: 譬如, 医院中常用的 γ 放射性核素 ^{113}In*, 半衰期只有 104 min. 当我们把它从远处运来时, 它就剩下不多了; 例如从北京运到上海至少要三个小时, 它只有原来的四分之一了. 但从式(37-9)启示的规律, 我们就应该把 ^{113}In 与其母体 ^{113}Sn 一起保存, 因 ^{113}Sn $\longrightarrow$ ^{113}In, 半衰期为 118 d, 过一段时间后 ^{113}In 即以 ^{113}Sn 的规律而衰变, 而且从式(37-9)容易看出, 由于 $\lambda_A \ll \lambda_B$, 因而,

$$\lambda_A N_A \approx \lambda_B N_B \qquad (37\text{-}10)$$

即母体的放射性活度与子体相等, 两者处于平衡状态, 单位时间内子核衰变掉的核数等于它从母核的衰变中补充得到的核数. 这种平衡称为久期平衡, 有重要实际应用. 例如: 医院收到的、且可保存一段时间的放射源, 正是处于平衡态的子体和母体的混合物. 当临床需要使用 ^{113}In 时, 就用化学方法把子核 ^{113}In 淋洗出来, 单独使用. ^{113}In 被淋洗后, ^{113}Sn 继续以电子俘获方式生成 ^{113}In, 在适当时候又可被淋洗. 这种情况与母牛挤乳很相似, 故俗称 ^{113}Sn 为 "母牛". 另外, 式 (37-10)还为我们提供一个测量短寿命半衰期的方法:

$$T_{1/2B} = \frac{N_B}{N_A} T_{1/2A} \qquad (37\text{-}11)$$

只要测得与它平衡的长寿命放射性核素的半衰期, 以及它们相应的核素数 N_A 与 N_B, 就可算出寿命短的那个半衰期**.

（8） 同位素生产

除天然存在的六十余种放射性核素外, 其余一千六百多种都是用人工方法制造的. 人工放射性核素一般是在反应堆和加速器中靠核反应方法产生, 当它产生的同时即在发生衰变, 因此, 它的变化率

$$\frac{\mathrm{d}N}{\mathrm{d}t} = P - 1\lambda N \qquad (37\text{-}12)$$

式中 P 是核素的 "产生率", 在特定的核反应条件下是一常量; N 是开始生产后, t 时刻该核素的数目, 将上式改写一下:

---

* 实际上, ^{113}In 的 γ 放射性来自它的同质异能素 ^{113m}In, 详见 §40(3).

** 对级联衰变及其应用感兴趣的读者, 可进一步参阅: 〔16〕杨福家, 汤家镛. 复旦学报. 3—4(1976) 81; Health Physics, 34(1978)501; 高能物理与核物理, 3(1979)616; 杨福家. 原子核物理, 5(1983) 356; Chinese Phys. 4(1984)861.

$$\frac{\mathrm{d}N}{\mathrm{d}t} + \lambda N = P$$

这是一阶非齐次微分方程,它的解为

$$N = \frac{P}{\lambda}(1 - e^{-\lambda t})$$

或写成放射性活度:

$$A = \lambda N = P(1 - e^{-\lambda t}) = P(1 - 2^{-t/T_{1/2}}) \qquad (37-13)$$

由此可见,当时间经过一个 $T_{1/2}$ 时,A 可达到 P 的一半,经过两个 $T_{1/2}$,达到 P 的 75%,…,见表 37.1 或图 37.6;不论工作时间多长,最大的 A 是 P.

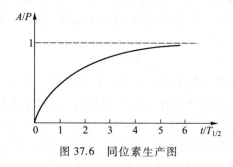

图 37.6 同位素生产图

表 37.1

$t/T_{1/2}$	A/P
1	0.5
2	0.75
3	0.875
4	0.937 5
5	0.968 8

从图表可知,生产的核素的放射性活度并不是随时间线性增加的. 当 $t \geqslant 3T_{1/2}$ 后,增加就很缓慢了,花同样时间(人力和物力)获得的效果却越来越少. 当反应时间超过 $5T_{1/2}$ 后,放射性活度基本上已经达到饱和值,继续反应是徒然浪费而无济于事. 所以在实际生产同位素时,必须根据使用要求和经济效益作统筹考虑.

§38 α 衰 变

(1) α 衰变的条件

原子核的 α 衰变,可以一般地表示为

$$\,_Z^A X \longrightarrow \,_{Z-2}^{A-4} Y + \alpha \qquad (38-1)$$

衰变前,母核 X 可以看作静止,根据能量守恒定律我们有:

$$m_X c^2 = m_Y c^2 + m_\alpha c^2 + E_\alpha + E_r$$

式中 m_X、m_Y 和 m_α 分别为母核、子核和 α 粒子的静质量;E_α 和 E_r 分别为 α 粒子的动能和子核的反冲动能.

定义 E_α 与 E_r 之和为"α 衰变能",并记作 Q_α:

$$Q_\alpha \equiv E_\alpha + E_r = \left[m_X - (m_Y + m_\alpha) \right] c^2 \qquad (38-2)$$

由于一般核素表上给出的质量值均是原子质量不是核质量,所以有必要把核质量转换一下:

$$m_X = M_X - Z m_e$$

$$m_Y = M_Y - (Z-2) m_e$$

$$m_\alpha = M_{He} - 2 m_e$$

这里我们当然忽略了电子与原子核之间的结合能;M_X、M_Y 和 M_{He} 分别为 X、Y 和氦的原子质量,m_e 是电子的质量. 于是,α 衰变能 Q_α 为

$$Q_\alpha = \left[M_X - (M_Y + M_{He}) \right] c^2 \qquad (38-3)$$

显然,要发生 α 衰变,必须 $Q_\alpha > 0$,即

$$M_X(Z,A) > M_Y(Z-2, A-4) + M_{He} \qquad (38-4)$$

换言之,一个核素要发生 α 衰变,衰变前母核原子的质量必须大于衰变后子核原子的质量和氦原子的质量之和. 例如,

$$^{210}Po \longrightarrow {}^{206}Pb + \alpha$$

由于:

$$M(^{210}Po) = 209.982\ 9\ u$$

$$M(^{206}Pb) = 205.974\ 5\ u$$

$$M(^4He) = 4.002\ 6\ u$$

因此条件(38-4)满足,^{210}Po 有可能发生 α 衰变,这已为实验所证明. 我们还可依式(38-3)算出它的 α 衰变能为 5.402 MeV.

类似地可以证明,^{64}Cu 是不能发生 α 衰变的;请读者验算一下,它确实不满足式(38-4).

(2) α 衰变能与核能级图

衰变能 Q_α 是一个很重要的参量. 依照式(38-3),我们可以从衰变前后的原子质量求出衰变能 Q_α,但是,在某些情况下,例如对于新发现的核素,衰变前的核素的质量并不知道,那时,我们可以从式(38-2)按照 Q_α 的定义($Q_\alpha = E_\alpha + E_r$)求 Q_α,然后再依式(38-3)求出未知核素的质量. 为此,我们必须测出 E_α 和 E_r. 但是,由于子核的质量较大,反冲能 E_r 很小,很难测量. 下面我们将从动量守恒出发,证明 E_r 和 E_α 之间存在一个关系,因而只要测量出 E_α 就可以知道衰变能.

由于衰变前母核静止,动量为零,于是

$$m_Y v_Y = m_\alpha v_\alpha$$

子核的反冲能*：

$$E_r = \frac{1}{2}m_Y v_Y^2 = \frac{1}{2}m_\alpha v_\alpha^2 \cdot \frac{m_\alpha}{m_Y} = \frac{m_\alpha}{m_Y}E_\alpha$$

所以，

$$Q_\alpha = E_\alpha + E_r = \left(1 + \frac{m_\alpha}{m_Y}\right)E_\alpha \approx \left(1 + \frac{4}{A-4}\right)E_\alpha = \frac{A}{A-4}E_\alpha \tag{38-5}$$

式中我们已用核的质量数之比代替核质量之比,容易证明,这样做所带来的误差是很微小的(表 38.1).

式(38-5)是很重要的,我们可以从实验测量到的 α 粒子动能 E_α 直接求出衰变能.

实验中我们可以用各种能谱仪精确地测定 α 粒子的动能. 事实上,在 α 衰变的核素中,大部分核素放出的 α 粒子往往有好几群,每群 α 粒子有确定的能量. 例如,^{212}Bi(俗称 ThC)衰变成 ^{208}Tl 时,一共放出六群 α 粒子,如图 38.1 所示. 从图上求出各群 α 粒子的动能 E_α,再依式(38-5)算出相应的 Q_α,列于表 38.1.

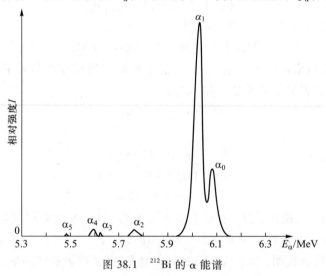

图 38.1 ^{212}Bi 的 α 能谱

从图 38.1 可以看出,α 粒子能谱具有分立的、不连续的特征,它启示我们,子核具有分立的能量状态. 我们可以参照原子的情况,画出核的能级图. 当 ^{212}Bi 放出 α_0 时(最大的动能),它衰变到:^{208}Tl 的基态,那时放出的衰变能最大,记为 $Q_{\alpha 0}$;脚标 0 既与 α_0 对应,又与 ^{208}Tl 的基态相对应. 当 ^{212}Bi 放出 α_1 时,它衰变到 ^{208}Tl 的第一激发态,那时放出的衰变能为 $Q_{\alpha 1}$. 以下类推. 处于激发态的原子核可以放出 γ 射线而退到基态,γ 射线的能量应是激发态与基态之能量差,它又等于相应的 α 衰变能之差:

---

* 我们在这里都采用非相对论关系式,这是因为,由衰变得到的 α 粒子的最大动能至今没有一个超过 10 MeV,而它的静能近乎 4 GeV.

表 38.1　^{212}Bi(ThC) 的 α 粒子能量及衰变能

	E_α/MeV	Q_α/MeV
α_0	6.084	6.201
α_1	6.044	6.161
α_2	5.763	5.874
α_3	5.621	5.730
α_4	5.601	5.709
α_5	5.480	5.585

$$Q_{\alpha 0} - Q_{\alpha 1} = 0.040 \text{ MeV } \gamma_1$$

$$Q_{\alpha 0} - Q_{\alpha 2} = 0.327 \text{ MeV } \gamma_2$$

$$Q_{\alpha 0} - Q_{\alpha 3} = 0.471 \text{ MeV } \gamma_3$$

$$Q_{\alpha 0} - Q_{\alpha 4} = 0.492 \text{ MeV } \gamma_4$$

$$Q_{\alpha 0} - Q_{\alpha 5} = 0.616 \text{ MeV } \gamma_5$$

见图 38.2. 实验上确实观察到五群 γ 射线,它们分别与五种 α 粒子($\alpha_1, \alpha_2, \cdots$) 符合对应,而没有 γ 射线与 α_0 相对应,即没有 γ 射线与 α_0 粒子同时 * 产生.

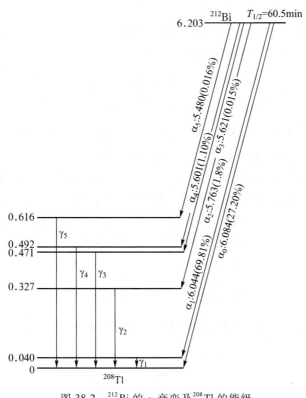

图 38.2　^{212}Bi 的 α 衰变及 ^{208}Tl 的能级

---

* ^{208}Tl 各激发态的寿命比起 ^{212}Bi α 衰变的半衰期短得多,因此各 γ 射线可认为与相应的 α 粒子同时产生[回忆一下式(37–8)].

α 衰变产生的 α 粒子来自原子核,在核内,α 粒子受到核力吸引(负势能),但在核外,α 粒子将受到库仑力的排斥. 这样,在核表面就形成一个势垒. 见图 38.3. 从经典物理考虑,能量低于势垒的 α 粒子既不能从核内跑出,也不能从核外射入,它们都将被势垒弹回.

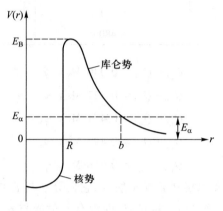

图 38.3 α 粒子受到的势垒

我们来估计一下势垒的高度:α 粒子刚离开母核时,它与子核之间的距离约为子核的半径与 α 粒子半径之和,于是,

$$E_B = \frac{1}{4\pi\varepsilon_0} \frac{2Ze^2}{R} = \frac{2Z \times 1.44}{1.2(A^{1/3}+A_\alpha^{1/3})} = 2.4\frac{Z}{(A^{1/3}+A_\alpha^{1/3})} \tag{38-6}$$

这里我们已利用核半径公式(33-3),并取 $r_0 = 1.2$ fm;Z、A 分别为子核的电荷质量数,A_α 为 α 粒子的质量数;我们还利用 $e^2 = 1.44$ fm·MeV,故 E_B 的单位是 MeV. 例如,对于 $^{212}_{84}$Po,我们可算得 $E_B \approx 26$ MeV,而 ^{212}Po 衰变时释放的 α 粒子动能为 8.78 MeV,可见,它远低于势垒. 按经典观点,α 粒子不能跑出原子核,但按量子力学的势垒贯穿理论(§15),它却有一定的概率逸出. 现在我们利用式(15-40)对 α 粒子从核内逸出的概率作一估算. 为此,重写式(15-40):

$$\left. \begin{array}{l} P = e^{-G} \\ G = \dfrac{2}{\hbar}D\sqrt{2m(V-E)}, D = x_2 - x_1 \end{array} \right\} \tag{38-7}$$

它只对方阱势垒才成立. 不过,对于任意形状的势垒,我们可以把它分割成很多方势垒,于是,

$$G = 2\sqrt{\frac{2m}{\hbar^2}} \int_R^b \sqrt{V-E}\, dr \tag{38-8}$$

对于库仑势垒(图 38.3),上式中的积分具有解析表示式;因

$$b = \frac{1}{4\pi\varepsilon_0} \frac{Z_1 Z_2 e^2}{E} \tag{38-9}$$

故

$$\int_R^b \left[\frac{1}{4\pi\varepsilon_0} \frac{Z_1 Z_2 e^2}{r} - E \right]^{1/2} dr = \sqrt{\frac{1}{4\pi\varepsilon_0} Z_1 Z_2 e^2} \int_R^b \left(\frac{1}{r} - \frac{1}{b} \right)^{1/2} dr$$

$$= b \left(\frac{1}{4\pi\varepsilon_0} \frac{Z_1 Z_2 e^2}{b} \right)^{1/2} \left[\cos^{-1} \sqrt{\frac{R}{b}} - \sqrt{\frac{R}{b} \left(1 - \frac{R}{b} \right)} \right]$$

$$= \sqrt{\frac{1}{4\pi\varepsilon_0} Z_1 Z_2 e^2 b} \, F(R/b) \tag{38-10}$$

当 $E \ll E_B$ 时，$b/R \gg 1$，因此，在一级近似下，函数

$$F\left(\frac{R}{b} \right) \approx \frac{\pi}{2} - 2\sqrt{\frac{R}{b}}$$

从而，

$$G \approx 2\sqrt{\frac{2m}{\hbar^2}} \frac{1}{4\pi\varepsilon_0} \frac{Z_1 Z_2 e^2}{\sqrt{E}} \left(\frac{\pi}{2} - 2\sqrt{\frac{R}{b}} \right) \tag{38-11}$$

对于 α 粒子，$Z_1 = 2$，$mc^2 = 3\,750$ MeV；$Z_2 = Z$ 为子核的电荷数，于是，

$$G \approx \frac{4Z}{\sqrt{E_\alpha}} - 3\sqrt{ZR} \tag{38-12}$$

式中 E_α 是释放的 α 粒子的动能，以 MeV 为单位；$R \approx 1.2(A^{1/3} + A_\alpha^{1/3})$. 依此可得到 $P(e^{-G})$，P 是 α 粒子撞击势垒而穿过的概率；α 粒子在一秒内撞击势垒的次数 n 是多少呢？只有求出 n，才能知道 α 粒子每秒钟的穿透概率 nP，它就是 α 衰变概率 λ. 显然，

$$n = \frac{v}{2R_p} \tag{38-13}$$

即每秒内在核内的来回次数；对于核内动能为 E_k(MeV) 的 α 粒子，它的速度为

$$v = \sqrt{\frac{2E_k}{m}} = c\sqrt{\frac{2E_k}{mc^2}} = c\sqrt{\frac{2E_k}{3\,750}} \approx \sqrt{E_k} \, 6.9 \times 10^8 \text{ cm/s}$$

于是，

$$n \approx 3 \times 10^{21} A_p^{-1/3} E_k^{1/2} \text{ s}^{-1}$$

我们已利用 $R_p = r_0 A_p^{1/3}$；它是母核半径，A_p 为母核的质量数.

这样，我们可估算出 α 衰变的平均寿命

$$\tau = \frac{1}{\lambda} = \frac{1}{nP} \approx 3.5 \times 10^{-22} A_p^{1/3} \frac{1}{\sqrt{E_k}} \exp\left(\frac{4Z}{\sqrt{E_\alpha}} - 3\sqrt{ZR} \right) \tag{38-14}$$

由此我们得到了 τ 与 E_α 的关系：

$$\ln \tau = A E_\alpha^{-1/2} + B \tag{38-15}$$

式中 τ 以 s 为单位，E_α 以 MeV 为单位；A 与 B 是常数，它随母核不同而有所差异.

应该指出，由于估算的粗糙性，我们并不期望能定量地算出与实验值一致的平均寿命. 但是，我们给出的 τ 与 α 粒子动能 E_α 的依赖关系(38-15)则与实验给出的依赖关系完全一致. 依此可以理解，为什么 E_α 只变化两倍，而 τ 却变

化了 20 几个数量级,见表 38.2. 可见,我们的出发点,从势垒贯穿效应解释 α 衰变,是正确的. 事实上严格的计算会给出与实验相符的定量结果,这是量子力学用于核内的首次成功的尝试.

表 38.2　几个 α 衰变核素的实验数据

核　素	α 粒子能量 E_α/MeV	半衰期 $T_{1/2}$
^{212}Po	8.78	0.30 μs
^{217}Rn	7.74	0.54 ms
^{216}Po	6.78	0.15 s
^{209}At	5.65	5.4 h
^{228}Th	5.42	1.9 a
^{226}Ra	4.78	1600 a
^{235}U	4.40	7×10^8 a
^{232}Th	4.01	1.4×10^{10} a

（4）附注

在原子核物理发展史上,涉及 α 粒子的几个重大事件:

1. 1903 年,卢瑟福证实 α 粒子是带正电荷的氦原子.
2. 1911 年,卢瑟福在 α 粒子散射实验基础上建立原子的核式模型.
3. 1911 年,卢瑟福利用 α 粒子实现第一个人工核反应.
4. 1928 年,伽莫夫对 α 衰变作出量子力学解释.
5. 1932 年,查德威克利用 α 粒子发现中子.

| 思考题 |

既然 α 粒子可以依势垒贯穿原理逸出原子核,那么质子为什么不可以呢? 试仿照 α 衰变条件写出原子核自发放出质子的条件,并选择一些核素看看是否能满足这样的条件.

（5）补注一：质子放射性和质子衰变

“质子衰变”一词可以有两个意思:其一,如同 α 衰变、β 衰变,指原子核在衰变过程中释放出 α 粒子、β 粒子,质子衰变,即指放射出质子. 其二,指质子本身可能不稳定,要衰变. 为了区分,现已把前一种现象称为质子放射性,后一种称为质子衰变.

质子放射性. 在 1982 年之前,实验上只找到一个从原子核同质异能态发出质子放射性的事例:^{53m}Co,释放出能量为 1.59 MeV 的质子,半衰期 $T_{1/2} = 17$ s. 另有几十例,是在 β 衰变后释放质子的,称之为 β 缓发质子(§39). 但从基态直

接释放质子的事例,直到 1982 年才被发现:

第一例是用聚变反应 $^{58}Ni + ^{96}Ru$ 产生新的核素 $^{151}_{71}Lu_{80}$(注意,在自然界大量存在的稳定核素是 $^{175}Lu_{104}$;新核素缺了 24 只中子!)它释放 1.23 MeV 质子,半衰期为约 85 ms. 第二例是用聚变反应 $^{58}Ni + ^{92}Mo$ 形成 $^{147}Tm_{78}$(自然界存在的只是 ^{169}Tm;新核素缺了 22 只中子!)它释放 1.05 MeV 质子,半衰期约为 0.42 s.

这两事例表明,我们已超越了原子核稳定区的三条边界中的又一条边界——质子泄漏线 *(另两个条边界是,中子泄漏线,裂变位垒).

质子衰变. 1983 年一个比较令人信服的实验结果表明:质子寿命至少长于 6.5×10^{31} a. 他们利用 8 000 t 水、2 000 只光电倍加管作为探测器,连续观察 130 d,未发现一个质子衰变的事例(参见附录 Ⅱ §4 及该处引文〔21〕).

(6) 补注二:^{14}C 放射性[17]

除 α 放射性外,原子核是否有可能自发地放射出重粒子? 对此,人们早有议论. 特别是,不少人相信,^{12}C 有可能从一些不稳定的原子核中释放出来.

不过,第一个认真的工作只是在 1980 年才发表:那年有人从理论上预告,镭和钍的一些核素有可能自发地发射 ^{14}C、^{24}Ne、^{26}Mg、^{28}Si、Ar 和 Ca 等重离子.

第一个实验报道来自 1984 年初,英国牛津大学的一个小组用强度 3.3 μCi 的 ^{223}Ra 在 189 d 内记录到 11 个发射 ^{14}C 的事件. ^{223}Ra 发射 ^{14}C 和发射 α 粒子之比为 $(8.5 \pm 2.5) \times 10^{-10}$. 几个月之后,法国与美国的一些研究小组证实了他们的结果,并在 ^{222}Ra 和 ^{224}Ra 的衰变中也观察到 ^{14}C 放射性的事例. 后来又发现 ^{232}U 发射 ^{24}Ne 的事例[18]. 在 1987 年,在实验上又观测到 ^{234}U 自发发射出 $^{24,28}Mg$ 和 ^{241}Am 自发发射出 ^{28}Si 的奇异放射性[19].

§39 β 衰 变

β 衰变是核电荷改变而核子数不变的核衰变. 它主要包括 $β^-$ 衰变,$β^+$ 衰变和轨道电子俘获(EC).

(1) β 衰变面临的难题

在贝可勒尔发现放射性后的第四年,他证明了放出的射线中的一种,$β^-$ 射线,就是电子. 经过十几年仔细的测量,人们确认,$β^-$ 射线的能谱是连续的,即发

---

* Proton drip line;在此线外,原子核含有的质子太多了,它们就从核内漏出.

〔17〕 杨福家. 自然杂志,7(1984)883;潘正瑛,袁竹书,杨福家. Chinese Phys. Lett. 3(1986)145.

〔18〕 S. W. Barwick et al. Phys. Rev. C31(1985)1984.

〔19〕 P. B. Price et al. Nature,325(1987)137.

出的电子的能量具有从零到某一最大值 $E_{\beta m}$ 之间的任意数值. 图 39.1 就是 ^{210}Bi 的 β^- 能谱, 它与 α 粒子的分立能谱 (图 38.1) 形成了明显的对照.

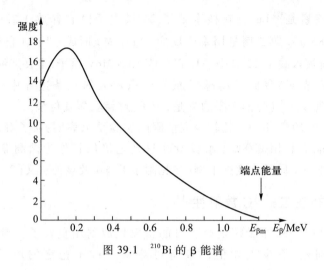

图 39.1 ^{210}Bi 的 β 能谱

这样, β^- 射线虽与 α 射线同时被发现 (卢瑟福, 1899 年), 但 β^- 射线却显示了两个与 α 射线决然不同的特性, 也是当时科学界面临的两个难题:

1. 原子核是个量子体系, 它具有的能量必然是分立的. 而核衰变则是不同的原子核能态之间的跃迁, 由此释放的能量也必然是分立的. α 衰变证实了这一点, 那么 β^- 射线的能谱为什么是连续的呢?

2. 不确定关系不允许核内有电子, 那么 β^- 衰变放出的电子是从哪里来的呢?

(2) 中微子假说

第一个难题由泡利所解决, 他在 1930 年指出: "只有假定在 β 衰变过程中, 伴随每一个电子有一个轻的中性粒子 (称之为**中微子**) 一起被发射出来, 使中微子和电子的能量之和为常数, 才能解释连续 β 谱." 换言之, 衰变能 Q_β 应在电子 e、中微子 ν 和子核三者之间进行分配

$$Q_\beta = E_e + E_\nu + E_r$$

这样, 任意的分配均不违反动量守恒律 *. 由于电子的质量远远小于核的质量, 子核的反冲能 $E_r \approx 0$, 因而衰变能 Q_β 主要在电子和中微子之间分配. 当中微子的能量 $E_\nu \approx 0$ 时, $E_e \approx E_{\beta m} = Q_\beta$, 即电子能量取极大值 (图 39.1 中的端点能量); 当 $E_\nu \approx Q_\beta$ 时, $E_e \approx 0$. 因此, 电子可取从 0 到 $E_{\beta m}$ 之间的任何能量值.

按现在的理解, 在 β^- 衰变过程中放出的是电子和反中微子, 例如,

$$n \longrightarrow p + e^- + \bar{\nu}_e \tag{39-1}$$

---

* 当衰变产物只有两个时, 它们的能量都由动量守恒律完全确定; 当衰变产物有三个时, 它们的能量可以任意分配, 因此是连续分布的. 从释放粒子的能谱是否连续, 可判断产物是两个还是多个, 这是近代核物理和粒子物理常用的实验方法之一.

$$^3\text{H} \longrightarrow {}^3\text{He} + e^- + \bar{\nu}_e \qquad (39-2)$$

在 β^+ 衰变中释放的是正电子和中微子,例如,

$$^{13}\text{N} \longrightarrow {}^{13}\text{C} + e^+ + \nu_e \qquad (39-3)$$

在电子俘获过程中释放的是中微子,例如,

$$^7\text{Be} + e^-_K \longrightarrow {}^7\text{Li} + \nu_e \qquad (39-4)$$

这里的 K 表示 K 轨道;中微子或反中微子的右下角注以 e,表示它们是伴随电子而产生的.

为了使 β 衰变前后电荷守恒、角动量守恒,中微子的电荷必须为零,自旋一定是 $(1/2)\hbar$(顺便指出,假如不存在中微子,上面这些衰变过程的角动量均不能守恒). 再根据实验测量结果:$E_{\beta m} \approx Q_\beta$,人们一直认为中微子的质量 m_ν,也为零*.

泡利在 1930 年提出中微子假说,不能不算是一个大胆的行动. 当时"基本"粒子只有两个,电子和质子,中微子成了第三个可能的成员. 不过,由于中微子既不带电,又近乎无质量,在实验中就极难测量,直到 26 年之后,即 1956 年,才首次在实验中找到. 中微子存在的间接证据,早就有了. 一个可靠的间接证明中微子的实验,是根据我国物理学家王淦昌教授提出的想法**,由戴维斯 (R. Davis)在 1952 年实现的. 他利用电子俘获过程,即式(39-4),那是两体过程,子核和中微子的能量都是单一的;^7Be 的衰变能等于 0.86 MeV,如果有中微子存在,那么子核的反冲能为 56 eV(请读者估算,并体会在实验中为何选择轻核),实验确实测到了这一结果.

在泡利提出中微子假设后,不少人持怀疑态度,但是,意大利物理学家费米不仅接受了这一假设,而且还用它解决了 β 衰变的第二个难题.

费米认为,正像光子是在原子或原子核从一个激发态跃迁到另一个激发态时产生的那样,电子和中微子是在衰变中产生的. 费米指出,β^- 衰变的本质是核内一个中子变为质子,β^+ 和 EC 的本质是一个质子变为中子. 而中子与质子可视为核子的两个不同状态,因此,中子与质子之间的转变相当于一个量子态到另一个量子态的跃迁,在跃迁过程中放出电子与中微子,它们事先并不存在于核内. 正好像光子是原子不同状态之间跃迁的产物,事先并不存在于原子内. 导致产生光子的是电磁相互作用,而导致产生电子和中微子的是一种新的相互作用,弱相互作用.

1934 年费米提出了弱相互作用的 β 衰变理论,它经受了几十年的考验,可算是物理学中最出色的理论之一.

(3) β^- 衰变

β^- 衰变可以一般地表示为

---

* 近年来已有实验表明 $m_\nu \neq 0$,即使 $m_\nu \neq 0$,它的数值也是很微小的(精确实验表明,它不超过 10 eV). 不过,中微子的质量即使只有几个电子伏,也会对核物理和粒子物理产生重要影响.
参阅:〔20〕梅镇岳. 物理,12(1983)348.

** 参阅:〔21〕K. C. Wang(王淦昌). Phys. Rev. 61(1942)97;以及李炳安,杨振宁. 物理 15(1986)758.

$$_Z^A X \longrightarrow {}_{Z+1}^A Y + e^- + \bar{\nu}_e \tag{39-5}$$

仿照 α 衰变,我们可以把 β⁻ 衰变能 E_0 写成:

$$Q_\beta = [m_X - (m_Y + m_e)]c^2 = [M_X - M_Y]c^2 \tag{39-6}$$

即为母核原子与子核原子的静能之差. 于是,产生 β⁻ 衰变的条件为

$$M_X(Z,A) > M_Y(Z+1,A) \tag{39-7}$$

即,在电荷数分别为 Z 和 $Z+1$ 的两个同量异位素中,**只有当前者的原子量大于后者的原子量时,才能发生 β⁻ 衰变**. 例如氚的 β⁻ 衰变:

$$^3H \longrightarrow {}^3He + e^- + \bar{\nu}_e \tag{39-8}$$

由于氚和 ³He 的原子量分别为 3.016 049 7 u 和 3.016 029 7 u,因此条件式 (39-7) 满足,式 (39-8) 的衰变是可能的. 事实确是如此,³H 的衰变纲图如图39.2 所示.

在图 39.2 中,我们按照惯例把 Z 小的核素画在左边. Z 大的画在右边. β⁻ 衰变即以从左上方往右下方画的箭头表示,0.018 6 表示 β 粒子(e⁻)的最大动能等于 0.018 6 MeV,它就是衰变能. ³H 经 β⁻ 衰变全部衰变到 ³He 的基态,故在图上注上 100%;12.33 a 表示 ³H 的半衰期为12.33 a.

氚是热核武器的重要原料,在中子弹中更是关键燃料,因此它是重要的战略物资. 但由于它的半衰期不算长,每隔约 12 a 就少了一半,且衰变产物是气体,常给实际工作带来麻烦.

(4) β⁺ 衰变

β⁺ 衰变一般可以表示为

$$_Z^A X \longrightarrow {}_{Z-1}^A Y + e^+ + \nu_e \tag{39-9}$$

其衰变能:

$$Q_\beta = [m_X - (m_Y + m_e)]c^2$$
$$= [M_X - M_Y - 2m_e]c^2 \tag{39-10}$$

可见,**β⁺ 衰变能等于母核原子与子核原子的静能之差,再减去两个电子的静能**. 同样,它近似地等于放出的正电子的最大动能. 产生 β⁺ 衰变的条件为

$$M_X(Z,A) > M_Y(Z-1,A) + 2m_e \tag{39-11}$$

可见,在两个同量异位素中,只有当电荷数为 Z 的核素的原子静质量比电荷数为 $Z-1$ 的原子静质量大出 $2m_ec^2$(1.02 MeV)时,才能发生 β⁺ 衰变.例如,

$$^{13}N \longrightarrow {}^{13}C + e^+ + \nu_e \tag{39-12}$$

¹³N 是 ¹²C 吸收一个质子后形成的反应产物,从 ¹³N 的放射性测量我们可以推算 ¹²C 的数量(书末附录 I). 它的衰变纲图见图 39.3.

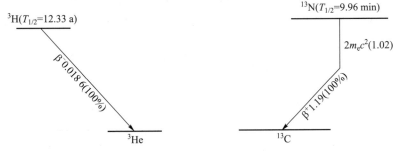

图 39.2 ^{3}H 的衰变纲图（能量单位：MeV）　图 39.3 ^{13}N 的衰变纲图（能量单位：MeV）

（5）轨道电子俘获（EC）

母核还往往俘获核外轨道上的一个电子，使母核中的一个质子转为中子，过渡到子核的同时放出一个中微子，这就是轨道电子俘获（EC）过程. 由于 K 层电子最"靠近"原子核，所以 K 电子俘获最易发生.

电子俘获一般可表示为

$$_Z^A X + e_i^- \longrightarrow \,_{Z-1}^A Y + \nu_e \tag{39-13}$$

于是，从 i 层俘获电子的衰变能为

$$Q_{\beta i} = \left[m_X + m_e - m_Y \right] c^2 - W_i \tag{39-14}$$

式中 W_i 为 i 层电子在原子中的结合能. 若忽略电子在原子中结合能的差异，则在换成原子质量后，

$$Q_{\beta i} = \left[M_X - M_Y \right] c^2 - W_i \tag{39-15}$$

即发生第 i 层电子俘获的衰变能等于母核原子的静能减去子核原子的静能再减去第 i 层电子的结合能. 发生轨道电子俘获的条件是：

$$M_X(Z,A) - M_Y(Z-1,A) > W_i/c^2 \tag{39-16}$$

所以，在两个相邻的同量异位素中，**只有当母核的原子质量与子核的原子质量之差大于第 i 层电子结合能的相应质量时，才能发生第 i 层的轨道电子俘获.**

前已提到，由于 K 层电子最靠近原子核，故 K 俘获概率最大. 但当 $W_K/c^2 > (M_X - M_Y) > W_L/c^2$ 时，K 俘获不能发生，而 L 俘获则可以，那时 L 俘获的概率就最大. 例如 ^{205}Pb 的衰变就是如此.

由于 $2m_e c^2 \gg W_i$，因此，能发生 β^+ 衰变的原子核总可以发生电子俘获，反之，能发生电子俘获的原子核常常不一定能发生 β^+ 衰变. ^{55}Fe 就是一例，它的原子质量只比 ^{55}Mn 大 0.231 MeV，而小于 1.02 MeV，故不能发生 β^+ 衰变，但它可以发生 EC，半衰期为 2.7 a. 释放的能量（0.231 MeV）在子核 ^{55}Mn 与中微子之间分配，显然，绝大部分为中微子所得. 不过，不论中微子，还是反冲子核，都难以测量. 我们容易测到的信息是，由于轨道电子被俘，子核外将有一空穴，接下将会产生特征 X 射线或俄歇电子（见第六章）；这里，我们容易测到 ^{55}Mn 的 K_α-X 射线，能量为 5.898 75 keV.

^{64}Cu 是 β^-、β^+ 和 EC 都可能发生的核素，见图 39.4. 它有 40% 的可能发生

β^-衰变;0.6%的可能发生 K 电子俘获衰变到 ^{64}Ni 的激发态;40.4%的概率发生 K 电子俘获衰变到 ^{64}Ni 的基态;另有 19%的概率以 β^+衰变方式到 ^{64}Ni 的基态.

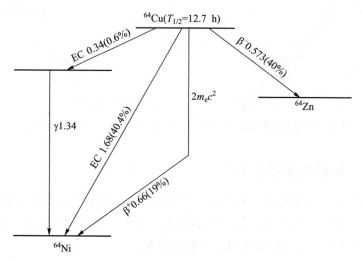

图 39.4 ^{64}Cu 的衰变纲图(能量单位:MeV)

(6) 与 β 衰变有关的其他衰变方式

1. 中微子吸收

理论上,中微子吸收过程

$$\bar{\nu} + p \longrightarrow n + e^+ \tag{39-17}$$

与 β 衰变的本质是相同的,它与 β^+ 和 EC 一样,都是把一个质子转为一个中子,都是弱相互作用的过程.严格说,它是一个反应过程,而不是衰变.

1956 年,科范(C. L. Cowan)和莱恩斯(F. Reines)正是利用这一过程首次直接证明中微子(严格说,是反中微子)的存在[22].他们的实验还直接说明,中微子与物质的相互作用是十分微小的:如果它们穿越地球,那么被俘获的概率只有一万亿分之一(10^{-12})!

2. 双 β^- 衰变

实验上已发现了几个双 β^- 衰变的事例,例如:

$$^{130}_{52}\text{Te} \longrightarrow ^{130}_{54}\text{Xe} + e^- + e^- + \bar{\nu}_e + \bar{\nu}_e$$

$$^{82}_{34}\text{Se} \longrightarrow ^{82}_{36}\text{Kr} + e^- + e^- + \bar{\nu}_e + \bar{\nu}_e$$

有趣的是,产生一个 e^- 必然伴随产生一个 $\bar{\nu}_e$.在实验室内较精确地测量到的双 β 衰变事例是在 1987 年公布的,在进行了 7 960 h 的实验后,以 68%置信度认出 ^{82}Se 发生的 36 个双 β 衰变事例,半衰期为(1.1 ± 0.8)$\times10^{20}$a.是否存在无中微子双 β 衰变仍是一个谜.(参见:Phys. Today,1987 年第 12 期).

----

[22] F. Reines & C. L. Cowan. Phys. Rev. ,113(1959)273.

3. β延迟中子发射

图 39.5 是一个著名的事例. ^{87}Br 是 ^{235}U 吸收中子后裂变的产物,它是 β$^-$ 放射性核素,半衰期为 55.6 s,它以 70% 的概率衰变到 ^{87}Kr 的激发态,然后立刻放出一个中子变成 ^{86}Kr. 中子发射的半衰期由母核决定,为 55.6 s. 这种在 β 衰变慢过程中发射的中子,称为缓发中子. 缓发中子的存在,对原子反应堆的建造起关键作用.

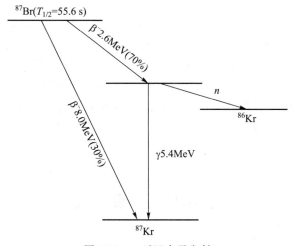

图 39.5 β延迟中子发射

另外,在 1979 年,实验还首次发现了 β 延迟 2n 发射. ^{11}Li 先以 β$^-$ 衰变为 ^{11}Be,半衰期为 8.5 ms,子核 ^{11}Be 处于 8.84 MeV 激发态,立刻释放两个中子变为 ^{9}Be.

4. β延迟质子发射及α粒子发射

例如,^{114}Cs 以 β$^+$ 衰变到 ^{114}Xe 的激发态,然后释放一个质子变为 ^{113}I;^{114}Xe 的激发态也有一定概率以释放一个 α 粒子而变为 ^{110}Te.

又如,^{35}Ca 也以 β$^+$ 衰变模式到达 ^{35}K 的激发态,然后放一质子变为 ^{34}Ar.

请读者注意,天然存在的钙的 96.94% 是 ^{40}Ca,而我们讨论的是 ^{35}Ca,少了五个中子;天然存在的铯都是 ^{133}Cs,而我们上面提到的是 ^{114}Cs,少了十九个中子;天然存在的锂是 ^{6}Li 和 ^{7}Li,而我们介绍过的 ^{11}Li 比它们多了四到五个中子. 这些都是所谓"远离 β 稳定线的核素"*,它是当今原子核物理学中一个十分活跃的研究领域;核素图上的半岛不断在扩大,新核素所显示的种种奇特的性质将是对现有核理论的严重挑战.

（7）结语

如果说 α 衰变比较集中于重核,那么 β 衰变几乎遍及整个周期系. 在以质子数 Z 为横坐标、中子数 N 为纵坐标的核素图上,在 β 稳定线上方的都是丰中

---

*　参阅:〔23〕杨福家. 物理,4(1975)38.

子核素,它们以 β^- 衰变向稳定线过渡;在下方的都是缺中子核素,它们以 β^+ 或 EC 衰变方式向稳定线衰变. 例见图 39.6. β 衰变核素在实际应用中占有很重要的地位.

β 衰变与弱相互作用的实验与理论,又一直是物理学中引起激动人心事件的源泉. 例如:

1956 年,李政道与杨振宁提出在弱相互作用中宇称不守恒,并在次年为吴健雄等在 β 衰变实验中首次证明.

1967 年,温伯格(S. Weinberg)与萨拉姆(A. Salam)提出弱相互作用与电磁相互作用统一的理论.

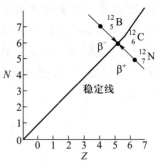

图 39.6　核素图上的 β^+ 和 β^- 衰变

1983 年的物理学的最大进展是发现了弱相互作用的媒介粒子[*]:$W^{\pm}$ 和 Z^0(强相互作用的媒介粒子是 $\pi^{\pm}$ 和 π^0).

§40 γ 衰 变

（1） 一般性质

当原子核发生 α、β 衰变时,往往衰变到子核的激发态. 处于激发态的原子核是不稳定的,它要向低激发态跃迁,同时往往放出 γ 光子,这现象称为 **γ 跃迁**,或 **γ 衰变**. 例如,^{60}Co 是医学上治疗肿瘤的最常用放射源,它的衰变纲图如图 40.1 所示.

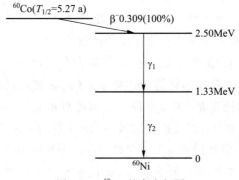

图 40.1　^{60}Co 的衰变纲图

由图可见,^{60}Co 以 β^- 衰变到 ^{60}Ni 的 2.50 MeV 激发态,半衰期为 5.27 a,β 粒

---

[*]　假如自然界不存在电磁相互作用,那么弱相互作用的媒介粒子应为 $W^{\pm}$ 和 W^0;相反,假如不存在弱相互作用,那么电磁相互作用的媒介粒子应为 B^0. 按照电磁-弱相互作用统一理论,两个中性媒介粒子要发生相互作用,实验观察到的将是两者的混合物,分别为 Z^0 和 γ. 它们所包含的 W^0 和 Z^0 的相对成分,取决于所谓"温伯格角".

子最大能量为 0.309 MeV.^{60}Ni 的激发态的寿命极短,它放出能量分别为 1.17 MeV 和 1.33 MeV 两种 γ 射线而跃迁到基态. 就是说,每当有一个^{60}Co 原子核发生 β$^-$衰变并放出一个 β$^-$粒子时,立刻有两个 γ 光子伴随而生. 1 Ci^{60}Co 源表示每秒钟发生 $3.7×10^{10}$ 次核衰变,但它要放出 $3.7×10^{10}$ 个 β 粒子和 $2×3.7×10^{10}$ 个 γ 光子,这里放出的射线数是核衰变数的三倍;一般说,核的衰变数并不等于放出的射线数,而居里单位是指衰变数,这点务请读者注意.

医学上常用^{60}Co 产生的 γ 射线照射肿瘤,但 γ 射线的强度是依照母核的半衰期而随时间减弱的,即每隔约五年就要减弱一半. 因此,在医院中使用时就必须定期更换钴源.

核内能级之间的跃迁,与原子内的能级之间的跃迁一样,都可放出光子,但光子的能量范围不同. 核内放出 γ 光子能量在 keV 到十几 MeV;原子内放出的光子能量在 eV 到 keV 之间.

(2) 内转换电子

在某些情况下,原子核从激发态向较低能级跃迁时不一定放出 γ 光子,而是把这部分能量直接交给核外电子,使电子离开原子,这现象称为**内转换**(IC),释放的电子称为**内转换电子**.

如果 γ 光子的能量是

$$E_\gamma = E_u - E_1 \tag{40-1}$$

式中 E_u 和 E_1 分别是上、下能级的能量(这里我们已忽略了原子核由于释放 γ 光子而引起的反冲),那么,内转换电子的能量就是

$$E_e = E_u - E_1 - W_i \tag{40-2}$$

式中 W_i 是 i 层电子的结合能. 显然,内转换电子的能谱是分立的,它与 β 衰变时的电子的连续谱截然不同.

原子核的能级之间发生跃迁时,究竟是放 γ 光子的概率大还是产生内转换电子的概率大. 完全由核能级特性所决定. 一般说来,重核低激发态发生跃迁时,发生内转换的概率比较大. 为了表示内转换和 γ 跃迁相对概率的大小,人们引进一个"内转换系数",它的定义是:内转换电子数与 γ 光子数之比,即

$$\alpha = \frac{N_e}{N_\gamma} \tag{40-3}$$

内转换系数有表可查. 曾有人把内转换过程理解为:处于激发态的原子核往低能级跃迁时,先放出光子,这个光子再把核外电子打出去,好比是光电效应. 但是这种看法是错误的. 我们可以算出,先产生 γ 光子再发生光电效应的概率是很小的,而内转换概率可以非常之大. 不过,反对这种看法的最有力的证据是,理论与实验都证明,当两能级的自旋和宇称都是 0$^+$时,它们之间的跃迁绝不可能发生 γ 光子(光子的自旋是 $\hbar$!),但却可以放出内转换电子. 事实上,发现 0$^+$

激发态的实验方法之一就是观察内转换电子[*].

（3） 同质异能跃迁

在绝大多数情况下,原子核处于激发态的寿命都相当短暂,典型值为 10^{-14} s,也有更短的. 但是,有一些激发态处于亚稳态,寿命较长. 处于这种寿命较长的激发态的核素,称为"同质异能素";至于"寿命长"到多少,则无精确定义,一般要求长于 0.1 s. 同质异能素,在核素符号左上角质量数旁加字母 m 表示,它与处于基态的核素具有相同的质量数和电荷数. 同质异能素发生的 γ 跃迁(或内转换),称为"同质异能跃迁",用 IT 表示. 同质异能素也可直接发生 β 或 α 衰变.

例如,[113m]In 就是[113]In 的同质异能素,它的半衰期为 104 min,它往[113]In 基态跃迁(同质异能跃迁)时,65%的概率是放 γ 光子,35%是内转换,见图 40.2. 由图可见,[113m]In 的来源是[113]Sn,它以 EC 方式 98.2%的概率直接衰变到[113m]In,或以 1.8%概率衰变到较高的激发态,再放出0.253 MeV 的 γ 光子后到达[113m]In.

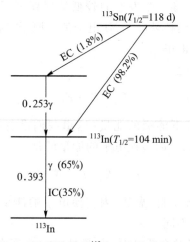

图 40.2　同质异能素[113m]In(能量单位:MeV)

（4） 穆斯堡尔效应

穆斯堡尔效应又称无反冲 γ 共振吸收,是德国物理学家穆斯堡尔(R. L. Mössbauer)于 1958 年首先发现的.

我们在写公式(40-1)时曾说明,它忽略了原子核的反冲能 E_R,否则,应该为

$$E_0 = E_u - E_l = E_\gamma + E_R = h\nu + E_R \qquad (40-4)$$

现在,让我们估计一下 E_R 的大小.

设原子核原来处于静止状态. 按动量守恒,释放 γ 光子后的原子核的动量

---

[*]　例如,[144]Sm 和[142]Nd 的 0^+激发态就是依此发现的. 参阅:〔24〕P. R. Christensen & F. C. Yang(杨福家). Nucl. Phys. ,72(1965)657.

$p(mv)$ 应该等于放出 γ 光子的动量,

$$p = mv = \frac{h\nu}{c}$$

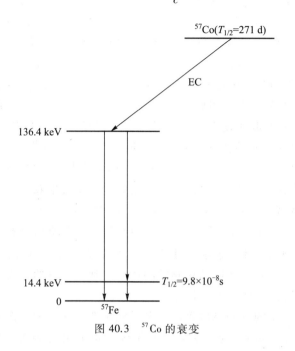

$^{57}\text{Co}(T_{1/2}=271\ \text{d})$

EC

136.4 keV

14.4 keV $T_{1/2}=9.8\times10^{-8}\text{s}$

0

^{57}Fe

图 40.3 ^{57}Co 的衰变

因此,

$$E_\text{R} = \frac{1}{2}mv^2 = \frac{p^2}{2m} = \frac{(h\nu)^2}{2mc^2} \tag{40-5}$$

例如,^{57}Fe 的第一激发态跃迁到基态时释放 14.4 keV 的 γ 光子(图 40.3),那时,

$$E_\text{R} = \frac{(14.4)^2(\text{keV})^2}{2\times57\ \text{u}\times931\ \text{MeV/u}} = 2\times10^{-3}\ \text{eV} \tag{40-6}$$

它比起 E_γ(14.4 keV)确实是个小量,在一般情况下式(40-1)是完全可以用的.

不过,E_R 比起激发态的能级宽度来却是个大量. 依照不确定关系,任何有寿命的激发态必定存在一定的能级宽度 Γ. 例如 $^{57}\text{Fe}^*$(14.4 keV)能级半衰期为 9.8×10^{-8} s,它的能级宽度就是

$$\Gamma = \frac{\hbar}{\tau} = \frac{\hbar c}{\tau c} = 4.7\times10^{-9}\ \text{eV} \tag{40-7}$$

可见,它远远小于 E_R. 那时 E_R 会起什么影响呢?

先看原子的情况. 我们知道,钠的 D 线是处于激发态的钠原子回到基态时发生的,如果用钠 D 线去激发处于基态的钠原子,那就会引起共振吸收. 由于那时的能级宽度 $\Gamma\sim10^{-8}$ eV,而反冲能 $E_\text{R}\sim10^{-11}$ eV,完全可以忽略,因此在实验上非常容易观察到共振吸收. 但原子核的情况就不同了.

放出 γ 射线的原子核有个反冲,放出的 γ 射线的能量就要减少一部分:

$$E_{\gamma e} = E_0 - E_\text{R}$$

吸收的核也有一个反冲,因此,要发生共振吸收就必须提供能量

$$E_{\gamma a} = E_0 + E_R$$

式中 E_0 由式(40-4)确定. 因此,实际的发射线与要求的吸收线就相差 $2E_R$,见图 40.4.

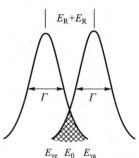

显然,只有当发射谱与吸收谱相互重叠(图中阴影区)时,才能发生 γ 共振吸收. 要发生显著的共振吸收,就必须:$E_R < \Gamma$. 当 $E_R \gg \Gamma$ 时 [例如 ^{57}Fe,式(40-6)和式(40-7)],发射谱与吸收谱之间不可能有重叠,因而不会发生共振吸收.

图 40.4　发射谱与吸收谱

穆斯堡尔在 1958 年发现,当放射性核素处于固体晶格中时,遭受反冲的就不是单个原子核,而可能是整块晶体. 这时 E_R 表达式中的 m 将是晶体的质量[见式(40-5)],于是 E_R 趋向于零. 整个过程可视为无反冲过程,这就是穆斯堡尔效应.

在无反冲发射 γ 的情况下,例如对于 ^{57}Fe* 的 14.4 keV γ 射线,我们可以测量到的 $\Gamma/E_0 \approx 3 \times 10^{-13}$,任何与此量级相应的微小扰动均可被察觉("测量到 10^{-13}"意味着:例如,测量地球到月球之间的距离,可以精确到 0.01 mm!). 因此,穆斯堡尔效应立刻在各种精密频差测量中得到了广泛的应用. 利用穆斯堡尔效应测定重力红移就是一个著名的事例.

一个半径为 R 的发光星球放出的光子能量假定为 $h\nu$,那么,在远处接收到的光子能量不会是 $h\nu$:因为光子要克服星球的重力引力势而损失一部分能量. 重力引力势

$$V = -G\frac{m'm}{R}$$

式中 m' 是发光星球的质量,G 是引力常量. m 是光子的质量:

$$m = \frac{h\nu}{c^2}$$

因此,在远离发光星球处接受到的光子能量为

$$E = h\nu - Gm'\left(\frac{h\nu}{c^2}\right)\frac{1}{R} = h\nu\left(1 - \frac{Gm'}{Rc^2}\right)$$

即,频率要变小,波长要增大,向红色方向移动,故称之为重力红移. 红移量一般小于 10^{-10},以前虽能计算,但无法测量. 利用穆斯堡尔效应就首次对它作了精密测量.

同样,光子离开地球距离不同时,重力引力势不同,频率也不同. 例如,相差 20 m 距离将使频率变化 2×10^{-15};庞德(R. V. Pound)和里布卡(G. A. Rebka)在 1960 年利用穆斯堡尔效应测到了这一微小的变化[25].

至今,已发现的穆斯堡尔元素近 50 个,穆斯堡尔核素超过 90 个,穆斯堡尔跃迁多达 110 余个. 最为常用的核素为(占 80% 以上):^{57}Fe,^{119}Sn 和 ^{151}Eu. 能量分辨率特别高的穆斯堡尔跃迁为:^{67}Zn 的 93.3 keV($\Gamma/E_0 \approx 5.3 \times 10^{-16}$),^{181}Ta 的

〔25〕　R. V. Pound&G. A. Rebka. Phys. Rev. Letters,4(1960)274.

6.23 keV（1.1×10^{-14}）以及 ^{73}Ge 的 13.3 keV 跃迁（8.6×10^{-14}）. 希望对穆斯堡尔效应作进一步学习的读者,可参阅文献〔26〕.

（5） 几种衰变特性的比较

	α	β	γ
本性	氦核^{4}He	电子	电磁辐射
$T_{1/2}$ 最短 最长	$\sim10^{-7}$ s $\sim10^{16}$ a	$\sim10^{-2}$ s $\sim10^{6}$ a	$\sim10^{-17}$ s ~60 d
衰变能 最小 最大	~4 MeV ~9 MeV	$\sim$ 十几 keV $\sim$ 十几 MeV	$\sim$ 十几 keV $\sim$ 十几 MeV
机制	势垒贯穿	弱相互作用	电磁相互作用
产物能量分布	单能	β^-和β^+:连续谱 EC:单能	单 能
衰变能	$M_X-(M_Y+M_{He})$	β^-:M_X-M_Y β^+:$M_X-(M_Y+2m_e)$ EC:$M_X-(M_Y+W_i/c^2)$	E_u-E_1

*§41 核 反 应

上几节描述了核衰变,即不稳定核素在没有外界影响下自发地改变核的性质. 本节讨论核反应,即在具有一定能量的粒子轰击下核素性质的改变.

作为轰击粒子的能量,可以低到 1 eV 不到,也可以高到几百 GeV. 在 100 MeV 以下的,称低能核反应;100 MeV 到 1 GeV 的,称中能核反应;1 GeV 以上的,称为高能核反应. 一般的原子核物理只涉及低能核反应.

作为轰击粒子的种类,则是多种多样,可以轻到质子,重到铀离子. 比氦核（α 粒子）重的粒子引起的核反应,统称重离子反应.

核反应实际上研究两个问题:一是反应运动学,它研究在能量、动量等守恒的前提下,核反应服从的一般规律. 它不涉及粒子间相互作用的机制,只回答反应能否发生及反应产物的运动学特征. 二是反应动力学,它研究参加反应的各粒子间的相互作用机制,即研究核反应发生的概率. 核反应动力学的内容,直接反映了核内运动形态,是原子核理论的重要课题.

我们先介绍在原子核物理发展史上起过重要作用的几个核反应,以对核反应的概念有个感性认识;然后介绍核反应运动学的一个中心内容,Q 方程,并举例说明它的应用;接着再引入决定核反应概率的一个重要概念:反应截面;最后我们将简略地讨论复合核反应机制,它是核反应中比较有名的一种机制.

---

〔26〕 夏元复,陈懿. 穆斯堡尔谱学基础和应用. 科学出版社,1987.

在下一节我们将介绍两种重要的核反应,裂变和聚变.

（1） 几个著名的核反应

1. 历史上第一个人工核反应.

1919 年,卢瑟福利用 ^{212}Po 放出的 7.68 MeV 的 α 粒子作为枪弹,去射击氮气,结果发现,有五万分之一的概率发生了如下的反应:

$$\alpha + {}^{14}N \longrightarrow p + {}^{17}O \qquad (41-1)$$

即,α 粒子与 ^{14}N 反应,产生了 ^{17}O 和质子. 这个反应可以简写为: $^{14}N(\alpha,p)^{17}O$.

这是人类历史上第一次人工实现"点金术":使一个元素变成了另一个元素.

卢瑟福用的实验装置的示意图,见图 41.1. α 源(^{212}Po) 离荧光屏 28 cm,且中间还有一张银箔,按估算,α 粒子到不了荧光屏. 确实,当盒内充以二氧化碳气体时,在显微镜内看不到荧光屏上有任何闪光. 但当氮气充入时,却观察到了闪光. 经分析,卢瑟福确认产生的粒子是质子. 后来,利用云雾室确实观察到,并记录了射程短的 α 粒子径迹,射程更短的 ^{17}O 的径迹,以及射程很长的质子径迹.

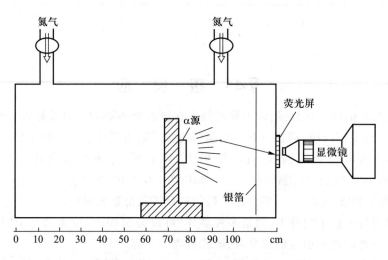

图 41.1　第一个人工核反应实验简图

2. 第一个在加速器上实现的核反应

1932 年,英国考克拉夫(J. D. Cockcroft)和瓦耳顿(E. T. S. Walton)发明高压倍加器*,并把质子加速到 500 keV,实现如下核反应:

$$p + {}^{7}Li \longrightarrow \alpha + \alpha \qquad (41-2)$$
$$^{7}Li(p,\alpha)^{4}He$$

释放的 α 粒子每一个具有 8.9 MeV 动能;因此,输入能量为 0.5 MeV,输出的能

---

* 高压倍加器,又称"考克拉夫-瓦耳顿". 比他们早一年,即 1931 年,美国范德格拉夫(R. J. Van de Graaff)发明了静电加速器,这是历史上第一台加速器. 静电加速器又俗称"范德格拉夫".

量为 17.8 MeV. 这是释放核能的一个例子.

3. 产生第一个人工放射性核素的反应

1934 年,法国约里奥·居里夫妇用下列反应产生了第一个人工放射性核素:

$$\alpha + {}^{27}\text{Al} \longrightarrow n + {}^{30}\text{P}$$

$${}^{27}\text{Al}(\alpha,n){}^{30}\text{P} \tag{41-3}$$

产物 ${}^{30}\text{P}$ 是 β^+ 放射性核素,半衰期为 2.5 min.

$${}^{30}\text{P} \longrightarrow {}^{30}\text{Si} + e^+ + \nu \tag{41-4}$$

4. 导致发现中子的核反应

导致发现中子的核反应是

$$\alpha + {}^{9}\text{Be} \longrightarrow n + {}^{12}\text{C} \tag{41-5}$$

这个反应早在 1930 年就由博思(W. Bothe)和贝克尔(H. Becker)实现过,但他们把产物中子理解为 γ 光子. 后来约里奥·居里夫妇又进行这一实验,并让反应产物打在石蜡上,发现能量约为 6 MeV 的质子从石蜡中被击出. 他们把此解释为 γ 光子引起的"康普顿效应". 但容易估算(请读者利用第六章中的公式作估算),要产生 6 MeV 质子,至少需要 60 MeV 的 γ 光子,而这样高能量的 γ 光子是无法从 α 粒子轰击 ${}^{9}\text{Be}$ 反应中产生的(为什么? 请读者估算).

在 1932 年,查德威克重复了这一实验,并用反应产物不仅轰击氢,而且还轰击氦和氮,再比较氢、氦和氮的反冲,依此他证明了反应式(41-5)的产物中有一种中性的、质量与质子差不多的粒子,他称之为中子.

在上面所举的一些核反应事例中,都体现了核反应中的一些守恒律(请读者检验):电荷守恒、核子数守恒、角动量守恒. 当然,还应该有能量守恒与动量守恒,这就是下面要讲的 Q 方程:它是核反应前后能量(质能)和动量守恒的结果.

(2)Q 方程

核反应一般可以表示为

$$i + T \longrightarrow l + R \tag{41-6}$$

或者,
$$T(i,l)R$$

这里,为了便于记忆,我们分别用 i,T,l 和 R 代表入射粒子(incoming particle),靶核(Target),出射轻粒子(outgoing light-weight particle),剩余核(Residue nucleus). 它们相应的静质量和动能分别为 $m_i, m_T, m_l, m_R; K_i, K_T, K_l, K_R$.

不管其内部反应如何,根据能量守恒,我们总有:

$$m_i c^2 + K_i + m_T c^2 + K_T = m_l c^2 + K_l + m_R c^2 + K_R \tag{41-7}$$

定义反应能 Q 为

$$Q \equiv \left[(m_i + m_T) - (m_l + m_R) \right] c^2$$
$$= (K_l + K_R) - (K_i + K_T) \tag{41-8}$$

即,反应能 Q 定义为反应前粒子总质量与反应后粒子总质量之差(以能量为单位),或反应后粒子的总动能与反应前粒子的总动能之差值. 利用式(33-1),我们还可用核的结合能表示 Q 值：

$$Q = (E_B(1) + E_B(R)) - (E_B(i) + E_B(T)) \tag{41-8'}$$

实验室中靶核一般处于静止状态，即 $K_T = 0$，因而，

$$Q = K_1 + K_R - K_i \tag{41-9}$$

如果 $Q>0$，称**放能反应**；$Q<0$，则称**吸能反应**.

例如，对于反应式（41-2），即 $^7\text{Li}(p,\alpha)^4\text{He}$，由于 $m_i = 1.007\ 825\ \text{u}$，$m_T = 7.016\ 004\ \text{u}$，$m_1 = m_R = 4.002\ 603\ \text{u}$，故从式（41-8）可以算出 $Q/c^2 = 0.018\ 623\ \text{u}$，或者，$Q = 17.35\ \text{MeV}$，是放能反应[*].

应该指出，在上述计算中都以原子质量代替了核质量，带来的误差可以忽略.

现在我们再利用动量守恒写出 Q 的另一种表示式.

依照动量守恒律，入射粒子的动量应为出射粒子动量和剩余核动量的矢量和，如图 41.2 所示，即

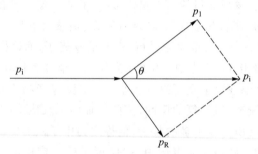

图 41.2　反应中的动量守恒

$$\boldsymbol{p}_i = \boldsymbol{p}_1 + \boldsymbol{p}_R$$

或者

$$p_R^2 = p_i^2 + p_1^2 - 2p_i p_1 \cos\theta$$

利用经典关系式 $p^2 = 2mK$，可改写为

$$m_R K_R = m_i K_i + m_1 K_1 - 2\sqrt{m_i m_1 K_i K_1}\cos\theta$$

它与式（41-9）合并，消去 K_R，整理后得到

$$Q = \left(1 + \frac{m_1}{m_R}\right)K_1 - \left(1 - \frac{m_i}{m_R}\right)K_i - \frac{2\sqrt{m_i m_1 K_i K_1}}{m_R}\cos\theta \tag{41-10}$$

这就是**核反应的 Q 方程**. 对已知的核反应，若反应前后的质量都知道，那从式（41-8）就可以求得反应能；假如有一个核的质量不知道，那么，测定了入射粒子、出射轻粒子的动能 K_i 及 K_1，以及出射粒子与入射粒子方向之间的夹角 θ 后，可从式（41-10）求出 Q 值，然后再依式（41-8）求出未知核的质量. 事实上，许多原子核的质量都是靠反应 Q 值确定的[**].

Q 方程的另一个十分有用的表达形式是

---

[*]　请读者计算反应式（41-1）、（41-3）和（41-5）的 Q 值.

[**]　我国物理学家李整武曾做过大量工作，参见：[27]　C. W. Li et al. Phys. Rev. 83(1951)512.

$$K_1(\theta) = (u \pm \sqrt{u^2 + w})^2 \qquad (41-11)$$

式中

$$
\left.
\begin{aligned}
u &\equiv \frac{\sqrt{m_i m_1 K_i}}{m_1 + m_R} \cos\theta \\[2mm]
w &\equiv \frac{m_R Q + K_i(m_R - m_i)}{m_1 + m_R}
\end{aligned}
\right\} \qquad (41-12)
$$

由上式可见,出射粒子动能是出射角 θ 的函数,不同角度处有不同的动能. 对一定的核反应,只要已知入射粒子的动能 K_i,就可算得 $K_1(\theta)$. 必须指出,这一表达式不仅对轻出射粒子成立,而且对剩余核也成立,只要互换 l 和 R 即可.

为了使式(41-11)内的根号有意义,必须有

$$u^2 + w \geqslant 0$$

对于放能反应,$w > 0$,必定有 $u^2 + w > 0$;对于吸能反应,如果 $w < 0$,那么,入射能量 K_i 至少要大于某一数值以使 $u^2 + w \geqslant 0$,这样才能保证反应的发生. K_i 的最小值由下式决定:

$$\frac{m_i m_1 K_i}{(m_1 + m_R)^2} \cos^2\theta + \frac{m_R Q + K_i(m_R - m_i)}{m_1 + m_R} = 0$$

当 $\theta = 0$ 时,K_i 达到极小值,这就是吸能反应的阈能:

$$K_{阈} = -Q \frac{m_1 + m_R}{m_1 + m_R - m_i} \qquad (41-13)$$

利用式(41-8),即

$$m_i + m_T = m_1 + m_R + \frac{Q}{c^2}$$

再考虑到 $m_T \gg Q/c^2$,故阈能表达式(41-13)可以改写为*

$$K_{阈} = -Q \frac{m_T + m_i}{m_T} \qquad (41-14)$$

对于弹性散射(严格说,它不属于核反应范畴),$Q = 0$,$m_i = m_1 = m_1$,$m_T = m_R = m_2$,那时,

$$K_1(\theta) = \left\{ \frac{m_1}{m_1 + m_2} \cos\theta \pm \left[\left(\frac{m_1 \cos\theta}{m_1 + m_2} \right)^2 + \frac{m_2 - m_1}{m_2 + m_1} \right]^{1/2} \right\}^2 K_i$$

$$= \left[\frac{m_1 \cos\theta \pm \sqrt{m_2^2 - m_1^2 \sin^2\theta}}{m_1 + m_2} \right]^2 K_i \qquad (41-15)$$

一般说来,在上面诸式中,若分子和分母都出现质量 m,那么,用相应的核质量

---

* 请读者利用式(41-14)证明反应式(41-1)的阈能为 1.52 MeV.

数 A 代替 m 作计算,不会给计算结果带来千分之一以上的误差.

| 思考题 |

对于式(41-11),在什么情况下会出现 $K_1(\theta)$ 的双值,它相应的物理意义是什么? 参阅文献[28]第12章.

(3) Q 方程应用举例

1. 识别靶核

核反应的靶子往往是不纯的,氧、碳更是靶上常有的元素. 例如,为研究氘核与钐的反应,我们有时就用氟化钐或氧化钐喷镀在碳膜上,以此作为靶子. 那么,我们怎么把来自钐的反应产物与来自氧、碳、氟⋯⋯的产物相区分呢?

为简单起见,我们只考虑弹性散射;事实上,在任何核反应中,弹性散射总是伴随存在的,我们往往还可以利用弹性散射粒子的能量作为标准能量值来校刻其他粒子的能量.

现在我们来考察,如何利用 Q 方程区别从 $^{12}\mathrm{C}$ 弹性散射的氘及从 $^{144}\mathrm{Sm}$ 弹性散射出来的氘. 利用式(41-15)计算出射氘核能量 K_1:

对于 $^{12}\mathrm{C}(\mathrm{d},\mathrm{d})$,$K_\mathrm{i}=2.5$ MeV:

θ	K_1 / K_i	$K_1 /$ MeV
30°	0.956 2	2.39
150°	0.533 5	1.33

可见,当散射角从 30° 改变到 150° 时,K_1 值相差了 1.06 MeV.

对于 $^{144}\mathrm{Sm}(\mathrm{d},\mathrm{d})$,$K_\mathrm{i}=2.5$ MeV

θ	K_1 / K_i	$K_1 /$ MeV
30°	0.996 6	2.49
150°	0.949 5	2.37

那时 K_1 只差 0.12 MeV,远小于碳的情况. 因此,只要改变散射角看 K_1 的变化,我们很容易区分出射粒子是在那个核上散射出来的.

2. 减少运动学变宽

在核反应实验中,出射粒子常是多种多样的,为了尽可能地把它们区分开,就要求出射粒子的能量宽度 ΔK_1 尽可能地小,以免相互重叠. 引起 ΔK_1 的原因很多,例如入射粒子能量的不确定性 ΔK_i,靶的厚度,⋯⋯. 其中有一个重要因素是"运动学变宽" $\Delta K_1/\Delta\theta$;我们可以把式(41-10)对 θ 求偏导而导出它的表达式:

$$\frac{\Delta K_1}{\Delta \theta} = \frac{2\sqrt{A_i A_1 K_i K_1}\sin\theta}{\sqrt{\dfrac{A_i A_1 K_i}{K_1}}\cos\theta - (A_1 + A_R)} \tag{41-16}$$

这里,我们已经用核的质量数代替了质量,这在实际计算中不会带来大的误差.从此式显然可见,要减少 ΔK_1,必须要使用较小的 $\Delta\theta$,但是这样做往往使出射粒子的计数减少,因此为了达到同样的统计误差就必须增长测量时间. 式(41-16)的重要性更在于:它告诉我们,在固定的 $\Delta\theta$ 情况下,ΔK_1 与 θ 有关,当 $\theta = \pi/2$ 时 ΔK_1 最大,在实验中要尽量避免使用;当 $\theta = 0$ 时能量分辨率最好.有时为了获得均匀的 ΔK_1 必须在不同散射角使用不同的接收张角 $\Delta\theta$.

Q 方程在实际工作中是很重要的,由于篇幅关系我们就只举上面两个例子.关于 Q 方程的详细讨论,读者可以参阅文献〔28〕.

（4） 反应截面

设靶子内每个原子核占有一个有效面积 σ,入射粒子打在 σ 内就一定发生反应(因此,σ 又称"命中面积"),那么,在厚度为 t、面积为 A 的薄箔靶内总的有效面积是 $N(At)\sigma$,这里的 N 代表单位体积内的原子核数,于是,入射粒子打到单位面积的靶子上发生核反应的概率为

$$\frac{N(At)\sigma}{A}$$

但另一方面,这个概率必然等于 n_r/n_i,这里的 n_i 和 n_r 分别为入射粒子和出射粒子(反应粒子)数. 于是,

$$\frac{N(At)\sigma}{A} = \frac{n_r}{n_i},$$

$$\sigma = \frac{n_r}{n_i N t} = \frac{出射粒子数(反应粒子数)}{入射粒子数 \times 单位面积的靶核数} \tag{41-17}$$

这就是核反应截面的定义. 它代表一个入射粒子与靶上一个靶核发生核反应的概率.

σ 具有面积的量纲,单位是靶(b):

$$1 \text{ 靶(b)} = 10^{-24} \text{ cm}^2$$

$$1 \text{ 毫靶(mb)} = 10^{-27} \text{ cm}^2$$

一个典型原子核的半径为 6 fm,它的经典截面就是 $\pi R^2 = 1.1 \times 10^{-24}$ cm^2 $= 1.1$ b. 因此,反应截面的单位与核的几何大小同数量级.

举例:$^{27}\text{Al}(n,\gamma)^{28}\text{Al}$

已知反应截面为 $\sigma = 2$ mb,假如靶厚 $t = 0.2$ mm,入射中子数为 10^{10} 个/(cm$^2 \cdot$ s),试求出射 γ 光子数.

由于单位体积的靶核数 N 为

---

〔28〕 R. D. Evans. The Atomic Nucleus. McGraw-Hill Book-Co.,Inc., New York(1955).

$$N = \frac{\rho}{A} N_0 = \frac{2.7}{27} \times 6.02 \times 10^{23} / cm^3 = 6.02 \times 10^{22} / cm^3$$

因此,从式(41-17)可知

$$n_r = \sigma N t n_i = 2 \times 10^{-27} \times 6.02 \times 10^{22} \times 2 \times 10^{-2} \times 10^{10} / (cm^2 \cdot s)$$
$$= 2.4 \times 10^4 / (cm^2 \cdot s)$$

由此可见,每一百万个中子进去,只有 2.4 个 γ 光子释出,反应概率是十分小的. 真是十分"蹩脚"的射手! 固然有些核反应可以释放大量能量[例如,反应式 (41-2) 的 Q 值为 17.35 MeV],但终因反应概率太小而得不偿失. 无怪卢瑟福 一直认为:"任何相信能从原子中获取能量的人,是在说梦话."不过,他同时又 认为:利用原子能方法的发现,将开辟人类发展的新篇章.

(5) 复合核反应

核反应截面是十分重要的核数据. 从实验上测量反应截面一直是核物理工 作者一项经常性的、长期的工作. 另一方面,怎么从理论上计算截面数据则是对 原子核理论的一个严峻的挑战.

与核结构问题一样,我们至今无法从第一性原理出发,依靠求解薛定谔方 程来回答核反应概率的大小. 我们只能从实验事实出发推测反应机制,提出模 型,再回到实验中检验、修正. 这就是核反应模型理论. 几十年来已有了许多模 型,我们在这里只简略地介绍一下复合核反应模型.

复合核理论是尼·玻尔在 1936 年提出来的. 他认为入射粒子先与靶核形 成一个复合核,复合核存在的时间相当长,以致使入射粒子与靶核内的核子完 全"打成一片",不分你我. 在一定时间后,某个粒子或粒子团有机会获得足够的 能量而逃出复合核,这就是复合核衰变. 这样,复合核模型把核反应分成两步: 一是复合核形成,一是复合核衰变,两者相互独立,衰变方式与形成无关. 于是, 反应截面可以写成两项乘积:

$$\sigma = \sigma_{形成} \cdot \sigma_{衰变} \tag{41-18}$$

这一想法在很多核反应中得到了证实. 例如 $\alpha + {}^{60}Ni$ 可形成 ${}^{64}Zn^*$,但 $p + {}^{63}Cu$ 同 样可形成 ${}^{64}Zn^*$,如果选择质子和 α 粒子的能量 K_p 和 K_α 使得

$$K_p + E_{Bp} = K_\alpha + E_{B\alpha} \tag{41-19}$$

式中 E_{Bp} 和 $E_{B\alpha}$ 分别是 p 和 α 对靶核的结合能. 那么,两反应形成的复合核 ${}^{64}Zn^*$ 就处于完全相同的激发态,无法区分,它如何衰变就与它的形成方式无关. 譬 如,它可以衰变为

$$
{}^{64}Zn^*
\begin{cases}
\nearrow n + {}^{63}Zn \\
\rightarrow p + n + {}^{62}Cu \\
\searrow 2n + {}^{62}Zn
\end{cases}
\tag{41-20}
$$

由于式(41-18),且 $\sigma_{衰变}$ 与形成无关,我们就有下面的截面比例关系:

$$\frac{\sigma[{}^{63}Cu(p,n){}^{63}Zn]}{\sigma[{}^{60}Ni(\alpha,n){}^{63}Zn]} = \frac{\sigma_{形}(p+{}^{63}Cu)}{\sigma_{形}(\alpha+{}^{60}Ni)} = \frac{\sigma[{}^{63}Cu(p,pn){}^{62}Cu]}{\sigma[{}^{60}Ni(\alpha,pn){}^{62}Cu]}$$

$$=\frac{\sigma\left[{}^{63}\mathrm{Cu}(\mathrm{p},2\mathrm{n}){}^{62}\mathrm{Zn}\right]}{\sigma\left[{}^{60}\mathrm{Ni}(\alpha,2\mathrm{n}){}^{62}\mathrm{Zn}\right]} \qquad (41\text{-}21)$$

实验确实证明了这一关系式.

复合核模型特别成功之处在于:解释了当时难以理解的共振反应,即当入射粒子能量加上它与靶核的结合能正好相应于复合核内某一激发能级时,反应截面特别大.

不过,有些反应是无法用复合核模型来解释的,例如,剥裂反应:${}^{27}\mathrm{Al}(\mathrm{d},\mathrm{p})$ ${}^{28}\mathrm{Al}$,氘核擦过靶核,被剥去中子,剩下的质子往前飞去. 又如,拾取反应:${}^{13}\mathrm{C}$ $({}^{3}\mathrm{He},\alpha){}^{12}\mathrm{C}$,入射 ${}^{3}\mathrm{He}$ 擦过靶核时抓了一只中子,继续往前. 这两种反应的产物大多集中在前向(角分布前倾),这个特点复合核反应往往是没有的.

核反应现象是十分丰富多彩的,特别是近年来发展起来的重离子反应,更为这个领域增加了许多新的内容,大片未开垦的处女地有待我们去探索与开拓.

§42 裂变与聚变:原子能的利用

(1) 裂变的发现

在发现中子之后,费米等人就开始利用中子这个穿透性很强的粒子研究各种核反应,特别是研究生产超铀元素的可能性. 1939 年,哈恩和史特拉斯曼发现,当中子轰击铀核时,在产物中存在钡($Z=56$)那样的中重核. 接着,梅特纳和弗里什对此作出了正确的解释:铀在中子轰击后分裂成两块质量几乎相等的碎块. 这就是裂变现象的首次发现.虽然费米等人可能在 1934 年就已在实验中实现了铀的裂变,但是他们在当时未能识别出这一重要的现象.

1947 年,我国物理学家钱三强和何泽慧发现了裂变的三分裂和四分裂现象. 三分裂即裂变碎块有三块(其中一块往往是 α 粒子),不过,这种过程的概率很小,约为二分裂的千分之三.四分裂的概率更小,仅万分之三. 他们的发现,对核裂变理论研究提供了重要信息.

裂变产生的二碎块可以有许多种组合方式. 例如,中子进入 ${}^{235}\mathrm{U}$ 引起的裂变,可以分裂为 ${}^{144}\mathrm{Ba}$ 和 ${}^{89}\mathrm{Kr}$,也可以分裂为 ${}^{140}\mathrm{Xe}$ 和 ${}^{94}\mathrm{Sr}$,以及其他多种可能性. 我们以这两种可能性为例,写出它分裂的过程:

1. $\mathrm{n}+{}^{235}\mathrm{U}\longrightarrow{}^{236}\mathrm{U}^{*}\longrightarrow{}^{144}\mathrm{Ba}+{}^{89}\mathrm{Kr}+3\mathrm{n}$

$${}^{144}\mathrm{Ba}\xrightarrow{\beta^{-}}{}^{144}\mathrm{La}\xrightarrow{\beta^{-}}{}^{144}\mathrm{Ce}\xrightarrow{\beta^{-}}{}^{144}\mathrm{Pr}\xrightarrow{\beta^{-}}{}^{144}\mathrm{Nd}$$

$${}^{89}\mathrm{Kr}\xrightarrow{\beta^{-}}{}^{89}\mathrm{Rb}\xrightarrow{\beta^{-}}{}^{89}\mathrm{Sr}\xrightarrow{\beta^{-}}{}^{89}\mathrm{Y} \qquad (42\text{-}1)$$

2. $\mathrm{n}+{}^{235}\mathrm{U}\longrightarrow{}^{236}\mathrm{U}^{*}\longrightarrow{}^{140}\mathrm{Xe}+{}^{94}\mathrm{Sr}+2\mathrm{n}$

$${}^{140}\mathrm{Xe}\xrightarrow{\beta^{-}}{}^{140}\mathrm{Cs}\xrightarrow{\beta^{-}}{}^{140}\mathrm{Ba}\xrightarrow{\beta^{-}}{}^{140}\mathrm{La}\xrightarrow{\beta^{-}}{}^{140}\mathrm{Ce}$$

$${}^{94}\mathrm{Sr}\xrightarrow{\beta^{-}}{}^{94}\mathrm{Y}\xrightarrow{\beta^{-}}{}^{94}\mathrm{Br} \qquad (42\text{-}2)$$

裂变引起核素变化在核素图上可表示为图 42.1. 裂变碎块必定是丰中子核素(为什么?)因此它们不可能以 β^+ 或 EC 方式衰变.

　　必须指出,不仅中子能引起重核裂变,而且其他粒子(质子、氘、α 粒子等,以及 γ 光子)都能诱发裂变. 但是,中子引起的裂变占有最重要的地位.

　　裂变现象的发现,立刻引起人们的极大注意. 这不仅因为在裂变过程中释放出大量能量,而且更重要的是,每次裂变都伴随着中子的发射. 发出的中子数有多有少,平均说来,^{235}U 裂变产生的中子为 2.5 个. 这些中子将使裂变自持地继续下去,形成链式反应,从而使原子能的大规模利用成为可能.

　　发现裂变到链式反应堆的建立,只花了不到四年的时间. 从科学到技术的这样快的转移速度,在现代科技史上是空前的.

（2） 裂变机制

　　在裂变现象发现之后,玻尔与惠勒立刻用核的液滴模型及复合核反应机制来解释裂变过程.

　　中子被核俘获后形成复合核. 复合核处于激发态,它将发生集体振荡并改变形状. 这时,有两种力相互竞争:表面张力将力图使原子核恢复球形;库仑斥力将使核的形变增大. 例如,对拉长的椭球,库仑斥力将使它拉得更长,最终有可能使它一分为二,见图 42.2.

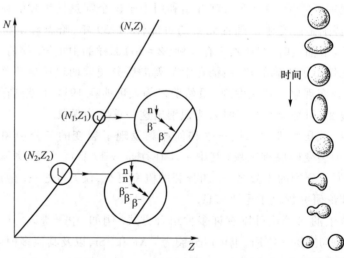

图 42.1　从核素图看裂变过程　　图 42.2　裂变过程中的核形变

　　由此可见,裂变能否发生将取决于复合核的激发能大小及库仑能 E_c 与表面能 E_s 之比,先看后一因素:

$$\chi \sim \frac{E_c}{E_s} \sim \frac{Z^2/A^{1/3}}{A^{2/3}} = \frac{Z^2}{A} \qquad (42-3)$$

χ 称为**可裂变率**,它正比于 Z^2/A. Z^2/A 越大,裂变的可能性也越大;当 Z^2/A 超过 50 时,库仑力已大到使原子核无法存在.

　　^{235}U 和 ^{239}Pu 是两种最常用、最有效的裂变核素. 当中子诱发裂变时,与它们

相应的 Z^2/A 值为

$$n + {}^{235}U = {}^{236}U, Z^2/A = 35.9;$$
$$n + {}^{239}Pu = {}^{240}Pu, Z^2/A = 36.8 \tag{42-4}$$

${}^{235}U$ 是自然界仅有的,能由热中子* 引起裂变的核素,可是它只占天然铀的 0.72%. 占天然铀的 99.27% 的是 ${}^{238}U$,它只能由快中子(至少 1 MeV)诱发裂变. 为什么有这样的差异呢?这不仅是因为与 ${}^{238}U$ 相应的 Z^2/A 略小一点,而且更重要的是因为复合核的激发能的差异. ${}^{235}U$ 是奇 A 核,奇数中子欢迎再来一个中子与它成对,而 ${}^{238}U$ 是偶偶核,外来中子的结合能就比较小. 因此,中子与 ${}^{235}U$ 结合很紧(结合能为 6.43 MeV),形成的 ${}^{236}U$ 处于较高的激发态,而 ${}^{236}U$ 的裂变位垒只有 5.3 MeV,从而很容易发生裂变. 相反,外来中子与 ${}^{238}U$ 结合得较松(结合能为 4.81 MeV),而 ${}^{239}U$ 的裂变位垒为 5.45 MeV,因此 ${}^{239}U$ 一般就以 γ,β^- 方式衰变. 同样,我们可以理解,为什么 ${}^{239}Pu$ 是一个优质的裂变核素.

不过,虽然我们不能直接使用 ${}^{238}U$,但是却可用它来生产有用的核燃料,例如:

$$n + {}^{238}U \longrightarrow {}^{239}U + \gamma$$
$${}^{239}U \longrightarrow {}^{239}Np + e^- + \bar{\nu}_e \ (T_{1/2} = 24 \ min)$$
$${}^{239}Np \longrightarrow {}^{239}Pu + e^- + \bar{\nu}_e \ (T_{1/2} = 2.35 \ d)$$

在 1939 年发现裂变时,世界上没有浓集的 ${}^{235}U$,而钚在元素周期表上还属于"榜上无名"的未知元素.

1945 年在美国国土上试爆的第一颗原子弹是以 ${}^{239}Pu$ 为燃料的;接着在日本广岛和长崎爆炸的两颗各以 ${}^{235}U$ 和 ${}^{239}Pu$ 为燃料(前者俗名"小男孩",重 4.5 t;后者俗名"胖子",重 5 t).

1964 年我国爆炸了第一颗原子弹,起初,有的西方人士猜测是钚弹:"从反应堆积累了几年,得到一些钚,没有什么了不起";但当他们发现这是一颗铀弹时,才大吃一惊:中国人民已经掌握了分离铀的技术——制造原子弹的最关键技术.

(3) 自发裂变(SF)

当 Z^2/A 大到一定程度时,原子核可以发生自发裂变,它与 α 衰变一样,是势垒贯穿的结果. 但是,在一般情况下,它是一个十分缓慢的过程,而且,由于 α 衰变与它竞争,它往往不是核的主要衰变方式,因此一直到 1940 年,人们才首次发现铀核的自发裂变过程.

事实上,在原子序数比钍低的元素中,由于裂变势垒太高,没有发现过自发裂变的事例. ${}^{230}Th$ 有可能发生自发裂变,但相应的 $T_{1/2} > 1.5 \times 10^{17}$ a;${}^{235}U$ 和 ${}^{239}Pu$ 的 SF 半衰期分别为 1.8×10^{17} a 和 5.5×10^{15} a. 自发裂变都不是它们的主要

---

* 热中子,指在室温下与周围处于热平衡的中子. 它的平均动能(kT, $T = 300$ K)为 0.025 eV;速度为 2 200 m/s,相应的德布罗意波长为 0.18 nm.

衰变方式.

但是,随着新核素的不断产生,自发裂变的速率变得越来越快,且逐渐成了一些核素的主要衰变方式. 例如,^{254}Cf,SF 占 99.69%,而 α 只占 0.31%,$T_{1/2}$ = 60.5 d;$^{259}_{101}$Md,SF 占 100%,$T_{1/2}$ = 1.6 h. 自发裂变的核素在实际中是十分有用的,例如^{252}Cf,即使它的 SF 只占 3%,但 SF 伴随着中子的发射,^{252}Cf 已成了极为有用的、不需要加速器和反应堆的中子源.

1962 年,一位苏联学者发现,^{242}Am 有个同质异能素,它以 SF 方式衰变,$T_{1/2}$只有 14 ms,比通常的^{242}Am 的 SF 小 21 个数量级. 几年后发现,这个同质异能素与以前认识的同质异能素(§40)不同,以前知道的同质异能素以释放 γ 光子而跃迁到基态,由于它的自旋与基态相差很大,致使跃迁概率很小,寿命很长;现在发现的同质异能素以 SF 方式衰变,它与基态的主要差异不是自旋而是形状. 例如,基态可以是略为形变的椭球,长半轴比短半轴大 25%,而这一亚稳态的长半轴可以比短半轴大 100%(即 2:1). 这样的同质异能素称为**裂变同质异能素**,又称为**形状同质异能素**[*],常在核素符号左上角质量数的右边标以 f,例如^{242f}Am,以区别于通常的同质异能素,例如^{113m}In(§40).

(4) 裂变能量及其利用

从结合能图(图 33.1)可知,当重核分裂为两块中重核时,平均结合能(E_B/A)将增加 1 MeV 左右,即每个核子平均贡献 1 MeV 能量. 精确的数值将依赖于裂变碎片的具体情况,但平均讲来,每个^{235}U 裂变时将释放能量约 200 MeV. 释放的能量表现为碎片的动能,放出的中子的动能,以及伴随发生的 β 衰变产物的动能. 例如,在^{235}U 裂变中释放的能量大致分配如下:

碎片的动能	170 MeV
裂变中子的动能	5 MeV
β⁻粒子和 γ 能量	15 MeV
与 β⁻相伴的 $\bar{\nu}$	10 MeV

除中微子及某些 γ 逃之夭夭外,余下的约 185 MeV 能量都是可以设法利用的.

一个铀原子核就能提供 185 MeV 能量,确实很大,比起化学反应中一个原子提供的能量(一般不到 10 eV)几乎大了一亿倍. 它比起一般的放能反应,例如,^{7}Li(p,α)^{4}He,Q = 17.35 MeV(§41),绝对值也要大十余倍. 不过,如果我们计算每个核子的平均贡献,那么 n+^{235}U 并不比 p+^{7}Li 强. 但是,^{235}U(n,f)最可贵之处在于:它同时放出(平均)2.5 个中子,只要其中有一个中子能继续与其他的^{235}U 发生反应(所谓"中子的再生率"≥1),自持的链式反应就能维持,大规模利用原子能就有可能. 单个核反应与链式反应的关系,好比是一根火柴与一块煤饼的关系,靠一根又一根火柴是不可能把饭煮熟的.

---

[*] 关于形状同质异能素的通俗介绍,可参见:〔29〕杨福家. 物理,1(1972)171;或〔30〕汤家镛. 复旦学报,2(1973)86. 较深入又全面的介绍,参见:〔31〕S. Bjornholm & J. E. Lynn. Rev. Mod. Phys. ,52 (1980)725.

显然,即使对一块纯^{235}U,如果体积不大,中子就很容易从表面逃逸,自持反应无法进行.只有当它的体积大于一定的"临界体积"时,才能发生链式反应.原子弹就是把丰度为90%以上的^{235}U集成两块,分别都不到临界体积,待普通炸药引爆把两块拼成一块时,达到了临界,链式反应就剧烈地发生了,这就是原子弹的原理.

20世纪50年代的中国,是百废待兴,亟需和平建设的环境,然而面对来自国际的核威胁,中国毅然决然做出决定.1955年1月15日,在国家领导人听取了著名物理学家钱三强、地质学家李四光介绍核物理和铀矿地质学的报告后,毛泽东主席恢宏大略:我们只要有人,又有资源,什么奇迹都可以创造出来!

许多留学知识分子放弃了国外优越的生活和工作条件回到祖国,默默无闻甚至隐姓埋名在祖国的偏远地区发展核工业,使中国的命运得到了根本的转折,挺直了中国的脊梁,为中国的和平发展奠定了坚实的基础.邓稼先就是其中的一名优秀工作者.

邓稼先不仅在秘密科研院所里为设计原子弹呕心沥血,还经常到飞沙走石的戈壁滩试验场现场领导核试验,从而掌握大量第一手材料.1964年10月,中国成功爆炸的第一颗原子弹,就是由他最后签字确定了设计方案.

邓稼先曾讲过这样一句话:"一名科学家能把自己所有的知识和智慧奉献给他的祖国,使得中华民族完全摆脱了任人宰割的危机,还有什么比这更让人自豪、骄傲的呢?"

一大块天然铀能不能实现链式反应呢? 如果裂变放出的中子都是热中子,那也有可能:虽然^{235}U只占天然铀的1/140,但是,对于热中子,^{235}U(n,f)截面却比^{238}U(n,γ)截面大二百多倍,实现链式反应还是有可能的.可是,裂变中子并非热中子,它的能量有一个分布,峰值在1 MeV附近.中子能量增大,^{235}U(n,f)截面反而减少(请读者定性解释其原因),而^{238}U(n,γ)截面却增加.中子能量大于1 MeV时,^{238}U固然有发生裂变的可能,但是发生非弹性散射(使中子损失能量)的可能性仍比引起裂变的可能性大近十倍.中子能量$\leqslant$1 MeV时,不能引起^{238}U裂变,而由^{238}U(n,γ)被吸收的可能性却很大;那时^{235}U(n,f)的截面则比热中子时小了好几个量级,链式反应再也不可能发生了.

要使自持反应能够维持,关键在于使中子减速.快中子与^{238}U相碰,发生弹性散射,不是可以使中子减速吗? 确实可以.但是,中子与^{238}U的质量相差太大,每碰一次损失能量很小,从中子能量1.0 MeV减到热中子,至少要碰2 000次,在这么多次的碰撞中,它被^{238}U吸收的可能性太大了,一旦吸收就既不再放出中子,也不发生裂变.要使中子减速,必须用轻元素.氢最好,它只要与中子碰撞18次就可使1 MeV的中子变成热中子,但是氢的(n,γ)截面太大,故并不适宜.目前最常用的减速剂是重水和石墨.1942年建成的世界上第一台原子反应堆就是用天然铀为燃料,石墨为减速剂.我国在1958年建成的反应堆则用丰度为2%的^{235}U为燃料,用重水为减速剂.反应堆是可控制的进行链式反应的装置,其示意图如图42.3所示.

图中的控制棒是反应堆中很关键的部件,它一般由吸收中子很强烈的镉或硼制成.不过,链式反应进行得很快,大约一秒钟就可以产生一千代中子,那么

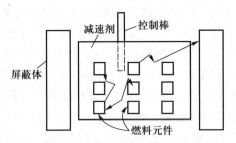

减速剂　控制棒

屏蔽体

燃料元件

图 42.3　裂变反应堆示意图

怎样才来得及在中子增加过快而在快要发生危险以前用控制棒来控制链式反应呢？这个问题的解决主要是靠了**缓发中子**. 产生缓发中子的机制之一，可参见图 39.5. 这种缓发中子是很少的，仅占裂变中子数的 0.66%. 它不像**瞬发中子**在裂变后 ms 时间内就产生，而是要经过几秒甚至几分钟后才从碎片中放出. 在设计反应堆时，就是要使缓发中子放出后才达到临界，即只有计入了缓发中子之后才使链式反应得以进行. 这样，我们就有足够时间来控制反应的速率了.

反应堆的种类繁多，用途也是多种多样.

核电站就是利用反应堆中原子核裂变反应所放出的核能，由冷却剂带出，把水加热为蒸气，驱动汽轮发电机组进行发电的发电厂. 秦山核电站是我国自行设计、建造的第一座核电站. 采用的是压水堆，在这种堆中，用高压水（普通水）同时作为慢化剂和冷却剂，通过堆芯，带出热量，产生蒸气，用来发电. 第一台装机容量为 30 万 kW 于 1991 年 12 月 15 日并网发电成功，平均每年发电约 18 亿度（kW·h）. 这标志我国已掌握了核电技术. 目前秦山二期 2×60 万 kW 和秦山三期 2×60 万 kW 核电站也已投入运行. 除了浙江秦山核电基地外，我国目前还有广东大亚湾和江苏田湾两个核电基地. 在大亚湾基地有 4 台核电机组（4×90 万 kW，其中大亚湾核电站和岭澳核电站各 2 台）都已全面投产. 在田湾基地有 2 台核电机组（2×100 万 kW），其中一台机组已并网发电成功，另一台也即将投入运行. 这 11 台机组的发电量约占全国总发电量的 2.1%. 核电的发展，已成为全球能源中不可缺少的组成部分. 在我国，核能的开发和利用，也将成为能源构成的重要支柱. 为适应我国国民经济发展的需要，到 2020 年我国核电装机容量将达 5 800 万 kW，比 2015 年翻一倍[32].

由于反应堆能产生强大的中子流，例如，可达到 10^{18} 中子/cm^2·s，它就可以作为一个强中子源，用于中子实验，用于生产放射性核素. 有的反应堆则专用于生产核燃料，例如 ^{239}Pu 的生产.

原子反应堆是和平利用原子能的重要工具.

（5）　轻核聚变

以上介绍了获得原子能的一种途径：重核裂变. 我们已经理解到：所谓原子能，主要是指原子核结合能**发生变化时**释放的能量. 从结合能图（图 33.1）我们

---

〔32〕　华电集团，2020 年我国电力供求形势预测，2015.3. 中国电力新闻网.

容易发现,在轻核区结合能时高时低,变化很大.依靠轻核聚合而引起结合能变化,以致获得能量的方法称为轻核的聚变,这是取得原子能的另一条途径.

例如,

$$d + d \longrightarrow {}^3He + n + 3.25 \text{ MeV}$$
$$d + d \longrightarrow {}^3H + p + 4.0 \text{ MeV}$$
$$d + {}^3H \longrightarrow {}^4He + n + 17.6 \text{ MeV}$$
$$d + {}^3He \longrightarrow {}^4He + p + 18.3 \text{ MeV}$$

(42-5)

以上四个反应的总的效果是

$$6d \longrightarrow 2\,{}^4He + 2p + 2n + 43.15 \text{ MeV}$$

在释放的能量中,每个核子的贡献是 3.6 MeV,大约是 ^{235}U 由中子诱发裂变时每个核子贡献(0.85 MeV)的 4 倍.不仅每个核子的贡献大,而且由于在聚变反应中所需的燃料是氘,氘又可从海水中提取*,所以聚变反应的燃料可说是取之不尽,用之不竭.不像裂变燃料,迟早也要面临铀矿枯竭的危机.此外,核聚变反应产物中基本上没放射性,即使氚有放射性,但它仅是中间产物.可见可控聚变核反应是一个比裂变反应更理想的安全、高效和洁净的核能来源,引起了世界科学家的重视,不少国家在为之奋斗.

如何来实现可控热核聚变呢?为此,我们必须先看到它与裂变的一个重要的区别:^{235}U 可以由热中子(室温中子)引起裂变,继而又发生链式自持反应;现在,氘核是带电的,由于库仑斥力,室温下的氘核决不会聚合在一起.

氘核为了聚合在一起(靠短程的核力),首先必须克服长程的库仑斥力.我们已经知道,在核子之间的距离小于 10 fm 时才会有核力的作用,那时的库仑势垒的高度为

$$E_C = \frac{1}{4\pi\varepsilon_0}\frac{e^2}{r} = \frac{1.44 \text{ fm} \cdot \text{MeV}}{10 \text{ fm}} = 144 \text{ keV}$$

(42-6)

两个氘核要聚合,首先必须要克服这一势垒,每个氘核至少要有 72 keV 的动能.假如我们把它看成是平均动能$\left(\frac{3}{2}kT\right)$,那么,相应的温度为 $T = 5.6\times10^8$ K!如果把这个温度用能量来表示,那么就相当于 $kT = 48$ keV.但是,考虑到下面两个因素:粒子有一定的势垒贯穿概率;粒子的动能有个分布,有不少粒子的动能比平均动能$\left(\frac{3}{2}kT\right)$大,那么,理论估计:聚变的温度可降为 10 keV(即 ~10^8 K).这仍然是一个非常高的温度,那时所有原子都完全电离,形成了物质的第四态:等离子体.

不过,要实现自持的聚变反应并从中获得能量,单单靠高温还不够.除了把等离子体加热到所需温度外,还必须满足两个条件:等离子体的密度必须足够大;所要求的温度和密度必须维持足够长的时间.1957 年,劳森(J. D. Lawson)把这三个条件定量地写成(对 dt 反应):

---

* 在海水中,由氘原子和氧原子结合成的重水约为海水总量的 1/6 700.

$$\left. \begin{array}{l} n\tau = 10^{14}\ \mathrm{s/cm^3} = 10^{20}\ \mathrm{s/m^3} \\ T = 10\ \mathrm{keV} \end{array} \right\} \qquad (42\text{-}7)$$

这就是著名的劳森判据*,是实现自持聚变反应并获得能量增益的必要条件.

要使一定密度的等离子体在高温条件下维持一段时间,这可不是一件容易的事情. 我们需要有个"容器",它不仅能忍耐 10^8 K 的高温,而且不能导热,不能因等离子体与容器碰撞而降温. 目前世界上还没有这样的容器. 那么,怎样才能把高温等离子体约束起来实现聚变反应呢?

(6) 太阳能——引力约束聚变

宇宙中能量的主要来源就是原子核的聚变. 太阳和其他许多恒星能不断光芒四射,就是轻核聚变的结果. 在太阳内部,主要有两个反应:

1. 碳循环,又称贝蒂(H. A. Bethe)循环,它是由贝蒂在 1938 年提出来的,可以用下列反应式表示:

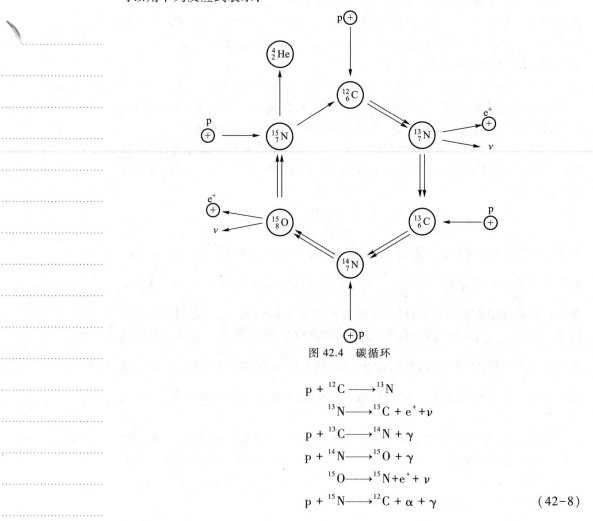

图 42.4 碳循环

$$p + {}^{12}C \longrightarrow {}^{13}N$$
$${}^{13}N \longrightarrow {}^{13}C + e^+ + \nu$$
$$p + {}^{13}C \longrightarrow {}^{14}N + \gamma$$
$$p + {}^{14}N \longrightarrow {}^{15}O + \gamma$$
$${}^{15}O \longrightarrow {}^{15}N + e^+ + \nu$$
$$p + {}^{15}N \longrightarrow {}^{12}C + \alpha + \gamma \qquad (42\text{-}8)$$

---

* 劳森判据的写法有多种多样,视不同条件而不同.

或如图 42.4 所示.在循环过程中,碳核起催化剂作用,不增也不减.总的结果是

$$4p \longrightarrow \alpha + 2e^+ + 2\nu + 24.69 \text{ MeV}$$

2. 质子-质子循环,又称克里齐菲尔德(C. L. Critchfield)循环,可以用下列反应式表示:

$$p + p \longrightarrow d + e^+ + \nu$$
$$p + d \longrightarrow {}^3\text{He} + \gamma$$
$$^3\text{He} + {}^3\text{He} \longrightarrow \alpha + 2p \tag{42-9}$$

或更清晰地表示于图 42.5.总的效果是进去 6 个质子,放出一个 α 粒子和两个质子、两个 e^+ 和两个 ν,因此同样有:

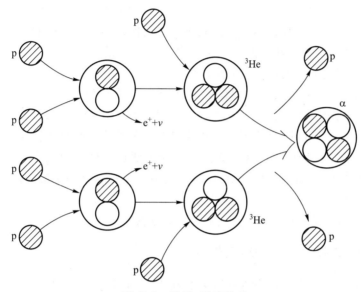

图 42.5 质子-质子循环

$$4p \longrightarrow \alpha + 2e^+ + 2\nu + 24.69 \text{ MeV}$$

这两个循环哪一个为主呢?这主要取决于反应温度.当温度低于 1.8×10^7 K 时,以质子-质子循环为主;太阳的中心温度只有 1.5×10^7 K,在产生能量的机制中,质子-质子循环占 96%.在许多比较年轻的热星体中,情况相反,碳循环更重要.

不论哪种循环,最终结果都是四个质子聚变,释放出 26.7 MeV 的能量,每个质子贡献约 6.7 MeV.这相当于质子静质量的 $6.7/938 \approx 1/140$ 转化为能量.这个数值比 ^{235}U 裂变时每个核子的贡献(200/236 MeV)大八倍,比化学能约大一亿倍.

太阳每天燃烧 5×10^{16} kg 氢(转化为 α 粒子),相当于 3.5×10^{14} kg 的质量转化为能量.释放的能量相当于每秒钟爆炸 900 亿颗百万吨级氢弹*.每天燃烧

---

* 所谓百万吨级,是指百万吨 TNT 炸药当量

$$10^6 \text{ t TNT} = 4.2 \times 10^{15} \text{ J} = 56 \text{ kg } ^{235}\text{U 全部裂变}$$
$$= 0.046 \text{ g 物质转化为能量.}$$

50 万亿吨氢,似乎很可怕,其实,它相对于太阳的总质量(约 2×10^{27} t,为地球质量的 33.34 万倍)还是一个小数. 正是太阳的巨大质量而产生的引力,把处于高温的(10^7 K)等离子体约束在一起发生热核聚变反应. 但是,它的温度又不很高,远低于克服库仑位垒所需要的温度(见上一段),因此,聚变反应在这里主要靠势垒贯穿而实现的. 作为太阳中的主要循环,质子-质子循环是非常缓慢的. 慢的主要原因是由于第一个 p+p 反应:两个质子要形成氘核,其中一个必须发生 β^+ 衰变,这是个弱过程,概率很小. 此过程的反应截面为 10^{-23} b,小得难以测量. 在太阳中,一个碳原子通过碳循环所需时间约为 6×10^6 a,质子-质子循环的周期约为 3×10^9 a. 缓慢的反应速率保证了太阳的质量在今后几百亿年内不会有显著的变化. 太阳质量的巨大,一方面产生巨大的引力,从而实现了高温等离子体的约束;另一方面,又弥补了反应速率的缓慢,使它产生的能量仍旧相当可观:它每时每刻照到地球上的能量虽只是它所产生的一万亿分之五,但仍是地球上目前使用的所有能源的十万倍.

归纳讲起来,大自然为我们设计的这个聚变反应堆——太阳,主要靠了它巨大的质量把外层温度为 6 000 K、中心温度为 1.5×10^7 K 的等离子体约束在一个半径为 7×10^5 km 的"大容器"内,以十分缓慢的速率进行聚变反应.

但由于反应速率太低,我们无法在地球上建造这样的聚变反应堆;除了恒星能产生的巨大的引力条件外,在地球上还不可能把这么高温的等离子体约束那么长的时间.

为了用人工方法获取聚变能,我们还得另想办法.

(7) 氢弹——惯性约束聚变

我们需要寻找在温度不太高时具有较大截面的反应. 要温度不太高,就要库仑位垒低.因此,很自然地应首先在氢同位素中寻找.

从式(42-5)可见,反应截面最大、释放能量最多的反应是

$$d + T \longrightarrow \alpha + n + 17.58 \text{ MeV} \qquad (42\text{-}10)^*$$

在氘的能量固定时,d+T 反应的截面比 d+d 的大两个数量级.

氘(d)在天然氢中占 0.015%,大约每 7 000 个氢原子中有一个氘原子. 因此,从海水中可以大量地获得氘. 但是,氚(T)在自然界是不存在的. 不过,我们可由下列反应产生氚:

$$n + {}^6\text{Li} \longrightarrow \alpha + T + 4.9 \text{ MeV} \qquad (42\text{-}11)$$

因此,氘化锂($^6\text{Li}^2\text{H}$)可以作为热核武器——氢弹的原料. 氢弹的设计方案可以是,先在普通高效炸药引爆下使分散的裂变原料(^{235}U 或 ^{239}Pu)合并达到临界,发生链式反应,释放大量能量且产生高温高压,同时放出大量中子. 中子与 ^{6}Li 反应产生氚[式(42-11)],d 与 T 在高温高压下发生聚变反应. 由于 d+T 反应中产生 14 MeV 的中子 * 能使廉价的 ^{238}U 裂变,因此,我们可把 ^{238}U 与氘化锂混在一起,导致裂变-聚变-裂变. 整个过程在瞬间完成. 全靠裂变的原子弹的

---

* 式(42-10)中释放的能量为 17.58 MeV,其中约 4/5 为中子所得.

当量一般为几万吨 TNT 当量,而氢弹(裂变加聚变)则可达百万吨,甚至千万吨级.中国科学家于敏(图 42.6)为我国氢弹研制的理论和实践作出了杰出的贡献.*

图 42.6　两弹一星元勋于敏

于敏在氢弹原理突破中起了关键作用.对此,于敏这样说的:"人的名字早晚是要没有的,能把微薄的力量融进祖国强盛之中,人生足矣."

于敏获 2014 年度中国国家最高科技奖,但他婉拒"氢弹之父"的称谓.他家客厅高悬一幅字:"淡泊以明志,宁静以致远".

氢弹是一种人工实现的、不可控制的热核反应,也是至今为止在地球上用人工方法大规模获取聚变能的唯一方法.它必须用裂变方式来点火,因此,它实质上是裂变加聚变的混合体.总能量中裂变能和聚变能大体相等.

典型的裂变弹的能量分配大致为

50%	爆震与冲击波
35%	热辐射
10%	剩余辐射
5%	早期核辐射

纯聚变反应不产生剩余辐射,但早期核辐射部分则大为增加,特别是其中的中子.为了使核武器中产生的中子数量大大地增加,而同时使爆震与冲击波,热辐射等部分相对地减少,那就要设法增加武器中的聚变与裂变之比值,即使聚变的贡献大大超过裂变的贡献.这就是近十年来发展的中子弹的基本原理,它又被称为"增强辐射武器".假如一颗纯裂变弹要产生与中子弹等量的中子,那么,爆震、冲击波与热辐射部分就要增加 5~10 倍.中子弹,作为一种战术武器,是十分有用的.例如,对付敌人的坦克,中子弹可有效地杀伤坦克中的驾驶员但却可使坦克不受大损而保留下来.

纯聚变弹,又称"干净的核弹",至今未能实现.虽然经过多年努力,聚变反

---

* 见人民日报 2015 年 1 月 10 日。

第七章　原子核物理概论　　345

应的点火温度仍至少 1 keV,为此,非用裂变引爆不可. 能不能把温度降到 200 eV？这是世界难题之一.

氢弹,从本质上讲,是利用惯性力将高温等离子体进行动力性约束,简称**惯性约束**. 有没有办法用人工可控制的方法实现惯性约束？多年来人们作了各种探索. 早在 1964 年,我国科学家王淦昌就独立地与国际上同时提出了用激光打靶实现核聚变的设想[33],是世界上激光惯性约束核聚变理论和研究的创始人之一. 激光打靶基本方案是在一个直径约为 400 μm 的小球内充以 30~100 atm 的氘-氚混合气体,让强功率激光(例如 $5×10^{14}$ W)均匀地从四面八方照射小球,使球内氘氚混合体的密度达到液体密度的一千到一万倍,温度达到 10^8 K,最终达到或超过劳森判据条件,而引起聚变反应.

除激光惯性约束方案外,还有电子束、重离子束的惯性约束方案. 激光"聚爆",或其他粒子束引起"聚爆",虽然和氢弹爆发一样难以控制,但由于每次反应的热核物质很少,因而在能量的利用上没有什么危险. 不过,惯性约束方案至今为止还没有一个成功.

可控热核聚变的最有希望的途径是磁约束.

（8） 可控聚变反应堆——磁约束

磁约束的研究已有 30 余年历史,是研究可控聚变的最早的一种途径,也是目前看来最有希望的途径.

在磁约束实验中,带电粒子(等离子体)在磁场中受洛伦兹力的作用而绕着磁感线运动,因而在与磁感线相垂直的方向上就被约束住了. 同时,等离子体也被电磁场加热.

由于目前的技术水平还不可能使磁场强度超过 10 T,因而磁约束的高温等离子体必须非常稀薄. 如果说惯性约束是企图靠增大离子密度 n 来达到点火条件[见(42-7)式],那么磁约束则是靠增大约束时间 τ.

磁约束装置的种类很多,其中最有希望的可能是环流器(环形电流器),又称**托卡马克**(Tokamak),见图 42.7.

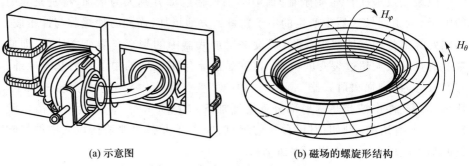

（a）示意图　　　　　　　　（b）磁场的螺旋形结构

图 42.7　托卡马克(环流器)装置

---

[33] 王淦昌. 现代物理知识,4(1989)1.

环流器的主机的环向场线圈会产生几万高斯的沿环形管轴线的环向磁场,由铁芯(或空芯)变压器在环形真空室中感生等离子体电流. 环形等离子体电流就是变压器的次级,只有一匝. 由于感生的等离子体电流通过焦耳效应有欧姆加热作用,这个场又称为**加热场**.

美国普林斯顿的托卡马克聚变实验堆(TFTR)于 1982 年 12 月 24 日开始运行,这是世界上四大新一代托卡马克装置之一. 装置中的真空室大半径为 2.65m,小半径为 1.1 m;等离子体电流为 2.65 MA. 装置的造价为 3.14 亿美元. 图 42.8 表示,到 1988 年为止,世界上不同的聚变装置已达到的水平(即 $n\tau$ 及 T 值),图中 $Q=1$ 表示得失平衡条件;$Q=0.2$ 表示输出为输入的五分之一. 虽然, n,τ,T 都可分别达到,但离劳森判据(42-7)式还差一点.

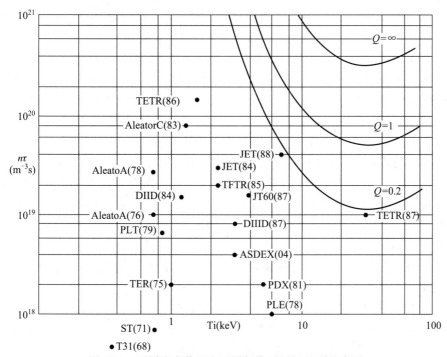

图 42.8　不同聚变装置在不同年代(括号)达到的水平

在我国从 20 世纪 50 年代就开始了受控热核聚变研究. 中国科学院等离子体物理研究所和核工业西南物理研究院是我国核聚变研究的重要基地. 我国自行设计制造的世界上第一座全超导托卡马克装置(EAST)已于 2006 年 9 月在等离子体物理研究所竣工验收,并开始实验. 西南物理研究院也先后研制成了中国环流器一号和新一号,以及中国环流器二号 A 装置. 我国在磁约束核聚变研究方面取得了许多创新成果. 国际原子能机构于 2006 年 10 月在中国成都召开了第 21 届世界聚变能大会,这是对我国在核聚变研究方面所作贡献的肯定. 2006 年我国已正式参与"国际热核实验堆计划(ITER)". 欧盟、美国、俄罗斯、中国、日本、韩国和印度七方将合力建设世界上第一座聚变实验堆,选址在法国.

国际热核实验堆计划是人类实现可控热核聚变梦想进程中的重要一步. 该计划制造的实验堆的规模可与未来实用聚变堆相仿,旨在探索、研究建设聚变电站的关键技术问题. 目前热核聚变研究仍处于基础研究阶段, 第一座聚变实验堆的建成, 大约要十年时间, 到商业性应用的路还很长, 人们还将作不懈努力. 但前程光明, ITER 正是代表着这个美好的未来.

小 结

（1）宇宙中大部分质量都处于核物质的形态. 星球能源来自原子核反应. 太阳能离不开量子力学的势垒贯穿效应. 从原子核物理研究发现的强相互作用、弱相互作用, 与电磁相互作用、引力相互作用一起, 支配着宇宙的历史、星球的演化与元素的形成. 同样是这些相互作用（引力除外）, 决定了原子核的结构与变化. 原子核物理在了解大自然规律的过程中起着极为重要的作用, 同时, 它又服务于社会, 成了现代科学技术的一个关键的组成部分.

（2）原子核基本上是由中子和质子组成的体系. 中子与质子统称**核子**, 核子间存在短程的强相互作用, 它比库仑力约强一百倍. 核子的平均结合能（E_B/A）, 除轻核外, 大体是个常量（~8 MeV）. 核的结合能正比于核的质量数, 核力有饱和性, 原子核像液滴. 核体积也正比于核的质量数, 核密度是一常量, 原子核几乎是不可压缩的.

由于泡利原理, 又由于中子与质子之间的质量差很小, 中子在稳定核内是稳定的. 对于轻核, 中子数与质子数大体相等. 由于库仑力的长程作用, 中子数与质子数之比 N/Z 随质量数 A 增大而增大; N 与 Z 按一定比例组成了约 300 个稳定核素. 自 1934 年以来, 人造核素约 1 600 多个. 至今, 约 2 000 个核素是我们获得核知识的来源.

当今核物理学的目标之一是把研究对象扩展到远离稳定线的核素及超重元素.

（3）原子核衰变是核的自发变化. 中子过多的不稳定核素要发生 β^- 衰变; 质子过多的不稳定核素要发生 β^+ 衰变或 EC; 处于高激发态的核素要发生 γ 衰变或 IC; 重的不稳定核素常发生 α 衰变或自发裂变. 原子核衰变使稳定核的数目有了一个限制.

β 衰变体现了一种新的相互作用: 弱相互作用, 它的力程比强相互作用还要短, 约为 10^{-2} fm, 它们的强度大致为

强相互作用　　　相对强度为 1
库仑相互作用　　　　　　　10^{-2}
弱相互作用　　　　　　　　10^{-14}

（4）原子核反应是在外来的作用下原子核发生变化的过程. 它的研究内容是核反应运动学和动力学: Q 方程是运动学的集中体现; 反应截面 σ 则是动力学的研究对象.

两类特别重要的反应是, 中子引起的裂变和轻核聚变. 这是取得原子能的两种途径: 原子能, 实质上是原子核能, 是由于原子核结合能发生变化而产生的.

依靠裂变, 人们不仅制造了原子弹, 而且建造了原子反应堆; 前者是不可控

制的过程,后者是可控制地获取能量.

依靠聚变取得能量的例子有:太阳能(引力约束聚变),氢弹(惯性约束聚变).至今人们无法可控制地获取聚变能,但是充分相信,实现聚变点火的日子终会到来,目前看来最有希望的方案是磁约束.

(5) 原子核作为物质结构的一个层次,与原子这个层次很不相同,与原子这个层次分得很开.分子这个层次与原子紧密相关,只有在原子的问题得到基本解决的时候,分子的问题才基本清楚.类似地,原子核物理与下一层次的研究,粒子物理,交织在一起;它们的基本问题不可能分别得到解决.

不过,原子核物理又不同于粒子物理,它从 20 世纪 40 年代起已经成了应用科学的一部分.它对能源(包括武器)产生了不可估量的影响;核技术已在各个领域得到广泛的应用;核边缘学科,诸如核天文学、核固体物理、核化学和核生物学,……,正在蓬勃地发展.

读者如果希望对原子核物理的基本知识(包括本书未涉及的核辐射探测技术、粒子加速器技术以及核技术应用等方面的内容)有更深入和更详细了解的话,可参阅本书的姊妹篇——《原子核物理》一书[34]和《应用核物理》[35].

习　题

7-1　试计算核素 ^{40}Ca 和 ^{56}Fe 的结合能和比结合能.

7-2　1 mg^{238}U 每分钟放出 740 个 α 粒子,试证明:1 g^{238}U 的放射性活度为 0.33 μCi,^{238}U 的半衰期为 4.5×10^9 a.

7-3　活着的有机体中,^{14}C 对 ^{12}C 的比与大气中是相同的,约为 1.3×10^{-12}. 有机体死亡后,由于 ^{14}C 的放射性衰变,^{14}C 的含量就不断减少,因此,测量每克碳的衰变率就可计算有机体的死亡时间. 现测得:取之于某一骸骨的 100 g 碳的 β 衰变率为 300 次衰变/min,试问该骸骨已有多久历史?

7-4　一个放射性元素的平均寿命为 10 d,试问在第 5 d 内发生衰变的数目是原来的多少?

7-5　试问原来静止的 ^{226}Ra 核在 α 衰变中发射的 α 粒子的能量是多少?

7-6　^{210}Po 核从基态进行衰变,并伴随发射两组 α 粒子. 其中一组 α 粒子的能量为 5.30MeV,放出这组 α 粒子后,子核处于基态;另一组 α 粒子的能量为 4.50 MeV,放出这组 α 粒子后,子核处于激发态. 试计算,子核由激发态回到基态时放出的 γ 光子的能量.

7-7　^{47}V 既可发生 β$^+$ 衰变,也可发生 K 俘获,已知 β$^+$ 的最大能量为 1.89 MeV,试求 K 俘获过程中放出的中微子的能量 E_ν.

7-8　试计算下列反应的反应能:

(1) $\alpha + {}^{14}\text{N} \longrightarrow {}^{17}\text{O} + p$　(2) $p + {}^9\text{Be} \longrightarrow {}^6\text{Li} + \alpha$

有关核素的质量,可查阅本书附表.

7-9　试问:用多大能量的质子轰击固定的氚靶,才能发生 $p + {}^3\text{H} \longrightarrow n + {}^3\text{He}$ 反应? 若入

〔34〕 杨福家,王炎森,陆福全著. 原子核物理(第二版). 复旦大学出版社(2002).

〔35〕 杨福家,陆福生,等著. 应用核物理. 高等教育出版社(2018).

射质子的能量为 3.00 MeV,而发射的中子与质子的入射方向成 90°角,则发射的中子和 ^{3}He 的动能各为多少?

7-10 由原子核的半经验结合能公式,试导出 β 稳定线上的原子核的 Z 和 A 所满足的关系式.

7-11 (1)试证明:一个能量为 E_0 的中子与静止的碳原子核经 N 次对碰后,其能量近似为 $(0.72)^N E_0$.

(2)热中子能有效地使 ^{235}U 裂变,但裂变产生的中子能量一般较高(MeV).在反应堆中用石墨作减速剂,欲使能量为 2.0 MeV 的快中子慢化为热中子(0.025 eV),需经过多少次对碰?

7-12 轻核 ^{19}F 在质子轰击下的共振反应,常用作低能加速器的能量定标,例如:

质子能量 E_p/keV	反应	宽度/keV
224.4	^{19}F(p,γ)	1.0
340.4	^{19}F(p,αγ)	4.5
873.5	^{19}F(p,αγ)	5.2
935.3	^{19}F(p,αγ)	8.0
1 085.0	^{19}F(p,αγ)	4.0

(1)试确定 ^{20}Ne 的几个激发能级;

(2)试求出复合核 ^{20}Ne 相应能级的平均寿命.

7-13 设一个聚变堆的功率为 10^6 kW,以 D+T 为燃料,试计算一年要消耗多少氚?这么大功率的电站,若改用煤作燃料,则每年要消耗多少煤(煤的燃烧热约为 $3.3×10^7$ J/kg)?

7-14 铁的热中子俘获截面为2.5 b,试问入射热中子经过 1.0 mm 厚的铁块后被吸收掉百分之几?

7-15 有人认为质子可能会衰变,其平均寿命约为 $1.2×10^{32}$ a.若要测量它的放射性(例如,每月测量到一次衰变事件),那么至少要用多少水?

第七章问题　　　　　参考文献-第七章

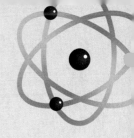

* 第八章　超精细相互作用*

> 在分子科学**和原子科学的接触点上,双方都宣称与己无关,但是恰恰**就在这一点上可望取得最大的成果**.
>
> ——恩格斯
>
> 引自恩格斯《自然辩证法》(1971 年版)第 268 页.

在第二章讨论原子中的电子运动时,我们只考虑电子与原子核之间的库仑相互作用. 在第四章,我们引进了电子的自旋概念,从而产生了光谱的精细结构. 不过,到此为止,我们仍把原子核看作是一个有一定质量的点电荷,它的最主要的贡献是电荷(Ze),其次是质量.

但在第七章,我们知道原子核并不是一个质点. 它有一定的几何大小,它的电荷有一个分布(电四极矩),它还有自旋角动量 I 和磁矩 $\boldsymbol{\mu}$. 这些性质都将对电子的运动产生影响,从而使原子光谱进一步分裂,其分裂程度比精细结构还要小,故称为**超精细结构**. 它的起因称为**超精细相互作用**.

为了比较数量级大小,我们在表 43.1 并列地给出库仑势. 精细结构与超精细结构所引起的能量变化. 能级分裂大小用三种等效的单位表示:能量,电子伏;波数,每厘米和频率,每秒.

由表可见,超精细相互作用引起的能级分裂比精细结构还要小三个数量级. 但随着光谱仪技术的发展(分辨率已达 10^{-9} 以上)***,超精细结构已越来越被人们所认识. "超精细相互作用"已逐步成为一门独立的学科. 国际上已有专门的期刊,并且每三年召开一次国际会议.

实验上最早观察到的光谱线超精细结构是迈克耳孙(A. Michelson,1891年)、法布里(C. Fabry)和珀罗(A. Perot)(1897 年). 理论上的解释首先由泡利在 1924 年给出,他早于电子的自旋假设就假定原子核有自旋角动量 I 及磁矩 $\boldsymbol{\mu}$,依此说明光谱线的超精细结构****.

从对称性出发,电磁多极性(2^k 极)中只存在偶 k 的电超精细相互作用和奇

---

* 本章部分材料取自:〔1〕G. K. Woodgate. Elementary Atomic Structure. McGraw-Hill Pub. Co. ,1970.

** 引者注:如果把"分子科学"改为"原子核科学",那么这段话作为本章的引语就十分适当了.

*** 例如〔2〕陆福全,杨福家. 物理学进展. 4(1994)345 和〔3〕陆福全,闫冰,马洪良,陈森华,施伟,杨福家,用共线快离子束-激光光谱学研究 Nd II 能级的超精细结构,复旦学报,自科版,6,708-712,(1998).

**** 参见电子自旋假设提出者之一,古兹密特,写的文章:〔4〕S. Goudsmit,Pauli and Nuclear Spin. Phys. Today,14(June 1961)18.

k 的磁超精细相互作用. $k=0$ 为电单极相互作用,即相当于把原子核看成一个有一定大小的对称性球体;$k=1$ 为磁偶极;$k=2$ 为电四极;$k=3$ 为磁八极;$k=4$ 为电十六极等等. 原子核的磁矩处在原子电子的磁场中产生磁偶极相互作用(§43);核电四极矩处在电子产生的电场梯度下产生电四极相互作用(§44). 它们两者大小差不多. 而高级($k \geqslant 3$)相互作用,理论上预言要小 10^8 倍,实验上至今未观察到 $k \geqslant 4$ 的情况. 本章只讨论 $k=1$ 和 $k=2$.

由于同一元素的不同同位素具有不同的核质量和电荷分布,因而也引起原子光谱的微小移位,称为同位素移位. 它的数量级正好落在超精细相互作用的同一范围里,故在本章中也加以适当讨论(§45).

§43 磁偶极超精细相互作用

(1) 一般表达式

若已知原子核的磁矩为 $\boldsymbol{\mu}_I$,电子运动在原子核处产生的磁场强度为 $\boldsymbol{B}_{el}$,那么磁偶极相互作用能量(哈密顿量)为

$$\mathscr{H}_m = -\boldsymbol{\mu}_I \cdot \boldsymbol{B}_{el} \tag{43-1}$$

式中核磁矩和核的自旋角动量 $\boldsymbol{I}$ 成正比[见(35-10)式]:

$$\boldsymbol{\mu}_I = g_I \mu_N \boldsymbol{I} \tag{43-2}$$

其中 g_I 为核的 g 因子;μ_N 为核磁子,如式(35-6)所示,它比玻尔磁子小三个数量级. 因此,相互作用(43-1)比电子自旋与轨道之间的精细相互作用要小三个数量级,如表43.1所示.

表 43.1 超精细相互作用引起原子能级变化的数量级

相互作用	能级变化数量级		
	cm^{-1}	eV	s^{-1}
中心库仑势 (粗结构)	30 000	4	10^{15}
精细结构	1—1 000	10^{-4}—10^{-1}	3×10^{10}—3×10^{13}
超精细结构	10^{-3}—1	10^{-7}—10^{-4}	3×10^{7}—3×10^{10}

电子产生的磁场 $\boldsymbol{B}_{el}$ 和电子总角动量 $\boldsymbol{J}$ 成正比,于是可把式(43-1)写成:

$$\mathscr{H}_m = A\boldsymbol{I} \cdot \boldsymbol{J} \tag{43-3}$$

这是磁超精细相互作用的最一般表达式. 式中 A 称为**磁超精细相互作用常数**,它将决定超精细结构中能级分裂的大小,一般由实验确定,但也可由理论估算. 虽然它的称呼与精细结构常数($\alpha \approx 1/137$)有些相似,但其意义完全不同;精细结构常数 α 是一个普适常数,其重要性远远超过 A,A 只不过是在原子状态完全确定下的一个常数. 下面我将讨论 A 的表示式.

（2） 单电子原子的磁超精细相互作用

我们先假定原子中只有一个电子(氢原子或类氢原子)，并先考虑该电子轨道角动量 $l \neq 0$ 的情况。那时，在原子核处感受到的电子的磁场可由下式表达[5]：

$$\boldsymbol{B}'_{el} = \frac{(-e\boldsymbol{v}) \times (-\boldsymbol{r})}{cr^3} - \frac{1}{r^3}\left[\boldsymbol{\mu}_s - \frac{3(\boldsymbol{\mu}_s \cdot \boldsymbol{r})\boldsymbol{r}}{r^2}\right], r \neq 0 \qquad (43-4)$$

式中第一项为电子轨道运动在核处产生的磁场，其中 $\boldsymbol{v}$ 为电子轨道运动速度，$\boldsymbol{r}$ 为以原子核为原点的电子坐标；第二项为电子自旋磁矩 $\boldsymbol{\mu}_s$ 在核处产生的磁场。

利用 $\boldsymbol{\mu}_s = -2\mu_B \boldsymbol{s}(\boldsymbol{s}$ 为电子自旋，$g_s = 2)$ 及半经典角动量表达式 $-e\boldsymbol{r} \times \dfrac{\boldsymbol{v}}{c} = 2\mu_B \boldsymbol{l}$，可把式(43-4)改写为

$$\boldsymbol{B}'_{el} = -2\frac{\mu_B}{r^3}\left[\boldsymbol{l} - \boldsymbol{s} + \frac{3(\boldsymbol{s} \cdot \boldsymbol{r})\boldsymbol{r}}{r^2}\right]$$

$$= -2\frac{\mu_B}{r^3}\boldsymbol{N} \qquad l \neq 0 \qquad (43-5)$$

其中

$$\boldsymbol{N} = \boldsymbol{l} - \boldsymbol{s} + \frac{3(\boldsymbol{s} \cdot \boldsymbol{r})\boldsymbol{r}}{r^2} \qquad (43-6)$$

由于角动量矢量 $\boldsymbol{N}$ 是绕总角动量 $\boldsymbol{j}$ 进动，所以 $\boldsymbol{N}$ 的有效贡献是 $\boldsymbol{N}$ 在 $\boldsymbol{j}$ 方向的投影，所以应将 $\boldsymbol{B}'_{el}$ 改写为

$$\boldsymbol{B}_{el} = -2\frac{\mu_B}{r^3}\frac{\boldsymbol{N} \cdot \boldsymbol{j}}{j(j+1)}\boldsymbol{j} \qquad (43-7)$$

将此 $\boldsymbol{B}_{el}$ 代入式(43-1)，得到

$$\mathscr{H}_m = \left(2\mu_B\frac{\mu_I}{I}\right)\frac{1}{r^3} \cdot \frac{\boldsymbol{N} \cdot \boldsymbol{j}}{j(j+1)}\boldsymbol{I} \cdot \boldsymbol{j} \qquad (43-8)$$

可以证明(参见引文[1])在上式中 $\boldsymbol{N} \cdot \boldsymbol{j}$ 可化简到

$$\boldsymbol{N} \cdot \boldsymbol{j} = \boldsymbol{N} \cdot (\boldsymbol{l} + \boldsymbol{s}) = \boldsymbol{l}^2 \qquad (43-9)$$

有了能量(哈密顿量)算符的表达式(43-8)，如果再知道电子运动的波函数，那就可以用量子力学的求算符 $\mathscr{H}_m$ 平均值办法(§16)计算磁超精细相互作用引起的能级位移，其表示式为[将(43-3)式中的常数 A 记为 a_j]

$$\Delta E = \langle \mathscr{H}_m \rangle = \frac{a_j}{2}\{F(F+1) - j(j+1) - I(I+1)\} \qquad (43-10)$$

式中记号 $\langle \cdots \rangle$ 表示求平均值，F 是原子体系总角动量 $\boldsymbol{F}$ 的量子数，而

$$\boldsymbol{F} = \boldsymbol{I} + \boldsymbol{J} \qquad (43-11)$$

是一个守恒量(只要不存在外场，孤立原子的总角动量必定守恒)。$\boldsymbol{I}$ 和 $\boldsymbol{J}$ 分别

---

[5] J. D. Jackson. Classical Electrodynamics. John Wiley & Sons Inc. ,(1976)187. 本书已有中译文：杰克逊. 经典电动力学. 人民教育出版社(1981).

代表原子核的角动量和电子的角动量,它们在超精细相互作用下耦合为 F;I 和 J 分别围绕 F 旋转,方向在改变,但其大小不变,见图 43.1. 从式(43-3)我们很容易理解式(43-10)中大括号的由来:

$$F^2 = I^2 + J^2 + 2I \cdot J,$$

所以平均值:$\left. \langle I \cdot J \rangle = \dfrac{1}{2} \{ F(F+1) - I(I+1) - J(J+1) \} \right\}$

$$(43-12)$$

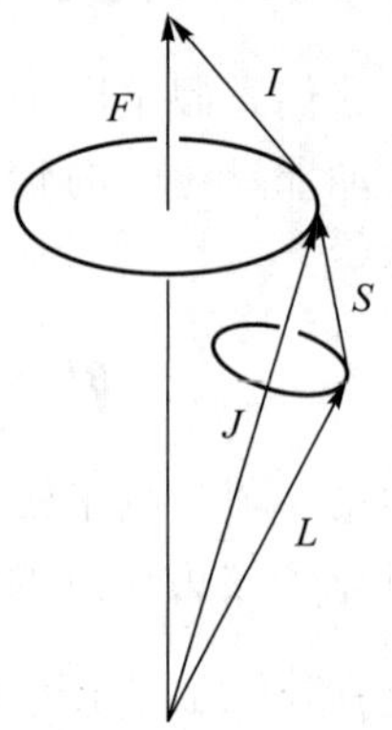

图 43.1 超精细相互作用的矢量模型图

考虑单电子时就用 j 代替 J.

利用式(43-8),式(43-10)中的 a_j 的表达式为

$$a_j = \left(2\mu_B \frac{\mu_I}{I} \right) \left\langle \frac{1}{r^3} \right\rangle \frac{l(l+1)}{j(j+1)}, l \neq 0 \quad (43-13)$$

它正比于电子坐标的 $1/r^3$ 的平均值 $\langle 1/r^3 \rangle$,可见,电子越是靠近原子核,超精细相互作用越大. 只有知道了电子的波函数后,才能算出平均值 $\langle 1/r^3 \rangle$.

对于 s 电子,$l=0$,式(43-3)中的常数 A 记为 a_s,则有

$$a_s = \left(2\mu_B \frac{\mu_I}{I} \right) \frac{8\pi}{3} |\psi(0)|^2, l=0 \quad (43-14)$$

它正比于在原子核处($r=0$)电子出现的概率密度 $|\psi(0)|^2$. 可见,不论 $l=0$ 还是 $l \neq 0$,都只有知道了电子运动的波函数后才能作进一步的计算.

(3) 氢原子的磁超精细结构

对于核电荷为 Ze 的类氢离子,我们可以算出:

$$|\psi(0)|^2 = \frac{Z^3}{\pi a_1^3 n^3} \quad (43-15)$$

因此,

$$a_s = \left(2\mu_B \frac{\mu_I}{I} \right) \frac{8}{3} \frac{Z^3}{a_1^3 n^3}, \quad l=0 \quad (43-16)$$

当 $l \neq 0$ 时,

$$\langle 1/r^3 \rangle = \frac{Z^3}{a_1^3 n^3 \left(l + \dfrac{1}{2} \right) l(l+1)} \quad (43-17)$$

从而,

$$a_j = \left(2\mu_B \frac{\mu_I}{I} \right) \left(\frac{Z}{a_1 n} \right)^3 \frac{1}{\left(l + \dfrac{1}{2} \right) j(j+1)}, l \neq 0 \quad (43-18)$$

当 $l=0$ 时,$j=\dfrac{1}{2}$,式(43-18)就回到式(43-16),似乎 a_s 只是 a_j 的特例. 但是,这是类氢原子的特有的巧合,在一般情况下 a_j 的表达式不能用于 $l=0$

的情况.

现考虑氢原子基态，$^2S_{1/2}$，$l = 0$，$j = 1/2$，核（质子）的自旋 $I = 1/2$，从式（43-11）可知，基态分裂成两个超精细能级 $F = 1$ 和 $F = 0$，每个能级的位移为 $\Delta E(F = 1)$ 及 $\Delta E(F = 0)$，见图 43.2 及图 43.3；两分裂能级之间的裂距可从式（43-10）算出：

$$\Delta[\Delta E(F = 1) - \Delta E(F = 0)] = h\nu = a_s \qquad (43-19)$$

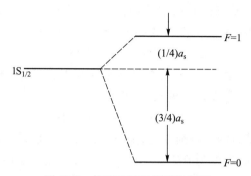

图 43.2 氢原子基态超精细分裂

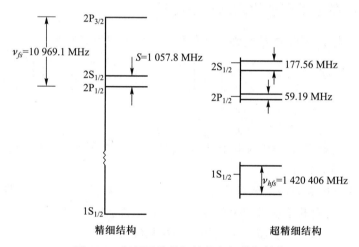

图 43.3 氢原子的精细结构和超精细结构

注意：$Ry \sim (Z\alpha)^2$；$fs \sim (Z\alpha)^4$

$hfs \sim (m/m_p)Z^3\alpha^4$

$s \sim \alpha(Z\alpha)^4$

依照式（43-16），我们可以把 a_s 的数值算出来，但是，更为方便的算法是把式（43-16）改写为

$$a_s = \frac{2}{3}2g_p\alpha^4\left(\frac{m_e}{m_p}\right)(m_ec^2)\left(\frac{Z}{n}\right)^3 \qquad (43-16')$$

这就是计算超精细分裂的费米理论表达式；式中质子的 g 因子 $g_p = 5.585\ 69$，$\alpha \approx 1/137$，$m_e/m_p \approx 1/1\ 836$，$m_ec^2 \approx 0.511\ \text{MeV}$，$Z = 1$，$n = 1$. 于是，在两超精细能级间的跃迁频率为 $\nu = a_s/h \approx 1.42\ \text{GHz}$，换成波长就是 $\lambda = 21\ \text{cm}$（著名的氢原子超

精细波长!)

不过,如果我们用各常量的数据算一下,可得

$$\nu_F = 1.421\ 159\ 716\ \text{GHz}$$

它与实验值

$$\nu_{\text{实}} = 1.420\ 405\ 751\ 766\ 7(10)\ \text{GHz} \tag{43-20}$$

并不在误差范围内相符.

事实上,氢原子基态的超精细结构,是最早显示出电子反常磁矩的实验之一. 只有在把式(43-16)中的 2 或式(43-16′)g_p 前的 2 换成(参见 §22):

$$g_s = 2 \times 1.001\ 159\ 652\ 181\ 1$$

并考虑到原子核的运动、原子核的有限大小等修正因素后,才能获得较精确的理论计算值. 在 1987 年发表的理论值为[6]

$$\nu_{\text{理}} = 1.420\ 403\ 4(13)\ \text{GHz} \tag{43-21}$$

必须指出,氢原子基态的超精细结构,是原子物理学中最精确测量数据之一[式(43-20)给出的不确定度为 0.7×10^{-12},十万亿分之七!],式(43-20)这一频率值,已被用作时间标准,即所谓氢原子钟[7].

(4) 多电子原子的磁超精细结构

对于多电子原子,磁超精细相互作用的哈密顿量可以写为

$$\mathcal{H}_m = \left(2\mu_B \frac{\mu_I}{I}\right) \boldsymbol{I} \cdot \left\{ \sum_i \left[\frac{\boldsymbol{l}_i}{r_i^3} - \frac{1}{r_i^3}\left(\boldsymbol{s}_i - \frac{3(\boldsymbol{s}_i \cdot \boldsymbol{r}_i)\boldsymbol{r}_i}{r_i^2} \right) \right] \right.$$

$$\left. + \sum_j \left(\frac{8\pi}{3} \right) | \psi_j(0) |^2 \boldsymbol{s}_j \right\} \tag{43-22}$$

式中第一项是对所有 $l \neq 0$ 的电子求和,脚标为 i;第二项为对所有 $l = 0$ 的电子(s 电子)求和,脚标为 j.

由于原子中满壳层的球对称性,上式只需对所有的价电子求和即可. 即使对于价电子,它们的角动量产生的效应有时也可能抵消;例如,若有两个价电子 ns^2 形成 $^1S_0$ 态,那么它们将不引起能级的超精细分裂.

不过,总的磁超精细相互作用哈密顿量总可以写成式(43-3)那样的形式,即

$$\mathcal{H}_m = A(J) \boldsymbol{I} \cdot \boldsymbol{J}$$

这里的 $\boldsymbol{J}$ 表示所有电子的总角动量,或所有价电子的总角动量. $A(J)$ 正比于 μ_I / I 与 B_{el}.从此出发,我们可以用量子力学办法算得 $\mathcal{H}_m$ 的平均值,即超精细相互作用能量分裂的一般表达式:

$$\Delta E = \frac{1}{2} A(J) \{ F(F+1) - J(J+1) - I(I+1) \} \tag{43-23}$$

---

〔6〕 V. W. Hughes. in ATOMIC PHYSICS 10, edi. by H. Narumi and I. Shimamura. Elsevier Sci. Pub. 1987.

〔7〕 杨世琪,钟旭滨. 物理 9(1980)342.

它决定了超精细结构的一些性质：

1. 超精细能级主要由原子体系(包括电子和原子核)的总角动量量子数 F 来描述.

由于 $\boldsymbol{F} = \boldsymbol{I} + \boldsymbol{J}$，对于确定的 I 和 J，F 的可能值为

$$(I+J), (I+J)-1, \cdots, |I-J|+1, |I-J|$$

当 $I<J$ 时，有 $(2I+1)$ 个 F 值，当 $J \leqslant I$ 时，有 $(2J+1)$ 个 F 值. 换言之，F 值的个数主要由 J 和 I 中较小的一个决定.

2. 对于某一个 F 值，有 $2F+1$ 个 M_F 值，它们具有相同的能量分裂，即 $2F+1$ 度简并.

3. 超精细结构光谱线的相对强度满足相加规则. 即，不同 F 值的光强之比由统计权重(M_F 的个数)决定，也就是由 $2F+1$ 之比决定. 例如，在图 43.4 中，跃迁到 $F=7$ 的光强和跃迁到 $F=1$ 的光强之比为 $(2 \times 7+1)/(2 \times 1+1) = 5$.

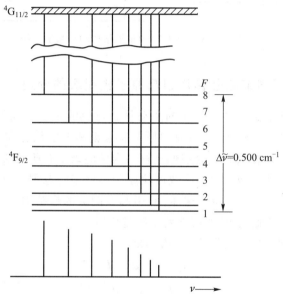

图 43.4 ^{139}La 的 $5d^2 6s \, ^4F_{9/2} \rightarrow 5d^2 6p \, ^4G_{11/2}$ 跃迁的超精细结构

4. 超精细相互作用常数 $A(J)$ 是能级分裂大小的量度，各超精细能级之间的间距服从以下规则：

$$\Delta E(F) - \Delta E(F-1) = A(J)F \qquad (43-24)$$

称为**超精细能级分裂间距规则**. 它是式(43-23)的直接结果. 从 $F_{最小} = |I-J|$ 起，到 $F_{最大} = (I+J)$ 止，相邻能级间距随 F 按等差级数增加.

5. 不同超精细能级之间的电偶极跃迁满足选择规则：

$$\Delta F = 0, \pm 1 \qquad (43-25)$$
$$\Delta M_F = 0, \pm 1$$

且 F 的 $0 \longrightarrow 0$ 跃迁为禁戒跃迁.

在图 43.5 上，我们给出一个典型例子，钠 D 线($\lambda = 589 \text{ nm}$ 及 589.6 nm)的超精细结构：由于电子和原子核的超精细相互作用，使钠的精细结构进一步分

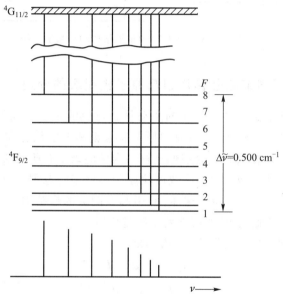

裂. 它基本上满足上述的一些性质.

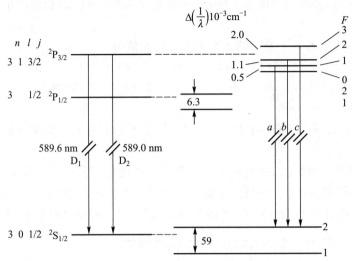

图 43.5 $^{23}\mathrm{Na}(I=3/2)$ 的精细结构和超精细结构

（5） 磁超精细相互作用引起原子核能级的分裂

原子核的磁矩 $\boldsymbol{\mu}$ 和核外电子的角动量 $\boldsymbol{J}$ 对应的磁场之间的磁超精细相互作用,除了引起原子核与电子组成的原子体系整体的能级分裂外(即产生原子光谱线的超精细分裂),它也会在原子核的内部能级中有所反映.

由于原子核的波函数集中在线度比原子小得多的范围内,电子产生的磁场 $\boldsymbol{B}_{\mathrm{el}}$ 在原子核处几乎为一常数. 这样, $\boldsymbol{B}_{\mathrm{el}}$ 引起核能级的超精细分裂只相当于核角动量 $\boldsymbol{I}$ 在一固定外磁场 $\boldsymbol{B}_{\mathrm{el}}$ 作用下发生塞曼效应.

磁超精细相互作用能量为(哈密顿量)

而
$$\mathscr{H} = - \boldsymbol{\mu}_I \cdot \boldsymbol{B}_{\mathrm{el}}$$
因此,
$$\boldsymbol{\mu}_I = g_I \mu_{\mathrm{N}} \boldsymbol{I}$$
$$\mathscr{H} = - g_I \mu_{\mathrm{N}} \boldsymbol{I} \cdot \boldsymbol{B}_{\mathrm{el}}$$

现将 $\boldsymbol{B}_{\mathrm{el}}$ 方向选为原子核体系的 z 轴方向,核角动量 $\boldsymbol{I}$ 在 z 方向的投影 $I_z = M_I$,即核角动量的磁量子数. 于是, $\boldsymbol{I} \cdot \boldsymbol{B}_{\mathrm{el}} = M_I B_{\mathrm{el}}$,核塞曼效应引起的能级移动为

$$\Delta E = - g_I \mu_{\mathrm{N}} B_{\mathrm{el}} M_I \qquad (43-26)$$

其中 B_{el} 对确定的原子状态为一常数, g_I 为核的 g 因子, μ_{N} 为核磁子.

现举例说明之. 图 43.6(a)代表 $^{57}\mathrm{Fe}$ 的第一激发态的跃迁(在穆斯堡尔效应中常用的14.4 keV线). $^{57}\mathrm{Fe}$ 基态角动量为 $1/2(\hbar)$,相应的磁矩为 $\mu_{1/2} = 0.090\,24\mu_{\mathrm{N}}$,第一激发态的角动量为 $3/2$, $\mu_{3/2} = -0.154\,7\mu_{\mathrm{N}}$. 能级的超精细分裂见图 43.6(b). 由于 $^{57}\mathrm{Fe}$ 的第一激发态的磁矩和角动量方向相反,所以, M_I 为正的能级要向高能端移动,正好与基态的分裂能级相反. 对于铁原子,核外电子在核外产生的内磁场 $B_{\mathrm{el}} \approx 33\ \mathrm{T}$,比我们在实验室产生的磁场要强得多. 但即使如此,由它产生的 ΔE 仍只有 $10^{-7}\ \mathrm{eV}$ 量级,与激发能(14.4 keV)相比, $\Delta E/E \sim 10^{-11}$,远远超越了通

常的核探测器的分辨能力. 但是, 用穆斯堡尔效应却可把它清楚地分开, 其实验方法可概述如下.

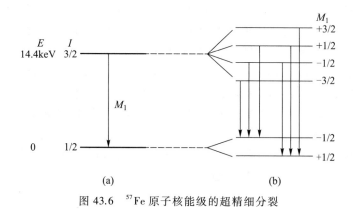

图 43.6 ^{57}Fe 原子核能级的超精细分裂

当放射源 ^{57}Co(见图 40.3)放出的 γ 射线经过 ^{57}Fe 吸收体时, 在无反冲条件下将发生共振吸收, 即通过吸收体的 γ 射线的强度达到极小值. 怎么知道"达到极小"了呢? 为此, 必须稍加改变 γ 射线的能量以致不发生共振. "稍加改变 γ 射线的能量"的方法是, 使放射源相对于吸收体发生相对运动, 假如相对速度为 v, 那么由此引起的多普勒(Doppler)位移为

$$\Delta E_{\mathrm{D}} = \frac{v}{c} E_0 \qquad (43-27)$$

当 $E_0 = 14.4$ keV 时, $v = 1$ mm/s 就相应于 $\Delta E = 4.8 \times 10^{-8}$ eV. 依此我们得到的 ^{57}Fe 穆斯堡尔谱如图 43.7 所示, 横坐标是速度, 它由式(43-27)转为能量. 在穆斯堡尔谱学中, 用速度代表能量位移是惯用的方法.

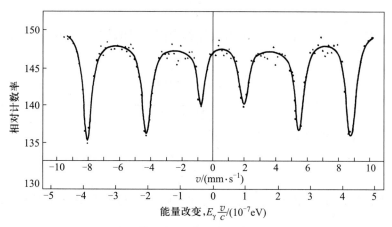

图 43.7 显示 ^{57}Fe 核能级超精细分裂的穆斯堡尔谱

为了使发射谱与吸收谱一致(共振吸收的必要条件), 两者必须具有相同的超精细结构, 为此, 必须要求放射源与吸收体具有相同的 B_{el}, 即相同的"电子环境". 这一点在一般的情况下是做不到的. 例如, ^{57}Fe 的激发态放射 14.4 keV 的 γ 射线, 但 ^{57}Fe 的激发态来自 ^{57}Co, 因此它处于钴原子的环境之中, 而吸收体 ^{57}Fe

却是处于铁原子的环境之中,两者的内磁场不会相同.为了使它们有相同的环境,实验上可以把^{57}Co源涂在铁的衬底上,然后高温退火,^{57}Co就扩散到铁衬底之中,从而使^{57}Fe激发态的环境与吸收体一样,可以产生穆斯堡尔效应.为了使能谱简单明了,我们更可以使用不锈钢作为衬底,^{57}Co扩散进去,由于在室温下不锈钢不存在有效的内磁场,因此发射谱线不发生超精细分裂,而是单一的14.4 keV γ线.但吸收体则存在超精细分裂,依此可以清晰地显示出^{57}Fe14.4 keV跃迁的超精细结构的能谱图样.图43.7就是利用这样的办法得到的,图上有六个不同能量的 γ 吸收峰,正好与图43.6上面的六条跃迁相对应(注意选择规则:$\Delta M_I = 0, \pm 1$).

核能级的超精细结构在理论上早已有过预言,但是,只是在穆斯堡尔效应发现之后,才在实验上首次观察到.

§44 电四极超精细相互作用

(1) 一般表达式

在§35中我们已经知道,当原子核内电荷分布偏离球对称时,原子核存在电四极矩 Q. 核电四极矩在核处电子云存在电场梯度的情况下,将会产生电四极超精细相互作用,从而引起一个附加的相互作用能量,使能级发生分裂.

设电子角动量 $\boldsymbol{J}$ 的方向为 z 轴方向,电子云对 z 轴柱形对称,它在核处产生的电场梯度为

$$\phi_z = -\frac{\partial E_z}{\partial z} = \frac{\partial^2 V_e}{\partial z^2} \tag{44-1}$$

其中 V_e 为电子产生的电势.量子力学计算表明,电四极相互作用引起的能级移动为

$$\Delta E_Q = \frac{B}{4} \frac{\frac{3}{2}K(K+1) - 2I(I+1)J(J+1)}{I(2I-1)J(2J-1)} \tag{44-2}$$

式中 $K = F(F+1) - J(J+1) - I(I+1)$;

$$B = eQ \langle \frac{\partial^2 V_e}{\partial z^2} \rangle \tag{44-3}$$

它表征电四极超精细相互作用的大小,称为**电四极超精细相互作用常数**.其中 $\langle \frac{\partial^2 V_e}{\partial z^2} \rangle$ 为核外电子产生的电场梯度的平均值,它依赖于电子运动的波函数.

必须指出,在下列情况下不存在电四极相互作用:

1. 原子电子为 S 态,即总轨道角动量 $L=0$,那时,由于波函数球对称分布,在原子核外的电场梯度为零,$\langle \frac{\partial^2 V_e}{\partial z^2} \rangle = 0$;

2. 原子核角动量 $I=0$ 或 $1/2$，那时，核电四极矩 $Q=0$；

3. 原子的电子总角动量 $J=1/2$ 或 $J=0$ 时，电子波函数仍为球对称，从而使它在原子核处产生的电场梯度为零.

对于以上三种情况，电四极相互作用等于零，原子内只存在磁偶极相互作用，那时，超精细能级分裂比较简单. 但在一般情况下，原子电子和原子核之间总是同时存在磁偶极和电四极超精细相互作用，实验上呈现的效应也是两部分的叠加. 当我们把式（43-23）与式（44-2）合并时，我们得到总的能级移动为

$$\Delta E = A \cdot \frac{K}{2} + B \cdot \frac{\frac{3}{2}K(K+1)-2I(I+1)J(J+1)}{4I(2I-1)J(2J-1)} \qquad (44-4)$$

这是超精细相互作用引起的能量位移的最一般表达式.

（2） 原子能级分裂的实例

由图 44.1 我们看到 $^{55}\mathrm{Mn}$ 的 $^{6}\mathrm{P}_{7/2}$ 能级的超精细结构是由满足间距规则的磁超精细分裂再加上电四极矩超精细相互作用作一个小的修正而形成。

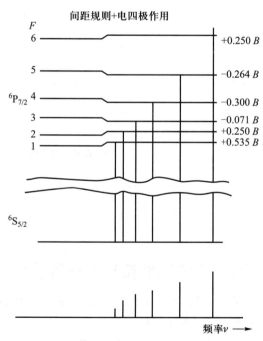

图 44.1　$^{55}\mathrm{Mn}$ 的 $^{6}\mathrm{P}_{7/2}$ 能级的超精细结构

（3） 电四极超精细相互作用引起核能级的分裂

与磁偶极情况类似，电四极超精细相互作用也会产生核能级的分裂. 由于电子产生的电场梯度 $\dfrac{\partial^{2}V_{e}}{\partial z^{2}}$ 在原子核范围内几乎为一常量，计算得到的电四极核能级移位为

$$\Delta E_Q = \frac{1}{4}eQ\left\langle \frac{\partial^2 V_e}{\partial z^2}\right\rangle \times \frac{3M_I^2 - I(I+1)}{I(2I-1)} \tag{44-5}$$

其中 M_I 为核角动量 $\boldsymbol{I}$ 在 $\left\langle \dfrac{\partial^2 V_e}{\partial z^2}\right\rangle$ 方向（z 轴）上的投影，见图 44.2 所示.

在实际情况中，电、磁相互作用总是同时存在的. 图44.3给出了 ^{57}Fe14.4 keV 的超精细结构：(a) 纯的磁偶极相互作用；(b) 在强的磁相互作用上叠加一个弱的电四极相互作用.

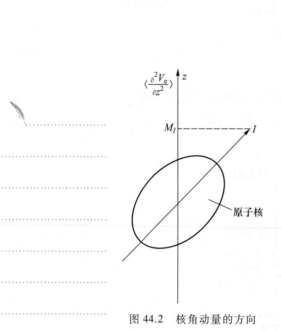

图 44.2　核角动量的方向

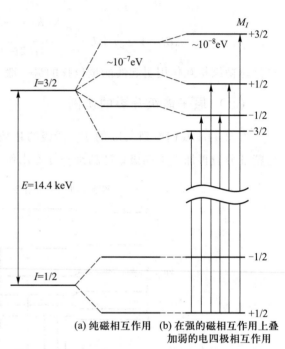

(a) 纯磁相互作用　(b) 在强的磁相互作用上叠加弱的电四极相互作用

图 44.3　^{57}Fe 的 14.4 keV 共振相应的六条跃迁

§45　同位素移位与同质异能移位

本节将讨论原子核的有限质量和有限体积对原子能级的影响（同位素移位），以及对核能级的影响（同质异能移位）.

（1）质量效应引起同位素移位

在第二章讨论类氢离子的能级时，我们已经知道，与质量数为 A 的原子核相应的原子的里德伯常量为

$$R_A = R_\infty \frac{1}{1+\dfrac{m_e}{m_A}} \tag{45-1}$$

式中 m_e 为电子的质量，m_A 为原子核的质量，R_∞ 为假定 $m_A \longrightarrow \infty$ 时的里德伯

常量.由于 m_A 值的变化,引起的 R_A 的变化为

$$\delta R_A = R_A(m'_A) - R_A(m_A) \approx \frac{m_e \delta m_A}{m_A(m_A + \delta m_A)} R_\infty \qquad (45-2)$$

其中 $\delta m_A = m'_A - m_A$.利用原子的量子态的能量表达式(§7)

$$E_n = -\frac{R_A h c Z^2}{n^2} \qquad (45-3)$$

可以得到:

$$\delta E_n = E_n(m_A + \delta m_A) - E_n(m_A) = -\frac{hcZ^2}{n^2} \delta R_A$$

$$= -\frac{hcZ^2}{n^2} \frac{m_e \delta m_A}{m_A(m_A + \delta m_A)} R_\infty \qquad (45-4)$$

我们在这里已用了式(45-2).由此可以看出,对于核电荷相同、但质量相差 δm_A 的同位素,能级会显出差异.从式(45-4)的负号可知,质量较大的同位素的能级偏低.按照 $E = h\nu$,还可得到光谱线相对频率的变化:

$$\frac{\delta \nu}{\nu} = \frac{m_e \delta m_A}{m_A(m_A + \delta m_A)} \qquad (45-5)$$

由此可见,对不同同位素的同一条光谱线,质量大的同位素相应的光子能量较大,或波长较短.虽然我们讨论的是类氢离子的公式,但对于一般原子,其能级或光谱位移与核质量关系是一样的.在实验上已经观察到了这样的现象,称为**同位素光谱线的质量移位效应**.

由于频率相对位移 $\delta\nu/\nu \sim 1/m_A^2$,因此,对于重元素,这一效应很微小.例如,对于质量数 $A \approx 100$ 的相邻两个同位素($\delta m_A = 1$),$\delta\nu/\nu \approx 5 \times 10^{-8}$.氢同位素产生最大的质量移位效应,例如氢和氘,$\Delta\nu/\nu \approx 2.7 \times 10^{-4}$,用普通的光谱仪就可观察到.尤雷正是在 1932 年从光谱线的研究中发现了氘的存在(§8).

(2) 核电荷体积效应引起同位素移位

从第七章我们已经知道,原子核的电荷有一定分布,它和电子间的静电相互作用能量与假定原子核为点电荷时得到的结果会有一定的差异.这是因为,s 电子的波函数在原子核区域不为零,即 $\psi(0) \neq 0$,当电子进入原子核内部时,势能就不再服从点电荷的那样的规律($-1/r$).

为简单起见,我们假定原子核为一电荷均匀分布的球,半径为 R,按经典电学,容易算出,在距原子核球心为 r 处的电子的电势为

$$V(r) = \begin{cases} V_0(r) = -\dfrac{1}{4\pi\varepsilon_0}\dfrac{Ze^2}{r}, & r > R \\[2mm] \dfrac{1}{4\pi\varepsilon_0}\dfrac{Ze^2}{R}\left(-\dfrac{3}{2} + \dfrac{r^2}{2R^2}\right), & 0 \leqslant r \leqslant R \end{cases} \qquad (45-6)$$

于是,体积效应引起电子和原子核静电相互作用能量的修正值(哈密顿量)为

$$\mathcal{H}_s = V(r) - V_0(r) \qquad (45-7)$$

按照量子力学,它将引起能差

$$\Delta E = \int_0^\infty \psi^* [V(r) - V_0(r)] \psi \cdot 4\pi r^2 \mathrm{d}r$$

$$= |\psi(0)|^2 \int_0^R [V(r) - V_0(r)] 4\pi r^2 \mathrm{d}r \qquad (45\text{-}8)$$

在上式中我们假定,电子波函数在原子核范围内为常数;由于核半径比原子半径小四个量级,这样的假定是允许的. 利用式(45-6),我们不难得到

$$\Delta E = \frac{2\pi}{5} |\psi(0)|^2 \frac{1}{4\pi\varepsilon_0} Ze^2 R^2 \qquad (45\text{-}9)$$

注意,这样算得的 ΔE 只代表:假定核为点电荷或核为半径为 R 的均匀电荷球这两种情况下相互作用势能差. 对于不同同位素,由于核内核子数的差别(质子数相同,中子数不同),核半径不是一样的,由此产生的能级移位为

$$\delta(\Delta E) = \frac{4\pi}{5} |\psi(0)|^2 \frac{1}{4\pi\varepsilon_0} Ze^2 R^2 \frac{\delta R}{R} \qquad (45\text{-}10)$$

由此可以看出:

1. 有较大核半径的同位素(中子数较多的核),能级相对要高一点,这和实验测量完全一致. 由于只有 S 态才有同位素移动,故产生的光谱线波长向哪个方向移动要取决于能级跃迁是由 S 态向非 S 态跃迁,还是相反. 当 S 态为终态时,谱线随同位素质量增大而向红端移动.

2. 从 §33 可知,核半径 $R \propto A^{1/3}$,因此,

$$\delta(\Delta E) \propto \frac{\delta R}{R} \propto \frac{\delta A}{A} \qquad (45\text{-}11)$$

对于偶质量同位素,$\delta A = 2$,能级移位的间距应相等.

3. 同位素移位 $\delta(\Delta E)$ 和 $|\psi(0)|^2$ 成正比,而 $|\psi(0)|^2 \propto Z^3$,因此,移位随 Z 迅速增加,即体积效应对重元素特别明显.

理论与实验都表明,$\delta(\Delta E)$ 的大小正好与超精细结构中能级分裂值落在同一数量级内. 顺便指出,由体积效应引起的能量移位与质量效应引起的移位方向正好相反.

(3) 核能级的同质异能移位

与磁偶极、电四极相互作用一样,原子核体积的差异,不仅引起原子能级的移位,同时也引起原子核能级的变化. 同一核素(中子数和质子数都相等)的激发态和基态,由于核电荷分布不同,它们与核外电子的静电相互作用就有差异,从而引起核能级的移位. 我们称它为**同质异能移位**,或**电零级移位**.

─── 小 结 ───

原子、离子、电子和原子核与它们所处的环境(固体、液体、气体、等离子体)的相互作用,构成了物理科学中一个广泛的研究领域. 这些研究,不仅本身包含

着丰富的内容,而且也常常为物理、化学、生物学的许多现象提供了唯一的测试手段. 正是在这些研究方面,超精细结构起着十分重要的作用. 也正是在这些研究方面,像 μ 子原子、穆斯堡尔效应、核磁共振、激光束、离子束、原子和原子核的极化、沟道效应等等这些近年来十分活跃的研究课题,推动着超精细相互作用研究的发展.

超精细相互作用已成为研究固体物理、原子物理和原子核物理之间的一门边缘学科. 下面一张图,画于国际性杂志"超精细相互作用"(Hyperfine Interactions)的封面,也常作为超精细相互作用国际会议的会徽. 它很好地体现了这一相互作用的主要特征.

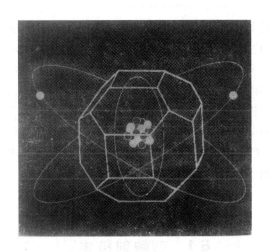

习　题

8-1 由原子光谱的超精细结构发现,钠的 D_1 线(589.6 nm)又分裂成两条相距为 0.002 3 nm 的谱线,这是钠的 $3S_{1/2}$ 能级一分为二的结果. 试求该能级的两个子能级的间距(参见图43.5).

8-2 原子 ^{42}K 的原子态 $^2S_{1/2}$ 的每一个子能级在强磁场中分裂成 5 个成分,试求该原子核的自旋. (提示:请参见§22(5),考虑在强磁场下超精细结构的分裂特征)

8-3 考察图43.4,回答:

(1) 为什么 $^4F_{9/2}$ 能级的磁偶极超精细结构远大于 $^4G_{11/2}$ 能级?

(2) 电四极相互作用将给 $^4F_{9/2}$ 能级的间距规则带来多大的偏差?

* 附录I. 离子束分析

福尔摩斯是位神探. 但是,他能从某人的一根头发中获悉此人在三个月前去过砷化镓生产厂吗?

离子束分析是利用离子束和物质的相互作用来对物质进行元素的定性分析、定量分析和结构分析. 它是近二十年来发展起来的无损、高灵敏的分析手段;自1973年召开第一次国际离子束分析会议以来,每两年召开一次,内容十分丰富精彩. 离子束分析主要包括散射方法(特别是卢瑟福背散射)、离子感生X射线和核反应分析三种方法. 我们在本附录里,将利用复旦大学核物理实验室近年来在离子束分析方面取得的成果,对卢瑟福背散射技术、非卢瑟福背散射技术、质子X荧光分析、核反应分析方法作一概括的介绍,以作为原子物理学这一课程内容应用于实际问题的具体例子[1].

§1 背散射技术[2]

(1) 卢瑟福背散射基本原理

由离子源产生离子,经加速器加速到一定能量,经过磁偏离、聚焦、准直后,单能离子束打到真空靶室中的样品(靶)上. 在入射能量低于使它和靶核发生核反应的阈能的条件下,入射离子和靶核发生弹性碰撞(图I.1). 当入射离子的质量、电荷、能量分别为 m_1, Z_1, E_0,靶核的质量、电荷分别为 m_2、Z_2 时,在散射角 θ 接受到的离子能量为 E'. 由弹性散射的能量、动量守恒定律,可以导出[见(41-15)式]:

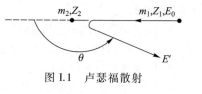

图I.1 卢瑟福散射

$$E' = K(\theta)E_0 \tag{I-1}$$

式中

----

〔1〕 杨福家,赵国庆. 离子束分析. 复旦大学出版社,1985.

〔2〕 J. F. Ziegler. New Uses of Ion Accelerators. Plenum Press, New York(1975);W. K. Chu, J. W. Mayer & M. A. Nicolet. Backscattering Spectrometry. Academic Press, New York(1978).

$$K(\theta) = \left[\frac{m_1\cos\theta + \sqrt{m_2^2 - m_1^2\sin^2\theta}}{m_1 + m_2}\right]^2 \qquad (\text{I}-2)$$

称为**运动学因子**. 正如 §41 中所指出,在用上式作计算时,m 可近似用质量数 A 代替.

例如,当入射离子为 α 粒子($m_1 = 4$, $Z_1 = 2$),且 $E_0 = 2$ MeV,$\theta \approx 180°$时,则可对不同靶核算得 E',见表 I.1. 依此得到的能谱图,见图 I.2. 不同元素在横坐标 E' 上占有不同的位置,而每一元素相应的峰面积[纵坐标 $N(E')$ 的积分值]即正比于该元素在靶中的含量,以及卢瑟福散射截面. 这是薄靶的情况,即入射离子的能量在靶内的损耗可以忽略的情况.

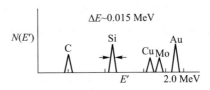

图 I.2 卢瑟福背散射能谱示例:薄靶

表 I.1 对 2 MeV 的 α 粒子背散射粒子能量与靶元素的关系

靶元素	m_2	E'/MeV	靶元素	m_2	E'/MeV
C	12	0.50	Mo	96	1.69
Si	28	1.12	Pd	106	1.72
Cu	63	1.55	Au	197	1.84

对于厚靶,入射离子在靶物质内除因与靶核发生弹性散射而使能量变小外(从 E_0 减为 E'),在射入和射出靶物质的途径上也要损失能量. 这就是电离损失 $\dfrac{dE}{dx}$(单位路程上的能量损失,又称**阻止本领**). 这样,从同种原子散射回来的离子,其能量与发生碰撞的深度有关(图I.3). 因此,对卢瑟福背散射能谱进行分析,可以得到靶原子深度分布的信息. 当入射离子束和靶平面相垂直时,从靶表面第一层靶原子和靶表面下深度 t 处散射时,散射离子的能量差为

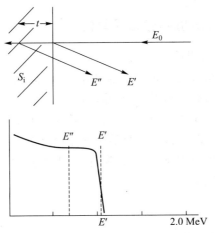

图 I.3 卢瑟福背散射能谱示例:硅,厚靶

$$\Delta E = E' - E'' = KE_0 - E'' = [S]t \qquad (I-3)$$

式中

$$[S] = \left(\frac{dE}{dx} \bigg|_{E_0} K + \frac{dE}{dx} \bigg|_{KE_0} \frac{1}{|\cos\theta|} \right) \qquad (I-4)$$

称为**背散射能量损失因子**. 从式($I-3$)可知, ΔE 和 t 呈线性关系, 从而可以方便地将能谱的能量标度转化为靶物质的深度坐标.

对于厚靶上有一薄层杂质元素(m_3, Z_3)时, 假定 $Z_3 > Z_2$, 我们将得到图 $I.4$. 当杂质元素也有一定厚度时, 我们将得到图 $I.5$.

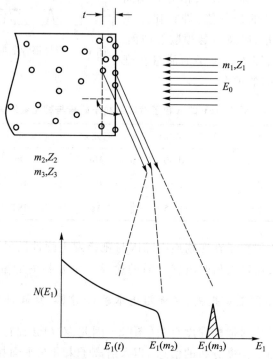

图 $I.4$　背散射能谱示例: 厚基体上的薄层

（2）卢瑟福背散射实验结果举例[3]

1. 固体薄膜厚度的测量.

利用背散射方法可以方便地测量硅基体上金、钽、钴等金属薄膜的厚度, 以及硅基体上氮化硅、二氧化硅薄膜的厚度. 图 $I.6$ 为金硅面垒探测器(带电粒子常用探测器)的 α 粒子背散射能谱. 图中清晰地标出了硅峰和金峰; 试比较图 $I.4$. 根据图上金峰的宽度, 可以容易地算出金层厚度为 $14.1(1+0.5\%)$ nm.

对于 10 nm 以下的薄膜或不透明薄膜, 常用的光学方法测厚仪很难测量, 而背散射方法则不受限制.

---

〔3〕 承焕生等. 物理, 9(1980)220; 复旦学报(自然科学版), 2(1979)17; 低温物理学报 9(1987) 201.

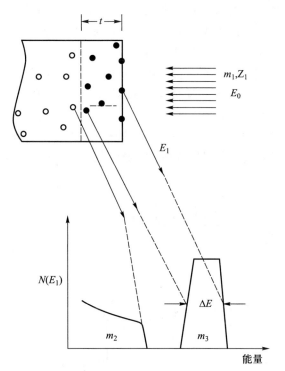

图 I.5 背散射能谱示例:厚基体上的厚层

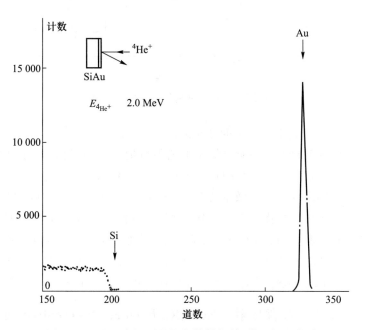

图 I.6 金硅面垒探测器的背散射能谱(横坐标是多道
分析器的道数,它正比于散射粒子的能量)

2. 测定化合物的化学配比和混合物成分的相对含量.

用背散射可以测定化合物各元素的化学配比,或混合物成分的相对含量.

图 I.7 是一种磁泡材料薄膜的背散射能谱,该薄膜用外延工艺生长在钆镓石榴石基体上. 已知此薄膜含有 Fe,Ga,Y,Sm 和 O 五种元素,其成分比通常与石榴石一致,即为 X_8O_{12},这里 X 代表除氧以外的所有其他元素,右下脚标为原子比. 根据能谱上相应元素的平台高度,再通过元素的散射截面和背散射能量损失因子校正以后,可得各元素成分的相对含量,预计值为 $Y_{2.6}Sm_{0.4}Ga_{1.2}Fe_{3.8}O_{12}$;实测值为 $Y_{2.32}Sm_{0.38}Ga_{1.2}Fe_{3.8}O_{12}$.

磁泡薄膜成分的相对含量对性能有影响,通过对样品成分相对含量的分析,可以对原料配方加以合理的调整,以得到最佳元素成分比例.

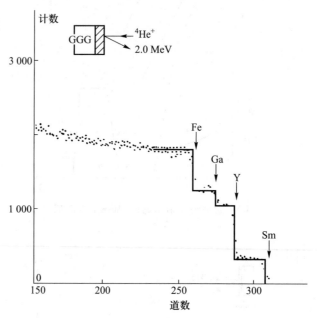

图 I.7　一种磁泡材料的背散射能谱

3. 氯离子在二氧化硅中深度分布的测量.

在制造某些半导体器件的热氧化工艺中适量加氯,对提高器件的性能有明显的效果. 测量氯离子在二氧化硅中的深度分布,将有助于了解氯离子的行为. 图 I.8a 是这类样品的典型背散射能谱. 图中标出了硅基体的背散射峰、表面二氧化硅层中的硅和氧的背散射峰和氯的背散射峰. 天然氯元素中有同位素 ^{37}Cl 和 ^{35}Cl,相应的丰度分别为 24.23% 和 75.77%,它们的背散射峰可以清楚地分开. 根据能谱图可以定出氯峰的深度位置、深度分布、氯峰处的含氯量、样品单位面积上的含氯总量. 图 I.8b 就是氯离子在样品中的深度分布曲线。

（3）非卢瑟福背散射（Non-Rutherford Backscattering）

上面介绍的例子都是采用能量为 1 MeV ~ 2 MeV 的 α 粒子作为入射束,但在遇到分析重基体中的轻元素含量时会有些困难,因为卢瑟福散射截面与靶原子核的原子序数 Z 的平方成正比,因而轻原子的散射信号往往容易被重元素信号掩盖. 近几年来,新发展了一种叫"非卢瑟福背散射"的方法,可以大大地提高

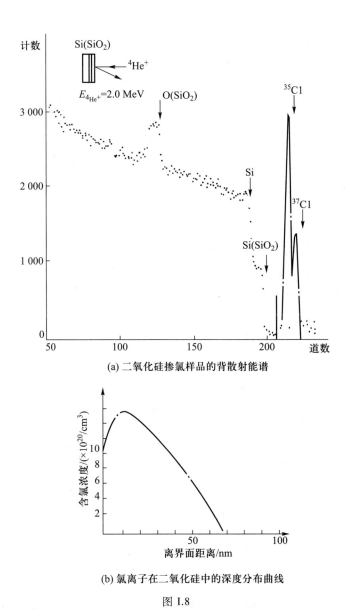

(a) 二氧化硅掺氯样品的背散射能谱

(b) 氯离子在二氧化硅中的深度分布曲线

图 I.8

探测重基体元素中轻元素的灵敏度. 例如, α 粒子入射氧原子时, 在散射角为 170°、α 粒子能量为 3.034 MeV 时有一很强的锐共振出现, 散射截面是卢瑟福散射的 23 倍(共振半宽度为 10 keV); 当 α 粒子能量在 8.5 MeV 以下时, 最强的共振散射出现在 7.60 MeV, 这时的散射截面是卢瑟福散射的 200 倍[4]. 在 8.50 MeV ~ 8.90 MeV, 散射截面变化缓慢而呈现一个平坦区, 其值为卢瑟福散射的 30 多倍, 非常适合用于非卢瑟福背散射分析.

〔4〕 Z. Y. Zhou(周筑颖)等, in" High Energy & Heavy Ion Beams in Material Analysis" edi. by J. R. Tesmer et al. ,pp. 153—164, Pub. by MRS(Material Research Society) , Pittsburgh, Pennsylvania, USA(1990); 以及 Huan-sheng Cheng(承焕生)等. Nucl. Inst. & Methods. B 83(1993) 449.

自 1911 年昂内斯(Heike Kamerlingh – Onnes)发现水银在液氦温度下(4.2 K)的超导现象以来,直到 1986 年初,经过 70 余年努力,才把超导临界温度从4.2 K 提高到23.2 K(铌三锗,Nb_3Ge,1973 年发现;这个"世界冠军"一直保持到 1986 年 4 月),平均年增长率为0.253 K.但在 1986 年初出现了突破性的进展[5].缪勒(K.Müller)和贝诺兹(J. Bednorz)首先观察到Ba-La-Cu-O在35 K 达到超导(零电阻温度),接着,在不到一年时间内,临界温度 T_c 扶摇直上,达到 93 K(Y-Ba-Cu-O),从而在液氮温度(77 K)即可实现超导.目前,最高临界温度已超过 130 K,实现室温超导体已非梦想.人们发现,材料的化学配比对临界温度颇为重要,通过背散射能谱的分析,即可知道,被分析的样品是不是一块好的($T_c>90$ K)超导体.

图 I.9 是高温超导体 $YBa_2Cu_3O_7$ 的背散射能谱.入射 He^{++} 离子能量为 8.8 MeV,样品为厚靶(块料).氧的弹性散射截面是卢瑟福截面的 30 倍,在此能量下,Ba 和 Y 元素仍然遵循卢瑟福散射,但 Cu 的散射截面已偏离了卢瑟福截面.为正确求得钇钡铜氧的化学配比,只需将铜和氧的散射截面进行核正[6].

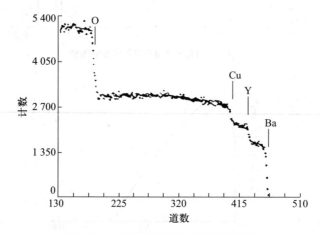

图 I.9 钇钡铜氧超导体的背散射能谱

虽然卢瑟福散射已有七十余年的历史,但由于探测技术的限制,只是在 1967 年以后,背散射才开始成为一种分析技术;那一年,托克维奇(Turkevich)把一 α 源连同探测系统送上月球,成功地分析了月球表面成分,其结果与两年后直接从月球取样分析得到的结果基本一致.背散射技术受人重视的另一个原因是,它与 20 世纪 60 年代发现的沟道效应相配合,可方便地测定杂质在晶格中的位置以及晶格的完善程度[1].近年来,配以超高真空靶室及其他的表面分析工具,又对固体的表面及界面结构作了十分细致的单原子层分析[7].

[5] 赵忠贤.科学,40(1988)3.
[6] Wu Shiming(吴士明)等. Nucl. Inst. & Methods. B45(1990)227.
[7] L. C. Feldman. Nucl. Inst. & Meth. 191(1981)211;承焕生等. 物理学报,38(1989)1981.

§2 质子 X 荧光分析

（1） 基本原理[1, 8]

当加速器加速的质子轰击样品时,质子有一定概率把样品原子的内层电子打掉,产生内空穴,使原子电离. 当外层电子填充内空穴时,可能发生两个现象:一是放出特征 X 射线,一是发射俄歇电子(第六章);两者发生的概率之比由

$$\omega_k = \frac{K-X\ 光子数}{K\ 层空穴数}$$

表征(假定内空穴发生在 K 层),ω_k 称为**该元素的 K 壳层的荧光产额**. 特征 X 射线、俄歇电子、ω 值,都是由元素的性质唯一决定,它们好比是元素的手印. 用质子使样品中的元素产生空穴,并依靠由此发出的 X 射线的能量和数量来决定元素的性质和含量,这就称为**质子 X 荧光分析**(Proton Induced X-ray Emission,缩记为 PIXE).

比起电子作为激发源,质子的好处是韧致辐射小(韧致辐射反比于带电粒子质量的平方,见第六章),探测灵敏度高 10^2—10^4 倍. 而且,质子可以透过薄膜被引出真空室,在大气或氦气环境下对样品进行分析,这是电子束无法办到的,它对珍贵、大型的古物,或对活的生物样品,都是特别有效的. 若用 X 源激发,固然也可以在非真空环境下分析样品,但是,除非使用同步辐射,一般难以聚焦、准直,而且源的强度又比较弱,分析灵敏度相当差.

图 I.10 是质子 X 荧光非真空分析的一种实验安排.

（2） 应用实例

1. 越王勾践剑的分析[9]. 越王勾践剑于 1965 年在湖北江陵望山一号墓出土,同时出土的还有一把花纹相同,但不带铭文的棺外辅剑. 这两把剑虽在春秋战国时期制作,又在地下埋藏了 2 500 a 左右,但至今仍光华四射、锋利无比,是我国古剑库中最珍贵的两把,闻名于世界. 对这种类型的珍贵文物进行分析,首先必须确保无损伤,又由于它们的体积比较大(剑长 64.1 cm),并要求对不同部位作细致分析. 因此,质子 X 荧光非真空分析就成为目前最为有效的手段.

我们在湖北省博物馆及国家文物管理局的支持下,与上海原子核研究所、北京钢铁学院协作,成功地对越王勾践剑及其辅剑进行了分析,与此同时还分析了一把越王州勾剑以及秦皇朝的箭镞等文物. 图 I.11 是越王勾践剑各部位的

〔8〕 任炽刚等. 质子 X 荧光分析和质子显微镜. 原子能出版社(1981).

〔9〕 复旦大学静电加速器实验室、中科院上海原子核所活化分析组、北京钢铁学院《中国冶金史》编写组. 复旦学报(自然科学版),1(1979)73;J. X. Chen(陈建新)等. Nucl. Inst. & Method,168(1980)437.

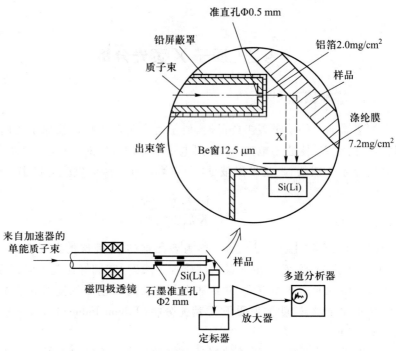

图 I.10　质子 X 荧光非真空分析实验装置示意图

PIXE 能谱：(a)黄花纹处；(b)黑花纹处；(c)表面装饰——琉璃处.

　　从图 I.11 可知，剑的主要成分是铜和锡，并有少量铁和铅. 铁是不可溶杂质，它的存在是生锈的重要原因；而分析结果表明，剑内铁的含量远低于我国铜矿内的铁含量，再加上剑表面的硫化处理，对越王剑的防锈起了很大作用. 这些结果都反映了我国古代的冶炼水平.

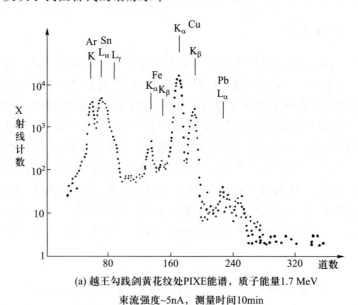

(a) 越王勾践剑黄花纹处PIXE能谱，质子能量1.7 MeV

束流强度~5nA，测量时间10min

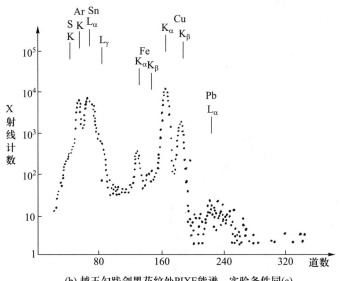

(b) 越王勾践剑黑花纹处PIXE能谱，实验条件同(a)

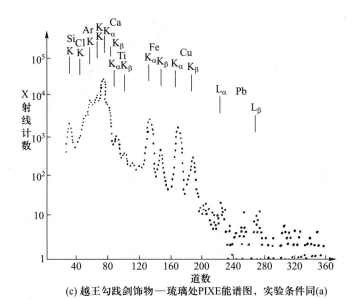

(c) 越王勾践剑饰物—琉璃处PIXE能谱图，实验条件同(a)

图 I.11　越王勾践剑的 PIXE 能谱图(用束流强度 5 nA)

　　图 I.11(c)表明，剑柄上的琉璃属钾钙玻璃；这是我国发现的最古老的钾钙玻璃.

　　图中的氩(Ar)峰系大气中微量氩的贡献，若用氦气代替大气环境，则可以避免这一干扰峰.

　　2. 人发分析.人发中的痕量元素往往反映出人体的很多内在情况，而人体内痕量元素与疾病的关系研究则是当今生物医学的一个重要方面.

　　图 I.12 是与砷化镓有过较多接触的人的头发的 PIXE 能谱.过去常用原子吸收光谱法(简写 AAS 法)分析，但这一方法需要较多的头发，且只能用一次(毁坏性的分析方法)，每次又只能分析一种元素.现在采用 PIXE 方法，只需要几根头发,且可长期保存(非毁坏性的分析法).用能量为 2 MeV 的质子束 20 nA,照射头发样品约 30 min,即得到图 I.12.图上附表还对 AAS 和 PIXE 的结果作了比对.

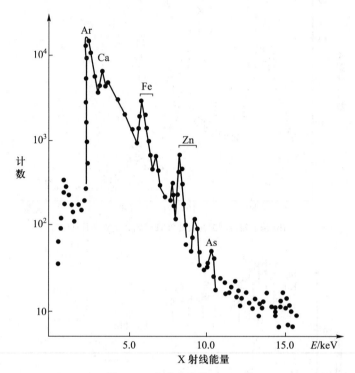

图 I.12　含砷头发的 PIXE 谱

我们还发现,在智能低的儿童的头发中,铜的含量显著地低于正常儿童[10].此外,在医学研究中的应用还可参见[11].

3. 大气污染分析.对城市空气的经常性检察是环境保护的一项重要工作. PIXE 在这方面同样可以发挥它的作用.

样品	AAS(ppm)		PIXE(ppm)
	Zn	As	As
1	112.9	13.5	12.4±1.4
2	122.8	4	5.7±1.5
3	148.7	7	11.0±2.6

图 I.13 是拉萨市和上海市空气采样的 PIXE 能谱比较[12],显然,拉萨市的空气要比上海干净得多.

〔10〕　J. X. Chen(陈建新)等. Nucl. Inst & Method,181(1981)269.

〔11〕　吴延平,宓咏,沈皓,Nucl. Inst & Method,B189(2002)459.

〔12〕　毛孝田等. 核技术,4(1982)102.

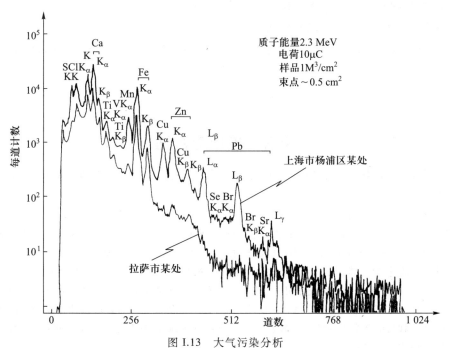

图 I.13　大气污染分析

4. 古陶瓷研究和鉴定方面的应用. 由于 PIXE 方法具有无损、可以同时进行多元素分析(在外束、大气条件下,元素周期表上自镁以后的元素都能分析),并具有很高的灵敏度(大多可达 ppm 量级),因而很适合于科学考古研究,例如古陶瓷制造工艺、产地研究和现代仿品的识别等[13]. 图 I.14 是一典型的清代官窑烧造的黄釉碗在黄釉部位测得的 PIXE 能谱. 这种黄釉碗是清宫专门为皇帝及其家属使用而烧造的. 能谱上显示了很强的 Pb 峰,经厚靶 PIXE 程序计算,这种黄釉的含铅量高达 40%,可知这是一种典型的低温釉. 据现代的科学知识,铅对人

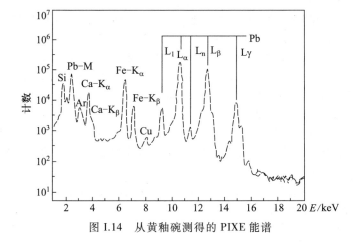

图 I.14　从黄釉碗测得的 PIXE 能谱

---

〔13〕　Cheng Huansheng(承焕生)等. Nucl. Instr. and Meth. B118(1996)377.

的呼吸和神经系统有毒害作用,这种含铅餐具与食醋接触,铅将溶入食物而进入人体.现在国内、外都禁止销售与使用这种釉中含铅的瓷餐具.

PIXE 已深入发展到用于探测元素在样品中微区的空间分布.例如扫描质子微探针(质子显微镜)[14],读者还可参阅文献[1]和[8].

§3 核反应方法

利用离子束与原子核发生的特定反应,测量反应产物,可判定靶核的性质与数量.

[例1] 碳的分析

在半导体器件中,碳的含量超过一定程度时,碳的存在将会对器件的性能产生严重影响.利用质子 X 荧光分析,几乎不可能分析碳,这是因为激发碳的截面很小,碳的 X 射线的能量又极低,探测非常困难.利用背散射技术分析碳也是十分艰难的,这是因为:一方面,卢瑟福散射截面与原子序数平方成正比,假如入射离子是 2 MeV α 粒子,那么,对碳的散射截面约为对硅的 15%;另一方面,从背散射能谱看,硅中碳的散射峰将被硅基体连续分布能谱所掩盖.因此,用 2 MeV α 粒子背散射方法分析硅中碳,碳的含量至少大于 20%(原子百分比),才能达到一定精度.

但是,利用 4.26 MeV α 粒子对碳引起的核共振反应[15],$^{12}C(\alpha,\alpha)^{12}C$,则由于共振截面比散射截面大 200 倍,以致分析碳的灵敏度可达 0.1%(原子百分比).

利用 $^{12}C(d,n)^{13}N$ 反应,测量 ^{13}N 的 β^+ 放射性(半衰期为 10 min),也可方便地测量硅中痕量碳[16].

上述测量产核放射性活性的办法,又称带电粒子活化分析法.它测量的是含碳总量,而不能测量碳在材料中的深度分布.为了测定碳的深度分布,可以采用 $^{12}C(\alpha,p)^{13}C$ 反应,测量出射质子的能谱.不过,更好的方法是最近提出的[17] $^{12}C(^3He,p)^{14}N$ 反应,采用 2.42 MeV ^{3}He 束,测量碳在硅中的深度分辨率为 10.9 nm,比 (α,p) 反应好三倍.

[例2] 氧的分析

图 I.15 是用 830 keV 氘离子束轰击氮化硅薄膜(137 nm)测得的带电粒子能谱[18].图中除显出氧的贡献外,还有碳和氮的贡献.从此可以容易算出薄膜中含氧量与含氮量的相对比值,测量的灵敏度约为 0.3%(相对于薄膜中的氮原子数).

文献[17]还提出 $^{16}O(^3He,\alpha)^{15}O$ 反应,用 2.42 MeV ^{3}He 离子束,与 $^{12}C(^3He,p)^{14}N$ 一起可同时分析碳与氧.对氧的深度分辨率达 9.8 nm.

[例3] 氢的分析

材料中氢的分析具有重要意义,因为氢的含量多少在很大的程度上决定或影响着许多材料的物理和化学性能.例如:在无定型硅中掺入氢,无定型硅会转化成为半导体,这使得大

[14] 钟玲,庄蔚,沈皓,宓诟等,Nucl. Instr & Methods,B,260(2007)109,专门介绍复旦大学的扫描质子微探针装置的性能和运行情况.

[15] M.östling & C.S.Petersson.Proc. on 6th Int.Conf. on Ion Beam Analysis. Arizona State University (1983)M3.

[16] 袁自力.复旦学报(自然科学版),3(1975)60.

[17] C. R. Gossett. Proc. of 6 th Int. Conf. on Ion Beam Analysis. Arizona State University,(1983)M19.

[18] 承焕生等.半导体学报,3(1982)62.

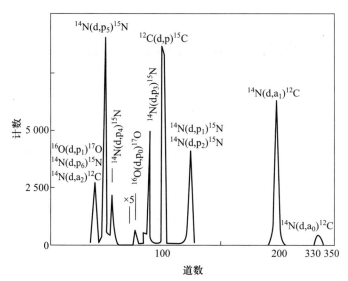

图 I.15　用 830 keV 氘离子轰击氮化硅膜测
得的带电粒子能谱,氮化硅膜厚 137 nm

规模制造廉价的太阳能电池成为可能;石油工业中热裂解及重整反应中催化剂的催化作用和中毒现象,同氢的行为密切相关;在超导研究中,中心问题之一是什么因素决定或限制着超导相变点.兰福特(W. A. Lanford)等人发现[19],在超导材料 Nb_3Ge 中氢含量的增加会明显地降低超导相变点;玻璃的强度与氢的行为紧密相联系;⋯⋯

由于氢的原子序数和原子量都很小,氢的分析相当困难,背散射分析技术和质子 X 荧光分析技术都不可能用于分析氢.利用某种特定的共振核反应,可以有效地分析材料中氢的含量及其深度分布,可以利用的共振核反应有:$^1H(^{15}N, \alpha\gamma)^{12}C$、$^1H(^{19}F, \alpha\gamma)^{16}O$、$^1H(^{35}Cl, p)^{35}Cl$ 等.例如,对于共振核反应 $^1H(^{15}N, \alpha\gamma)^{12}C$,共振能量为6.385 MeV,共振宽度为6 keV,在玻璃和金属铜材料中,氢的深度分辨率分别可达 4 nm 和 1.8 nm. Leich 等人用 $^1H(^{19}F, \alpha\gamma)^{16}O$ 共振核反应分析了月球土壤中的氢分布,深度达 3 μm,深度分辨率达到 5 nm[20].

离子束分析是分析手段中较新的一种方法,它还在不断发展,并且日益扩大其应用范围.参见参考资料[1],及国际性期刊:Nucl. Instr. & Methods,Section B(从 1984 年起分出 B 部,离子束分析是它的主要内容之一).

参考文献——附录 I

---

〔19〕　W. A. Lanford et al. Nucl. Instr,& Methods,149(1978)1.

〔20〕　L. S. Wielunski et al. ,ibid.

* 附录II． 高能物理浅说

我只不过是像一个在海边玩耍的小孩,拣到几块美丽的石子,而自然界像前面的大海,是一望无际的.

——牛顿

§1　向着更深的层次

（1）　线度与能量

高能物理又称粒子物理,是当前物理学的前沿之一. 它的研究对象是比原子核更深的一个层次.

正像在 19 世纪末很多人认为原子是"不可分的"那样,在 20 世纪初期,也有人认为,组成原子核的质子和中子是不可再分了,是"基本"粒子. 因此,把研究比原子核更深的一个层次的物理学称为基本粒子物理学. 当发现中子和质子还有内部结构时,它们就不再是基本粒子了,于是,比较妥当的称呼应该是粒子物理学.

其实,依照我国战国时期(近 2500 年之前)哲学家的说法:一尺之棰,日取其半,万世不竭. 那么,今天称为"基本"的粒子,明天就不再是基本的;"基本粒子"并不是一成不变的东西. 这个观念的正确性,随着物理学的发展,一直在经受着严峻的考验.

当我们把"一尺之棰"一半又一半地往下截时,我们需要的刀子就得越来越薄. 换言之,为了把物质结构解剖得越来越细,所需要传给每单位物质的能量就越来越大. 分离原子的能量约10 eV,分离原子核就需要 MeV 量级的能量,涉及再下一个层次时,将需要 GeV 量级的能量. 被观察的客体的线度越小,观察用的"光"波的波长就要相应地变短,所需用的能量就越大. 这就是为什么我们把粒子物理又称为高能物理. 把这两个名词统一起来的,正是量子力学的德布罗意关系.

（2）　高能粒子源

"高能"究竟高到多少? 我们先看一下目前世界上能产生高能粒子的几个最大加速器:

美国费米国立加速器实验室(FNAL)的质子同步加速器(见图II.1),质子绕圆周运动,最初达到的设计指标值为:质子能量 500 GeV,那时,按圆周半径

$$R \approx \frac{5E}{B}$$

图 Ⅱ.1　美国费米国立实验室外景(加速器圆周直径为 2.2 km)

(R 以 km 为单位;能量 E 以 1 000 GeV 为单位;磁场 B 以 T 为单位)可以估算:当 $B = 2.2$ T 时,圆周直径为 2.2 km. 后来,改用超导磁场,能量已近 2 000 GeV.

西欧核子中心(CERN)的类似的加速器,质子能量为 400 GeV;

美国斯坦福直线加速器中心(SLAC)的电子直线加速器,3 km 长,能把电子加速到 22 GeV.

不过,上述能量值都是指质子(或电子)的动能,当具有这样动能的粒子与固定靶相碰时,有一部分能量要转化为被碰粒子的动能,因此有效的碰撞能量只是其中一部分,即所谓"质心系的能量". 这好比两车相碰,如果一车静止,一车运动,那么运动车的能量中的一部分转化为静止车的动能,另一部分能量才导致车的破坏;假如两车以相同的能量对撞,那么造成的破坏就非常之大了.

当 22 GeV(E_L)的电子与固定质子相碰时,只有 7 GeV(E_{CM})是有效的,有效率 30%,其余的 15 GeV 都耗于质子的运动. 当入射粒子能量比靶核静能大得多时,质心系的能量 E_{CM} 与实验室的能量 E_L 之间的关系为[1]

$$E_{CM} \approx \sqrt{2 m_T E_L}$$

式中 m_T 为靶核质量(以能量为单位). 因此, E_L 越大,有效能量占的比率(有效率)越小. 例如,400 GeV 的质子与静止质子相碰时, $E_{CM} = 28$ GeV,有效率为 7%;当 $E_L = 1\ 000$ GeV 时 $E_{CM} = 40$ GeV,只有 4%是有效能量.

为了提高有效能量,人们制造了对撞机,例如,18 GeV 的电子与 18 GeV 的正电子相撞,有效能量就是 36 GeV. 目前世界上已有的高能对撞机举例如下:

西欧核子中心(CERN),质子反质子对撞机(SPS),能量为 270+270 GeV (1982 年建成);

西德(DESY),正负电子对撞机,19+19 GeV(1978 年建成);

日本(KEK),正负电子对撞机,30+30 GeV(1986 年).

---

〔1〕　弗朗费尔德与亨利. 亚原子物理学. 原子能出版社,1981.

美国（FNAL），质子质子对撞机 Tevatron，1 000 + 1 000 GeV（2×1 TeV；1986）.

中国（BEPC），正负电子对撞机，2.8+2.8 GeV（1988）.[2]

西欧核子中心（CERN），正负电子对撞机 LEP，80+80 GeV（1989 年）.

西德（HERA），目前世界上唯一的 $e^{\pm}-p$ 对撞机，正负电子能量为 30 GeV，质子820 GeV.建于汉堡市居民区地下，最深处离地面 23 m（1990 年）.

西欧核子中心于 2006 年建成能量为 7+7 TeV 的质子-质子对撞机（LHC）.

对撞机的好处是有效能量高，例如，CERN 的 270+270 GeV 对撞机，有效能量为 540 GeV，1983 年在此台机器上发现了 $W^{\pm}$ 及 Z^0 中间玻色子，目前能量已提高到 400 + 400 GeV（见图 Ⅱ.2）. 如果采用固定靶的方法，要达到有效能量 540 GeV，那就要有 1.6×10^5 GeV 的加速器，如果照美国费米国立实验室的方法（400 GeV 的质子同步加速器，直径2.2 km），那么，1.6×10^5 GeV 的加速器的直径将近乎赤道那样大！

图Ⅱ.2　西欧核子中心加速器实验室的航空摄影照片.
图中左方两个小圆环显示出早期的加速器和储存环.
SPS（实线）表示 400+400 GeV 质子-反质子对撞机；
LEP（虚线）表示 80+80 GeV 正负电子对撞机，其圆周长已达 27 km.

对撞机的缺点是，产生对撞的概率小，能够对撞的粒子种类也有限. 它的缺点正是固定靶加速器的优点. 不过，无论如何，我们相信，高能物理的最前沿的研究成果将主要在对撞机上获得.

然而，人工加速器的能量还远小于"天赐"的高能源:宇宙线提供的粒子*的最高能量达 10^{12} GeV！但是它们的流强很弱，且随能量增大而很快下降（$I \sim E^{-2.6}$）. 它是人工无法控制的高能源，但仍可作为研究高能物理的一种途径;事实上，在 20 世纪 40 年代末，很多新的基本粒子都是在宇宙线中发现的，那时真可算是宇宙线研究的黄金时代. 我国早在 20 世纪 50 年代中就在云南建立了宇

〔2〕　朱洪元. 物理，12（1983）385.

　*　宇宙线从哪里来的? 超高能粒子是如何产生的? 至今仍未得到满意的解释. 对此有兴趣的读者，请阅:〔3〕李惠信，张乃健. 物理，12（1983）244 和马宇倩等. 物理学进展，4（1998）383.

宙线工作站,后又在西藏建立了宇宙线实验室,它是世界上最高的宇宙线工作点之一,已经得到了一些能量高达 10^{16} eV 左右的超高能事例.此外,利用高空气球开展宇宙线的研究工作,也是一个很好的办法,我国正在积极开展这方面的工作.

> **┃思考题┃**
>
> 　　高能加速器越造越大,但能量仍旧满足不了要求.要产生更高能量的粒子,必须在加速原理上不断创新.例如,至今为止的对撞机几乎都是圆型的,随着圆半径增大,辐射损失也越来越大,固然它可被我们利用(同步辐射),但对高能物理来说终究是"得不到的能量".那么,为什么不制造直线对撞机呢?确实,美国斯坦福已经制成 50+50 GeV 正负电子直线对撞机(SLAC).读者能否对比一下圆型和直线对撞机的利弊?

(3) 高能物理的特点

　　1. 有人以为原子弹能发出巨大能量,一定与高能物理有密切关系.其实,这是一个很大的误解.如第七章所述,原子弹(或氢弹)内发生的微观过程,都属低能范畴,例如,引起重核裂变的中子能量一般只有 0.025 eV;^{235}U 分裂时每个核子对裂变能的贡献不超过 1 MeV;轻核聚变过程中每个核子的贡献也只不过 6 MeV~7 MeV(1 MeV 相当于 1.6×10^{-13} J;使一克水温度升高摄氏一度所需要的能量等于 4.18 J!).核能的巨大,是宏观效应,是阿伏伽德罗常量起了桥梁作用.

　　而在高能物理研究的微观过程中,涉及的能量一般都在京电子伏以上,但是,至今为止人们还没有办法过渡到宏观.因此,高能物理与能源利用尚无关系,目前纯属基础研究的范畴.

　　2. 高能物理最大的特点是 $\Delta/mc^2 \geqslant 1$. 其中 Δ 表示体系的结合能,mc^2 为结合体的静能.例如,对于原子结合成分子,$\Delta \approx 4$ eV,原子的静能 $mc^2 \approx 1$ GeV,$\Delta/mc^2 \approx 10^{-9}$;电子和原子核结合成原子,$\Delta \approx 10$ eV,即使考虑电子的静能 $mc^2 \approx 0.511$ MeV,比值也只有 $\Delta/mc^2 \approx 10^{-5}$;核子结合成原子核,$\Delta \approx 1$ MeV,$mc^2 \approx 1$ GeV,$\Delta/mc^2 \approx 10^{-3}$.可是在高能物理范畴里,我们将看到,其比值 $\Delta/mc^2 \geqslant 1$!

　　在原子核这个层次里,Δ/mc^2 还只有 10^{-3} 时,我们已经发生 $1+1 \neq 2$ 的问题(§33),现在,$\Delta/mc^2 \geqslant 1$,物质的结构观念应该有什么变化呢?

　　在 1949 年,费米和杨振宁曾提出下列的基本粒子的构成模型:

$$p + \bar{n} = \pi^+$$

$$n + \bar{p} = \pi^-$$

$$\left.\begin{matrix} p + \bar{p} \\ n + \bar{n} \end{matrix}\right\} = \pi^0$$

而 π^+ 介子的质量为 139.57 MeV,质子和反中子的质量之和 $m(p)+m(\bar{n})=$ 1 877.81 MeV,可见,组成前后的质量相差很多.结合能为 1 738.24 MeV,占体系静能的 92.6%,$\Delta/mc^2 \approx 1$.

费米和杨振宁的模型固然在后来不为人们所接受,但是,这里包含的"π^+ 由 p 和 $\bar{n}$ 组成"的含义与"原子由电子和原子核所组成",或者,"原子核由中子和质子所组成"的含义,不是有绝大的差异吗?

3. 与上面的特点相联系,正、反粒子的湮没和产生成了高能物理中普遍的现象.其中正、负电子的湮没为最常见的例子.它们湮没时产生一对能量为 0.51 MeV 的 γ 光子,称为"湮没辐射".这一现象最早为我国核物理学家赵忠尧在 1930 年所发现. * 因此,有人主张,把预言第一个反粒子(e^+)的年代,或发现的年代,作为高能物理的开端.

（4） 历史回顾

1928 年,狄拉克建立相对论的电子理论,预言正电子(e^+)的存在.

1930 年,泡利提出中微子假说.

1931 年,安德森(C. D. Anderson)在宇宙线中发现正电子.

1932 年,查德威克发现中子.

1934 年,费米提出粒子、反粒子的湮没和产生的理论.

1935 年,汤川秀树提出核力的介子理论,预言介子的存在.

1936 年,安德森和尼德迈耶(S. H. Neddermeyer)在宇宙线中发现 μ 子.

1947 年,鲍威尔(C. F. Powell)等人在宇宙线中发现 π 介子.

1955 年,塞格里(E. Segre)和钱伯林(O. Chamberlain)利用高能加速器发现反质子.

1956 年,莱恩斯(F. Reines)和科恩(C. L. Cowan)首次观测到中微子;

考尔克(B. Cork)等人实验证实反中子的存在;

李政道和杨振宁提出弱相互作用中宇称不守恒.

1957 年,吴健雄等人证明 β 衰变中宇称不守恒.

1963 年,盖尔曼(M. Gell-Mann)等人提出强子结构的夸克模型,我国科学家同时提出层子模型.

1967 年,温伯格(S. Weinberg)和萨拉姆(A. Salam)提出弱相互作用与电磁相互作用统一理论,预言中间玻色子($W^{\pm}, Z^0$)的存在.

1970 年,格拉肖(S. L. Glashow)预言第四种夸克(粲夸克)的存在.

1974 年,丁肇中和里希特(B. Richter)发现 J/ψ 粒子,它被认为是由粲夸克与反粲夸克组成的.

1975 年,在 SPEAR 加速器上发现重轻子,即 τ 子.

1977 年,费米实验室发现质量为 9.5 GeV 的 Υ(Upsilon)粒子,找到底夸克存在的证据.

---

* 例如参见:〔4〕李炳安,杨振宁. 现代物理知识,6(1998)29.

1979 年,丁肇中小组证实传递强相互作用的媒介子——胶子的存在,并测定了它的自旋.

1981 年,实验上发现含底夸克的重子 Λ_b^0.

1983 年,CERN 实验组发现中间玻色子 $W^{\pm}$,Z^0.

1991 年,我国高能物理学家精确测量了 τ 轻子的质量*.

CERN(LEP)实验上确定自然界中微子只可能有三种,即 ν_e,ν_μ 和 ν_τ.

1994 年,费米实验室发现了顶夸克存在的确实证据.

1998 年梶田隆章(Takaaki Kajita)和麦克唐纳(Arthur B. McDonald)找到太阳中微子振荡的证据,即中微子在飞行过程中可由一种中微子转换成另一种中微子**,并推断 $m_\nu \neq 0$.

2000 年费米实验室发现了 τ 中微子 ν_τ.

2012 年中国科学家实验上发现了第三种中微子振荡形式(ν_e,ν_τ),并精确测定了概率***.

2013 年 CERN 的 LHC 上实验发现了希格斯玻色子,并确定了它的性质,它是标准模型成功预言的最后一个粒子.

2015 年 CERN 的 LHC 上实验上发现了五夸克粒子,它完全不同于三夸克的重子和两夸克的介子。此前该实验室还发现过四夸克粒子.

图 II.3 是一张富有历史意义的照片.

图 II.3　八位诺贝尔奖获得者,1960 年摄

于罗彻斯特. 左起:塞格里(E. Segrè)、

杨振宁、钱伯林(O. Chamberlain)、李政道、麦克米伦(E. McMillan)、

安德森(C. D. Anderson)、拉比(I. I. Rabi)、海森伯(W. Heisenberg)(承塞格里教授惠赠)

---

* 我国得到的数据为 m_τ=(1 776.9±0.5)MeV,这是目前国际上最精确的实验数据,对以前数据的更改达 7 MeV,而且精度提高了五倍. 李政道认为:"这是近年来高能物理实验最重要的结果之一."

** 早在 20 世纪 80 年代就发现实验上测到的中微子仅为理论上估算值的一半不到,这就是"太阳中微子失踪"之谜. 经过几代人的努力,从理论上和实验上都支持中微子振荡理论,从而解决了失踪之谜.

*** 曾有理论预言不存在第三种中微子振荡,我国科学家领导的大亚湾中微子实验合作组精确测量到第三种振荡,概率为(9.2±1.7)%,参见[5]F. P. An et al.,phys. Rev Lett. 108,171803,2012.

§2 粒子家族及相互作用

（1） 粒子谱

在图Ⅱ.4到Ⅱ.7里,显示了从1913年到1983年70年期间,人们发现的"基本"粒子的递增. 不过,在最后一张图里,列出的并非当今知晓的全部粒子,而只是寿命大于 10^{-20} s* 的那些粒子,否则,粒子总数要超过800个了.

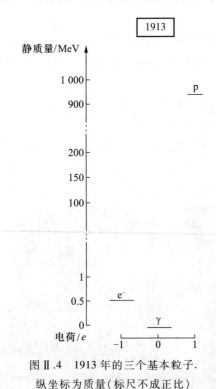

图Ⅱ.4 1913年的三个基本粒子.
纵坐标为质量(标尺不成正比)

在图Ⅱ.7中共有45个粒子(包括反粒子). 除了电磁相互作用的传播子 γ 光子和引力相互作用的传播子 g(引力子,尚未发现)外,其余所有的粒子可以分为两大类:轻子和强子.

1. 轻子. 原来因为这类粒子的质量比较轻,故称为轻子,但在发现 τ 轻子后,它已不算"轻"的粒子了. 轻子的确切定义是,**不参与强相互作用的费米子**. 至今尚未发现轻子有任何的内部结构,这可以说这是轻子的另一特征. 轻子共有十二个($e^-,\mu^-,\tau^-,\nu_e,\nu_\mu,\nu_\tau$ 及其反粒子).

---

* 需要指出,对于线度1 fm而言,近光速运动的粒子的穿越(1 fm)的时间为 10^{-23} s的量级. 因此,大于 10^{-20} s的寿命在高能物理范畴里可算是长寿命了.

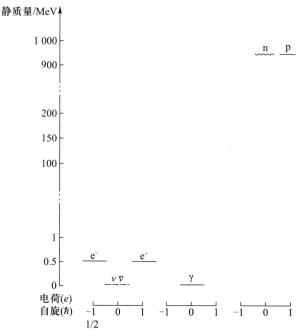

图Ⅱ.5 1933 年的基本粒子. 虚线表示理论预告、实验尚未发现;波纹线表
示不稳定粒子. 粒子上方划 - 表示反粒子

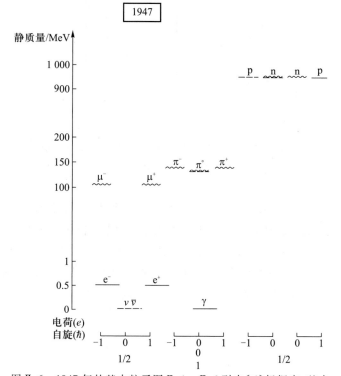

图Ⅱ.6 1947 年的基本粒子图Ⅱ.4—Ⅱ.6引自〔6〕杨振宁,基本
粒子发现简史,上海科技出版社,(1963).

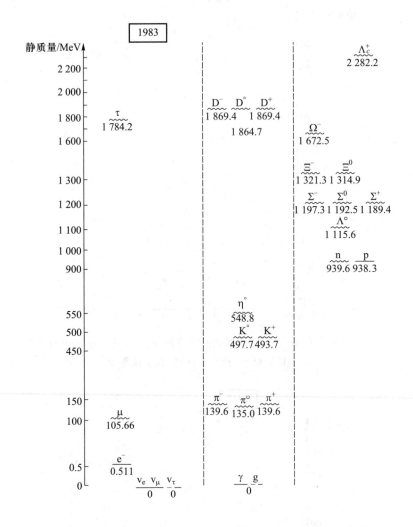

图Ⅱ.7* 1983 年的"基本"粒子(寿命$>10^{-20}$ s),反粒子未列入(自身互为反粒子的除外).图中的数字代表相应粒子的质量(MeV/c^2)

我们曾记得,在 1935 年汤川秀树预告介子后,即发现了 μ 子,当时称为 μ 介子.从质量考虑,它确实介于电子和质子之间,但后来发现它不参与强相互作用,因此不可能是汤川秀树的核力介子论所要求的粒子.介子的最重要含义,如同轻子一样,已不在于质量,而在于:它必须参与强相互作用.于是,我们不再使用 μ 介子的名词,而称 μ 子.

---

* 图中 ν_{τ} 下划虚线是因为 1983 年时 τ 中微子尚未发现.下面标的质量为零,以后证明中微子也有静质量.

μ子除质量比电子重200多倍外,其余的性质几乎与电子完全一样[*].因此,有人又称它为重电子.它是当今最神秘的粒子之一:人们无法理解它为什么来到世间? 它究竟起着什么样的特殊作用?

τ子,可称为超重电子,人们对它的了解当然更少了.

迄今,实验物理学已深入到10^{-18} m(10^{-3} fm),在这个范围内,尚无任何迹象显示出轻子有任何的内部结构.人类发现的第一个基本粒子——电子,至今仍是一个基本粒子.

2. 强子. **一切参与强相互作用的粒子统称强子.** 已经发现,强子有内部结构,它由夸克(层子)组成(见下面§4).强子又可分为介子和重子,前者是玻色子,后者是费米子.

介子,列在图Ⅱ.7的中间(为了方便,我们把两种传播子γ和g也列在这里,它们都是玻色子).$\pi^{\pm}$互为反粒子,π^0的反粒子是它自身,因此π介子一共只包含三个粒子.K^+和K^0介子都有相应的反粒子,因此K介子共含四个粒子.K^0介子是表内唯一的一个具有两种不同寿命的粒子,一种衰变较快(平均寿命为0.89×10^{-10} s),记为K^0_S,另一种衰变较慢(5.2×10^{-8} s),记为K^0_L.η^0介子的反粒子就是它自身.D介子是1976年才发现的,它是粲数不为零的介子.D介子与π介子相似,$D^{\pm}$互为反粒子,D^0的反粒子是它自身,故共有三个粒子.这样,图上共有九个介子,加上K介子的反粒子,共十一个介子;计入γ光子(其反粒子是它的自身),一共十二个玻色子.

重子,列在图Ⅱ.7的右方,它们都是费米子.除核子(中子和质子)外,其余粒子统称超子.图上共有十个重子,加上它们的反粒子,共二十个粒子.其中反Σ负超子($\overline{\Sigma^-}$)由我国物理学家王淦昌所领导的小组在1959年发现.

于是,不计ν_τ及g(未发现),图Ⅱ.7一共包括42个粒子(含反粒子).我们容易看出,有的粒子对之间不存在质量差,例如,粒子与反粒子的质量都是一样的.在有的粒子对之间,质量有差异,但不大,例如质子与中子.我们可以把小质量差异的原因归于电磁性质的差异.在第七章中曾指出过,质子和中子可视为同一粒子(核子)的两种不同的状态.好像一个自旋为$(1/2)\hbar$的粒子有两个状态一样(z方向有两个分量),我们可以引入同位旋的概念,把核子的同位旋定为$I=1/2$,它应有$2I+1=2$个分量,一个$1/2$,一个$-1/2(I_z)$,分别对应于质子和中子[**].类似地,Σ粒子的$I=1$,有$2I+1=3$个分量,$I_z=1,0,-1$,分别对应于Σ^+、Σ^0和Σ^-,它们之间微小的质量差异也来源于电磁性质的差异.从图Ⅱ.7十分容易看出,Ξ粒子是同位旋的两重态($I=1/2$),Λ^0、Ω^-、Λ^+_c都是同位旋的独态($I=0$);而π介子、D介子都是同位旋的三重态($I=1$),K介子的$I=1/2$,η介子

---

[*] 另一个差别是寿命,μ子的寿命为2 μs(按照我们现在的标准,它是十分长的!)而电子的寿命是无限大.我们并不很重视这一差异,因为我们认为,这个差异的根源是它们的质量.(请读者考虑:为什么?)

[**] 习惯上,高能物理中定义I_z的方法正好与原子核物理相反.在核物理中,中子的$I_z=1/2$,质子为$-1/2$.

的 $I = 0$.

一些重要的介子和重子的基本性质列于表Ⅱ.1和Ⅱ.2中,表内有些量子数的意义,我们将在下面陆续讨论.

其实,电子的质量(0.511 MeV)可以完全归于电磁自能.由电磁性质引起的质量差一般在 MeV 量级,由强相互作用引起的质量差异为 10^2 MeV 量级(请回忆:π介子的质量是如何被预告的).在图Ⅱ.7中,强相互作用粒子的质量最少为 135 MeV,最大到 2 273 MeV.从这点考虑,μ子更显得奇怪:它的质量已接近π介子,但它却不参与强相互作用,为什么?τ子的质量又从何而来?这些问题都是当今高能物理学的难题.

（2）共振态

1952 年费米用加速器产生的 π^+ 介子轰击质子时,发现了第一个共振态.实验得到的 $\pi^+ + p$ 的激发曲线(截面与入射粒子能量的关系)如图Ⅱ.8中的实线所示.用 π^- 作为入射粒子时,得到图中的虚线.不论哪一种情况,都出现了一些共振峰.这就是高能物理中的弗兰克-赫兹实验.不仅 $\pi^+ + p$,$\pi^- + p$ 能产生共振态,而且,π^+,π^0,π^- 与中子 n 也能产生共振态.如果说这是 p 和 n 的共振态,那么,同样还可以产生 π 介子的共振态.这些共振态意味着什么呢?我们就以第一个共振峰作一讨论.

这个共振峰相应于 $\pi^+ + p$ 的质心系能量为 1 236 MeV,故记作 $\Delta(1\,236)$,表示它的质量为 1 236 MeV.还可测出它的自旋为 3/2;从共振峰的宽度(115 MeV)可算得它的寿命约为 6×10^{-24} s.这是共振态的典型寿命.

共振态算不算粒子呢?

在原子物理的弗兰克-赫兹实验中,用电子轰击汞原子,得到一系列的共振态(试比较图 9.2 与图Ⅱ.8),它们是汞原子的激发态,它与汞原子的基态能差为 10 eV 量级,比起汞原子的静能真是微不足道;谁也不会把这些激发态当作区别于汞的新原子.在原子核物理中,用 γ 光子轰击靶核,可以得到靶核的激发态;用质子轰击时,可以得到复合核的激发态,例如

$$p + {}^{27}\!Al \longrightarrow {}^{28}\!Si^* \longrightarrow {}^{28}\!Si + \gamma$$

它们是已知原子核 ^{28}Si 的激发态.可是,从

$$\pi^+ + p \longrightarrow \Delta(1\,236)^{++} + \pi^0$$

产生的 $\Delta(1\,236)^{++}$ 却是以前从来没有发现过的,它的质量超过了 π^+ 与 p 的质量之和!

发现的共振态已有好几百种,如果把它们都作为"基本"粒子,那么连同表Ⅱ.1和表Ⅱ.2中的粒子,粒子数将超过800!

表 Ⅱ.1 介 子 表

类别	粒子	符号	质量 m/MeV	电荷 Q	自旋宇称 Jp	同位旋 I	同位旋 I_z	重子数 B	奇异数 S	粲数 $\mathscr{C}$	底数 $\mathscr{B}$	寿命 τ/s	主要衰变方式	反粒子
介子	π介子	$\pi^{\pm}$	139.6	± 1	0^-	1	± 1	0	0	0	0	2.6×10^{-8}	$\pi^+ \to \mu^+ + \nu_{\mu}$ $\pi^- \to \mu^- + \nu_{\mu}$	$\pi^{\mp}$
		π^0	135.0	0	0^-		0	0	0	0	0	0.84×10^{-16}	$\pi^0 \to \gamma + \gamma$	π^0
	K介子	K^+	493.7	$+1$	0^-	1/2	$+1/2$	0	$+1$	0	0	1.24×10^{-8}		K^-
		K^0	497.7	0	0^-		$-1/2$	0	$+1$	0	0	0.89×10^{-10} 5.18×10^{-8}	$K_s^0 \to \pi^+ + \pi^-$ $K_L^0 \to \pi^0 + \pi^0 + \pi^0$	$\overline{K}^0$
	φ介子	ϕ	1 019.5	0	1^-	0	0	0	0	0	0	1.6×10^{-22}	$\phi \to K^+ + K^-$	ϕ
	ψ介子	ψ'	3 686	0	1^-	0	0	0	0	0	0	3.1×10^{-21}	$\psi' \to J/\psi + \pi^+ + \pi^-$	ψ'
	D介子	D^+	1 869.4	$+1$	0^-	1/2	$+1/2$	0	0	$+1$	0	1.06×10^{-12}	$D^+ \to K^- + \pi^+ + \pi^+$	D^-
		D^0	1 864.5	0	0^-		$-1/2$	0	0	$+1$	0	0.42×10^{-12}	$D^0 \to K^- + \pi^+ + \pi^0$	$\overline{D}^0$
	B介子	B^+	5 279	$+1$	0^-	1/2	$+1/2$	0	0	0	$+1$	1.62×10^{-12}	$B^+ \to J/\psi + K^+$ $B^+ \to D^0 + l + \nu^*$	B^-
		B^0	5 279	0	0^-	1/2	$-1/2$	0	0	0	$+1$	1.56×10^{-12}	$B^0 \to J/\psi + K^0$ $B^0 \to D^- + l^+ + \nu$	$\overline{B}^0$
	Υ介子	Υ	9 460	0	1^-	0	0	0	0	0	0	6.6×10^{-20}	$\Upsilon \to l^+ + l^-$	Υ

* l 表示轻子.

类别	粒子符号	质量 m /MeV	电荷 Q	自旋宇称 Jp	同位旋 I	同位旋 Iz	重子数 B	奇异数 S	粲数 $\mathscr{C}$	底数 $\mathscr{B}$	寿命 τ /s	主要衰变方式	反粒子
核子	p	938.3	+1	$1/2^+$	1/2	+1/2	+1	0	0	0	稳定 ($>10^{30}$年)		$\bar{\text{p}}$
核子	n	938.6	0	$1/2^+$		−1/2	+1	0	0	0	917	$\text{n}\to\text{p}+\text{e}^-+\bar{\nu}_\text{e}$	$\bar{\text{n}}$
Λ超子	Λ^0	1 115.7	0	$1/2^+$	0	0	+1	−1	0	0	2.6×10^{-10}	$\Lambda^0\to\text{p}+\pi^-$ $\Lambda^0\to\text{n}+\pi^0$	$\bar{\Lambda}^0$
Σ超子	Σ^+	1 189.4	+1	$1/2^+$	1	+1	+1	−1	0	0	0.8×10^{-10}	$\Sigma^+\to\text{p}+\pi^0$ $\Sigma^+\to\text{n}+\pi^+$	$\overline{\Sigma^+}$
Σ超子	Σ^0	1 192.5	0	$1/2^+$		0	+1	−1	0	0	7.4×10^{-20}	$\Sigma^0\to\Lambda^0+\gamma$	$\overline{\Sigma^0}$
Σ超子	Σ^-	1 197.4	−1	$1/2^+$		−1	+1	−1	0	0	1.48×10^{-10}	$\Sigma^-\to\text{n}+\pi^-$	$\overline{\Sigma^-}$
Ξ超子	Ξ^0	1 314.9	0	$1/2^+$	1/2	+1/2	+1	−2	0	0	2.9×10^{-10}	$\Xi^0\to\Lambda^0+\pi^0$	$\overline{\Xi^0}$
Ξ超子	Ξ^-	1 321.3	−1	$1/2^+$		−1/2	+1	−2	0	0	1.64×10^{-10}	$\Xi^-\to\Lambda^0+\pi^-$	$\overline{\Xi^+}$
Ω超子	Ω^-	1 672.5	−1	$3/2^-$	0	0	+1	−3	0	0	0.82×10^{-10}	$\Omega^-\to\Lambda^0+\text{K}^-$ $\Omega^-\to\Xi^0+\pi^-$	$\overline{\Omega^+}$
Λ_c超子	Λ_c^+	2 284.9	+1	$1/2^+$	0	0	+1	0	1	0	2.0×10^{-13}	$\Lambda_\text{c}^+\to\Lambda^0+\pi^++\pi^-$ $\Lambda_\text{c}^+\to\text{p}+\text{K}^-+\pi^+$	$\overline{\Lambda_\text{c}^-}$
Λ_b超子	Λ_b^0	5.624	0	$1/2^+$	0	0	+1	0	0	−1	1.29×10^{-12}	$\Lambda_\text{b}^0\to\Lambda_\text{c}^++\text{l}^-+\nu$	$\overline{\Lambda_\text{b}^0}$

古希腊人认为所有物质都是由四种元素组成:水,火,土和空气.这种说法当然已被淘汰,但它的可贵之处在于简单.物理学向往的就是用简单的图像描写复杂的事物.

800多个"基本"粒子,绝不会都是基本的.

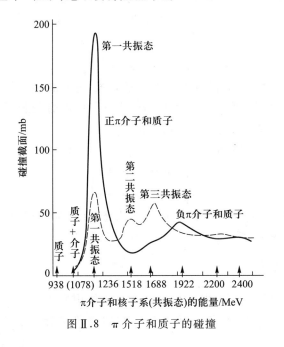

图Ⅱ.8 π 介子和质子的碰撞

§3 守 恒 律

（1）重子数和轻子数

大家熟知的守恒律有:质能守恒、角动量守恒、动量守恒、电荷守恒.当我们深入到高能物理领域时,这些守恒律仍旧有效.在任何过程中,均未发现这些守恒律遭到破坏的事例.我们现在要介绍的是几个新的守恒律.

对于

$$p \longrightarrow e^{+} + \gamma \qquad (Ⅱ-1)$$

这样的过程,虽然以前熟悉的守恒律均可保持,但是,在自然界却从来没有发现过这样的衰变.

如果我们引入**重子数** B:所有的重子 $B=1$,反重子 $B=-1$,介子和轻子 $B=0$（见表Ⅱ.1和Ⅱ.2）,那么,我们发现,在有的衰变过程中,虽然粒子数不守恒,但是重子数的代数和总是守恒的,例如,实验观察到的过程:

$$\left. \begin{array}{l} \Lambda^{0} \longrightarrow p + \pi^{-} \\ \Lambda^{0} \longrightarrow n + \pi^{0} \end{array} \right\} \qquad (Ⅱ-2)$$

都保持重子数守恒,而过程(Ⅱ-1)式的前后重子数不等,因此不能发生.

对于

$$\left.\begin{array}{l}\nu_\mu + n \longrightarrow e^- + p \\ \bar{\nu}_\mu + p \longrightarrow e^+ + n\end{array}\right\} \qquad (\text{II}-3)$$

这样的过程,不违反任何熟知的守恒律,也保持重子数守恒,但人们却从来没有观察到这样的反应. 为了理解其原因,我们必须引入两类轻子数,L_e 和 L_μ:

对于 $\qquad e^-, \nu_e, L_e = 1; \quad e^+, \bar{\nu}_e, L_e = -1.$

对于 $\qquad \mu^-, \nu_\mu, L_\mu = 1; \quad \mu^+, \bar{\nu}_\mu, L_\mu = -1.$

在任何过程中,L_e 和 L_μ 的代数和必须分别守恒. 式(II-3)所包含的两个过程都违反轻子数守恒律,因此不能发生. 式(II-1)的两旁的轻子数也不相等,故它既违反重子数守恒,又违反轻子数守恒.

相反,在实验中观察到:

$$\left.\begin{array}{l}\nu_\mu + n \longrightarrow \mu^- + p \\ \bar{\nu}_\mu + p \longrightarrow \mu^+ + n\end{array}\right\} \qquad (\text{II}-4)$$

在这两个过程中,B, L_e 和 L_μ 都守恒. 迄今为止,在任何过程中均未发现重子数和轻子数守恒律的破坏.

(2) 奇异数

1947 年在发现 π 介子的同时,人们在宇宙线中发现了两个新粒子,K 和 Λ 介子,过了几年又在加速器实验室里证实

$$\pi^- + p \longrightarrow K^0 + \Lambda^0 \qquad (\text{II}-5)$$

的过程,见图 II.9.

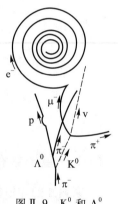

人们发现,产生 K 和 Λ 介子的方式可以不同,例如

$$p + \bar{p} \longrightarrow \Lambda^0 + K^0 + p + \pi^+ \qquad (\text{II}-6)$$

但是,这两个新粒子总是同时产生的(协同产生,Associate Production),不过,它们却可单独地衰变,例如

$$K^0 \longrightarrow \pi^+ + \pi^- \qquad (\text{II}-7)$$

$$\Lambda^0 \longrightarrow \pi^- + p$$

图 II.9 K^0 和 Λ^0 的产生与衰变

衰变时间都很慢,属弱作用范畴. 换言之,它们是强产生、弱衰变;产生时必定成双,衰变时可以单独行事. 前一现象使人感到奇怪:量子力学的一般规律告诉我们,容易形成的粒子衰变也快;后一现象启发西岛和盖尔曼在 1953 年引入了奇异数的概念.

西岛和盖尔曼独立地提出,基本粒子除了质量、电荷、自旋、同位旋、重子数、轻子数等量子数以外,还应有个新的量子数,称之**奇异数** S;并假定,在强作用过程中奇异数守恒,而 S 不守恒的过程只能是弱作用过程.

在以前发现的粒子的 S 都被定为零,而 K^0 与 Λ^0 的 S 分别为 1 与 -1,因此它们必须成对产生,例如:

$$\pi^- + p \longrightarrow K^0 + \Lambda^0 \qquad (\text{II}-8)$$

$S:$ 0   0   1   −1

$$p + \bar{p} \longrightarrow K^0 + \Lambda^0 + p + \pi^+ \qquad (\text{II}-9)$$

$S:$ 0   0   1   −1   0   0

但在衰变中

$$K^0 \longrightarrow \pi^+ + \pi^- \qquad (\text{II}-10)$$

$S:$ 1   0   0

奇异数不守恒,一定是弱作用过程,因此衰变时间就长.

按照强作用过程奇异数守恒的法则,可以确定:

对于过程

$$p + \pi \longrightarrow n + K^+ + K^- \qquad (\text{II}-11)$$

因规定 K^+ 的 $S(K^+)=1$,故 K^- 的 $S(K^-)$ 必定为−1;

由

$$p + \pi^- \longrightarrow \Sigma^- + K^+ \qquad (\text{II}-12)$$

可知 $S(\Sigma^-)=-1$;

由

$$p + K^- \longrightarrow \Sigma^+ + \pi^- \qquad (\text{II}-13)$$

可知 $S(\Sigma^+)=-1$. 既然 Σ^+ 和 Σ^- 的 S 相同,而且由重子数守恒可知,它们的重子数也相同,因此,它们彼此不是互为反粒子. 各种粒子的 S 值见表 II.1 和表 II.2. 在表内,Q、I_z、S、B 这四个量子数并不独立,事实上,由

$$Q = I_z + \frac{S+B}{2} \qquad (\text{II}-14)$$

从三个量子数就可求得第四个量子数.

若定义新的量子数 Y:

$$Y = B + S$$

并称之为**超荷**,那么,

$$Q = I_z + \frac{Y}{2} \qquad (\text{II}-15)$$

介子和重子、反重子按 I_z、Y、Q 作图,见图 II.10.
对于这样对称的排列图案,理论已有很好的说明.

以后我们会看到(§4),随着夸克模型的建立和发展,原来奇异数 S 是和一种奇夸克(s)粒子相联系的量子数,以后又引入与粲夸克(c),底夸克(b)以及顶夸克(t)相对应的粲数 $\mathscr{C}$,底数 $\mathscr{B}$ 和顶数 $\mathscr{T}$ 等守恒的量子数. 那么我们就有了替代方程(II−14)的新方程:

$$Q = I_z + (B + S + \mathscr{C} + \mathscr{B} + \mathscr{T})/2 \qquad (\text{II}-16)$$

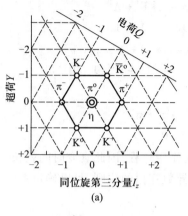

(a)

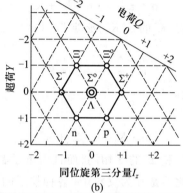

(b)

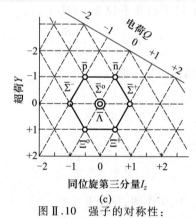

(c)

图 Ⅱ.10 强子的对称性:

(a)介子八重态;(b)重子八重态;(c)反重子八重态

（3） 宇称原理的失效*

宇称是表征微观粒子运动特性的一个物理量.如果用波函数 $\psi(x)$ 描写一个微观粒子(或其体系)的运动状态,那么,在坐标反演下,即

$$\psi(x) \longrightarrow \psi(-x) \qquad (Ⅱ-17)$$

---

* 请读者阅读一篇佳作,它描述了宇称概念的产生、宇称原理失效的发现及对它认识的现状:〔7〕杨振宁.自然杂志,6(1983)243.

这个过程,我们称为宇称运算,可用宇称算符 P 来表示:

$$P\psi(\boldsymbol{x}) = \psi(-\boldsymbol{x}) \qquad (\text{II}-18)$$

显然,再运算一次就回到了原来的波函数

$$P^2\psi(\boldsymbol{x}) = \psi(\boldsymbol{x}) \qquad (\text{II}-19)$$

于是,它的本征值只有两个:

$$P = \pm 1 \qquad (\text{II}-20)$$

当 $\psi(\boldsymbol{x}) = \psi(-\boldsymbol{x})$ 时,我们称粒子的运动状态具有偶宇称(或称其宇称为正);当 $\psi(\boldsymbol{x}) = -\psi(-\boldsymbol{x})$ 时,则称粒子的运动状态具有奇宇称(或称其宇称为负).

宇称原理说:对于一个孤立体系,不论经过什么样的相互作用,它的宇称不变;原来为偶宇称的,后来仍为偶宇称,原来是奇宇称的,后来也是奇宇称.

从物理意义上说,宇称原理是指:物理规律在坐标反演下不变,这是指描写运动规律的微分方程不变,并非运动不变.换一种表述方法,可以说:在自然界发生的任何过程,如果我们在镜子中看它,那么,看到的过程也能在自然界发生.这就是所谓"自然界是镜面对称的".任何客体的镜像,也是一个可能在自然界中存在的客体.在镜子内看到的任何客体的运动,也是自然规律所允许的运动.

自 1924 年提出宇称概念以来,在大量实验中证明宇称原理是正确的,可以作为一条指导性的法则.但是,到了 1956 年,李政道和杨振宁面对"τ-θ 之谜"* 就怀疑宇称原理在弱相互作用过程中是否成立,经分析后发现,在弱相互作用领域里,宇称原理从未得到过实验的检验,而是作为一种自然的推论而被普遍地接受.对称,是历来为人们所欣赏与追求.北京故宫建筑群所呈现的对称,常为人们感叹不已.在 1956 年,李政道和杨振宁说,不是所有的对称都是被自然界尊重的!对称是很美的,但不对称也同样是美的.如果所有艺术家只欣赏对称的作品,那么,美术中只剩下简单的图案;如果物理学家只喜爱对称完美的晶体,那么集成芯片就没有了,哪里还有今天的移动电话!把对称与不对称结合起来,才有世界之大美!伟大的发现常常发生在明显对的地方.

在李政道、杨振宁的建议下,吴健雄做了 ^{60}Co 极化情况下的电子角分布实验.

我们先从宇称原理出发分析一下 ^{60}Co 的衰变.

$^{60}_{27}$Co 是奇奇核,它有很大的自旋($I=5\hbar$),它发生如下衰变($T_{1/2}=5.3$ a):

$$^{60}\text{Co} \longrightarrow {}^{60}\text{Ni} + \text{e}^- + \bar{\nu}_e$$

放出的电子的角分布是怎样的呢?显然,对于不极化的 ^{60}Co 源(自旋方向混乱的 ^{60}Co 核的集合),不论 ^{60}Co 放出的电子的角分布是否各向同性,观察到的 β 电子的角分布总是各向同性的.现在我们把 ^{60}Co 源放在低温环境(0.01 K),再加

---

* τ-θ 之谜:在 1956 年前,实验发现,τ 和 θ 两种粒子的各种性质都完全相同,但衰变方式却不相同:

$$\tau \longrightarrow \pi+\pi+\pi; \qquad \theta \longrightarrow \pi+\pi$$

由于介子的内禀宇称都是负的(见表 II.1),因此 3π 和 2π 体系的宇称正好相反.如果宇称守恒,那么 τ 和 θ 必定具有不同的宇称,不会是同一粒子.但是,不相同的两个粒子怎么会有相同的质量、相同的寿命以及各种相同的性质呢?这个矛盾在当时物理学界引起了极大的困惑.现在清楚,它们是同一粒子(K$^+$介子),但有不同的衰变方式.

上几百高斯的外磁场,那么,钴原子核就极化了,自旋基本上都朝外磁场方向,这些极化核所放出的电子的角分布是怎么样的呢?

假如电子的发射方向集中在核的自旋方向,如图Ⅱ.11(a).注意,自旋的指向与核的转动方向组成右手定则.那么,图Ⅱ.11(b)即是它的镜像(镜面与自旋平行),(c)也是它的镜像(镜面与自旋垂直).在图(b),自旋方向改变,电子发射方向不变,在图(c),核的自旋方向不变,电子发射方向反向;不论哪种情况,在镜像里,电子的发射集中在核自旋的反方向.如果宇称原理成立,那么,这两种运动规律都是允许的,这样,电子的发射角分布必须是各向同性的,否则,必将违反宇称原理.图Ⅱ.12就是宇称原理所要求的.

吴健雄的实验发现[*],电子出射角(发射方向与核自旋之间的夹角)大于90°的电子比小于90°的电子数目多40%,即,只有图Ⅱ.11(b)或(c)的运动规律是自然界允许的,从而证明宇称在弱相互作用中并不守恒.在打破原来公认的原理的第一次实验中,就出现40%的巨大的差异,在物理学史上可以说是空前的.

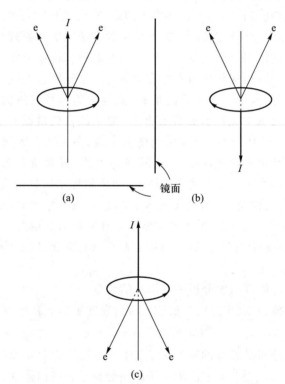

图Ⅱ.11 β衰变发射的电子各向异性时的镜像

接下来做的一系列的弱相互作用的实验,都证明宇称原理在弱作用中的失效.如何解释这一事实呢? 1957年,杨振宁、李政道,还有萨拉姆及朗道都提出,

---

 * 实验的原文,见[8]C. S. Wu(吴健雄)等,Phys. Rev.,105(1957)1413.或:评述性文章C. S. Wu.,Alpha-,Beta-& Gamma-ray Spectroscopy,ed. by K. Siegbahn,North-Holland Co.(1965).

"失效原因"在于中微子:中微子本身是左右最不对称的粒子. 中微子的自旋永远与其运动方向相反,即服从左手定则,称为**左旋中微子**,而反中微子的自旋指向则永远与其运动方向一致,即符合右手定则,称为**右旋反中微子**. 左旋中微子的镜像是右旋中微子;右旋反中微子的镜像是左旋反中微子. 但是,它们的镜像在自然界都是不存在的,世上没有右旋中微子,也没有左旋反中微子. 宇称原理在中微子身上遭到最大的破坏. 这一假设很快被实验所证明,并称为"二分量中微子理论".

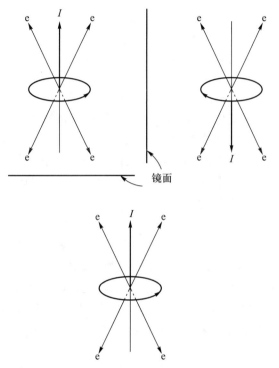

图 Ⅱ.12   β 衰变发射的电子各向同性时的镜像

^{60}Co 的自旋为 $5\hbar$,衰变到 ^{60}Ni 的激发态,它的自旋为 $4\hbar$,部分自旋角动量被 $\bar{\nu}$ 及 e^- 带走,因此,$\bar{\nu}$ 和 e^- 的自旋角动量方向与 ^{60}Co 都相同. 由于 $\bar{\nu}$ 是右旋的,它的运动方向与自旋指向一致;而实验中发现 e^- 的发射(运动)的优惠方向与 ^{60}Co 的自旋指向相反,因此 e^- 必定是左旋的,见图 Ⅱ.13. 在实验中果然发现,^{60}Co 放出的电子是左旋的 *.

由于反粒子的螺旋性正好与粒子的相反,因此,在 β^+ 衰变中,由于母核、子核、e^+ 及 ν 的自旋指向都相同,e^+ 及 ν 的运动优惠方向必定与 β^- 衰变中相反. 果然,在 ^{58}Co 的 β^+ 衰变的实验中,我们发现,e^+ 的发射优惠方向与 ^{58}Co 的自旋指向一致,即两者夹角小于 $90°$ 的 e^+ 数目远远超过夹角大于 $90°$ 的 e^+ 数.

由于中微子(或反中微子)具有固定的螺旋性(纵向极化),它们的空间反

---

* 发现 ^{60}Co 放出的电子是左旋的实验方法是很有趣的,参见:〔9〕H. Frauenfelder et al. , Phys. Rev. , 106(1957)386.

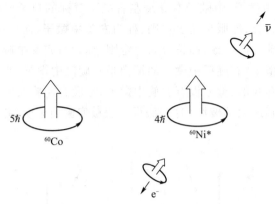

图 Ⅱ.13 ^{60}Co 在 β 衰变过程的自旋指向及释放粒子的运动方向

演态是不存在的,宇称的概念对它们已无意义. 这样的粒子必定以光速运动. 假如不以光速运动,那么我们可以(至少可假想)在速度超过它的飞船里去看它,在超过它的前后,粒子的螺旋性就要改变,从而违反了原来的约定.

中微子的特殊性质启示我们,如果我们有一面镜子,不仅把实物作空间反演(P 运算),而且还能把粒子变成反粒子(称之电荷共轭运算,简称 C 运算),那么守恒律仍可保持. 例如,左旋中微子经过 CP 联合运算就变成了右旋反中微子,它正是自然界中存在的.

对称性的破坏,总使人有些不高兴. 可是,现在好了,CP 对称性仍旧保持. 我们可以在较大的范围内把它作为判别事物规律的依据. 有人开玩笑似的说:"假如外层空间有个客人来到地球,我们怎么知道他(她)是由物质组成,还是由反物质组成的呢?很简单,只要看他(她)准备和我们握手时伸出右手还是左手". *(我们一般都用右手握手——在日常生活中左右并不完全对称,用左手握手的人就应是反粒子组成的了!)

可是,在 1964 年,克罗宁和菲奇等人发现 CP 守恒也有问题**. 问题又出现在 K 介子身上,它可真算是一个奇异粒子. 这次是在 K^0 介子衰变时发现的. 至今只有在 K^0 衰变时破坏 CP 守恒律,而且破坏程度很小(千分之一数量级).

相对论量子场论证明,CPT 守恒定律是严格成立的. 这里的 T 是时间反演算符. 既然 CP 不变性遭到了破坏,T 的对称性也就遭到了破坏. 事实上,在 K^0 介子衰变中已明确测定时间反演不变性的破坏. 尽管作了巨大努力,仍然没有在任何其他系统中找到 CP 或 T 被破坏的证据. 是什么原因引起这种破坏?现在无法回答. 其实,P 破坏的原因也是不清楚的. 正如宇称不守恒的发现者之一,杨振宁教授所说:"P、T、C 分立对称性失效的根本原因今天仍然是未知的. 事实上,对于这些失效的潜在的理论基础,看来甚至尚未有人提出任何建议. 这样一种理论基础,我相信必定是存在的. 因为从根本上说,我们已经知道,物理

---

* 旁听者插话:"如果他(她)伸出左手,我们得赶快跑!"(请读者回答:为什么?)

** 参阅 1980 年诺贝尔奖演讲,译文:〔10〕J. W. Cronin,物理,10(1981)257;V. L. Fitch,物理,10(1981)449.

世界的理论结构绝不会是没有原因的."[11]

（4）归纳：守恒律

相互作用	守恒量														
	能量	动量	角动量 J	电荷	电子轻子数 L_e	μ子轻子数 L_μ	τ子轻子数 L_τ	重子数 B	同位旋 I	同位旋分量 I_z	奇异数 S	宇称 P	电荷共轭 C	时间反演 T	联合变换 CPT
强相互作用	✓	✓	✓	✓	✓	✓	✓	✓	✓	✓	✓	✓	✓	✓	✓
电磁相互作用	✓	✓	✓	✓	✓	✓	✓	✓	✗	✓	✓	✓	✓	✓	✓
弱相互作用	✓	✓	✓	✓	✓	✓	✓	✓	✗	✗	✗	✗	✗	✗	✓

[例1]　　　　　　$\Lambda^0 \longrightarrow p + \pi^-$　　　　$\therefore \Delta S = 1$

S:　　　　-1　　0　　0

奇异数不守恒,必是弱相互作用.

[例2]　　　　　　$\overline{\Lambda}^0 \longrightarrow \overline{p} + \pi^-$

S:　　　　1　　0　　0　　$\therefore \Delta S = -1$

奇异数不守恒,必是弱相互作用.

[例3]　　　　　　$\pi^- \longrightarrow \mu^- + \overline{\nu}_\mu$

S:　　　　0　　0　　0　　$\therefore \Delta S = 0$

奇异数守恒,但是,μ^-与ν只参与弱相互作用,因此,这一过程也属弱相互作用. Λ^0 和 $\overline{\Lambda}^0$ 是正反粒子,具有相同寿命 2.5×10^{-10} s;π^- 的寿命为2.6×10^{-8} s,均属弱作用范畴.

弱相互作用的奇异数变化可以是 $\Delta S = 0, \pm 1$,但决不允许有其他数值:

[例4]　　　　　　$\Omega^- \longrightarrow p + \pi^- + K^-$

S:　　　　-3　　0　　0　　-1,　$\Delta S = 2$

是不能发生的. 它只能:

$$\Omega^- \longrightarrow \Lambda^0 + K^-　　\Delta S = 1$$
$$\Lambda^0 \longrightarrow p + \pi^-　　\Delta S = 1$$

两者都是弱作用过程.

[例5]　　　　　　$\Lambda^0 \longrightarrow n + \gamma$

是不可能发生的. 因为 γ 参与的过程一定是电磁相互作用,奇异数必须守恒,但此过程的 $\Delta S = 1$. 而且对 Λ^0, n, γ,同位旋的分量 I_z 分别为 $0, -1/2, 0, \Delta I_z \neq 0$,这也是电磁相互作用所不能允许的.

[例6]　　　　　　$\pi^+ + p \longrightarrow \pi^+ + \pi^0 + p$

满足重子数守恒、同位旋 I 及同位旋第三分量 I_z 守恒,及其他守恒条件,是强相互作用.

| 思考题 |

下列过程是否能发生? 若能发生,是由什么相互作用引起的?

(1) $e^- \longrightarrow \nu_e + \gamma$;　　　　　　　　(2) $\mu^+ \longrightarrow \pi^+ + \nu_\mu$;

(3) $\mu^- \longrightarrow e^- + \gamma$;　　　　　　　　(4) $\Sigma^0 \longrightarrow \Lambda^0 + \gamma$;

(5) $\Sigma^+ \longrightarrow p + \gamma$;　　　　　　　　(6) $\Xi^- \longrightarrow \Lambda^0 + \pi^-$;

(7) $\pi^- + p \longrightarrow \Sigma^+ + K^-$;　　　　　(8) $K^- + p \longrightarrow \Lambda^0 + K^0$.

§4 标准模型与相互作用

标准模型*是最近几十年里逐步建立发展起来的粒子物理体系,它综合了粒子物理已取得的实验和理论成果.标准模型认为物质的基本组成单元是三代轻子与夸克(表Ⅱ.3).它们间存在四种基本相互作用:即引力(引力子 g 传递,目前尚未发现),电磁相互作用(光子 γ 传递),弱相互作用(由中间玻色子传递)和强相互作用(由胶子 G 传递);描写强相互作用的理论为量子色动力学,把电磁和弱相互作用统一起来描写的理论则是弱电统一理论;而赋予所有粒子质量的则是希格斯机制。

表Ⅱ.3　三代轻子与夸克

"基本"粒子	轻子		夸克	
第一代	电子 e⁻ 0.511 MeV	电子中微子 ν_e <50 eV	上夸克 u ~3 MeV	下夸克 d ~7 MeV
第二代	μ 子 105.7 MeV	μ 中微子 ν_μ <250 keV	粲夸克 c ~1.3 GeV	奇夸克 s ~100 MeV
第三代	τ 子 1 777 MeV	τ 中微子 ν_τ <35 MeV	顶夸克 t ~174 GeV	底夸克 b ~4.2 GeV

(1) 弱电统一理论和希格斯机制**

1967 年温伯格和萨拉姆提出电磁相互作用和弱相互作用统一理论.它不仅自然给出了无静质量的光子 γ,而且预言了弱相互作用的媒介子为 W±(参与带电粒子的弱过程)和 Z⁰(参与中性粒子的弱过程),还预言了它们的质量.

1983 年,弱电统一理论所预告的中间玻色子 W±和 Z⁰ 的发现,可算是物理学的一个划时代的成果***.鲁比亚(C. Rubia)作为 CERN 实验组的代表人,获 1984 年诺贝尔物理学奖.理论预言,W±和 Z⁰ 的质量分别为

$$m_{W^\pm} = (82.0 \pm 2.5) \ \text{GeV}; \quad m_{Z^0} = (93.7 \pm 2.1) \ \text{GeV}$$

---

* 参见〔11〕丁亦兵译. 基本粒子及其相互作用的标准模型. 现代物理知识,2(1992)及刘耀阳,江向东. 现代物理知识,5(1997)2.

** 同时代提出希格斯机制有许多人,其中典型的就是英国物理学家希格斯本人的论文:〔18〕Peter W. Higgs,Phys. Rev.Lett.13(16).508-509,1964.

*** W±和 Z⁰ 粒子是在欧洲核子中心 270+270 GeV 的质子-反质子对撞机上发现的(请读者回答:为什么不能在美国费米实验室的 500 GeV 加速器上发现?). 参阅:〔13〕G. Arnison et al. Phys. Lett,126B(1983)95;126B(1983)398.〔14〕W. Z粒子专集,CERN Courier. 23(1983)355.〔15〕何景棠,自然杂志,64(1983)503 及高崇寿,自然杂志,6(1983)803.

实验结果为：

$$m_{W^\pm} = (83.5 \pm 2.7)\ \text{GeV}; \quad m_{Z^0} = (93.0 \pm 2.5)\ \text{GeV}$$

弱电统一理论还有一个关键性粒子，即希格斯玻色子（Higgs）*，一种自旋为零的中性粒子. 它是为解释 $W^\pm$ 和 Z^0 粒子的质量而提出的. 电磁相互作用和弱相互作用分别通过传递光子和中间玻色子而发生，而弱电统一理论通过引入真空对称自发破缺机制使中间玻色子获得质量，我们已经见到理论预言的质量竟和实验结果惊人的符合. 希格斯机制认为希格斯场均匀布满整个空间，所谓真空，或能量最低态就是由它构成的. 希格斯粒子也参与相互作用的传递，并负责给所有的粒子，也包括轻子和夸克提供质量. 如果没有希格斯场，电子就会以光速飞行，原子也就不能存在，也就没有了我们今天的生命世界. 经过人们的长期努力，2013 年在 CERN 所建的大型强子对撞机 LHC 上终于找到了能量为 125GeV，0^+ 态的中性粒子，这就是标准模型所预言的最后一个粒子—希格斯玻色子. 这是近代物理学界最轰动的事件。由此恩格勒（F. Englert）和希格斯荣获 2013 年度诺贝尔物理学奖。**

（2）夸克模型

1. 强子有结构

迄今为止，直到 10^{-20} cm 还未发现轻子有任何结构. 但对强子，情况却大不相同.

1932 年，施特恩测得质子的磁矩为 2.79 μ_N. 后来，又测得中子的磁矩为 $-1.91\ \mu_N$. 它们的数值远离狄拉克理论的预言；不带电的中子也居然有磁矩！这使人猜想它们有内部结构.

1956 年，霍夫斯塔特（R. Hofstadter）用高速电子轰击质子时发现***，质子的电荷有个分布，电荷半径约为 0.7 fm. 后来又发现，中子虽然整体呈中性，但内部却有正电及负电，电荷分布半径为 0.8 fm. 它们都不是点粒子.

电子不参与强相互作用，又是无内部结构的点电荷，而我们对电磁相互作用了解得比较清楚，因此电子是窥探强子内部结构最理想的探针. 但在 1960 年左右，电子的能量还不够高，即探针还不够细，还不能探测质子内部更精细的结构.

在 1970 年左右，用京电子伏电子轰击，把质子打碎，看到了"卢瑟福散射的影子"：当散射角很大时，非弹性散射截面比均匀分布电荷球大 40 倍. 质子是由一些"硬心"所组成的.

2. 夸克模型****

1963 年，盖尔曼等人提出强子由夸克组成的模型. 夸克模型认为，所有的重子都由三种夸克组成，所有反重子都由三种反夸克组成，所有的介子都由一种

---

* 参见〔16〕黄涛,现代物理知识,5(2000)6.

** 参见诺贝尔奖官网.

*** 参见诺贝尔奖演讲稿：〔17〕R. Hofstadter. Science,136(1962)1613.

**** 参见〔18〕李政道,场论与粒子物理学,科学出版社,1981.〔19〕Gell-Mann,The Eightfold Way,Benjamin,1964.

夸克与一种反夸克组成.

当初提出的夸克有:上夸克(记作 u)、下夸克(d)和奇异夸克(s),后来又提出粲夸克(c),最后提出底夸克(b)和顶夸克(t).这六种夸克被称作带有六种"味道"的夸克,并被分为三"代",它们的量子特性列于表Ⅱ.4 上.

表Ⅱ.4 夸克的量子特性

夸克		量子数								
		电荷 Q	自旋 J	同位旋		重子数 B	奇异数 S	粲数 $\mathscr{C}$	底数 $\mathscr{B}$	顶数 $\mathscr{T}$
				I	I_z					
第一代	d	-1/3	1/2	1/2	-1/2	1/3	0	0	0	0
	u	2/3	1/2	1/2	1/2	1/3	0	0	0	0
第二代	s	-1/3	1/2	0	0	1/3	-1	0	0	0
	c	2/3	1/2	0	0	1/3	0	1	0	0
第三代	b	-1/3	1/2	0	0	1/3	0	0	-1	0
	t	2/3	1/2	0	0	1/3	0	0	0	1

于是,重子和介子的组成可以由图Ⅱ.14 所示.不难验证,这样的构成方式可以满足强子的许多量子特性,不仅包括电荷数和自旋角动量,还包括奇异数、粲数、底数和顶数等量子数.(比较表Ⅱ.1 和Ⅱ.2).不过,这里有个问题,它在夸克模型提出的时候就发现了:像 Ω^- 和 Δ^{++},都由三个同类夸克组成,夸克是费米子,这就不可能满足泡利原理.为了解决这一矛盾,格林伯格(O. Greenberg)在1964 年提出每种夸克有三种颜色:红、黄、蓝.这里的"颜色"与宏观的意义当然不同,只不过是指三种不同的量子数罢了.这样一来,问题自然得到解决,但付出的代价是,夸克的数目增加为原来的三倍.

这样一来,夸克有六种"味",三种"色",加上反夸克,总数就有 36 种.从标准模型观点,它们才是"真正"的基本粒子,是构成强子(重子和介子)的基本单元.

1974 年,丁肇中和里希特独立地发现了一个新颖粒子[*],他们分别称它为 J 粒子和 ψ 粒子,现在统称 J/ψ(gipsy)粒子.它的质量比质子大三倍,它以共振态形式出现,但是寿命却比普通的强子共振态长 100 倍.这是十分奇特的粒子,正像丁肇中所说:"发现了享寿一万岁的新人种."理论计算很快地证实,J/ψ 是由一个粲夸克与一个反粲夸克($c\bar{c}$)组成的,见图Ⅱ.15 和图Ⅱ.16.粲夸克在普通强子中是不存在的,它由格拉肖等人在 1970 年从理论上预言.J/ψ 粒子是第一次从实验上显出粲夸克的存在,从而为夸克模型的真实性提供有力的证据.正由于粲夸克与普通夸克性质不同,难以转化,因此 J/ψ 的寿命特别长.

---

[*] 参阅诺贝尔奖演讲稿:[20]S. C. C. Ting, Science, 196(1977)1167;B. Richter, Science, 196(1977)1286. 其主要结果见图Ⅱ.15.

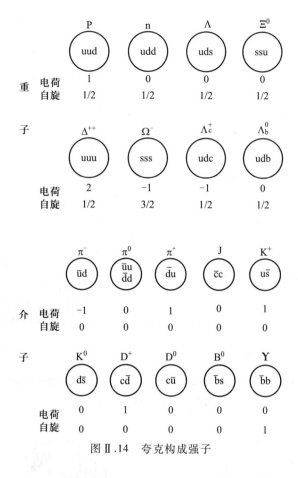

图Ⅱ.14 夸克构成强子

1976 年又发现了 D 介子:D^0,D^+,D^- 分别由 $c\bar{u},c\bar{d},\bar{c}d$ 组成. 它们是第一批被发现的、带粲数的介子.

发现带奇异数粒子的历史正好与此相反:先发现 $S\neq0$ 的粒子(K 介子),再发现带隐蔽奇异数的粒子(ϕ 介子,由 $s\bar{s}$ 组成)而现在是先发现 $J/\psi(c\bar{c})$,再发现 D 介子;对奇异粒子,先有实验事实,再引入奇异数,对粲粒子,先引入粲数,再发现相应的粒子.

1977 年,又从实验上发现质量为 9.5 GeV 的 Υ 介子,它是由 $\bar{b}$ 和 b 组成的底夸克偶素. 20 世纪 80 年代初又发现了 Υ 介子的共振态以及含 b 夸克的 B 介子:$B^\pm,B^0$ 和 $\bar{B}^0$,这里和 K^0 及 D^0 完全相似,B^0 有它的反粒子 $\bar{B}^0$. 从对称性考虑,应该存在顶夸克偶素($\bar{t}t$)和含顶夸克的介子.1994 年果然在 TeV 级对撞机中找到了($\bar{t}t$),从而确立了顶夸克存在的证据[*]

---

[*] 1994 年 4 月,美国费米实验室首次宣布在质心系能量为 1.8 TeV 的质子和反质子对撞机 (Tevatron)上发现了顶夸克存在的证据,并给出其质量为 $m_t=174$ GeV,可参见〔21〕F. Abe 等. Phys. Rev. Lett. ,74(1995)2626. 关于顶夸克物理的研究现状和展望可参见:李重生. 高能物理和核物理,2(1999)117.

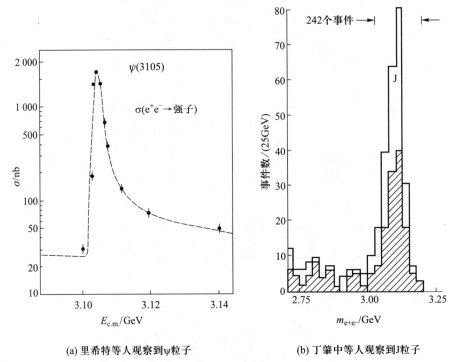

(a) 里希特等人观察到ψ粒子

(b) 丁肇中等人观察到J粒子

图Ⅱ.15 J/ψ粒子的发现

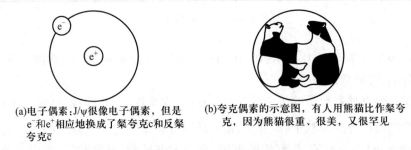

(a)电子偶素:J/ψ很像电子偶素,但是
e⁻和e⁺相应地换成了粲夸克c和反粲
夸克c̄

(b)夸克偶素的示意图,有人用熊猫比作粲夸
克,因为熊猫很重、很美,又很罕见

图Ⅱ.16 J/ψ粒子的性质

　　自1964年提出夸克模型以来,人们已用了各种办法企图寻找自由夸克,不过,至今尚无结果.然而,夸克模型的结果与一系列实验事实相符合得很好,使得人们相信夸克是存在的.那么夸克为什么老是不露面呢? 理论家已提出了各种"夸克禁闭"理论[22],其中最令人信服的解释是强相互作用的"渐近自由性质"*.即夸克之间的相互作用随着距离减少趋于零,随着距离增加趋于无穷大,使得它们永远束缚在强子内部."看不见夸克"与上节提到的"对称性的破

　　[22] 李政道. 自然杂志,2(1979)267.

　　* 1973年由格罗斯、泡利策尔和维尔切克所提出,并为以后数十年的实验数据充分证明,因获得
　　 2004年度诺贝尔物理学奖.参见[23]黄涛,现代物理知识,3(2005)3. 和[24]G. Elkspong, Nobel
　　 Lecfure in phys., World Scientific,2008.

缺"可以算为当代物理学前沿的两大世界难题.

夸克靠什么作用组成强子呢？人们提出:这是一种真正的强相互作用,其传播子是胶子(gluon).1979 年丁肇中领导的小组首次找到了支持胶子存在的证据[25],从而证明了与此相联系的"量子色动力学"(QCD)的巨大成功.

（3） 相互作用

现在,人们已把粒子间的相互作用归为四类:引力作用、电磁作用、弱作用、强作用.这不能不算是物理学的一大成就.四种相互作用的比较,见表Ⅱ.5,由表可见:

表Ⅱ.5 四种相互作用比较

名称	引力相互作用	弱相互作用	电磁相互作用	强相互作用	
				基本作用	剩余作用
作用力程	∞	$<10^{-14}$ cm	∞	10^{-15} cm $\sim 10^{-16}$ cm	10^{-13} cm
举例	天体之间	β 衰变	原子结合	强子结合	核力
相对强度	$G_N \sim 10^{-39}$	$G \sim 10^{-5}$	$e^2 \sim 1/137$	$g_s^2 \sim 2.4\text{-}6.3$	$g^2 \sim 1$
媒介子	引力子	中间玻色子	光子	胶子	介子
被作用粒子	一切物体	强子、轻子	强子、e.μ.τ.γ	夸克、胶子	重子
特征时间		$>10^{-10}$ s	$10^{-16} \sim 10^{-20}$ s	$<10^{-23}$ s	

1. 作用力越弱,参与作用的粒子数越多.由于引力作用太弱,在高能物理中一般不予考虑.

2. 各相互作用,由于强弱不同,引起各种粒子的反应时间也不同.各种相互作用分别有自己的特征时间.强子的平均寿命均小于 10^{-20} s,都以强相互作用衰变,例如 ρ 介子:

$$\rho^+ \to \pi^+ + \pi^0, \qquad \tau = 4 \times 10^{-23} \text{ s}$$

3. 不单是带电粒子才参与电磁相互作用,例如,π^0,η^0,Σ^0 都是中性粒子,它们都可以按照电磁相互作用发生衰变:

$$\pi^0 \to \gamma + \gamma$$

$$\eta^0 \to \gamma + \gamma$$

$$\Sigma^0 \to \Lambda^0 + \gamma$$

注意,γ 光子只参与电磁相互作用,它的出现就意味着过程的电磁性.π^0,η^0,Σ^0 的衰变时间分别为 0.8×10^{-19} s,8×10^{-19} s,5.8×10^{-20} s,也都落在电磁相互作用的特征时间的范围内.

---

[25] 唐孝威,童国梁.物理.9(1980)43.

4. 中微子只参与弱相互作用. 例如,

$$\pi^+ \rightarrow \mu^+ + \nu_\mu$$

$$\pi^- \rightarrow \mu^- + \bar{\nu}_\mu$$

必然是弱相互作用引起的,它们的衰变时间都是 2.60×10^{-8} s ($\pi^\pm$ 互为反粒子,因此寿命一样),属弱相互作用的特征时间. 又如,

$$K^+ \rightarrow \mu^+ + \nu_\mu$$

由于 ν_μ 的出现,也必然是弱相互作用引起的,果然,它的寿命约为 10^{-8} s. 不过,K 介子可以参与下列过程:

$$\pi^- + p \rightarrow K^0 + \Lambda$$

$$K^+ + p \rightarrow \Sigma^- + \pi^+$$

反应时间仅为 10^{-23} s,它是强相互作用过程. 因此,K 介子在反应时参与强作用,衰变时参与弱相互作用. 核子也有类似的性质:组成原子核时是强相互作用,β 衰变时却是弱作用过程.

5. 自从夸克模型问世并在实验和理论上取得一系列成功后,人们对强相互作用的认识有了很大的改变[*]. 与电磁相互作用中的电荷类似,在强相互作用中引进"强荷",又称"色荷". 强相互作用是色荷之间的相互作用. 带电粒子通过交换光子相互作用,而带色荷的粒子则交换胶子相互作用. 胶子静质量和电荷为零,自旋为 1,它是"色场"的量子. 每个夸克都带有三种色荷中的一种,胶子则有八种可能的色荷.

带色荷的夸克间的作用才是基本的强相互作用,而对色中性的核子间的作用人们已改变了看法,认为它只不过是基本强相互作用的一种剩余效应. 这种情况恰恰好像把电中性的原子束缚在一起形成分子的相互作用,只不过是电子和原子核间的电磁相互作用的剩余效应.

关于标准模型,1990 年在新加坡召开的第 25 届国际高能物理会议上对之有一个评价:[26]"标准模型理论令人注目地成功经受了所有实验的检验,超出标准模型理论的实验结果一个也没有找到."直到 2013 年实验上找到最后一个预言的粒子——希格斯玻色子. 这标志着标准模型取得了巨大的成功。

(4) 结语与展望

1. 我们面临三代六种轻子;

e,μ,τ 及相应的中微子 ν_e、ν_μ、ν_τ,加上它们的反粒子,共 12 个轻子.
自然界是否还有更多的轻子? CERN 的实验结果是^{**},轻子代数

---

* 参见〔26〕朱洪元. 现代物理知识,1(1990)7,4(1991)3. 以及魏安赐. 现代物理知识,2(1991)5.
** 根据 CERN 的周建锋博士寄给作者的资料.

$$N_\nu = 2.980 \pm 0.024.$$

"代"这个量子数有什么意义？

μ、τ为什么存在？为什么有这么大的质量？轻子真的没有内部结构吗？

2. 我们面临六种味道（分成三代）的夸克 u、d、s、c、b、t;带 3 种颜色:共 18 种,加上反粒子总共 36 种.

轻子和夸克能在更下一个层次中统一起来吗？

3. 我们面临四种相互作用

引力相互作用（媒介子 g,引力子,尚未找到）,但它并不包含在标准模型理论之中。*

电磁相互作用（γ）；

弱相互作用（带电粒子弱过程媒介子 $W^\pm$,中性粒子弱过程 Z^0）；

强相互作用（胶子 G）.核子间相互作用（π 介子）不再是基本相互作用,是剩余效应.

4. 希格斯机制认为希格斯场不仅参与粒子间的相互作用,而且所有粒子的质量来源于和希格斯场的相互作用。

于是根据标准模型和最新的实验事实,重子和介子不再是"基本"粒子,表Ⅱ.6 列出了在新的层次里的"基本"粒子,已经发现的所有粒子都由它们构成.

弱电统一理论所取得的惊人成就和六个夸克中最后一个夸克——顶夸克的实验发现无疑是标准模型的巨大成功.有那么多种的粒子和那么多种的相互作用,人们怀疑标准模型并不是一种最基本的理论,进而要去探索将所有粒子和相互作用统一起来的更新的、更优美的物理学,例如"大统一"理论[27],超对称和超弦理论以及"超对称大统一"理论[28].近年来宇宙观察的许多新数据揭示出,宇宙只有 4% 由标准模型所描述的普通物质构成,而 96% 是由基本性质仍然是谜的暗物质和暗能量所构成[29].为探索这一新领域,我国于 2015 年 12 月发射了"悟空"号卫星,以探测暗物质[30].标准模型所描述的宇宙有序而优美的观点必须能够与解释包括"暗"世界的更深刻的理论相融合.物理学正面临着一场深刻的革命.以上所有这些世界难题等待着未来的物理学家去解决.

最后我们愿意引用尼尔斯·玻尔常引用的、德国著名诗人席勒的一句话:只有完整性才能走向明了,而真理总是居于深渊之中**.再加上一幅漫画,图Ⅱ.17（取自 CERN Courier,1975 年 4 月号）.愿更多有志于物理学的青年人重视实验工作,去从事哥伦布发现美洲新大陆的工作.

---

* 研究引力相互作用的基本理论是广义相对论.

[27] R. Bionta et al. . Phys. Lett. ,51(1983)27;或通俗性介绍:杨福家.物理 13(1984)703.

[28] 邝宇平.TeV 能区物理的进展,高能物理与核物理,23 卷 2(1999)110 以及同一杂志,吴岳良. 2(1999)151.

[29] 参见本书第 70 页和江向东,黄艳华,现代物理知识,2(2005)3;最新数据为:宇宙中 26.8% 为暗物质,84.5% 为暗能量。

[30] 人民网,2015.12.17.

** 席勒,孔夫子的箴言(1779).

类别	粒子名称	符号	质量/(MeV/c^2)	电荷 Q	平均寿命 τ	自旋宇称 J^P	同位旋 I,I_z	轻子数 L	重子数 B	超荷 Y	奇异数 S	粲数 $\mathscr{C}$	底数 $\mathscr{B}$	顶数 $\mathscr{T}$
媒介子	光子	γ	$<3\times10^{-33}$	0	稳定	1^-	0,1 0							
	胶子	G	0	0		1^-	0							
	中间玻色子	$W^\pm$	$80\ 403\pm129$	±1	$3.108(62)\times10^{-25}$ s	1								
		Z^0	$91\ 187.6\pm2.1$	0	$2.638(3)\times10^{-25}$ s	1								
	希格斯玻色子	H^0	$(125.09\pm0.24)\times10^3$	0	1.56×10^{-22} s	0^+								
	引力子	g	0	0		2								
轻子	电子	e^-	$0.510\ 998\ 946\ 1\ \pm0.000\ 000\ 003\ 1$	-1	稳定 $>4.6\times10^{26}$ a	$\frac{1}{2}$		1	0					
	电子型中微子	ν_e	$<2.6\times10^{-6}$	0		$\frac{1}{2}$		1	0					
	μ子	μ^-	$105.658\ 369\ 2\ \pm0.000\ 009\ 4$	-1	$2.197\ 03(4)\times10^{-6}$ s	$\frac{1}{2}$		1	0					
	μ型中微子	ν_μ	<0.19	0		$\frac{1}{2}$		1	0					
	τ子	τ^-	$1\ 776.99^{+0.29}_{-0.26}$	-1	$(290.6\pm1.0)\times10^{-15}$ s	$\frac{1}{2}$		1	0					
	τ型中微子	ν_τ	<18.2	0		$\frac{1}{2}$		1	0					
夸克	上夸克	u	$1.5\sim3.0$	$\frac{2}{3}$		$\frac{1}{2}^+$	$\frac{1}{2},\frac{1}{2}$	0	$\frac{1}{3}$	$\frac{1}{3}$	0	0	0	0
	下夸克	d	$3\sim7$	$-\frac{1}{3}$		$\frac{1}{2}^+$	$\frac{1}{2},\frac{1}{2}$	0	$\frac{1}{3}$	$\frac{1}{3}$	0	0	0	0
	粲夸克	c	$(1.250\pm0.090)\times10^3$	$\frac{2}{3}$		$\frac{1}{2}^+$	0,0	0	$\frac{1}{3}$	$\frac{4}{3}$	0	1	0	0
	奇夸克	s	95 ± 25	$-\frac{1}{3}$		$\frac{1}{2}^+$	0,0	0	$\frac{1}{3}$	$-\frac{2}{3}$	-1	0	0	0
	顶夸克	t	$(173.34\pm0.76)\times10^3$	$\frac{2}{3}$		$\frac{1}{2}^+$	0,0	0	$\frac{1}{3}$	$\frac{4}{3}$	0	0	0	1
	底夸克	b	$(4.20\pm0.07)\times10^3$	$-\frac{1}{3}$		$\frac{1}{2}^+$	0,0	0	$\frac{1}{3}$	$-\frac{2}{3}$	0	0	-1	0

---

* 本表基本数据取自［31］K. Kagiwara et al，Phys. Rev. D. 66，010001（2002）. 其中部分质量和寿命则使用新的数据. 例如［32］S.Eidel，J.Phys.G 33，1（2006）希格斯玻色子的数据为新加入的，例如可参见［33］ATLAS，CMS，Phys. Rev Lett. 114(19) 191803，2015 和 CERN 2017 年的报告. 反粒子的性质可由对称性推算出，因此不再列出.

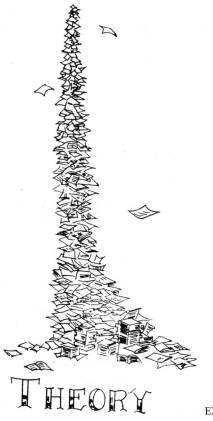

THEORY

EXPERIMENT

图 II.17　无题

参考文献——附录 II

附　表

I　物理学常量(数)

名称	符号	数值	单位
阿伏伽德罗常量	N_A	6.022 140 857(74)×10²³	mol⁻¹
克分子体积(理想气体,273.15 K,100 kPa)	V_m	22.710 947(13)×10⁻³	m³·mol⁻¹
真空中光速	c	2.997 924 58×10⁸	m·s⁻¹
法拉第常量	F	9.648 533 289(59)×10⁴	C·mol⁻¹
元电荷	e	1.602 176 620 8(98)×10⁻¹⁹	C
普朗克常量	h	6.626 070 040(81)×10⁻³⁴	J·s
组合常数	$\hbar c$	197.326 978 8(12)	MeV·fm
精细结构常数 $e^2/\hbar c$	α	1/137.035 999 139(31)	
玻耳兹曼常量	k	1.380 648 52(79)×10⁻²³	J·K⁻¹
斯特藩-玻耳兹曼常量	σ	5.670 367(13)×10⁻⁸	J·s⁻¹·m⁻²·K⁻⁴
电子质量	m_e	9.109 383 56(11)×10⁻³¹	kg
		0.510 998 946 1(31)	MeV
质子质量	m_p	1.672 621 898(21)×10⁻²⁷	kg
		938.272 081 3(58)	MeV
		1 836.152 673 89(17)	m_e
		1.007 276 466 879(91)	u
原子质量单位 $m(C^{12})/12$	u	1.660 539 040(20)×10⁻²⁷	kg
		931.494 095 4(57)	MeV
中子质量	m_n	939.565 413 3(58)	MeV
氘核质量	m_d	1 875.612 928(12)	MeV
经典电子半径 $e^2/m_e c^2$	r_e	2.817 940 322 7(19)	fm

名称	符号	数值	单位
电子折合康普顿波长	λ_{ec}	386.159 267 64(18)	fm
玻尔半径	a_0	0.052 917 721 067(12)	nm
玻尔磁子	μ_B	5.788 381 801 2(26)×10⁻⁵	eV·T⁻¹
核磁子	μ_N	3.152 451 255 0(15)×10⁻⁸	eV·T⁻¹
电子磁矩	μ_e	−1.001 159 652 180 91(26)	μ_B
质子磁矩	μ_p	2.792 847 350 8(85)	μ_N
		1.521 032 205 3(46)×10⁻³	μ_B
里德伯常量	R_∞	109 737 31.568 508(65)	m⁻¹
	$R_\infty hc$	13.605 693 009(84)	eV
标准重力加速度	g	9.806 65(0)	m/s²
引力常量	G	6.674 08(31)×10⁻¹¹	m³·kg⁻¹·s⁻²
1电子伏相当的温度	eV	1.160 452 21(66)×10⁴	K
1兆电子伏相当的焦耳数	1 MeV	1.602 176 620 8(98)×10⁻¹³	J

附表 I 注：

本表数据主要取自"国际科技数据委员会（CODATA）对基本物理常量 2014 年的推荐值"（P. J. Mohr and D. B. Newell and B. N. Taylor, Revs. Mod. Phys. Vol 88, No.3 July–September 2016, 035099, 1–72）. 表内基本物理常量是指自然界中的一些普适常量，它们不随时间、地点或环境条件的影响而变化. 由于它们的数值可以通过不同方法测量，有直接、也有间接方法，在基本常量及其组合量之间，又有许多公式把它们联结在一起，因此，为了使从不同方法获得的常量数值构成一个内部自洽的体系，在 1929 年首先出现了基本物理常量的最小二乘法平差法. 几十年来的实践证明，此方法有效. 在 CODATA 成立后，在 1973 年作了一次平差，得出基本物理常量的 1973 年国际推荐值. 由于实验技术之进展，常量数值不断更新、不确定度相应大幅减少，有的物理常量不确定度，在过去的八九十年中已降低了四个量级. 故有必要每隔若干年作一次新的平差，此后于 1986 年、2002 年、2006 年、2010 年和 2014 年分别都发表了新的推荐值，可以说面貌不断更新. 举例其变化如下：

物理量	相对不确定度/10⁻⁶			
	1973 年	1986 年	2006 年	2014 年
α^{-1}	0.82	0.045	6.8×10⁻⁴	2.3×10⁻⁴
e	2.9	0.30	0.025	6×10⁻³
h	5.4	0.60	0.050	1.2×10⁻²
m_e	5.1	0.59	0.050	1.2×10⁻²
N_A	5.1	0.59	0.050	1.2×10⁻²
m_p/m_e	0.38	0.020	4.3×10⁻⁴	2.2×10⁻⁴
F	2.8	0.30	0.025	7×10⁻³

基本常量精度的重要性,可参阅:B. N. Tayler et al. ,Sci. Am. (Oct. 1970)62.

基本物理常量最近被赋予新的重要意义[*]:根据国际计量大会决议,国际单位制(SI)中基本单位将由基本物理常量作重新定义,至 2019 年 5 月已包括 SI 中全部 7 个基本单位:包括千克(kg)、安培(A)、开尔文(K)和摩尔(mol),加上此前定义的米(m)、秒(s)和光强单位坎德拉(cd).

中国计量科学院官网.

IA	IIA	IIIB	IVB	VB	VIB	VIIB	VIII			IB	IIB	IIIA	IVA	VA	VIA	VIIA	0
1 H 13.6																	2 He 24.6
3 Li 5.4	4 Be 9.3											5 B 8.3	6 C 11.3	7 N 14.5	8 O 13.6	9 F 17.4	10 Ne 21.6
11 Na 5.1	12 Mg 7.6											13 Al 6.0	14 Si 8.1	15 P 11.0	16 S 10.4	17 Cl 13.0	18 Ar 15.8
19 K 4.3	20 Ca 6.1	21 Sc 6.6	22 Ti 6.8	23 V 6.7	24 Cr 6.8	25 Mn 7.4	26 Fe 7.9	27 Co 7.9	28 Ni 7.6	29 Cu 7.7	30 Zn 9.4	31 Ga 6.0	32 Ge 8.1	33 As 10	34 Se 9.8	35 Br 11.8	36 Kr 14.0
37 Rb 4.2	38 Sr 5.7	39 Y 6.6	40 Zr 7.0	41 Nb 6.8	42 Mo 7.2	43 Tc —	44 Ru 7.5	45 Rh 7.7	46 Fd 8.3	47 Ag 7.6	48 Cd 6.0	49 In 5.8	50 Sn 7.8	51 Sb 8.6	52 Te 9.0	53 I 10.4	54 Xe 12.1
55 Cs 3.9	56 Ba 5.2	57 La 5.6	72 Hf 5.5	73 Ta 6	74 W 8.0	75 Re 7.9	76 Os 8.7	77 Ir 9.2	78 Pt 9.0	79 Au 9.2	80 Hg 10.4	81 Tl 6.1	82 Pb 7.4	83 Bi 8	84 Po —	85 At —	86 Rn 10.7
87 Fr —	88 Ra 5.3	89 Ac —	104 —														

58 Ce 6.9	59 Pr 5.8	60 Nd 6.8	61 Pm	62 Sm 5.6	63 Eu 5.7	64 Gd 6.2	65 Tb 6.7	66 Dy 6.8	67 Ho —	68 Er	69 Tm —	70 Yb 6.2	71 Lu 5.0
90 Th —	91 Pa —	92 U 6.2	93 Np	94 Pu	95 Am	96 Cm	97 Bk	98 Cf	99 Es	100 Fm	101 Md	102 No	103 Lr

*单位为负电子伏

III 原子半径*

IA	IIA	IIIB	IVB	VB	VIB	VIIB	VIII	VIII	VIII	IB	IIB	IIIA	IVA	VA	VIA	VIIA	O
H 0.53																	He 0.93
Li 1.52	Be 1.12											B 0.80	C 0.77	N 0.74	O 0.74	F 0.72	Ne 1.12
Na 1.86	Mg 1.60											Al 1.43	Si 1.17	P 1.10	S 1.06	Cl 0.97	Ar 1.54
K 2.31	Ca 1.97	Sc 1.60	Ti 1.46	V 1.31	Cr 1.25	Mn 1.29	Fe 1.26	Co 1.25	Ni 1.24	Cu 1.28	Zn 1.33	Ga 1.22	Ge 1.22	As 1.21	Se 1.17	Br 1.14	Kr 1.69
Rb 2.44	Sr 2.15	Y 1.80	Zr 1.57	Nb 1.41	Mo 1.36	Tc 1.3	Ru 1.33	Rh 1.34	Pb 1.38	Ag 1.44	Cd 1.49	In 1.62	Sn 1.4	Sb 1.41	Te 1.37	I 1.33	Xe 1.9
Cs 2.62	Ba 2.17	La 1.88	Hf 1.57	Ta 1.43	W 1.37	Re 1.37	Os 1.34	Ir 1.35	Pt 1.38	Au 1.44	Hg 1.52	Tl 1.71	Pb 1.75	Bi 1.48	Po 1.4	At 1.4	Rn 2.2
Fr 2.7	Ra 2.20	Ac 2.0	—	—													

Ce 1.65	Pr 1.65	Nd 1.64	Pm —	Sm 1.66	Eu 1.65	Gd 1.61	Tb 1.59	Dy 1.59	Ho 1.58	Er 1.57	Tm 1.56	Yb 1.70	Lu 1.56
Th 1.65	Pa —	U 1.42	Np —	Pu —	Am —	Cm —	Bk —	Cf —	Es —	Fm —	Md —	No —	Lr —

* 单位为10^{-1}纳米($1\text{Å}=10^{-1}$nm)

Ⅳ　物质密度(g·cm^{-3})

固　体

铝	2.70	木头	0.35~0.9
铜	8.93	水泥	2.7
锡	7.29	冰	0.917
黄铜	8.44	石灰石	2.7
锌	7.14	金刚钻	3.51
镁	1.75	石英	2.65
铁	7.86	钢	7.8
铅	11.35	Mylar 膜($C_5H_4O_2$)	1.39
金	18.88	NaI 晶体	3.67
钨	19.3	砷化镓(GaAs)	5.32
铀	18.95		

液　体

水	1.00	海水	1.025
汽油	0.66~0.69	四氯化碳	1.595
甘油	1.26	酒精	0.791
汞	13.6		

气体(0 ℃,1 atm)

空气	1.293×10^{-3}
氢	$0.089\,9\times10^{-3}$
氧	1.429×10^{-3}
氦	$0.178\,5\times10^{-3}$
二氧化碳	1.977×10^{-3}
氮	1.250×10^{-3}
甲烷	0.717×10^{-3}

V 10 的幂词头

名称	缩写	意义
尧 yotta	Y	10^{24}
泽 zetta	Z	10^{21}
艾 exa	E	10^{18}
拍 peta	P	10^{15}
太 tera	T	10^{12}
吉 giga	G	10^{9}
兆 mega	M	10^{6}
千 kilo	k	10^{3}
百 hecto	h	10^{2}
十 deca	da	10
分 deci	d	10^{-1}
厘 centi	c	10^{-2}
毫 milli	m	10^{-3}
微 micro	μ	10^{-6}
纳 nano	n	10^{-9}
皮 pico	p	10^{-12}
飞 femto	f	10^{-15}
阿 atto	a	10^{-18}
仄 zepto	z	10^{-21}
幺 yokto	y	10^{-24}

VI 一些核素的性质

核素			原子质量/u	丰度/%;或衰变类型	半衰期 $T_{1/2}$
Z	符号	A			
0	n		1.008 665	β^-	10.24 min
1	H	1	1.007 825	99.985	
	H	2	2.014 102	0.014 8	
	H	3	3.016 050	β^-	12.32 a
2	He	3	3.016 029	1.38×10^{-4}	
	He	4	4.002 603	99.999 86	
3	Li	6	6.015 123	7.5	
	Li	7	7.016 004	92.5	
4	Be	9	9.012 183	100	
5	B	11	11.009 31	80.2	
6	C	12	12.000 00	98.89	
	C	13	13.003 35	1.11	
	C	14	14.003 24	β^-	5 730 a
7	N	13	13.005 74	ε	9.96 min
	N	14	14.003 07	99.63	
	N	15	15.000 11	0.366	
8	O	16	15.994 92	99.76	
	O	17	16.999 13	0.038	
9	F	18	18.000 94	β^+(96.9%);EC(3.1%)	109.8 min
	F	19	18.998 40	100	
10	Ne	20	19.992 44	90.51	
11	Na	21	20.997 65	β^+	22.47 s
	Na	23	22.989 77	100	
12	Mg	24	23.985 04	78.99	
	Mg	27	26.984 34	β^-	9.46 min
13	Al	27	26.981 54	100	
	Al	28	27.981 91	β^-	2.24 min
14	Si	28	27.976 93	92.23	
15	P	29	28.981 80	β^+	4.1 s
	P	30	29.978 31	ε	2.5 min
	P	31	30.973 76	100	
16	S	32	31.972 07	95.02	
17	Cl	34	33.973 76	β^+	1.526 s

核素			原子质量/u	丰度/%；或衰变类型	半衰期 $T_{1/2}$
Z	符号	A			
	Cl	35	34.968 85	75.77	
	Cl	38	37.968 01	β^-	37.3 min
18	Ar	39	38.964 31	β^-	269 a
19	K	39	38.963 71	93.26	
20	Ca	40	39.962 59	96.94	
	Ca	41	40.962 28	EC	1.0×10^5 a
	Ca	43	42.958 77	0.135	
21	Sc	43	42.961 15	ε	3.89 h
	Sc	45	44.955 91	100	
22	Ti	48	47.947 95	73.7	
23	V	51	50.944 0	9.975 0	
24	Cr	51	50.944 8	EC	27.7 d
	Cr	52	51.940 5	83.79	
25	Mn	54	53.940 4	EC	312 d
	Mn	55	54.938 0	100	
26	Fe	56	55.934 9	91.8	
	Fe	57	56.935 4	2.15	
27	Co	59	58.933 2	100	
	Co	60	59.933 8	β^-	5.271 a
28	Ni	60	59.930 8	26.1	
	Ni	63	62.929 7	β^-	100 a
29	Cu	63	62.929 6	39.2	
	Cu	64	63.929 8	EC(41.4%)；β^+(19.3%)；β^-(39.6%)	12.7 h
30	Zn	64	63.929 1	48.6	
31	Ga	64	63.936 8	ε	2.62 min
	Ga	69	68.925 6	60.1	
32	Ge	71	70.925 0	EC	11.43 d
	Ge	74	73.921 2	36.5	
33	As	75	74.921 6	100	
34	Se	78	77.917 3	23.5	
35	Br	79	78.918 3	50.69	
36	Kr	81	80.916 6	EC	2.29×10^5 a
	Kr	84	83.911 5	57.0	
	Kr	85	84.912 5	β^-	10.7 a
37	Rb	85	84.911 8	72.17	
	Rb	87	86.909 2	27.83；β^-	4.8×10^{10} a
38	Sr	88	87.905 6	82.6	
	Sr	90	89.907 7	β^-	28.9 a

核素			原子质量/u	丰度/%;或衰变类型	半衰期 $T_{1/2}$
Z	符号	A			
39	Y	89	88.905 9	100	
40	Zr	90	89.904 7	51.5	
	Zr	93	92.906 5	β^-	1.5×10^6 a
41	Nb	93	92.906 4	100	
42	Mo	98	97.905 4	24.1	
	Mo	99	98.907 7	β^-	66.02 h
43	Tc	99	98.906 3	β^-	2.11×10^5 a
	Tc	99	98.906 4	IT99%	6.01 h
	Tc	100	99.907 7	β^-	15.8 s
44	Ru	102	101.904 3	31.6	
45	Rh	103	102.905 5	100	
	Rh	105	104.905 7	β^-	35.4 h
46	Pd	106	105.903 5	27.3	
	Pd	109	108.905 9	β^-	13.43 h
47	Ag	107	106.905 1	51.83	
	Ag	109	108.904 8	48.17	
48	Cd	113	112.904 4	12.2;β^-	9.3×10^{15} a
	Cd	114	113.903 4	28.7	
49	In	115	114.903 9	95.7;β^-	4.41×10^{14} a
50	Sn	120	119.902 2	32.4	
	Sn	121	120.904 2	β^-	27.03 h
51	Sb	121	120.903 8	57.3	
	Sb	123	122.904 2	42.7	
52	Te	126	125.903 3	18.7	
53	I	123	122.905 6	EC	13.23 h
	I	127	126.904 5	100	
	I	131	130.906 1	β^-	8.021 d
54	Xe	132	131.904 1	26.9	
55	Cs	133	132.905 4	100	
	Cs	137	136.907 1	β^-	30.03 a
56	Ba	138	137.905 3	71.7	
57	La	139	138.906 4	99.911	
58	Ce	140	139.905 4	88.5	
	Ce	141	140.908 3	β^-	32.5 d
59	Pr	141	140.907 7	100	
60	Nd	144	143.910 1	23.8;α	2.29×10^{15} a
61	Pm	148	147.917 5	β^-	5.37 d
62	Sm	152	151.919 7	26.6	
63	Eu	153	152.921 2	52.1	

核素			原子质量/u	丰度/%;或衰变类型	半衰期 $T_{1/2}$
Z	符号	A			
64	Gd	158	157.924 1	24.8	
65	Tb	159	158.925 3	100	
	Tb	161	160.927 6	β^-	6.91 d
66	Dy	164	163.929 2	28.1	
67	Ho	165	164.930 3	100	
	Ho	166	165.932 3	β^-	26.83 h
68	Er	168	167.932 4	27.1	
69	Tm	169	168.934 2	100	
70	Yb	174	173.938 9	31.6	
71	Lu	175	174.940 8	97.41	
	Lu	176	175.942 7	$2.591;\beta^-$	3.76×10^{10} a
	Lu	177	176.943 8	β^-	6.648 d
72	Hf	180	179.946 6	35.2	
73	Ta	181	180.948 0	99.877	
74	W	184	183.951 0	30.7	
75	Re	185	184.953 0	37.40	
76	Os	192	191.961 5	41.0	
77	Ir	193	192.962 9	62.7	
78	Pt	195	194.964 8	33.8	
79	Au	197	196.966 6	100	
	Au	198	197.968 2	β^-	2.696 d
80	Hg	202	201.970 6	29.8	
81	Tl	205	204.974 4	70.5	
82	Pb	208	207.976 6	52.3	
83	Bi	209	208.980 4	100	
84	Po	210	209.982 8	α	138.38 d
	Po	212	211.988 9	α	0.298×10^{-6} s
85	At	216	216.002 4	α	0.3×10^{-3} s
86	Rn	222	222.017 6	α	3.823 5 d
87	Er	222	222.017 5	$\beta^-(99\%);\alpha(0.01\% \sim 0.1\%)$	14.2 min
88	Ra	226	226.025 4	α	1.6×10^3 a
89	Ac	227	227.027 8	$\beta^-(98.62\%);\alpha(1.38\%)$	21.773 a
90	Th	232	232.038 1	$100;\alpha$	1.405×10^{10} a
91	Pa	233	233.040 2	β^-	27.0 d
92	U	233	233.039 5	α	1.592×10^5 a
	U	235	235.043 9	$0.720;\alpha$	7.038×10^8 a
	U	238	238.050 8	$99.275;\alpha$	4.468×10^9 a
93	Np	239	239.052 9	β^-	2.35d
94	Pu	239	239.052 2	α	2.41×10^4 a

核素			原子质量/u	丰度/%;或衰变类型	半衰期 $T_{1/2}$
Z	符号	A			
	Pu	241	241.056 8	β^-(99%);α(0.002 4%)	14.4 a
95	Am	243	243.061 4	α	7.37×10^3 a
96	Cm	245	245.065 5	α	8.5×10^3 a
97	Bk	247	247.070 3	α	1.38×10^3 a
98	Cf	249	249.074 9	α	351 a
	Cf	252	252.081 6	α(96.91%);SF(3.09%)	2.645 a
99	Es	253	253.084 8	α	20.47 d
100	Fm	255	255.090 0	α	20.1 h
101	Md	255	255.091 1	EC(92%);α(8%)	27 min
102	No	257	257.096 9	α	25 s
103	Lr	260	260.105 28	α(75%);ε(15%);SF	180 s
104	Rf	261	261.108 52	α(80%);ε(10%);SF	65 s
105	Db	262	262.113 69	SF(71%);α(26%);ε	34 s
106	Sg	263	263.118 11	SF(70%);α(30%)	1.0 s
107	Bh	262	262.123 00	α(80%);SF(20%)	102 ms
108	Hs	265	265.129 90	α	1.8 ms
109	Mt	266	266.137 70	α	1.7 ms

注:表中符号:β^-——负 β 衰变;β^+——正 β 衰变;

    EC——轨道电子俘获;ε——β^++EC;

    α——α 衰变;SF——自发裂变;

    IT——同质异能跃迁.

习 题 答 案

习题答案(部分)

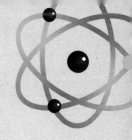

回答（每章章末问题）

回答——绪论问题

回答——第一章问题

回答——第二章问题

回答——第三章问题

回答——第四章问题

回答——第五章问题

回答——第六章问题

回答——第七章问题

名词索引

（按汉语拼音字母顺序排列）

人名索引（部分）

（按英文字母顺序排列;有 * 者为诺贝尔奖金获得者）

E

爱因斯坦[*]　Einstein,Albert 美籍德国人(1879—1955)　34,71,98

F

法拉第　Faraday,Michael 英国人(1791—1867)　2,5

费米[*]　Fermi,Enrico 意大利人(1901—1954)　271,335

费曼[*]　Feynmann,R.P.美国人(1918—1988)　93

弗兰克[*]　Franck,J.德国人(1882—1964)　50

G

伽利略　Galileo Galilei 意大利人(1564—1642)　1

伽莫夫　Gamow,G.美籍俄国人(1904—1968)　107

盖革　Geiger,Hans 德国人(1882—1945)　11

格拉赫　Gerlach,W.德国人(1889—1979)　142

古兹密特　Goudsmit,S.A.荷兰人(1902—1978)　145

H

哈恩[*]　Hahn,O.德国人(1879—1968)　271,335

海森伯[*]　Heisenberg,W.德国人(1901—1976)　79,177,179

赫兹[*]　Hertz,G.德国人(1887—1975)　50

赫兹　Hertz,H.R.德国人(1857—1894)　6,31

希格斯[*]　Higgs,Peter 英国人(1929—　)　385,402

谢玉铭　Hsieh,Y.M.中国人(1895—1986)　179

洪特　Hund,F.德国人(1896—1997)　215

惠更斯　Huygens,C.荷兰人(1629—1695)　70

J

金斯　Jeans,J.H.英国人(1877—1946)　29

简森[*]　Jensen,J.H.D.,德国人(1907—1973)　293

K

卡麦琳-昂内斯　Kamerlingh-Onnes,H.荷兰人(1853—1926)　372

考夫曼　Kaufman,W.德国人(1871—1947)　7

开尔文　Kelvin,W.Thomson 英国人(1824—1907)　30

基尔霍夫　Kirchhoff,G.R.德国人(1824—1887)　28

库什[*]　Kusch,P.美国人(1911—1993)　173

L

兰姆[*]　Lamb,W.E.,Jr 美国人(1913—2008)　178

朗德　Lande,A.德国人(1888—1975)　216

朗之万　Langevin,Paul 法国人(1872—1946)　97

劳厄[*]　Laue,N.von 德国人(1879—1960)　238

物理学基础理论课程经典教材

获奖 ⚜ 国家级规划教材或获奖教材

电子教案 💻 配有电子教案

习题教辅 ▤ 配有习题解答等教辅

2d 等数字资源 🖥 配有 2d、abook 等数字资源

郑重声明

高等教育出版社依法对本书享有专有出版权。任何未经许可的复制、销售行为均违反《中华人民共和国著作权法》,其行为人将承担相应的民事责任和行政责任;构成犯罪的,将被依法追究刑事责任。为了维护市场秩序,保护读者的合法权益,避免读者误用盗版书造成不良后果,我社将配合行政执法部门和司法机关对违法犯罪的单位和个人进行严厉打击。社会各界人士如发现上述侵权行为,希望及时举报,我社将奖励举报有功人员。

反盗版举报电话　　(010)58581999　58582371

反盗版举报邮箱　dd@hep.com.cn

通信地址　北京市西城区德外大街4号　高等教育出版社法律事务部

邮政编码　100120

读者意见反馈

为收集对教材的意见建议,进一步完善教材编写并做好服务工作,读者可将对本教材的意见建议通过如下渠道反馈至我社。

咨询电话　400-810-0598

反馈邮箱　hepsci@pub.hep.cn

通信地址　北京市朝阳区惠新东街4号富盛大厦1座

　　　　　高等教育出版社理科事业部

邮政编码　100029

防伪查询说明

用户购书后刮开封底防伪涂层,使用手机微信等软件扫描二维码,会跳转至防伪查询网页,获得所购图书详细信息。

防伪客服电话　(010)58582300